增量式数字液压控制技术

彭利坤 陈 佳 宋 飞 徐世杰 著

邢继峰 主 审

机 械 工 业 出 版 社

本书在总结数字液压领域已取得的最新研究成果的基础上，给出了数字液压的明确定义，介绍了典型的数字液压元件，探讨了数字液压技术在实际应用中的控制问题。本书主要内容包括数字液压阀、数字液压缸建模与仿真、一体化数字液压舵机、调距桨数字液压系统模型参考自适应控制和返步鲁棒自适应控制、变频数字液压系统自适应控制、数字液压负载敏感系统非线性鲁棒控制、数字液压减摇鳍鲁棒控制及数字液压缸驱动的Stewart平台控制技术等。

本书可供液压领域的科研人员、工程技术人员使用，也可供相关专业的院校师生使用。

图书在版编目（CIP）数据

增量式数字液压控制技术/彭利坤等著 . —北京：机械工业出版社，2019. 12

ISBN 978-7-111-64159 – 9

Ⅰ. ①增… Ⅱ. ①彭… Ⅲ. ①数字技术 – 应用 – 液压控制

Ⅳ. ①TH137 – 39

中国版本图书馆 CIP 数据核字（2019）第 251635 号

机械工业出版社（北京市百万庄大街 22 号　邮政编码 100037）

策划编辑：张秀恩　责任编辑：张秀恩　王彦青

责任校对：陈　越　封面设计：严娅萍

责任印制：张　博

三河市国英印务有限公司印刷

2020 年 1 月第 1 版第 1 次印刷

169mm × 239mm · 20. 25 印张 · 415 千字

0 001—1 900 册

标准书号：ISBN 978-7-111-64159-9

定价：79.00 元

电话服务　　　　　　　网络服务

客服电话：010-88361066　机　工　官　网：www.cmpbook.com

　　　　　010-88379833　机　工　官　博：weibo.com/cmp1952

　　　　　010-68326294　金　书　网：www.golden-book.com

封底无防伪标均为盗版　机工教育服务网：www.cmpedu.com

前　言

　　液压传动与控制技术作为现代工业的基础和支柱,在国防军工、工程机械、交通运输、冶金化工等领域发挥着不可或缺的作用。近年来,随着电子技术、计算机控制技术与液压技术的有机融合,数字液压技术得到了快速发展,有效助力了我国工程技术的腾飞。国外电液数字技术虽然可追溯至 20 世纪 30 年代汽车 ABS 的开发,但真正意义上的数字液压研发在 20 世纪 60 年代末期才开始,国内 20 世纪 70 年代末至 80 年代初期也相继开展了相关研究,至 2005 年左右取得了较多的技术进展,时至今日其应用也日益广泛。历经 40 多年的发展,数字液压技术无论在理论研究,还是在技术应用上均取得了较大的进展和较多的成果。

　　目前,对于数字液压的定义国内外比较主流的观点有如下几种。芬兰坦佩雷理工大学 (Tampere University of Technology) 的 Matti Linjiama 多年致力于数字液压元件的研究,他认为"液压或气动系统依靠一定数量离散的元件灵活地控制系统的输出"。国内一些学者认为,数字液压技术是将液压终端执行元件直接数字化,通过接受数字控制器发出的脉冲信号和计算机发出的脉冲信号,实现可靠工作的液压技术,将控制还回给电,而数字化的功率放大留给液压。从以上的主流观点可以将数字阀归结为狭义的数字阀 (坦佩雷理工大学研究者的观点) 与广义的数字阀。据此,具有流量离散化 (Fluid Flow Discretization) 或控制信号离散化 (Control Signal Discretization) 特征的液压元件,称为数字液压元件 (Digital Hydraulic Component),由数字液压元件构成的液压系统称为数字液压系统 (Digital Hydraulic System)。从数字液压阀控液压系统来看,主要有两个方向:增量式数字阀与高速开关式数字阀控制系统。本书主要研究增量式数字阀 (或称数字步进阀) 控制的液压系统。

　　作者所在教研团队历经近 30 年的积极跟踪与研究,在数字步进阀控液压缸及其相关领域从系统理论建模、控制算法开发、驱动电路设计、实验台架搭建到工程应用实践等方面开展了一系列工作,先后研制了数字液压驱动的 6 自由度舰艇操纵模拟器、海洋环境模拟摇摆台,共计 11 台套,新研或改造了共计 20 余艘舰艇的减摇鳍,并在舰船调距桨、飞弹折叠翼、一体化舵机等领域开展了相关试验研究,优点和效果明显。同时,获国家、军队科技进步奖 4 项,发表数字液压及其控制技术相关论文 50 余篇 (其中 EI 收录 10 余篇),以数字液压为题培养博士后 1 人、博士 4 人、硕士 11 人。基于此,现阶段拟对数字液压控制技术的发展现状及研究成果进行梳理归纳、总结反思和展望,形成一本相关的学术专著,以进一步夯实数字液压控制系统设计分析的理论基础及开发应用的实践经验,扩大与同行的学术交流和技术共享，并为后续人才培养与相关技术开发奠定更加坚实的基础。

本书第 1 章介绍了数字液压元件和控制技术的发展概况，第 2、3 章介绍了增量式数字液压阀和数字液压缸的结构形式及其工作原理，建模和性能研究。第 4 ~ 10 章介绍了数字液压技术在一体化舵机、调距桨、减摇鳍和 6 自由度 Stewart 运动平台上的应用研究。本书第 1、10 章由彭利坤负责编写，第 2 ~ 4 章由陈佳负责编写，第 5、6 章由宋飞负责编写，第 7 ~ 9 章由徐世杰负责编写。本团队进行数字液压技术研究是在邢继峰教授的引领下开展的，同时他也是本书的主审专家，在此对他表示由衷地感谢。同时还要感谢曾晓华高工、肖志权博士后、吕帮俊博士、何曦光讲师、熊先锋讲师、潘炜博士、张阳阳博士、刘磊硕士、王圣利硕士、郭靖硕士等，正是由于大家的接力研究才使数字液压技术有了今天的成果，可以说本书也是集体智慧的结晶。同时，本书也参考了一些国内外同行的文献与研究成果，在此一并表示感谢。由于时间与水平限制，书中定有不足或错漏之处，敬请读者批评指正。

本书得到了湖北省自然科学基金项目"一体化数字液压作动器效率最优控制策略研究"资助。(项目编号：2016CFB614)"

作　者

目　　录

第1章 绪 论

本章介绍了液压控制技术的发展与应用，并从数字液压阀、数字液压缸、数字液压泵、数字液压马达等方面说明了数字液压技术，也介绍了近十年来数字液压阀的发展以及相关控制技术。

1.1 液压控制技术的发展与应用

液压传动与控制技术是人类在生产实践中逐步发展起来的。随着现代科学技术的飞速发展，它不仅充当一种传动方式，而且作为一种控制手段，连接了现代微电子技术和大功率控制对象之间的桥梁，成为现代控制工程中不可或缺的重要技术手段。

1.1.1 流体控制相关理论的发展

对流体力学学科的形成作出第一个贡献的是古希腊人阿基米德（Archimedes），他建立了物理浮力定律和液体平衡理论。1648 年法国人帕斯卡（B. Pascal）提出静止液体中压力传递的基本定律，奠定了液体静力学基础。17 世纪，力学奠基人牛顿（Newton）研究了在流体中运动的物体所受到的阻力，针对黏性流体运动时的内摩擦力提出了牛顿黏性定律。

1738 年瑞士人欧拉（L. Euler）采用了连续介质的概念，把静力学中的压力概念推广到运动流体中，建立了欧拉方程，正确地用微分方程组描述了无黏性流体的运动。伯努利（D. Bernoulli）从经典力学的能量守恒出发，研究供水管道中水的流动，进行试验分析，得到了流体定常运动下的流速、压力、流道高度之间的关系——伯努利方程。欧拉方程和伯努利方程的建立，是流体动力学作为一个分支学科建立的标志，从此开始了用微分方程和试验测量进行流体运动定量研究的阶段。

1827 年法国人纳维（C. L. M. Navier）建立了黏性流体的基本运动方程；1845 年英国人斯托克斯（G. G. Stokes）又以更合理的方法导出了这组方程，这就是沿用至今的 N－S 方程，它是流体动力学的理论基础。1883 年英国人雷诺（O. Reynolds）发现液体具有两种不同的流动状态——层流和湍流，并建立了湍流基本方程——雷诺方程。

在 20 世纪流体传动与控制技术飞速发展并日趋成熟，控制理论与工程实践相互结合飞速发展，这为流体控制工程的进步提供了强有力的理论基础和技术支持。1922 年美国人米诺尔斯基（N. Minorsky）提出用于船舶驾驶伺服机构的比例、积分、微分（PID）控制方法。1932年瑞典人奈奎斯特（H. Nyquist）提出根据频率响应判断系统稳定性的准则。1948年美国科学家埃文斯（W. R. Evans）提出了根轨迹分析方法，同年申农（C. E. Shannon）和维纳（N. Wiener）出版《信息论》与《控制论》专著。

1.1.2　液压控制技术的发展及应用

技术进步的需要是液压控制技术发展的推动力，液压控制技术是早已成熟的液压传动技术的新发展，是自动控制领域的一个重要组成部分。

1795年英国人布拉默（J. Bramsh）发明了第一台液压机，它的问世是流体动力应用于工业的成功典范，到1826年液压机已被广泛应用，此后还发展了许多水压传动控制回路，并且采用机能符号取代具体的设计和结构，方便了液压技术的进一步发展。19世纪是流体传动技术走向工业应用的世纪，它奠基于流体力学成果之上，而工业革命以来的产业需求为液压技术的发展创造了先决条件。

1905年美国人詹尼（Janney）首先将矿物油引入传动介质，并设计研制了带轴向柱塞机械的液压传动装置，并于1906年应用于军舰的炮塔装置上，为现代液压技术的发展揭开了序幕。1922年瑞士人托马（H. Thoma）发明了径向柱塞泵。1936年美国人威克斯（H. Vickers）一改传统的直动式机械控制机构，发明了先导控制式压力控制阀。稍后电磁阀和电液换向滑阀的问世，使先导控制形式多样化。

20世纪40年代由于军事刺激，高速喷气式飞行器要求响应快且精度高的操纵控制，1940年年底，在飞机上出现了电液伺服系统，坦克装甲车上开始应用机液伺服转向系统。作为电液转换器，当时滑阀由伺服电动机驱动，由于电动机惯量大，所构成的电液转换器时间常数大，限制了整个系统的响应速度。

第二次世界大战后液压技术在航天、国防、汽车和机床工业中得到广泛应用，并且走向产业独立发展，西方各国相继成立了行业协会和专业学会，液压传动和控制作为新兴技术得到重视，这一时期称得上是液压工业的黄金岁月。

1950年摩根（Moog）研制成功采用微小输入信号的电液伺服阀后，美国麻省理工学院的布莱克本（Blackburn）、李（Lee）等人在系统高压化和电液伺服机构方面进行了深入研究。20世纪60年代，结构多样的电液伺服阀相继出现，尤其是干式力矩马达的研制成功，使得电液伺服阀的性能日趋完善，促使电液伺服系统迅速发展。1960年布莱克本的《液动气动控制》和1967年梅里特（Merritt）的《液压控制系统》两部科学著作相继问世，对液压控制理论作出了系统、科学的阐述，标志着液压控制技术已开始走向成熟。

1970年前后信号功率介于开关控制和伺服控制之间的比例阀开始出现，但应用还不多。20世纪80年代以后，随着材料和工艺技术的进步，电液伺服阀的成本不断降低，性能明显提高，使得电液伺服系统应用更加广泛。但是，由于电液伺服阀对液体的清洁度要求十分苛刻，系统效率低、能耗大，综合费用还是相当高。由此，一种可靠、价廉、控制精度和响应速度均能满足工业控制需要的电液比例控制技术应运而生，得到了比电液伺服阀更为广泛的应用。

液压控制技术在军事工业中，用于飞机的操纵系统、雷达跟踪和舰船舵机、导弹的位置控制、坦克火炮的稳定装置等。在民用工业中，用于仿形或数控机床，船舶舵机和减摇系统，冶金工业的钢带跑偏控制、张力控制，工程领域盾构掘进装置、工程车辆中各类力控制装置，汽车的无人驾驶、自动变速、主动悬挂，试验装置方面的抗振试验台、材料试验机、道路模拟试验系统等。总之，液压控制技术应用越来越加广泛，在各个工业部门发挥着越来越重要的作用。尤其是计算机的大量应用促使液压控制技术得到更迅速的发展和更广泛的应用。

1.2 数字液压元件

1.2.1 数字液压技术简介

自动化工业的发展主要依靠两大基础技术，电传动技术和流体传动技术，在某种程度上可以说，发达国家正是利用这两大技术完成了工业革命。其中，流体传动技术又以液压传动技术为主，在大量的工业主机和自动化作业线中，液压传动和液压控制技术应用极为广泛。

传统液压技术是一种模拟量控制技术，主要分为开关控制、比例控制和伺服控制，这种系统尤其是伺服控制结构复杂、易受干扰、价格高昂，需要专门的流控专业人员才能掌握。自 20 世纪 70 年代以来，计算机控制技术和集成传感技术发展得越来越完善，这为微电子技术和液压技术的结合创造了良好的条件。随着计算机的功能越来越强大，数字控制技术在国民经济各部门的广泛应用，其与液压技术和微电子技术的结合已成为一种必然趋势，这就催生了数字液压技术。

其实数字液压雏形可以追溯到 20 世纪 30 年代，德国博世公司第一个将高速开关阀应用到汽车 ABS 中，实现了对轮缸制动压力的控制。高速开关阀作为 ABS 的关键元件，其本质上就是一个数字阀，而 ABS 系统本质上就是一个数字伺服系统。此后较长的一段时间内，ABS 的发展史就是数字液压的发展史，但此时并没有数字液压的概念。

2010 年 10 月，来自 7 个国家的 115 名专家学者召开了第三届数字流体动力会议，众多专家学者对数字液压表现出浓厚的兴趣，但数字液压的概念，目前国际上并没有一个统一的标准，不同国家的专家学者有不同的理解。为此，2011 年在芬兰坦佩雷恩理工大学召开的第十二届国际流体会议上，坦佩雷恩理工大学 Matti Linjama 给出了数字液压即数字流体动力（Digital Fluid Power，简称 DFP）的定义：液压或气动系统依靠一定数量离散的元件灵活地控制系统的输出。DFP 主要分为两大类：一类是通过 PCM（Pulse Code Modulation）控制多个并行排布元件的组合状态实现不同需求的输出；另一类是通过调节频率信号的频率或者 PWM（Pulse Width Modulation）信号的占空比控制单个元件实现不同的输出特性。有时也将步进电动机或 bang-bang 控制滑阀算为广义上的数字液压。此外，有些学者将比例或伺服元件在阀内部集成了 D/A 转换元件，故从外部看为数字控制，但其最终被控量依然是模拟量，并不是数字液压。

国内，针对数字液压并没有一个权威的定义，有的将比例或伺服元件的数字化控制理解为数字液压，有的将开关液压元件理解为数字液压。某公司给出了数字液压的定义：液压执行器件（缸、马达）的运动特性与电脉冲一一对应，电脉冲的频率对应液压缸的运动速度（液压马达角速度），电脉冲的数量对应液压缸的运动行程（液压马达角度），执行器件的精度几乎不因负载、油压甚至是泄漏等的影响而发生变化，这样的液压技术，称之为数字液压。

由此可知，国内外专家学者对数字液压概念的认知存在较大差别。因此本书很难给出一个数字液压的标准定义。为了概要介绍和理解数字液压的概念，本章将简要介绍几类常见的数字液压。目前研究的数字液压大致可以分为以下几类：

1）控制方式数字化。即控制信号采用 PWM 信号，而非模拟信号。由于控制信号只有高电平和低电平，故有学者将之称为数字液压。该类数字液压通过 PWM 信号驱动比例阀或伺服阀的力或力矩马达，进而控制阀芯的运动。该原理实现了控制方式的数字化，省去了 D/A 卡，且抗干扰能力、稳定性及动态响应都有所提高。20 世纪 80 年代后期以来，随着步进电动机的发展，逐渐出现了用步进电动机代替力或力矩马达的新型比例或伺服阀，其控制方式也为数字控制，且阀芯位移和脉冲数量有关。本书大多数研究内容即是基于步进电动机控制的数字控制技术。

2）元件数字化。即将元件按照一定的规则进行排列组合，通过元件之间的组合实现对系统的控制，此种控制方式因元件只有 0 和 1 两种状态，即只有开和关，故也称之为数字液压。例如将阀的通流面积、泵或马达的排量、液压缸的容腔等按照 1、2、4、8……即二进制的规则进行排列，工作时通过不同元件的组合实现输出流量的数字化。该种数字液压本质上是将原本连续的流量输出转变为离散的流量输出。

3）高速开关元件。主要为高速开关阀，其控制方式采用 PWM 控制，通过阀的高频开关实现对系统平均流量的控制，因其控制信号是 PWM 信号，且阀的输出流量也为数字化流量，故未将此控制归为上述两种类型。

目前，国内外专家学者围绕 DFP 的概念提出了数字阀、数字泵、数字缸、数字变压器、数字马达等概念，并做了初步的工作原理分析，阐述了可能存在的优点。部分学者通过仿真和试验证明了数字液压系统在节能、无泄漏、高控制自由度、抗污染性、高冗余性、多功能性等方面有着模拟量控制系统无可比拟的优势，是未来液压传动理论与技术的重要发展方向之一。通过对比发现，数字液压技术和传统的液压技术相比，有如下优点：

1）鲁棒性强，结构简单，可靠性高；所用元件均为开关或集成元件，加工制造相对简单，成本较低，可靠性高。

2）更好的特性，较高的灵活性和可编程程度；省去了 D/A 卡，方便与计算机通信，可编程性好。

3）特性主要由控制软件决定，数字系统对硬件要求简单，不依靠节流达到控制效果，但需要新颖的或复杂的控制策略。

当然，数字液压也面临一些挑战，例如噪声和压力冲击，开关技术的寿命和耐久性，并行连接技术的成本和体积，复杂的非线性控制等。以下分别简要介绍数字阀、数字缸、数字泵、数字马达等。

1.2.2 数字液压阀

用数字信息直接控制的阀，称为电液数字阀，简称数字阀。数字阀可直接与计算机接口，不需要 D/A 转换器。与伺服阀、比例阀相比，这种阀结构简单、工艺性好、价廉、抗污染能力好、重复性好、工作稳定可靠、功耗小。它的应用也最为广泛，将其与普通的液压缸、泵、马达组合起来，就可以得到不同的数字缸、数字泵、数字马达等。在计算机实时控制的电液系统中，它已部分取代了比例阀或伺服阀，为计算机在液压系统中的应用开拓了一条新的道路。

目前数控液压系统中应用的数字阀按控制方式的不同大致可以分为 3 种：二进制组合阀、步进式数字阀和高速开关阀。

1. 二进制组合阀

二进制组合阀的驱动信号是二进制驱动信号，可方便地与计算机或其他数字式控制装置直接连接。这种数字阀是由多个按二进制排列的阀门组成的阀组。每个阀门的流量系数按二进制序列设计，即按 2 的幂次设计，例如 2^{-2}、2^{-1}、2^0、2^1、2^2、2^3 等设计。例如，8 位数字阀由 8 个二进制信号驱动，当这 8 个二进制数取不同的值时，可以得到 0～255 的数值，可调比达 255:1，增加数字阀的位数，可提高可调比。组成数字阀的各阀是开关阀，即只有开和关两种状态。因此，对它们的控制可采用电磁阀或带弹簧返回的活塞式执行机构实现。该阀的特点是分辨率高（数字阀的位数越多，可控制的流量分辨率越高）、精度高、响应速度快、关闭特性好、复现性好、跟踪性好，但缺点是结构复杂，价格高，数字阀位数越多，控制元件越多，结构越复杂，价格也越高，因此影响了其使用范围。

2. 步进式数字阀

步进式数字阀是利用步进电动机作为电机械转换器的，步进电动机接收脉冲序列的控制，输出位移转角，转角与输入的脉冲数成正比。然后通过机械转换装置，一般为齿轮减速的凸轮机构或螺杆机构，把转角变成阀芯的阀位移，使阀口开启或关闭。步进电动机转过一定的角度相当于数字阀的一定开度。因此，这种阀可以控制相当大的流量和压力范围。其实，该数字阀的控制主要在于步进电动机的控制，步进电动机则可采用计算机或可编程控制器（PLC）来进行控制。实际上，由于步进电动机的控制方式为步进的，对输入的脉冲数有记忆作用，所以每一采样周期的步数是在原有采样周期步数的基础上增加或减少一些步数来实现，即增量控制法。用这种方法进行控制的阀，又被称为增量式数字阀。步进式数字阀按其结构可以分为滑阀式、锥阀式、转阀式和喷嘴挡板式，按其功能又可分为数字溢流阀、数字流量阀、数字方向流量阀。目前在国内还处在开发研制试验阶段，也可见到不少的产品和种类，但尚未形成系列化，而国外已有系列化的数字流量阀、压力阀和方向流量阀等。

3. 高速开关阀

高速开关阀早期主要是应用在一些要求快速操作的液压系统中，其后，由于其数字化的特征在计算机控制的液压系统中越来越受到重视。按电—机械转换装置可分为螺管电磁铁式、盘式电磁铁式、力矩马达和压电晶体式等。目前应用最广泛的是高速电磁开关阀，采用脉宽控制（PWM）方式，借助于电磁铁所产生的吸力，使得阀芯高速正反向运动，从而使液流在阀口处产生交替通断，达到对流量进行连续控制的目的。我国的高速电磁开关阀研究始于 20 世纪 80 年代后期，与国外相比，起步较晚，响应时间一般在几毫秒和几十毫秒之间，而响应时间小于 1ms 的只在日本、美国、德国和英国等少数国家有报道。

1.2.3　数字液压缸

有关数字液压缸的研制，国外早在 20 世纪六七十年代就开始了，相比之下，国内的起步较晚。1970 年，德国力士乐公司研制出一种基于螺纹伺服机构的液压脉冲缸，但它在本质上还属于机液伺服机构，利用三通阀来控制差动缸，这种缸零件少，结构紧凑，但加工难度较高，不利于大规模推广应用。1977 年，日本东京计器公司推出一种电液脉冲缸，其原理是利用位置反馈把丝杆装在活塞杆里，使活塞位置直接机械反馈到阀芯，其特点是结构简单，定位精度高。但这些国外产品的价格十分高昂，还达不到工业应用的要求，所以没有得到广泛的应用。

国内研究人员对该技术的研究，则起步于 20 世纪 70 年代末，一直在进行不断的研究与改善，尤其是 2002 年纳入国家"十五"攻关项目后，更进一步促进了该技术的发展。其中，以北京亿美博有限公司为代表，该公司承担了"十五"国家科技攻关计划，于 2003 年在北京通过专家组验收。

这种数字液压缸实质上是一种增量式电液步进液压缸，具有结构紧凑、可靠性高、使用维护简单等优点，只需一般的技术人员便可掌握，调试十分方便，发展潜力大。它的基本思想是将液压缸、数字阀、传感器设计成一个整体，全部封装在缸内，实物图如图 1-1 所示，控制器是独立于缸体之外的部分，具有智能性，操作简单易懂。目前开发出的数字缸及其智能型傻瓜控制器，已经可以完成从公斤级到千吨级的精确控制，其速度范围可以实现 0.1 ~ 500mm/s，可以满足工业控制领域中绝大部分自动控制的要求。

图 1-1 数字液压缸及智能控制器

此类步进液压缸的控制原理如图 1-2 所示，数字阀靠步进电动机驱动，步进电动机可以由计算机或可编程控制器（PLC）发出的脉冲序列来进行控制。利用阀来控制油路的通断进而达到控制液压缸运动的目的，液压缸的运动方向由步进电动机的转动方向控制，液压缸的运动速度和位移与步进电动机的转速和角位移是一一对应的正比关系，而步进电动机的转速和角位移与控制脉冲的频率和个数也是一一对应成正比的，所以通过给计算机或 PLC 输入一些简单的设定值，就可以完成缸的全部控制。同时由于缸体内置传感器可将运动信息反馈给数字阀，就极大地提高了控制精度，也简化了缸体外部的控制系统，由原来非常复杂的液压伺服闭环控制变成简单的"近似"开环控制，这也是其最突出的一点。

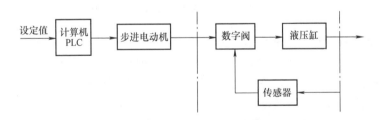

图 1-2 步进液压缸的控制原理

1.2.4 数字液压泵

数字泵通常由变量泵和计算机控制器两部分组成，因泵的变量机构接受计算机发送的数字信号而得名。它具有抗介质污染强、滞环误差小、重复精度高、调节灵活、节能、便于与液压设备主机组成机电液一体化系统等特点。根据变量机构执行元件的不同，可归结为 4 种：基于组合缸控制的数字泵、基于高速开关阀控制的数字泵、基于步进电动机控制的数字泵和基于变频器控制的数字泵。

1. 基于组合缸控制的数字泵

图1-3所示为基于组合缸控制的数字泵容积调速系统原理，以组合式缸作为变量驱动机构的变量泵，并构成容积式调速系统。该系统由液压缸7、三位四通电磁阀6、溢流阀5及数字变量泵组成，数字变量泵又由阀组2、变量机构3和变量泵4构成。其中变量机构3就是组合式数字液压缸，其活塞杆的状态由阀组2（即4个二位三通电磁阀）的通电状态决定。图1-3所示变量机构3的活塞杆位置（全部伸出）对应着4个二位三通电磁阀的得电状态（即编码为1111），这时此活塞杆在压力油作用下完全伸出；若编码为0000，则4个电磁阀全部失电，此活塞杆全部缩回。如果变量机构3由 n 级组成，则可以得到 $2n$ 个液压泵排量变化。

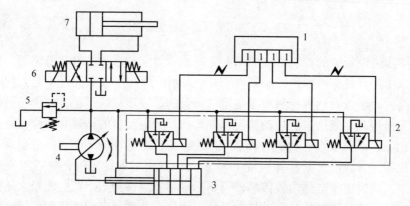

图1-3　基于组合缸控制的数字泵容积调速系统原理
1—数字阀组控制器　2—二进制阀组　3—变量机构　4—变量泵
5—溢流阀　6—三位四通电磁阀　7—液压缸

2. 基于高速开关阀控制的数字泵

图1-4是由中南工业大学刘忠等人提出的一种基于高速开关阀控制的恒压变量泵的电液控制系统原理图，该系统中以高速开关阀作为先导控制阀，压力传感器1采样得到的压力信号通过数据采集卡（带 A/D、I/O）传输给计算机，计算机（单片机）经过比较计算产生的 PWM 矩形调制波控制高速开关阀2，高速开关阀产生的先导压力信号又直接作用于恒压变量泵的调压变量机构，因此，可根据高速开关阀输出先导压力的不同来达到调节恒压变量泵4输出压力的目的。

3. 基于步进电动机控制的数字泵

这种数字泵的变量机构的执行元件是步进电动机，步进电动机可接受计算机脉冲指令，直接由计算机进行控制，因此通过步进电动机这个接口，数字泵可直接由计算机控制。变量机构将步进电动机的转动转换成伺服阀芯或变量活塞的位移，伺服阀芯或变量活塞驱动配流盘转动从而改变泵的排量。山东省煤炭科学研究所与北京华德液压泵厂联合开发了 A7V78NC 型斜轴式数字泵，它是以步进电动机做执行元件的机电一体化泵。图1-5所示为斜轴式数字泵工作原理框图，计算机经过反馈

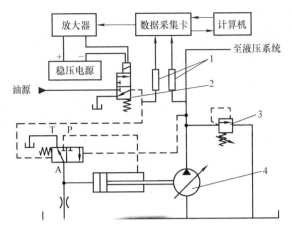

图 1-4 恒压变量泵的电液控制系统原理图

1—压力传感器 2—高速开关阀 3—溢流阀 4—恒压变量泵

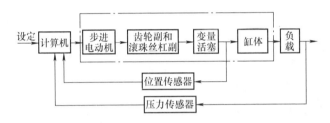

图 1-5 斜轴式数字泵工作原理框图

比较处理后，将指令发送给步进电动机，步进电动机的旋转经一对齿轮副和滚珠丝杠副传递到变量活塞，进而驱动配油盘在泵盖弧形轨道里滑动并使缸体摆动，实现排量的变化。

4. 基于变频器控制的数字泵

南华大学的李岚、马晓军设计了一种双作用变量叶片泵自动控制系统，该系统的工作原理是在不改变传统调速回路中液压元件和液压系统结构的情况下，靠改变液压泵的转速来调节液压泵输出流量以满足执行元件所需要的速度。当负载所需油液量增大时，通过流量传感器的反馈、加法器的比较运算、计算机的分析处理，得到调节值，进入变频器，变频器输出频率改变，从而改变电动机转速，叶片泵转速改变，达到输出油液量改变的目的。变频器线性度比较好，经变频器调节，液压油流量可基本达到设定值。

1.2.5 数字液压马达

早期，日本富士通公司就研制出一种由步进电动机控制的电液脉冲液压马达，它又被称为步进液压马达或液压转矩放大器，它在数控机床的进给传动中得到了广泛的应用。它是一种阀控马达位置伺服机构，主要组成包括步进电动机、液压马达、控制滑阀、螺杆螺母副和减速齿轮副，其中螺杆螺母副主要起位置反馈作用，使液压马达总能紧跟步进电动机的动作。

电液马达组成原理框图如图1-6所示。其工作原理是：当步进电动机接收控制脉冲信号而转过一定角度时，经减速齿轮副使阀芯旋转，由于阀芯端部的螺杆螺母副的作用，使阀芯产生轴向位移，于是阀口打开，压力油进入马达使马达转动，马达主轴旋转时，带动螺母转动，螺母转动方向与螺杆转动方向相同。此时，当步进电动机连续转动时，螺母和螺杆保持相对静止转动，即阀口保持一恒定开口量。当步进电动机停止转动时，螺杆停止转动，由于液压马达此时尚未停止转动，即螺母仍在转动，于是使阀芯轴向移动恢复原位，阀口重新关闭，液压马达也停止转动。

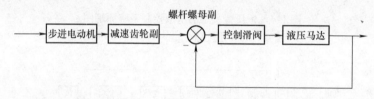

图1-6　电液马达组成原理框图

1.3　数字液压阀的新发展

从数字液压阀的发展历程可以将数字阀的研究分为两个方向：增量式数字阀与高速开关式数字阀。近些年来，高速开关式数字阀主要集中在电 - 机械执行器、高速开关阀阀体结构优化及创新、高速开关阀并联阀岛以及高速开关阀新应用等方面；增量式数字阀也研发出了一些新结构。

1.3.1　高速开关电 - 机械执行器的发展

20世纪中期开始，对高速开关电磁铁的研究就一直是高速开关阀研究的重点。英国 Lucas 公司，美国福特公司，日本 Diesel Kiki 公司，加拿大多伦多大学等对传统 E 型电磁铁进行改进，提高了电磁力与响应速度。浙江大学研发的一种并联电磁铁线圈提高了电磁力。试验显示电磁铁的开关转换时间与延迟都得到了明显的缩短。芬兰 Aalto 工程大学（Aalto University School of Engineering）研究了5种软磁材料用于电磁铁线圈的效果以及不同的匝数及尺寸对驱动力的影响。奥地利林茨大学（Johannes Kepler University Linz）对因加工误差、摩擦力和装配倾斜造成的电磁铁性能差异进行了详细的分析。

超磁致伸缩材料与压电晶体材料的应用为高速开关阀的研发提供了新的思路。瑞典用超磁致伸缩材料开发了一款高速燃料喷射阀。通过控制驱动线圈的电流，使超磁致伸缩棒产生伸缩位移，直接驱动阀芯使阀口开启或关闭，达到控制燃料液体流动的目的。这种结构省去了机械部件的连接，实现燃料和排气系统快速、精确的无级控制。超磁致伸缩材料对温度敏感，应用时需要设计相应的热抑制装置和热补偿装置。中国航天科技集团公司利用 PZT 材料锆钛酸铅二元系压电陶瓷的逆压电效应，研发了一款由 PZT 压电材料制作的超高速开关阀，如图 1-7 所示，该阀在额定压力 10MPa 下流量为 8L/min，打开关闭时间均小于 1.7ms。压电材料脆性大、成本高、输出位移小，容易受温度影响，因此其运用受到限制。浙江大学欧阳小平等与南京工程学院许有熊等，就压电高速开关阀大流量输出和疲劳强度问题设计了新的结构，并进行了仿真与试验分析。

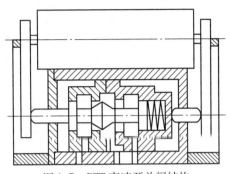

图 1-7　PZT 高速开关阀结构

美国 Purdue 大学研制了一种创新型的高速开关阀电 - 机械执行器 ECA (Energy Coupling Actuator)，如图 1-8 所示。其包括一个持续运动的旋转盘和一个压电晶体耦合装置。旋转盘一直在顺时针运动，通过左右两个耦合机构分时耦合控制主阀芯的启闭。试验表明 5ms 内达到 2mm 的输出行程。

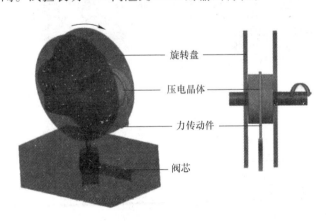

旋转盘

压电晶体

力传动件

阀芯

图 1-8　压电 ECA 原理

1.3.2　高速开关阀阀体结构优化与创新

高速开关阀常用的阀芯结构为球阀式和锥阀式。浙江大学周盛研究了不同阀芯阀体结构对液动力的影响及补偿方法。通过对阀口射流流场进行试验研究，对流场内气穴现象及压力分布进行观测和测量。美国 BKM 公司与贵州红林机械有限公司合作研发生产了一种螺纹插装式的高速开关阀（HSV），使用球阀结构，通过液压力实现衔铁的复位，避免弹簧复位时由于疲劳带来复位失效的影响。推杆与分离销可以调节球阀开度，且具有自动对中功能。该阀采用脉宽调制信号（占空比为20%～80%）控制，压力最高可达20MPa，流量为2～9L/min，启闭时间≤3.5ms。该高速开关阀代表了国内产业化高速开关阀的先进水平，如图1-9所示。美国Caterpillar公司研发了一款锥阀式高速开关阀，如图1-10所示。该阀的阀芯设计为中空结构，降低了运动质量，提高了响应速度与加速度。其将复位弹簧从衔铁位置移动至阀芯中间部位，使得阀芯在尾部受到电磁力，中间部位受到弹簧回复力，在运动过程中更加稳定。但是此设计使得阀芯前后座有较高的同轴度要求，初始气隙与阀芯行程调节较难，加工难度高，制造成本大。该阀开启、关闭时间为1ms左右，目前已经在电控燃油喷射系统中得到运用。美国Sturman Industries公司开发了基于数字阀的电喷系统，其系统所用高速开关阀最小响应时间可达0.15ms。

图1-9 贵州红林HSV高速开关阀

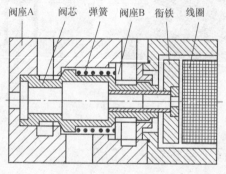

图1-10 Caterpillar公司的锥阀式高速开关阀

除了采用传统结构的高速开关阀，新型的数字阀结构也是研究的重点。明尼苏达大学（University of Minnesota）设计了一种通过PWM信号控制的高速开关转阀，如图 1-11 所示。该阀的阀芯表面呈螺旋形，PWM 信号与阀芯的转速成比例。传统直线运动阀芯运动需要克服阀芯惯性而造成的电机械转换器功率较大，而该阀的驱动功率与阀芯行程无关。由试验结果可知，在试验压力小于 10MPa 的情况下，该阀流量可以达到 40L/min，频响为 100Hz，驱动功率为 30W。

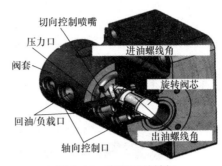

图 1-11　高速开关转阀

浙江工业大学在 2D 电液数字换向阀方面展开研究，如图 1-12 所示。其利用三位四通 2D 数字伺服阀，在阀套的内表面对称地开一对螺旋槽。通过低压孔、高压孔与螺旋槽构成的面积，推动阀芯左右移动。步进电动机通过传动机构驱动阀芯在一定的角度范围内转动。该阀利用旋转电磁铁和拨杆拨叉机构驱动阀芯作旋转运动；由油液压力差推动阀芯作轴向移动，实现阀口的高速开启与关闭。当用旋转电磁铁驱动时，在 28MPa 工作压力下，阀芯轴向行程为 0.8mm，开启时间约为 18ms，6mm 通径阀流量高达 60L/min。

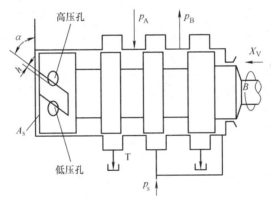

图 1-12　2D 电液数字换向阀原理

1.3.3　高速开关阀并联阀岛研究

上述研究都是针对数字信号控制的高速开关阀。然而，由于阀芯质量、液动力和频响之间的相互制约关系，单独的高速开关阀都面临着压力低、流量小的限制，在挖掘机、起重机等工程机械上应用还具有一定的局限性。为解决在大流量场合的应用问题，国外研究机构提出了使用多个高速开关阀并联控制流量的数字阀岛结构。以坦佩雷理工大学（Tampere University of Technology）为代表，丹麦奥尔堡大学（Aalborg University）与巴西圣卡塔琳娜州联邦大学（Federal University of Santa

Catarina）都在这方面有深入的研究。坦佩雷理工大学研究的 SMISMO 系统，采用 4×5 个螺纹插装式开关阀控制一个执行器，使油路从 P—A、P—B、A—T、B—T 处于完全可控状态，每个油路包含 5 个高速开关阀，每个高速开关阀后有大小不同的节流孔，如图 1-13 所示。通过控制高速开关阀启闭的逻辑组合，实现对流量的控制。通过仿真和试验研究，采用 SMISMO 的液压系统更加节能。

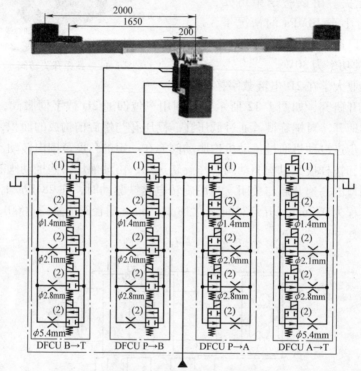

图 1-13 SMISMO 系统原理

由此发展的 DHVS（Digital Hydraulic Valve System）将数个高速开关阀集成标准接口的阀岛，如图 1-14 所示。其采用层合板技术，把数百层 2mm 厚的钢板电镀后热处理融合，解决了高速开关阀与标准液压阀接口匹配的问题。目前，已经成功地在一个阀岛上最高集成 64 个高速开关阀。关于数字并联阀岛，最新的研究进展关注在数字阀系统的容错及系统中单阀的故障对系统性能的影响。

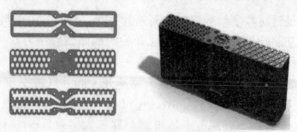

图 1-14 数字阀层板与集成阀岛

1.3.4　高速开关阀应用新领域

高速开关阀的快速性和灵活性使得其迅速应用在工业领域。目前在汽车燃油发动机喷射、ABS 刹车系统、车身悬架控制以及电网的切断中，高速开关阀都有着广泛的应用。维也纳技术大学（Vienna University of Technology）将高速开关阀应用于汽车的阻尼器中，分析了采用并联和串联方案的区别，并且通过试验与传统阻尼器的性能进行对比，结果说明了数字阀应用的优点。

英国巴斯大学（University of Bath）利用流体的可压缩性以及管路的感抗效应建立了 SID（Switched Inertance Device）以及 SIHS 系统。其最主要的元件为二位三通高速开关阀和一细长管路，如图 1-15 所示。SIHS 系统有两种模式：流量提升和压力提升，压力的升高对应流量的减小，反之流量的增加对应压力的降低。在流量提升时，首先是高压端与工作油口联通使得在细长管路内的流体速度升高，高速开关阀此时快速切换使得低压端与工作油口联通，因为细长

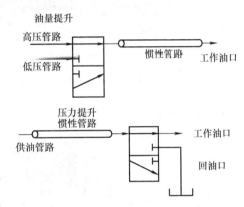

图 1-15　SID：流量提升与压力提升原理

管在液压回路中呈感性，会将流量从低压端拉入细长管，实现提高流量降低压力的效果。对于压力提升，供油端通过细长管与高速开关阀相连。初始细长管与工作油口相连，高速开关阀换向使得细长管的出口连接回油端。因回油压力远小于供油压力，此时细长管中的流体开始加速。此后再将高速开关阀切换到初始位置，因流体的可压缩性使得工作油口的压力升高。通过仿真和试验证实了使用高速开关阀快速切换性带来压力和流量提升的正确性。功率分析结果与试验表明，如果进一步提高参数优化和控制方式，此方案能够提升液压传动效率。

将高速开关阀作为先导级控制主阀的运动，获得高压大流量是目前工业界研究和推广的重点。Sauer-Danfoss 公司开发了 PVG 系列比例多路阀，其先导阀采用图 1-16所示电液控制模块（PVE），将电子元件、传感器和驱动器集成为一个独立单元，然后直接和比例阀阀体相连。电液控制模块（PVE）包含 4 个高速开关阀组成液压桥路控制主阀芯两控制腔的压力。通过检测主阀芯的位移产生反馈信号，与输入信号做比较，调节 4 个高速开关阀信号的占空比。主阀芯到达所需位置，调制停止，阀芯位置被锁定。电液控制模块（PVE）控制先导压力为 $P_p = 13.5 \times 10^5 \text{Pa}$，额定开启时间为 150ms，关闭时间为 90ms，流量为 5L/min。

Parker 公司所生产的 VPL 系列多路阀，同样采用这种先导高速开关阀方案，区别是使用两个二位三通高速开关阀作为先导，如图 1-17 所示。其先导控制采用

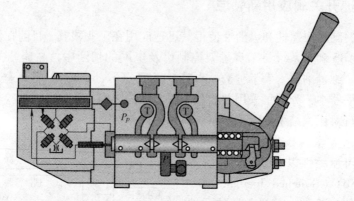

图 1-16　Sauer – Danfoss 公司的先导高速开关阀原理

PWM 信号，额定电压/电流为 12V/430mA 或 24V/370mA，控制频率为 33Hz。

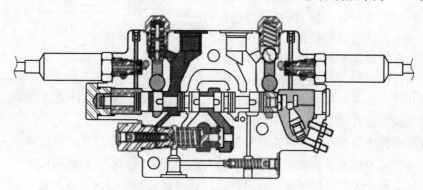

图 1-17　Parker 公司的 VPL 系列多路阀

1.4　数字阀控制技术

阀控液压系统依靠控制阀的开口来控制液压执行元件的速度。液压阀从早期的手动阀到电磁换向阀，再到比例阀和伺服阀。电液比例控制技术的发展与普及，使工程系统的控制技术进入了现代控制工程的行列，构成电液比例技术的液压元件，也在此基础上有了进一步发展。传统液压阀容易受到负载或者油源压力波动的影响。针对此问题，负载敏感技术利用压力补偿器保持阀口压差近似不变，系统压力总是和最高负载压力相适应，最大限度地降低能耗。多路阀的负载敏感系统在执行机构需求流量超过泵的最大流量时不能实现多缸同时操作，抗流量饱和技术通过各联压力补偿器的压差同时变化实现各联负载工作速度保持原设定比例不变。

数字阀的出现，与传感器、微处理器的紧密结合大大增加了系统的自由度，使阀控系统能够更灵活地结合多种控制方式。数字阀的控制、反馈信号均为电信号，因此无需额外梭阀组或者压力补偿器等液压元件，系统的压力流量参数实时反馈控制器，应用电液流量匹配控制技术，根据阀的信号控制泵的排量。电液流量匹配控制系统由流量需求命令元件、流量消耗元件执行机构、流量分配元件数字阀、流量产生元件电控变量泵和流量计算元件控制器等组成。电液流量匹配控制技术采用泵阀同步并行控制的方式，可以基本消除传统负载敏感系统控制中泵滞后阀的现象。电液流量匹配控制系统致力于结合传统机液负载敏感系统、电液负载敏感系统和正流量控制系统各自的优点，充分发挥电液控制系统的柔性和灵活性，提高系统的阻尼特性、节能性和响应操控性。

相对于传统液压阀阀芯进出口联动调节、出油口靠平衡阀或单向节流阀形成背压而带来的灵活性差、能耗高的缺点，目前国内外研究的高速开关式数字阀基本都使用负载口独立控制技术，从而实现进出油口的压力、流量分别调节。瑞典林雪平（Link Ping）大学的 Jan Ove Palmberg 教授根据 Backe 教授的插装阀控制理论首先提出负载口独立控制（Separate Controls of Meter – in and Meter – out Orifices）概念，在液压执行机构的每一侧用一个三位三通电液比例滑阀控制执行器的速度或者压力。通过对两腔压力的解耦，实现控制目标速度控制。此外，在负载口独立方向阀控制器设计上，采用 LQG 最优控制方法。在其应用于起重机液压系统的试验中获得了良好的压力和速度控制性能。丹麦的奥尔堡（Aalborg）大学研究了独立控制策略以及阀的结构参数对负载口独立控制性能的影响。美国普渡（Purdue）大学用5 个锥阀组合，研究了鲁棒自适应控制策略实现轨迹跟踪控制和节能控制。其中 4个锥阀实现负载口独立控制功能，一个中间锥阀实现流量再生功能。德国德累斯顿工业大学（Technical University Dresden）在执行器的负载口两边分别使用一个比例方向阀和一个开关阀的结构，并研究了阀组的并联、串联以及控制参数对执行器性能的影响。德国亚琛工业大学（RWTH Aachen University）研究了负载口独立控制的各种方式，并提出了一种单边出口控制策略。美国明尼苏达（Minnesota）大学设计了双阀芯结构的负载口独立控制阀，并对其建立了非线性的数学模型和仿真。国内学者从 20 世纪 90 年代开始对负载口独立控制技术进行深入研究，浙江大学、中南大学、太原理工大学、太原科技大学、北京理工大学等均在此技术研究与工程应用方面取得相关进展。

负载口独立控制系统原理如图 1-18 所示，其优点主要体现在：负载口独立系统进出口阀芯可以分别控制，因此可以通过增大出口阀的阀口开度，降低背腔压力，以减小节流损失；由于控制的自由度增加，可根据负载工况实时修改控制策略，所有工作点均可达到最佳控制性能与节能效果；使用负载口独立控制液压阀可以方便替代多种阀的功能，使得液压系统中使用的阀种类减少。

电液比例控制技术、电液负载敏感技术、电液流量匹配控制技术与负载口独立控制技术的研究和应用进一步提高了液压阀的控制精度和节能性。数字液压阀的发展必然会与这些阀控技术相结合以提高控制的精确性和灵活性。

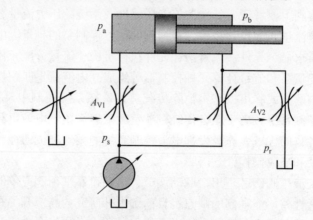

图 1-18　负载口独立控制系统原理

参 考 文 献

[1] 路甬祥. 流体传动与控制技术的历史进展与展望 [J]. 机械工程学报, 2010.

[2] 雷天觉. 新编液压工程手册 [M]. 北京: 北京理工大学出版社, 1998.

[3] 杨华勇, 王双, 张斌, 等. 数字液压阀及其阀控系统发展和展望 [J]. 吉林大学学报（工学版）, 2016, 46 (5): 1494 – 1505.

[4] 陈彬, 易孟林. 数字技术在液压系统中的应用 [J]. 液压气动与密封, 2005 (4): 1 – 3.

[5] 吴文静, 刘广瑞. 数字化液压技术的发展趋势 [J]. 矿山机械, 2007 (8): 116 – 119.

[6] LINJIAMA M. Digital fluid power: state of the art [C] // The 12th Scandinavian International Conference on Fluid Power. Tampere, Finland, 2011.

[7] VICTORY CONTROLS, LLC. Digital hydraulic linear positioner [EB/OL]. http://www.victorycontrols.com/DSSC.pdf, 2005 – 06 – 12.

[8] 杨世祥. 数字液压及数字控制技术 [EB/OL]. http://www.china – hydraulic.com/customer/dh/dh – 20031221.pdf, 2003 – 03.

[9] 许仰曾, 李达平, 陈国贤. 液压数字阀的发展及其工程应用 [J]. 流体传动与控制, 2010.

第2章 数字液压阀

增量式数字液压控制系统的核心是增量式数字液压阀，一般使用步进电动机作为液压滑阀的驱动元件，进行直接式数字控制。基本工作原理为计算机发出控制脉冲序列，经驱动器放大后，控制步进电动机动作，步进电动机的转动经由滚珠丝杠或凸轮机构转换为直线位移，直接驱动阀芯移动。其中，步进电动机可由计算机或可编程控制器（PLC）控制，由于步进电动机的控制方式为步进的，对输入的脉冲数有记忆作用，所以每一采样周期的步数是在原有采样周期步数的基础上增加或减少一些步数来实现，即增量控制法。因此，增量式数字液压阀具有接口及控制方式简单、通用性强、可靠性高、重复性好、无滞环、抗污染能力强等优点。由于省去了 D/A 转换器和线性放大器，价格相对低廉，同时避免了模拟量控制带来的零漂、温漂、易受干扰等不利影响。但由于步进电动机及其驱动的机械系统往往具有较大的惯量，所以响应速度相对于模拟量控制的电液伺服阀及电液比例阀较慢，更多适应于有精度要求，但频响要求不高的复杂、恶劣工作环境。下面首先介绍几种典型增量式数字阀的结构形式及工作原理，并在此基础上选取本课题组研究应用较多、较为熟悉的机械螺纹伺服式数字阀为对象，进一步开展理论建模和仿真分析，研究增量式数字阀的阀芯特性及控制特性，为增量式数字阀的设计、应用提供依据。

2.1 典型增量式数字阀结构形式

增量式数字阀按其结构可以分为滑阀式、锥阀式、转阀式和喷嘴挡板式，按其功能又可分为数字溢流阀、数字流量阀、数字方向流量阀。目前在国内还处在开发研制阶段，也可见到不少的产品和种类，但尚未形成系列化，而国外已有系列化的数字流量阀、压力阀和方向流量阀等。日本液压技术基础雄厚，开展数字阀的相关研究也较早，在增量式数字阀的研制和生产上优势明显，较为著名的数字阀生产厂商主要有东京计器公司、内田油压公司、油研公司和丰兴工业公司等，产品涵盖数字流量阀、数字压力阀和数字换向阀等，资料显示上述公司生产的数字阀工作压力可达 21MPa，流量最大可达 500L/min，滞环精度和重复控制精度小于 0.1%。此外美国、英国、加拿大、法国、德国和丹麦等发达国家也开展了增量式数字阀的相关研究工作。

我国自 20 世纪 80 年代开始了数字阀的研制工作，广州机械科学研究院在增量式数字阀的研究上成果丰硕，先后研制了数字调速阀、数字先导溢流阀和数字换向阀等产品，并且成功投放市场。上海豪高机电科技有限公司于 2008 年研制成功增量式水液压流量阀,该阀自带位置反馈功能,且以水为工作介质,对环境污染小。浙江工业大学研制出了2D数字伺服阀,并对该数字阀的特性进行了深入研究。邱法维等人研制了双步进电动机驱动数字液压阀,该阀工作压力为28~40MPa,流量可达1000L/min以上。增量式数字阀由于采用步进电动机作为控制元件,步进电动机的工作特性对数字阀性能的影响很大,这类数字阀的主要缺点有:元件惯性大,阀的频响不高;步进电动机的分辨率有限,系统控制精度受到限制;受步进电动机矩频特性的影响,阀的工作频率范围较窄;步进电动机驱动力矩有限,应用于高压大流量场合较为困难。

常见的增量式数字阀主要有单步进电动机数字阀、双步进电动机数字阀和2D数字阀等。下面将结合这几种典型的增量式数字阀进行具体说明。

2.1.1 单步进电动机数字阀

图2-1和图2-2所示为美国Victory Control公司推出的增量式数字阀及与液压作动器集成的相关成品。

图2-1 单步进电动机增量式数字阀　　　　图2-2 增量式数字阀控液压作动器

单步进电动机增量式数字阀控液压作动器由控制器、增量式数字阀、液压作动器、光电编码器等元件组成,系统结构如图2-3所示。

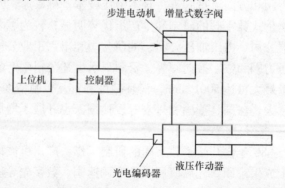

图2-3 增量式数字阀控液压作动器结构(油源、过滤器、蓄能器等部件省略)

基于单步进电动机增量式数字阀控液压作动器工作原理如图 2-4 所示，系统控制过程为：由上位机输入信号给控制器，控制器根据反馈信号基于相应的控制策略输出脉冲信号，阀内的步进电动机产生旋转并通过丝杠螺母使阀芯产生轴向位移，阀芯打开后压力油进入液压作动器一侧工作腔推动活塞杆运动，活塞杆内部的滚珠丝杠将位移信号转化为旋转角度信号，经光电编码器采集后转化为脉冲信号，输入控制器形成负反馈回路。液压作动器逐渐接近目标位移时，控制器根据反馈信号，输出反向脉冲信号，控制步进电动机反转使阀芯逐渐关闭，当输入位移等于反馈位移时，阀芯达到零位。其控制过程与比例阀控液压伺服系统类似，仅是滑阀的电 - 机转换环节不同。

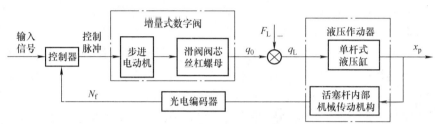

图 2-4　增量式数字阀控液压作动器工作原理

基于单步进电动机增量式数字阀的液压伺服系统属于阀控液压缸系统，可模拟电液伺服的控制方式，控制信号与反馈信号完全采用数字信号代替模拟量，解决了微小信号易受干扰的问题。用光电编码器作为位移检测装置，提高了伺服系统精度，实现了系统闭环控制，便于利用先进的控制策略对步进电动机进行实时控制，实现阀芯开启与关闭以精确控制液压作动器的位移，提高液压伺服系统的动态品质。

单步进电动机增量式数字阀以步进电动机作为执行元件，电动机旋转角度与输入脉冲数成正比，阀芯产生相应的开度。数字阀具有重复精度高、无滞环、无需采用 D/A 转换和线性放大等优点，其对液压阀部分无特殊要求，对液流的控制也与比例阀类似。具有控制准确、结构简单和抗污染能力强等优点，其结构如图 2-5 所示。

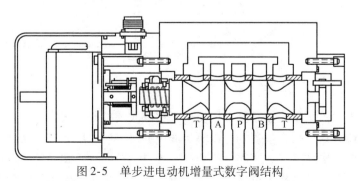

图 2-5　单步进电动机增量式数字阀结构

在控制器发出的数字控制脉冲信号的作用下，细分驱动器驱动步进电动机顺时针旋转，电动机轴通过花键、万向联轴器与阀芯连接，带动滑阀阀芯旋转。在阀芯螺杆螺母副的作用下，阀芯向左产生直线位移。本数字阀结构为负开口三位四通形式，存在一定的死区。起初，阀芯产生的短距离位移并不能使 P 口处的高压油与 A 口或 B 口接通。当阀芯通过死区后，阀口打开，P 口处的高压油与 A 口连通，压力油进入无杆腔一侧，活塞杆外伸，与此同时，有杆腔回油经 B 口与 T 口流回油箱。反之，步进电动机逆时针旋转，阀芯向右产生直线位移，从而使阀口关闭，进回油油路切断，液压缸活塞杆停止运动。若步进电动机继续逆时针旋转，阀芯继续向右运动，通过死区后使阀口反向打开，此时 P 口处的高压油与 B 口连通，压力油进入有杆腔一侧，活塞杆缩回，与此同时，无杆腔回油经 A 口与 T 口流回油箱。在这种控制方式作用下，阀芯的打开与关闭都是由同一个步进电动机驱动实现的。

图 2-6 所示为根据控制策略设计的一次完整控制过程各参数曲线变化规律。脉冲控制量由输入值与反馈值之间的差值决定，随着差值增大，脉冲控制量逐渐增大，阀芯开口也随之增大；当差值过大，脉冲控制量达到最大值 ΔN_m，则阀芯开口也达到最大开度 δ_{max}。当反馈脉冲值逐渐增大时，其变化曲线过程与上相反。因此，可以得出：阀芯开度始终与脉冲控制量成比例，当有输入脉冲时，阀口打开，当反馈脉冲数值逐渐增大，阀芯开始往相反方向移动，当反馈值等于输入值时，阀芯正好关闭。

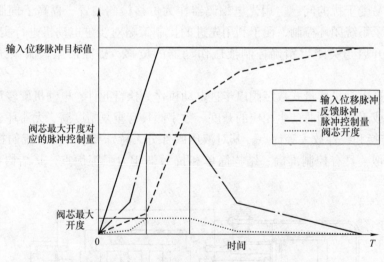

图 2-6　输入、反馈及发送脉冲数与阀芯开度曲线变化

单步进电动机增量式数字阀采用类似于比例阀的控制方式，其特点是便于对阀芯位移及开闭方式进行合理规划，以满足液压缸对响应速度和控制精度的要求。同时，单步进电动机增量式数字阀开闭均由步进电动机通过一端固定的机械螺纹伺服机构控制，由于机械结构不可避免地存在游隙，使得单步进电动机增量式数字容易

发生阀芯及油路不易对位和对位不准等问题。

2.1.2　双步进电动机数字阀

双电动机增量式数字阀主要由主动步进电动机、反馈步进电动机、丝杠螺母套、滑动套等部件、阀芯、阀套和阀体等部件组成，其结构与比例阀类似，但两者的阀芯驱动机构不同，双步进电动机数字阀的具体结构如图 2-7 所示。

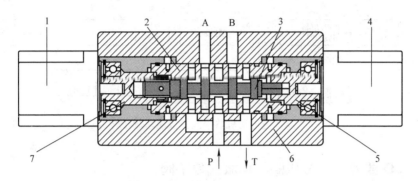

图 2-7　双步进电动机数字阀结构
1—反馈电动机　2—阀套　3—阀芯　4—主动电动机　5—滑动套　6—阀体　7—丝杠螺母套

数字阀的工作原理为：主动步进电动机在正向脉冲的作用下旋转，由于阀芯与步进电动机之间通过滑动套构成滑动连接，阀芯随主动步进电动机旋转的同时可轴向滑动。阀芯左端为滚珠丝杠，阀芯的旋转运动在丝杠螺母套的作用下转换为轴向左移的直线运动，此时阀口打开，进油口 P 和负载 A 口连通，回油口 T 和负载 B 口连通，压力油自 A 口进入液压缸无杆腔内，有杆腔内油液经 B 口回油，此时活塞外伸。活塞的运动会驱动液压缸上安装的位移传感器（编码器或光栅尺）产生反馈脉冲，反馈脉冲又驱动反馈步进电动机带动丝杠螺母套旋转，在丝杠螺母套的作用下，丝杠螺母套的旋转运动转换为阀芯轴向右移的直线运动，此时阀口逐渐关小直至关闭，实现了液压缸速度和位置的负反馈。实质上阀口打开和关闭是同时进行的，阀口的实际开度是由两者的复合运动产生的。当连续输入正向脉冲时，主动步进电动机正向连续旋转，阀芯左移打开阀口，此时活塞外伸。反之，输入反向脉冲，主动步进电动机反转，阀芯右移打开阀口，活塞缩回。此双电动机数字阀除具有普通数字阀的典型优点外，还自带反馈装置（即反馈步进电动机＋螺母套），只需接入反馈脉冲信号即可快速实现简单的闭环控制。

先前设计的液压伺服反馈系统都是内置式的局部反馈，在阀芯处设置两个步进电动机，一个用于接收上位机的脉冲信号进行开阀控制，另一个步进电动机接收活塞杆位移经光电编码器采集转化的反馈脉冲信号，实现关阀控制。这种关阀控制方式由于控制简单、内部闭环的特性，在实际应用中取得了不错的效果，但同时也存在着阀芯结构较为复杂，机械加工精度要求较高等缺点。

双步进电动机数字阀控液压系统工作原理如图 2-8 所示，该系统的控制核心为双步进电动机数字阀。系统的工作原理可简述为：在输入脉冲序列作用下，细分驱动器驱动主动步进电动机旋转，打开数字阀阀口，此时液压缸动作，液压缸的位移量经拉线位移传感器转化为脉冲信号，驱动反馈步进电动机旋转，逐渐关小阀口，实现位置负反馈。当液压缸到达目标位置时，输入脉冲数与反馈脉冲数相等，阀口彻底关闭，实现了系统的位置伺服控制。

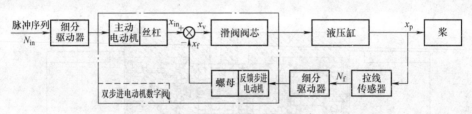

图 2-8　双步进电动机数字阀控液压系统工作原理

2.1.3　2D 数字阀（液压螺旋伺服式数字阀）

2D 数字阀的结构如图 2-9 所示，它由阀体、电－机械转换器（步进电动机）、传动机构和角位移传感器等组成。传动机构主要用来连接电－机械转换器与阀芯，实现运动的传递和力矩的放大。角位移传感器实时检测步进电动机转子的角位移，以实现对步进电动机转子角位移的闭环连续跟踪控制。

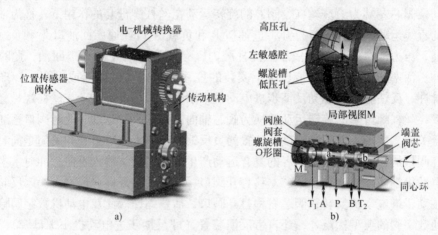

图 2-9　2D 数字阀的结构
a）整体结构示意图　b）阀芯结构剖视图

由图 2-9b 阀芯结构剖视图可以看出，P 口为进油口，T_1 口和 T_2 口为回油口，A 口和 B 口为负载口。2D 数字阀体右腔通过小孔 b、阀芯杆内通道和小孔 a 与 P 口相通，右腔压力为进油口的压力（系统压力），右腔截面面积为左敏感腔截面面积的一半。在阀芯左端台肩上有一对高低压孔，在阀芯孔左端有一螺旋槽。螺旋槽和高低压孔相交构成一液压阻尼半桥，该液压阻尼半桥控制了左敏感腔的压力。这是实现 2D 数字阀阀芯转角与轴向位移转换的关键，这种结构也称为液压伺服螺旋机构。

　　带液压伺服螺旋机构的 2D 数字阀工作原理如图 2-10 所示。静态时，若不考虑摩擦力及阀口液动力的影响，左敏感腔压力为入口压力的一半，阀芯在轴向保持静压平衡，此时，高低压孔与螺旋槽相交的弓形面积相等。当阀芯逆时针转动时（见图 2-10a），高压孔与螺旋槽相交的弓形面积增大，低压孔与螺旋槽相交的弓形面积减小，于是，左敏感腔的压力升高。左敏感腔的压力升高后，推动阀芯右移。阀芯右移的结果是高低压孔又回到螺旋槽的两侧，高低压孔和螺旋槽的相交面积又重新相等，左敏感腔的压力恢复为入口压力的一半，阀芯重新保持轴向力的平衡。若阀芯顺时针转动时（见图 2-10b），高低压孔与螺旋槽相交的弓形面积变化正好相反，左敏感腔的压力降低，阀芯在左右两侧压力差的作用下左移至高低压孔和螺旋槽相交面积重新相等，阀芯轴向力重新平衡。可以看出，带液压伺服螺旋机构的 2D 数字阀与带机械螺旋转换机构的数字阀阀芯运动方式一样，都同时存在转动和平动两种运动方式。不同之处在于带机械螺旋转换机构数字阀阀芯的轴向运动是由机械力驱动的，而带液压伺服螺旋机构的 2D 数字阀阀芯的轴向运动是由液压力驱动的。从结构和工作原理可以看出，2D 数字阀为双级位置反馈液压流量伺服阀。两个运动自由度之间不相互干涉，因而可以实现双级阀的导阀级和主阀的功能。阀芯的旋转自由度实现导阀的功能，而阀芯的轴向运动自由度则实现主阀的功能。

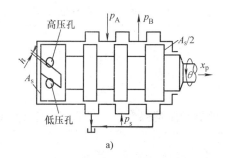 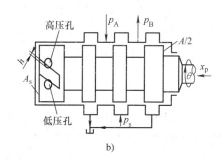

图 2-10　2D 数字阀工作原理图

a）阀芯逆时针旋转，在液压力作用下右移　b）阀芯顺时针旋转，在液压力作用下阀芯左移

　　为深入研究增量式数字阀的阀芯特性及控制特性，下面以单步进电动机数字阀和双步进电动机数字阀等机械螺旋伺服式数字阀及其阀控液压伺服系统为对象进行建模，为进一步的仿真分析奠定基础。

2.2 增量式数字阀建模

2.2.1 数学模型

由增量式数字滑阀的工作原理可知，由于采用螺旋传动结构，滑阀阀芯同时存在旋转和平动两种运动状态，阀芯平动是滑阀阀杆与丝杠螺母的相对旋转运动复合而成的。建模时可将步进电动机 - 减速机 - 滑阀阀芯以及步进电动机 - 减速机 - 丝杠螺母间的连接视为刚性连接，将阀芯的旋转和平动分开考虑，依次建立相应的数学模型。

1. 步进电动机及阀芯旋转数学模型

设输入步进电动机驱动器的脉冲数为 N，考虑到输入脉冲的方向性，重新定义脉冲数为矢量，以 N 的正负代表脉冲方向，即 $N > 0$ 时，输入为正向脉冲，步进电动机正转；而 $N < 0$ 时，输入为反向脉冲，步进电动机反转。步进电动机转子轴实际输出角位移为 θ，则步进电动机的数学模型可表示为

$$\begin{cases} \theta_m = N\theta_s/n_s \\ T_e = T_m\sin(Z_r\delta\theta) = T_m\sin[Z_r(\theta_m - \theta)] \\ T_e = J_r\ddot{\theta} + B_e\dot{\theta} + T_L \end{cases} \tag{2-1}$$

式中，θ_m 为细分后步进电动机指令角位移；θ_s 为步进电动机固有步距角；n_s 为驱动细分数；T_e 为步进电动机的输出转矩；T_m 为最大静转矩；Z_r 为转子齿数；$\delta\theta$ 为旋转电磁场与转子角位移偏差；J_r 为转子转动惯量；B_e 为转子黏性阻尼系数；T_L 为负载转矩。

设步进电动机转子轴端减速机传动比为 i_s，则传动至滑阀阀芯的角位移为 θ/i_s。设滑阀阀芯旋转的驱动力矩为 T，则阀芯旋转动力学方程为

$$T = J_m\ddot{\theta}/i_s + B_m\dot{\theta}/i_s + T_s \tag{2-2}$$

式中，J_m 为阀芯等效转动惯量；B_m 为阀芯等效旋转阻尼系数；T_s 为阀芯旋转综合阻力矩，包含摩擦转矩和阀芯轴向合力产生的阻力矩。

为简化数字滑阀电 - 机转换部件的数学模型，将阀芯旋转运动等效折算到步进电动机转子轴上。由于阀芯旋转是步进电动机的主要负载，可认为 $T_L \approx T/i_s$，故得到

$$T_e = J\ddot{\theta} + B\dot{\theta} + T_s/i_s \tag{2-3}$$

式中，J 为折算到步进电动机转子轴上的数字滑阀综合转动惯量，$J = J_r + J_m/i_s^2$；B 为折算到步进电动机转子轴上的数字滑阀综合黏性阻尼系数，$B = B_e + B_m/i_s^2$。

联合式（2-1）和式（2-3），可得

$$J\ddot{\theta} + B\dot{\theta} + T_s/i_s - T_m\sin(Z_r\delta\theta) = 0 \tag{2-4}$$

由于 $\delta\theta$ 较小，近似有 $\sin\delta\theta \approx \delta\theta$，式（2-4）可化简为

$$J\ddot{\theta} + B\dot{\theta} + T_s/i_s + T_m Z_r \theta - T_m Z_r \theta_m = 0 \qquad (2\text{-}5)$$

对式（2-4）进行拉氏变换，整理后得到步进电动机输出转角传递函数为

$$\theta = \frac{T_m Z_r \theta_m - T_s/i_s}{Js^2 + Bs + T_m Z_r} \qquad (2\text{-}6)$$

2. 阀芯平动及反馈环节数学模型

数字阀阀口开度是各机构复合运动的结果，对于双步进电动机数字阀而言，阀芯在主动步进电动机的带动下旋转，其角位移 θ_d 在螺杆螺母副的作用下转换为阀芯（即螺杆）的输入位移 x_{in}，阀口一旦打开，活塞将产生位移 x_p，此时位移传感器将产生反馈脉冲，进而驱动反馈步进电动机带动阀芯螺母同向旋转，该螺母的角位移 θ_f 在螺杆螺母副的作用下转化为阀芯（即螺杆）的反馈位移 x_f，最终阀芯的反馈位移 x_f 和输入位移 x_{in} 合成阀芯平动的绝对位移 x_v（即阀口开度），因此可得阀芯平动运动方程

$$\begin{cases} x_v = x_{in} - x_f \\ x_{in} = \dfrac{t_1}{2\pi}\theta_d \\ x_f = \dfrac{t_1}{2\pi}\theta_f \end{cases} \qquad (2\text{-}7)$$

式中，x_v 为阀口开度；x_{in} 为阀芯输入位移；x_f 为阀芯反馈位移，t_1 为阀芯轴端螺杆螺母导程。

由于驱动步进电动机和反馈步进电动机型号相同，且阀芯和螺母套的工作状况相似，故式（2-6）既可用作驱动电动机的模型，也可用作反馈电动机的模型。若式（2-6）为驱动步进电动机的模型时，只需令

$$\begin{cases} \theta = \theta_d \\ N = N_{in} \\ n_s = n_{sin} \end{cases} \qquad (2\text{-}8)$$

由于作为反馈元件的脉冲输出型位移传感器（一般为光电编码器）的固有频率要远远高于液压伺服系统的固有频率，因此位移传感器的数学模型可认为是一个比例环节，其输入为液压缸活塞杆位移，输出量为反馈脉冲数。此时，若式（2-6）为反馈步进电动机模型时，只需令

$$\begin{cases} \theta = \theta_f \\ N = N_f = x_p/x_r \\ n_s = n_{sf} \end{cases} \qquad (2\text{-}9)$$

式（2-8）、式（2-9）中，θ_d、θ_f 分别为驱动电动机和反馈电动机的角位移；N_{in}、N_f 分别为输入脉冲数和反馈脉冲数；n_{sin}、n_{sf} 分别为驱动电动机和反馈电动机的驱

动器细分数；x_p 为液压缸活塞位移；x_r 为位移传感器的分辨率。

若位移传感器采用旋转型光电编码器，通过滚珠丝杠等传动机构将液压缸活塞的直线位移转化为旋转角位移，还需考虑其转化关系。设旋转编码器角位移分辨率为 θ_{xr}，滚珠丝杠导程为 t_2，则

$$x_r = \frac{t_2}{2\pi}\theta_{xr} \qquad (2-10)$$

对于单步进电动机数字阀，由于只有一个驱动步进电动机，阀芯螺母固定，反馈信号直接作用于步进驱动电动机，因此阀芯平动运动方程可简化为

$$x_v = \frac{t_1}{2\pi}\theta_d \qquad (2-11)$$

利用步进电动机的数学模型时，可令

$$\begin{cases} \theta = \theta_d \\ N = N_{in} - N_f = N_{in} - x_p/x_r \\ n_s = n_{sin} \end{cases} \qquad (2-12)$$

从而构建简单的基于增量式数字阀的闭环反馈控制液压伺服系统。

2.2.2 AMESim 模型

液压阀的控制特性只有在完整的液压控制回路或系统中才能体现，要研究增量式数字阀的控制特性，就必须构建相对完整的增量式数字阀控液压伺服系统。为重点关注增量式数字阀的阀芯特性，并尽可能地在保证仿真精度的同时降低建模难度和复杂程度，提高仿真效率，下面利用 AMESim 软件建立增量式数字阀控液压系统的仿真模型。AMESim 是多学科的建模仿真平台，具有友好的图形化界面，使用户可以在完整的应用库中选择需要的模块来构建复杂系统的模型并能方便地进行仿真和优化分析，便于工程技术人员掌握，非常适用于机械和液压仿真。增量式数字阀控液压系统的 AMESim 仿真模型如图 2-11 所示。主要由三部分组成：油源模型、阀控缸模型和反馈机构模型。油源模型主要使用 AMESim 液压库（Hydraulic）中的模块搭建完成；阀控缸模型主要使用 HCD 库（Hydraulic Component Design）中的模块搭建完成；反馈机构模型主要使用机械库（Mechanical）中的模块搭建完成。

1. 供油系统模型

供油系统模型如图 2-12 所示，该系统主要由交流伺服电动机、叶片泵、溢流阀、过滤器、蓄能器和油箱组成，主要功能是实现增量式数字阀控液压伺服系统的可控压力供油。供油系统模型主要使用 AMESim 中的液压库搭建完成，其中元件 2 为液压油模型，可以用来定义系统所使用液压油的相关参数，例如：密度、体积弹性模量、黏度、空气含量等，充分考虑油液特性对系统仿真的影响。元件 7 为溢流阀模型，主要起到安全阀的作用，系统的压力控制主要是通过对交流伺服电动机转

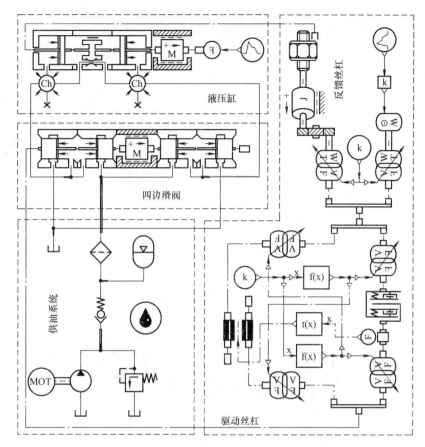

图 2-11　增量式数字阀控液压系统的 AMESim 仿真模型

速的控制来实现的。

　　AMESim 仿真平台为每个元件提供了各种复杂等级的仿真模型，用户可以根据各自的独特需要进行选择，表 2-1 为供油系统各部分元件所选仿真模型及相关参数。

2. 阀控非对称缸模型

　　阀控非对称缸仿真模型如图 2-13 所示，该模型主要由单出杆液压缸模型和四边滑阀模型两部分组成，模型使用 AMESim 的 HCD 库根据滑阀及单出杆液压缸具体结构原理搭建而成，能够较为详细全面地反映阀控缸的工作状态。

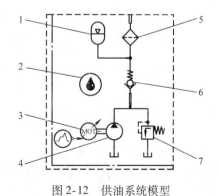

图 2-12　供油系统模型

1—蓄能器　2—液压油　3—交流伺服电动机
4—叶片泵　5—过滤器　6—单向阀　7—溢流阀

表 2-1　供油系统模型参数

组件名称	所选模型	参数名称	数值	单位
液压油	FP04	密度	918	kg/m³
		体积弹性模量	1700	MPa
		绝对黏度	46	mPa·s
		空气含量	0.1%	—
		饱和蒸汽压力	100	MPa
		空气黏度	0.02	mPa·s
叶片泵	PU001	排量	50	mL/r
		额定转速	1500	r/min
溢流阀	RV00	设定压力	10	MPa
		流量-压力梯度	600	(L/min)/MPa
蓄能器	HA001	充气压力	7.2	MPa
		容量	10	L

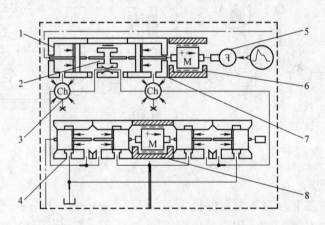

图 2-13　阀控非对称缸仿真模型

1—无杆腔　2—活塞　3—可变容积腔　4—阀块　5—负载
6—活塞杆质量　7—有杆腔　8—阀芯质量

图 2-13 中 2 为考虑泄漏的活塞模块，模拟液压缸的内泄，3 为可变容积腔模块，用来考虑油液的可压缩特性，4 为 HCD 库中的圆柱滑阀阀块，为最基本的液压单元，如图 2-13 所示利用四个这样的阀块即可搭建出四通圆柱滑阀，6 和 8 分别代表活塞杆和阀芯的质量，该模块除了可以用来考虑质量引起的惯性力之外，还可以对物体运动进行限位及考虑摩擦，模型中丰富的摩擦模型能够较为真实地模拟相对运动物体间的摩擦过程。阀控非对称缸模型参数见表 2-2。

表 2-2 阀控非对称缸模型参数

组件名称	组成模块	所选模型	参数名称	数值	单位
液压缸	等效质量块	MAS21	活塞杆质量	60	kg
			静摩擦力	800	N
			库伦摩擦力	400	N
			活塞位移	±0.225	m
			黏性摩擦系数	1200	N/(m/s)
			零速区间	1.0×10^{-6}	m/s
			斯特里贝克速度 (Stribeck)	0.02	m/s
	泄漏块	BAF12	活塞杆直径	180	mm
			径向间隙	0.1	mm
			活塞长度	62	mm
	液压腔块	BAP11 BAP12	液压缸内径	180	mm
			活塞杆直径	80	mm
	可变容积腔	BHC11	死区容积	1000	cm^3
四边滑阀	等效质量块	MAS005	阀芯质量	0.3	kg
			静摩擦力	50	N
			库伦摩擦力	40	N
			阀芯位移	±0.002	m
	阀块	BAO011 BAO012	阀芯直径	16	mm
			连杆直径	10	mm
			雷诺数	100	—
			阀芯轴向开度	2	mm
			滑阀死区	2×0.02	mm

3. 机械螺纹伺服机构模型

机械螺纹伺服机构模型如图 2-14 所示,该模型主要使用 AMESim 机械库中的元件搭建而成,由滚珠丝杠模型(图中右侧部分)和滑动螺旋副模型(图中左侧部分)两部分构成。该机械反馈机构模型的输入为步进电动机角位移 θ 和滚珠丝杠反馈位移 x_f,输出为阀芯位移 x_v。

由于用来做反馈的大导程滚珠丝杠加工困难,本设计采用小导程滚珠丝杠加减速机来代替,模型如图 2-14 中 5 和 7。滚珠丝杠精度高、摩擦力小,建模时无需很复杂的模型,直接使用机械库中的螺杆螺母机构(即图 2-14 中 7)代替即可。与阀芯相连的滑动螺旋采用的是普通的螺杆螺母机构,存在精度较低、摩擦力较大的问题,因此必须对其螺纹间隙和摩擦特性进行详细的考虑,在模型中体现为模块 1 和模块 4。此外,机械螺纹伺服机构模型中还用到了一个自建的超级元件 2,用

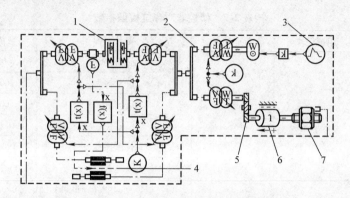

图 2-14　机械螺纹伺服机构模型

1—双边弹簧阻尼模块　2—超级元件　3—输入信号　4—摩擦块　5—减速齿轮

6—丝杠转动惯量　7—滚珠丝杠

来实现受力和速度的合成。各模块所使用的模型及参数见表 2-3。

表 2-3　反馈机构模型参数

组件名称	组成模块	所选模型	参数名称	数值	单位
滚珠丝杠	螺杆螺母机构	SRWNT1	大径	18	mm
			螺距	15	mm
			接触硬度	1.0×10^9	N/m²
			接触阻尼	1.0×10^7	N/m
			静摩擦系数	0.002	—
			库伦摩擦系数	0.001	—
	转动惯量块	RL01	转动惯量	0.001	kg·m²
	减速齿轮	RN000	齿轮速比 K	0.2	—
滑动螺旋	摩擦块	FR2T020	库伦摩擦系数	0.2	—
			达尔系数（Dahl）	1	—
			接触硬度	1.0×10^7	N/m²
			阻尼系数	3000	N/(m/s)
			阻尼速度区间	0.01	m/s
	双边弹簧阻尼块	MCLC0A	两侧总间隙	0.02	mm
			接触硬度	1.0×10^9	N/m²
			接触阻尼	1.0×10^6	N/m
	常数信号	CONS0	螺纹直径	14	mm
			螺距	5	mm

2.3　增量式数字阀仿真分析

阀芯是液压控制阀的关键组成部分，阀芯设计对电液伺服控制系统的位移、流量控制特性及冲击特性等影响十分明显。增量式数字阀控液压系统同样如此，尤其是对增量式数字阀的典型应用对象——数字液压缸而言，更是如此。数字液压缸对使用者而言近似于"开环控制"，使用极其简单，但设计复杂，一旦制造完成后参数固定无法调节，因此其设计过程就显得尤为重要。但阀芯形面的设计是一项复杂的工作，德国、美国等发达国家已采用调节阀阀芯形面的参数化设计技术，而国内阀芯形面的设计目前仍主要采用流量试验或者修形的方法，设计周期长、成本高、精度低，难以满足现代化生产发展的需要。

为深入研究增量式数字阀的阀芯特性，下面利用基于 AMEsim 建立的增量式数字阀控液压伺服系统模型，结合不同的阀口截面形状、阀芯遮盖形式、输入信号形式等设计使用因素进行仿真分析，研究增量式数字阀的阀芯特性及其对液压伺服控制系统的影响，为增量式数字阀阀芯的设计选型提供一定的参考依据。

2.3.1　阀口截面形式影响分析

1. 不同截面形状阀口过流面积计算

为了研究数字阀阀芯型面对系统的影响，这里选择三种阀口形式进行研究，分别为：圆柱形阀口、锥形阀口、矩形阀口，其结构如图 2-15 所示。

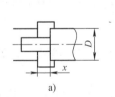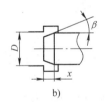

图 2-15　阀口形式

a) 圆柱形　b) 锥形　c) 矩形

圆柱形阀口过流面积及水利直径的计算公式为

$$A(x) = \pi Dx = W_1 x \tag{2-13}$$

$$d(x) = \frac{4A(x)}{C} = \frac{4\pi Dx}{2\pi D} = 2x \tag{2-14}$$

式中　D——阀芯直径（m）；

　　　x——阀口开度（m）；

　　　C——湿周长度（m）；

　　　W_1——圆柱形阀口面积梯度（m）。

锥形阀口过流面积及水利直径的计算公式为

$$A(x) = \pi x \sin\beta\left(D - \frac{1}{2}x\sin2\beta\right) = W_2 x \qquad (2-15)$$

$$d(x) = \frac{4A(x)}{C} = \frac{2\pi x \sin\beta(2D - x\sin2\beta)}{\pi(2D - x\sin2\beta)} = 2x\sin\beta \qquad (2-16)$$

式中　β——半锥角（rad）；

　　　W_2——锥形阀口面积梯度（m）。

矩形阀口过流面积及水利直径的计算公式为

$$A(x) = nbx = W_3 x \qquad (2-17)$$

$$d(x) = \frac{4A(x)}{C} = \frac{4nbx}{2n(b + x)} = \frac{2bx}{b + x} \qquad (2-18)$$

式中　n——矩形槽个数；

　　　b——矩形槽宽（m）；

　　　W_3——矩形阀口面积梯度（m）。

仿真中圆柱形阀的阀芯直径 D 为 16mm，根据式（2-13）圆柱形阀的阀口面积梯度为

$$W_1 = \frac{A(x)}{x} = \pi D = 0.016\pi \qquad (2-19)$$

锥形阀的半锥角 β 为 45°，圆台长度为 2mm，根据式（2-15）锥形阀的阀口面积梯度为

$$W_2 = \frac{A(x)}{x} = \pi\sin\beta\left(D - \frac{1}{2}x\sin2\beta\right) = \frac{\sqrt{2}}{2}\pi(0.016 - 0.5x) \approx 0.008\sqrt{2}\pi \qquad (2-20)$$

式中 x 为阀芯的位移，由图 2-21 可知，阀芯的位移是很小的，故式（2-20）进行的简化是合理的。

矩形节流槽的个数 n 为 8，槽的宽度 b 为 2mm，根据式（2-17）矩形阀的阀口面积梯度为

$$W_3 = \frac{A(x)}{x} = nb = 8 \times 0.002 = 0.016 \qquad (2-21)$$

由式（2-19）~ 式（2-21）的计算结果可知，三种阀的阀口面积梯度关系为：$W_1 > W_2 > W_3$，即阀芯位移相同时三种阀过流面积的关系为：$A_1 > A_2 > A_3$。在三种阀的压差 Δp 相同的情况下，根据阀口流量方程：

$$q = C_d W x \sqrt{\frac{2\Delta p}{\rho}} \qquad (2-22)$$

可知，通过三种阀的流量关系为：$q_1 > q_2 > q_3$。

2. 不同截面形状阀口过流面积及流量对比

利用 AMESim 软件 HCD 库当中的自定义阀块（Spool with Specific Orifice）来定

义三种形式的阀芯，只需要设置阀芯的过流面积和水利直径的计算公式即可模拟不同形式的阀芯，其他参数保持不变进行仿真。仿真输入为步进电动机的角位移，信号按照 $400\sin(0.2\pi t)$（单位为 rad）正弦规律变化，而液压缸的位移输出以中位为零点，向两侧延伸。

图 2-16 所示为三种滑阀在液压缸运动过程中进油阀口过流面积的变化曲线，阀口首先打开，然后关闭。通过前 1s 的仿真曲线可知，圆柱形阀过流面积梯度最大，锥形阀次之，矩形阀最小，与它们的数学模型是一致的。矩形阀过流面积曲线相位滞后约 0.2s。

图 2-17 所示为滑阀一侧回油口流量变化曲线。由图 2-17 可知，圆柱形阀与锥形阀的流量差别不大，基本保持一致；而矩形阀的流量小，相位滞后约 0.2s。通过以上对比分析可知，圆柱形阀与锥形阀的流量特性相似，矩形阀的过流面积小，导致其阀口流量小，降低了系统的灵敏度，进而导致阀口关闭滞后，相位滞后，可从图 2-16 和图 2-17 中看到。

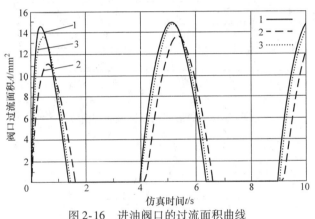

图 2-16　进油阀口的过流面积曲线

1—圆柱形阀　2—矩形阀　3—锥形阀

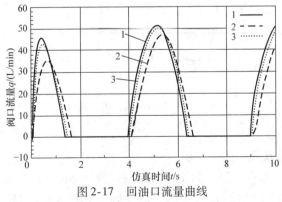

图 2-17　回油口流量曲线

1—圆柱形阀　2—矩形阀　3—锥形阀

针对矩形阀流量较小的问题进行改进，将矩形槽增加至 10 个和 12 个。利用 AMESim 软件的批处理功能得到的矩形阀槽数 N 为 8、10、12 对应的过流面积曲线和阀口流量曲线，如图 2-18 和图 2-19 所示。由图 2-18 可知，随着矩形槽数目的增多，滑阀的过流面积增大，过流面积的相位则会相应的提前。图 2-19 显示，矩形槽数目增多，阀口流量增加，曲线相位相应提前。结合图 2-18 和图 2-19 可知，矩形槽数目增多，滑阀过流面积增加，阀口流量加大，会增加数字液压缸系统的反馈灵敏度，阀口关闭及时，曲线相位滞后减小。

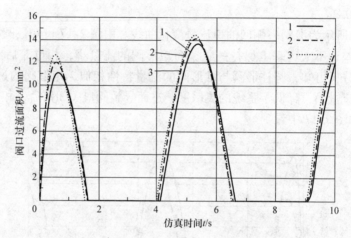

图 2-18　矩形阀阀口过流面积曲线

1—$N=8$　2—$N=10$　3—$N=12$

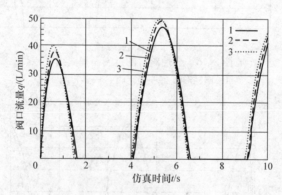

图 2-19　矩形阀阀口流量曲线

1—$N=8$　2—$N=10$　3—$N=12$

3. 不同截面形状阀口油压对比

图 2-20 所示为与有杆腔一侧相连滑阀阀口的压力曲线。三条曲线的走势一致，但矩形阀的相位明显滞后约 0.2s，滞后的原因上文已经提到过。圆柱形阀的压力曲线有明显的抖动，而矩形阀与锥形阀的压力曲线平滑无明显抖动。圆柱形阀与矩

形阀在阀口开关过程中压力有跃变，可以从图 2-20 中看出，而锥形阀曲线平缓，没有跃变。通过以上分析可知，矩形阀和锥形阀都有改善系统压力振动的作用，且锥形阀还可抑制压力跃变的作用。

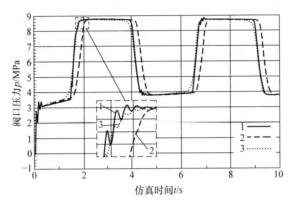

图 2-20　阀口油压－时间曲线

1—圆柱形阀　2—矩形阀　3—锥形阀

4. 阀口截面形状对阀芯位移的影响

图 2-21 所示为数字阀的阀芯位移－时间曲线，可知圆柱形阀、矩形阀、锥形阀的阀芯位移是依次增加的，且液压缸反向运动（有杆腔为工作腔）时阀芯最大位移大于正向运动时的最大位移，这主要是由液压缸为非对称缸造成的。前文已给出三种阀的过流面积关系为 $A_1 > A_2 > A_3$，根据阀口流量方程，为了获得相当的流量，圆柱形阀、矩形阀、锥形阀的阀芯位移需依次增加。三种结构的阀整个运动过程中所能达到的最大位移分别为 0.35mm、0.45mm 和 0.9mm，圆柱形阀的开度最小且阀口边缘较为锐利，可将其阀口看成薄壁小孔，薄壁小孔会对通过的液压油产生剪切，容易使油液变质降低液压油的使用寿命；另外圆柱形阀芯较大的面积梯度也不利于实现稳定的控制，在阀芯加工精度不高的情况下会对系统控制精度产生较大的影响。锥形阀芯和矩形阀芯的位移量较大，且优化的阀芯型面减小了对油液的损害，油液使用寿命延长；两阀的面积梯度较小，容易控制，其流量微调性能优良。

5. 阀口截面形状对系统速度响应的影响

图 2-22 所示为液压缸活塞运动速度曲线。圆柱形阀对应的速度曲线噪声最大，锥形阀次之，矩形阀最小。圆柱形阀与锥形阀的速度曲线基本保持同步，但矩形阀对应的速度曲线相位明显滞后。图 2-22 中速度为 0 处出现的短线，是由于速度方向变化时由于螺纹间隙的存在导致的。由此图可知，圆柱形阀的短线最长，锥形阀次之，矩形阀最小，矩形阀由于流量较小，灵敏度下降，对换向时的螺纹间隙不敏感。

图 2-23 所示为矩形阀槽数 N 为 8、10、12 对应的液压缸活塞运动速度曲线。

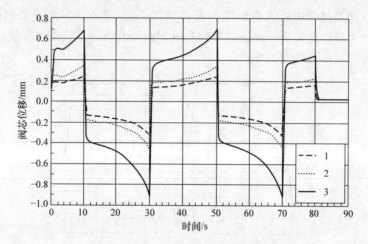

图 2-21 阀芯位移 – 时间曲线

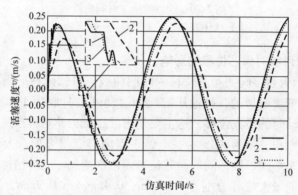

图 2-22 液压缸活塞运动速度曲线
1—圆柱形阀 2—矩形阀 3—锥形阀

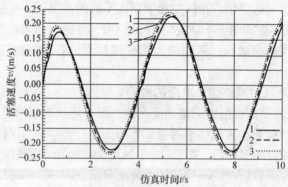

图 2-23 矩形阀活塞运动速度曲线
1—$N=8$ 2—$N=10$ 3—$N=12$

三条速度曲线都较平滑，说明矩形阀的减噪效果很好。随着槽数的增多，活塞的运动速度加快，则系统的灵敏度增加，从而导致曲线相位提前，这与前面的过流面积及流量曲线一致。

图 2-24、图 2-25 所示为采用不同阀口截面形状时数字液压缸的流量曲线和活塞速度曲线，曲线 1、2、3 分别对应圆柱形阀口、矩形阀口和锥形阀口。通常滑阀阀芯采用圆柱形或矩形截面，以保证阀芯位移与流量具有良好的线性关系以及较高的压力增益，但是数字液压缸不同：圆柱形或矩形阀口的数字液压缸会出现较大的换向冲击。经过改进设计，阀口形状成为非圆柱形，如锥形或者矩形槽截面，一定程度上可使阀口流量减缓，从而降低阀芯换向时油液的冲击速度，使得整个数字液压缸的换向冲击减少。在图 2-24、图 2-25 中，换向点处锥形阀口的流量最小，锥形阀控制的液压缸活塞速度最小。

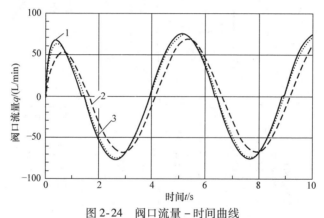

图 2-24　阀口流量 – 时间曲线

1—圆柱形阀口流量 q_1　2—矩形阀口流量 q_2　3—锥形阀口流量 q_3

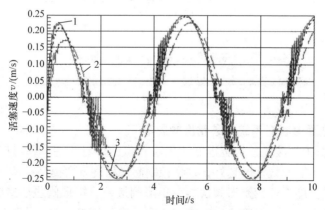

图 2-25　活塞速度 – 时间曲线

1—圆柱形阀口时活塞速度 v_1　2—矩形阀口时活塞速度 v_2

3—锥形阀口时活塞速度 v_3

图 2-26 所示为活塞加速度曲线及其局部放大曲线，除在液压缸起停位置及换向点时活塞加速度较大外，整个活塞运动过程中加速度基本趋于零，说明液压缸的工作过程较为平稳。由图 2-26b 可知，圆柱形阀、锥形阀、矩形阀对应的活塞加速度峰值依次减小，加速度变化过程延长，可见锥形阀和矩形阀可以抑制较大加速度的产生，使系统工作过程更加平稳，而圆柱形阀的面积梯度较大，灵敏度高，不易控制，稳定性较差。

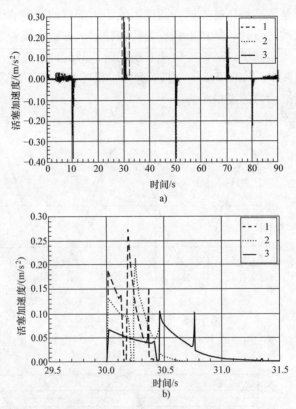

图 2-26 活塞加速度－时间曲线

a）活塞加速度曲线 b）局部放大

1—圆柱形阀 2—矩形阀 3—锥形阀

6. 阀口截面形状对系统位移精度的影响

图 2-27 所示为液压缸的步进电动机输入角位移与活塞位移对应曲线。曲线越平直说明液压缸的线性度越好，这样控制起来精度就会提高。从图 2-27 中可知：圆柱形阀的线性度最好，锥形阀次之，矩形阀最差。矩形阀虽然减噪的效果良好，但不能满足数字液压缸对准确度的苛刻要求。锥形阀有一定的减噪效果，可以抑制压力跃变，且与圆柱形阀的线性度相差不多，可以满足数字液压缸的工作要求，优于其他两种滑阀。

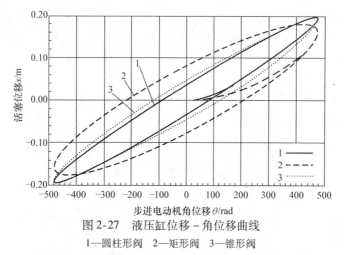

图 2-27　液压缸位移 - 角位移曲线

1—圆柱形阀　2—矩形阀　3—锥形阀

图 2-28 所示为矩形阀槽数 N 为 8、10、12 对应的液压缸步进电动机输入角位移与活塞位移对应曲线。随着矩形槽数目的增加，活塞的最大位移变大，系统的线性度提高。但总的来说矩形阀的线性度没有其他两种阀好，原因是其过流面积小，流量小，使系统反应迟滞，造成准确度下降。

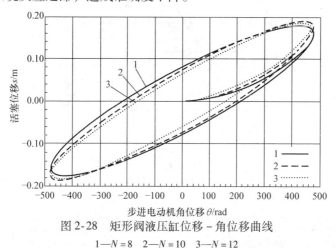

图 2-28　矩形阀液压缸位移 - 角位移曲线

1—$N = 8$　2—$N = 10$　3—$N = 12$

图 2-29 和图 2-30 分别所示为三角波输入时的液压缸位移和跟踪误差曲线，其输入信号对应的液压缸理论位移输出曲线为周期 40s、幅值 0.225m 的三角波，如图 2-29 中粗实线所示。其余曲线 1、2、3 分别对应圆柱形阀、锥形阀、矩形阀时液压缸的实际位移输出曲线。

结合图 2-29 和图 2-30 可以看出圆柱形阀和锥形阀的位移曲线较为接近，与理论位移曲线相比分别滞后约 0.15s 和 0.2s，所能达到的最大位移分别为 222mm 和 221mm，输入信号停止后 10s 的位移误差都为 0.25mm，这两种形式的阀芯对应的跟踪误差曲线趋势也较为接近，两跟踪误差曲线始终保持约 1mm 差异；矩形阀的位移跟踪效果明显较差，与理论位移曲线相比滞后约 0.45s，所能达到的最大位移为 217.6mm，输入信号停止后 10s 的位移误差也为 0.25mm，但其动态跟踪误差比其他两种结构的阀芯要大得多，最大误差可达 14mm，且输入信号停止后需较长时间才可达到稳定状态。

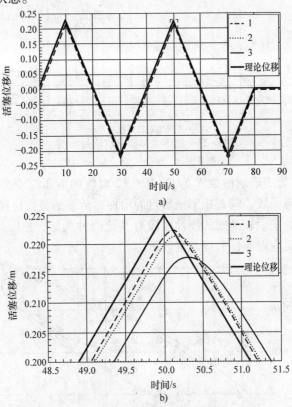

图 2-29 活塞位移 – 时间曲线

a) 位移曲线 b) 局部放大

1—圆柱形阀 2—矩形阀 3—锥形阀

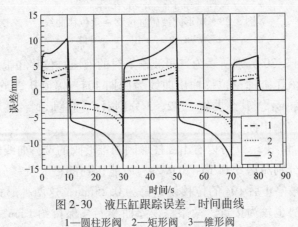

图 2-30 液压缸跟踪误差 – 时间曲线

1—圆柱形阀 2—矩形阀 3—锥形阀

前面已经得出结论：流量越小跟踪误差越大，这也就不难理解图 2-29 和图 2-30 中曲线的对比关系了。可见锥形阀和矩形阀在数字阀中的使用不利于提高数字液压伺服系统的控制精度，但是三种阀芯在系统稳定后的静态误差相差不大且都能满足系统要求，对不追求动态跟踪精度的系统，锥形阀和矩形阀仍是可以考虑的。

通过对圆柱形阀、矩形阀及锥形阀芯特性及其数字液压伺服系统特性的对比研究，可以得出如下结论：

1）同一规格下，圆柱形阀阀口过流面积最大，锥形阀次之，矩形阀最小；三种阀的过流面积梯度与流量也遵循此规律。

2）圆柱形阀产生的换向冲击较大，矩形阀与锥形阀可以相应地减小系统的换向冲击，其中锥形阀还可以抑制系统的压力跌变，使系统更加稳定。

3）圆柱形阀与锥形阀的线性度较好，矩形阀由于过流面积较小，阀口流量小，线性度较差，且系统反馈的灵敏度降低，导致相位滞后。但是，矩形阀的缺点可通过增加槽数和增大槽宽进行改善，也可采用将矩形槽与圆柱形阀芯结合来改进。

通过上述分析可知：三种阀芯的阀口过流面积不同，阀口过流面积通过影响阀口流量对整个系统产生影响。圆柱形阀由于阀口面积梯度较大，响应速度快，动态跟踪效果最好；锥形阀与圆柱形阀的控制效果较为接近，只比圆柱形阀的控制效果略差；矩形阀由于阀口面积梯度小，响应较慢，动态跟踪误差大，但三者的静态误差接近。锥形阀和矩形阀对系统的平稳性改善效果明显，且两者还具有改善流道的作用，因此对中间跟踪过程要求并不苛刻的操舵系统可以考虑使用锥形阀，既可以保证系统响应速度和跟踪误差，又可以改善系统的平稳性。

2.3.2　阀芯遮盖形式影响分析

通常，液压滑阀根据中位遮盖情况可分为零遮盖（零开口）、正遮盖（负开口）和负遮盖（正开口）三种形式，如图 2-31 所示。其中，零遮盖是一种理想情况，由于其对阀芯、阀套壳体的材料、加工、装配等要求极高，而且阀口易磨损，很难保持为理想的零遮盖；正遮盖液压阀密封性好、零位泄漏量小、控制精度高，但在系统中引入了死区非线性，响应速度受限；而负遮盖液压阀在零位的流量增益是零遮盖伺服阀的 2 倍，具有提高系统的快速性、增加系统的频宽、增加系统的稳定性等优点，在快速高精度负载和位置控制系统中应用广泛。下面结合仿真结果，具体分析阀芯遮盖形式对数字阀及其液压伺服系统的影响。

1. 遮盖形式对系统精度的影响

为研究数字阀遮盖对系统产生的影响，在其他参数一致的情况下取数字阀的遮盖分别为 1—（+0.2mm）、2—（0mm）和 3—（-0.2mm）进行仿真，所得液压缸的位移曲线及跟踪误差曲线如图 2-32 和图 2-33 所示。图 2-32 中粗实线为理论位移曲线，是周期 40s、幅值 0.225m 的三角波。仿真结果显示，负遮盖、零遮盖

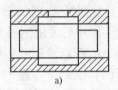 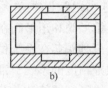 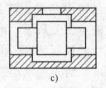

a)   b)   c)

图 2-31   液压滑阀遮盖形式

a) 零遮盖   b) 正遮盖   c) 负遮盖

和正遮盖的实际位移曲线滞后理论位移的时间分别为 0.1s、0.12s 和 0.25s；最大位移分别为 223mm、222.6mm 和 220mm。零遮盖与负遮盖的实际位移曲线非常接近，而正遮盖的实际位移曲线滞后明显，且曲线"削顶"现象明显，这主要是因为正遮盖数字阀在换向时存在滑阀死区，此时虽然滑阀仍在运动，但所有阀口处于关闭状态，活塞运动停止，故出现"削顶"现象。易知正遮盖量越大，最大位移越小，位移曲线滞后越明显，"削顶"越严重。

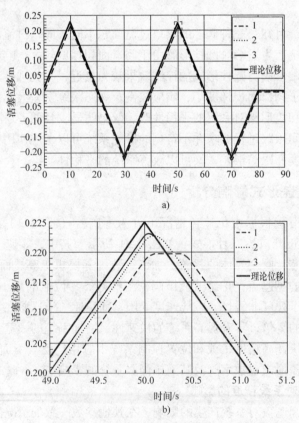

a)

b)

图 2-32   活塞位移 - 时间曲线

a) 位移曲线   b) 局部放大

1—遮盖 + 0.2mm   2—遮盖 0mm   3—遮盖 - 0.2mm

图 2-33 所示为负遮盖、零遮盖和正遮盖的位移跟踪误差曲线，正向运动时三者的最大跟踪误差分别为 2.4mm、3.4mm 和 6.4mm；反向运动时最大跟踪误差分别为 2.8mm、4.8mm 和 7.7mm；停止运动时静态误差分别为 0.2mm、0.04mm 和 3mm。对比可知负遮盖、零遮盖和正遮盖的动态跟踪误差依次增大，且正向跟踪误差小于反向跟踪误差，零遮盖的静态误差最小。正遮盖由于存在滑阀死区，跟踪误差明显大于其他两种遮盖形式，对于有精度要求的系统来说阀芯应尽量采用负遮盖或零遮盖形式。负遮盖和零遮盖跟踪误差曲线较为接近，但由于负遮盖存在预开口量，滑阀反应灵敏，跟踪效果较好。

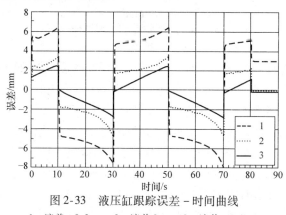

图 2-33　液压缸跟踪误差 – 时间曲线

1—遮盖 + 0.2mm　2—遮盖 0mm　3—遮盖 – 0.2mm

2. 遮盖形式对系统平稳性的影响

图 2-34 和图 2-35 分别所示为液压缸无杆腔和有杆腔压力曲线，图中 1、2、3 曲线分别为正遮盖、零遮盖和负遮盖对应的压力曲线。负遮盖对应的压力曲线变化较为平滑，无明显压力跃变，而正遮盖和零遮盖对应的压力曲线在换向点处有明显

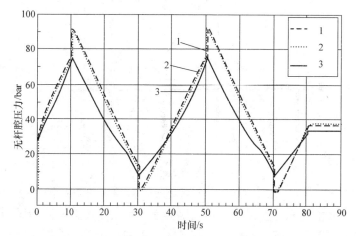

图 2-34　无杆腔压力 – 时间曲线

1—遮盖 + 0.2mm　2—遮盖 0mm　3—遮盖 – 0.2mm

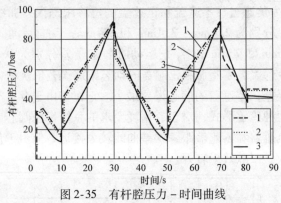

图 2-35　有杆腔压力 – 时间曲线

1—遮盖 + 0.2mm　2—遮盖 0mm　3—遮盖 – 0.2mm

的压力跃变,且有杆腔的压力跃变更加明显,跃变幅度可达 2MPa。可见负遮盖阀芯可以改善液压腔的工作压力,抑制压力跃变,提高系统的平稳性。

3. 遮盖形式对系统流量的影响

负遮盖也会对系统产生不利影响,图 2-36 所示为系统供油流量曲线,其中 1、2、3 分别为正遮盖、零遮盖和负遮盖对应的供油流量曲线。正遮盖的流量曲线除因滑阀死区引起的滞后外,与零遮盖的流量曲线基本一致,但负遮盖由于滑阀开口始终存在,流量大于其他两种遮盖形式下的流量,从图中也可以看出负遮盖的流量曲线明显高于其他两条曲线。这意味着负遮盖的数字阀在工作过程中始终有油液通过且流量较大,那么供油系统必须不断地供油才能维持系统的正常运行,但由正遮盖和零遮盖的流量曲线可以看出系统真正需要的流量并不是很大,对于负遮盖的数字阀来说大部分的油液是直接回流到了油箱,这将导致系统能耗较高,效率较低。

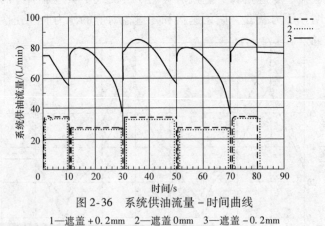

图 2-36　系统供油流量 – 时间曲线

1—遮盖 + 0.2mm　2—遮盖 0mm　3—遮盖 – 0.2mm

通过本节分析可知:在提高系统精度方面,由于正遮盖滑阀死区的存在控制精度明显不如零遮盖和负遮盖的控制精度。零遮盖和负遮盖的控制精度相近,但零遮盖中位无泄漏,效率高于负遮盖,应该说零遮盖是较为理想的情况,但零遮盖在实际应用中由于阀口的磨损，很难保持为理想的零遮盖。在实际使用中，建议数字阀采用零遮盖形式，如果加工精度不能满足要求可以趋向于加工为遮盖量极小的负遮盖，以期达到零开口的效果，这样做既可以提高系统的精度和灵敏度，抑制压力跃变，也可以提高系统效率。

2.3.3　输入信号形式影响分析

1. 输入信号类型对系统的影响

为探究输入信号频率对增量式数字阀控制特性的影响，探究合适的控制方式，这里选取三角波信号和正弦信号两种不同的输入信号形式进行对比研究，频率都为 0.025Hz，幅值皆为 1080°，则两种输入信号对应的理论位移曲线为频率（0.025Hz）和幅值（0.225m）都相同三角波曲线和正弦曲线，如图 2-37 中粗线所

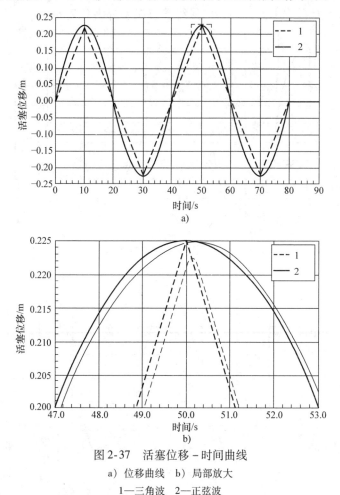

图 2-37　活塞位移 – 时间曲线

a）位移曲线　b）局部放大

1—三角波　2—正弦波

示，实际位移曲线分别对应图中 1 和 2 曲线。仿真过程中进一步考虑液压缸所受负

载力的影响，设定活塞向两侧运动至最大伸缩量过程中所受负载力与活塞位移成正比，最大负载力为 164kN，因此理论负载力曲线也是频率为 0.025Hz，幅值为 164kN 的三角波曲线和正弦曲线。

由图 2-37 可知三角波和正弦输入信号下的活塞最大位移分别为 224.6mm 和 222.3mm，正弦信号在最大位移处的误差极小，另外两位移曲线都出现了"削顶"现象且正弦信号的更为明显，"削顶"现象主要是由于滑阀死区造成的，由于正弦信号在最大位移处的速率低，所以"削顶"现象表现的更加明显。

图 2-38 和图 2-39 分别所示为液压缸的跟踪误差及速度曲线，对比图 2-38 中两种信号下的跟踪误差可知：正弦信号对于液压缸最大位移处的跟踪误差改善效果明显，但在液压缸中位时误差较大，由图 2-39 可知这是由于正弦信号下中间过程活塞运动速度较大引起的。三角波信号下虽然速度始终较为恒定，但由于负载的作用致使最大位移处的误差较大，其值与正弦信号下的最大跟踪误差相当，输入信号的形式对静态误差影响不大，两者的最终静态误差都为 0.25mm。

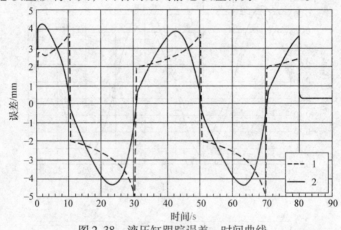

图 2-38　液压缸跟踪误差 – 时间曲线

1—三角波　2—正弦波

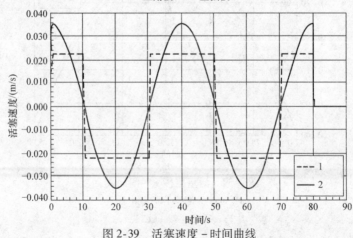

图 2-39　活塞速度 – 时间曲线

1—三角波　2—正弦波

根据上述分析，液压缸的跟踪误差不仅和运动速度有关，而且和负载的大小也有关系，具体关系为：速度越大跟踪误差越大，负载越大跟踪误差越大。针对不同的负载应采用不同的控制策略，基本原则是大负载低速运行，小负载高速运行，且必须进行合理的匹配，这样才能将跟踪误差控制在较小的范围内。

2. 输入信号频率对系统的影响

为了研究输入信号频率对增量式数字阀控制特性的影响，在其他参数不变的情况下设定步进电动机角位移输入信号频率分别为 1/30Hz、1/40Hz、1/50Hz，幅值都为 1080°，各频率下计算所得的理论位移曲线分别为周期 30s、40s、50s，幅值 0.225m 的三角波，则对应的液压缸运行速度分别为 30mm/s、22.5mm/s、18mm/s。各频率下的理论位移曲线及仿真所得的活塞实际位移曲线如图 2-40 所示，

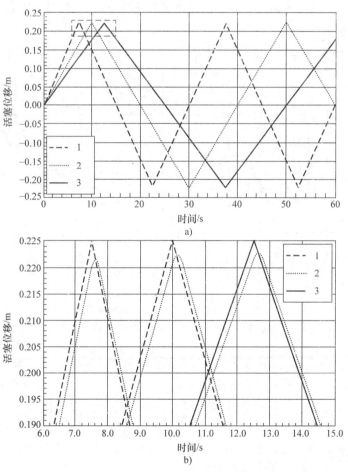

图 2-40 活塞位移 – 时间曲线
a）位移曲线 b）局部放大
1—1/30Hz 2—1/40Hz 3—1/50Hz

图中粗线为理论位移曲线，细线为实际位移曲线。从图 2-40 可以看出，三种频率下活塞的实际位移曲线滞后理论位移曲线约 0.1s，随着输入信号频率的降低（即运行速度降低），液压缸所能达到的最大位移略有增大。

由于输入信号频率不一致，这里使用跟踪误差与液压缸位移的对应关系曲线进行观察，仿真曲线如图 2-41 所示。可以明显看出：对应 1/30Hz、1/40Hz、1/50Hz 输入信号的正向最大跟踪误差分别为 4.9mm、3.7mm、3mm；反向最大跟踪误差分别为 6.7mm、5mm、4mm。可见输入信号频率越低，液压缸的跟踪误差越小，这也可以理解为液压缸的运行速度对跟踪误差也是有影响的，速度越慢，跟踪效果越好。对于单个频率来讲反向跟踪误差大于正向跟踪误差，主要原因是由于反向运动时有杆腔为工作腔，为了承受同样大的负载有杆腔内压力要高于无杆腔内压力，致使其与供油压力间压差减小，较小的压差导致流量下降，进而造成有杆腔为工作腔时的跟踪误差增大。

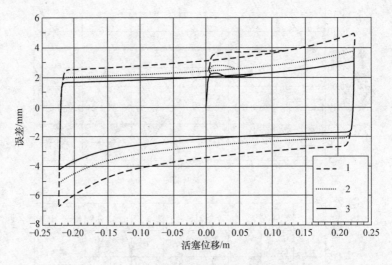

图 2-41　活塞跟踪误差 - 位移曲线
1—1/30Hz　2—1/40Hz　3—1/50Hz

图 2-42、图 2-43 所示为输入信号为正弦输入时不同频率下的液压缸活塞位移和步进电动机角位移曲线、活塞速度曲线，1、2、3 曲线分别代表 0.1Hz、0.2Hz、0.3Hz 的仿真结果。图 2-42 中上侧是回程曲线，下侧是推程曲线，曲线环中部曲线是由液压缸中位启动产生的。可以看出，输入角位移信号频率较低时，活塞位移与角位移基本上呈线性关系；随着频率的升高，它们之间的线性度变差。回程曲线与推程曲线不重合是由于液压缸的非对称性造成的。由图 2-43 可知，随着信号频率的升高，滑阀死区与螺纹间隙对系统的影响减小，系统的低速抖动减弱，换向冲击也减小。改变信号的幅值也可以得到类似的结论，这两种方式本质上都是由于输入角速度发生变化而对系统产生了影响。

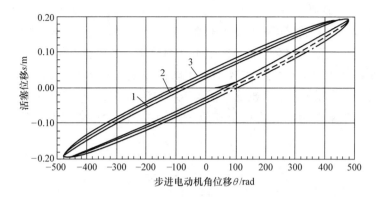

图 2-42　缸位移和角位移曲线

1—$f = 0.1\,\text{Hz}$　2—$f = 0.2\,\text{Hz}$　3—$f = 0.3\,\text{Hz}$

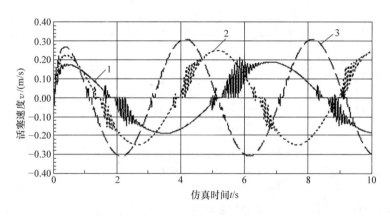

图 2-43　活塞速度曲线

1—$f = 0.1\,\text{Hz}$　2—$f = 0.2\,\text{Hz}$　3—$f = 0.3\,\text{Hz}$

由以上分析可知：输入信号频率幅值选择要合适，结合实际要求合理设置输入信号，兼顾系统的准确性与稳定性。要提高数字液压缸系统的准确度，步进电动机角速度变化不易过快；但同时角速度变化也不能过慢，否则，液压缸容易产生爬行现象。

通过本节分析可知：随着步进电动机角位移输入信号频率的降低，液压缸的跟踪误差减小，液压缸所能达到的最大位移增大。步进电动机输入角速度越快，系统的跟踪误差越大。选取合适的输入信号，能够使增量式数字阀控液压系统运行相对平稳。

2.4　小结

本章首先介绍了三种典型的增量式数字阀，包括单步进电动机数字阀、双步进电动机数字阀、2D 数字阀，总体可归纳为两类——机械螺纹伺服式数字阀和液压螺纹伺服式数字阀；其后以机械螺纹伺服式数字阀为对象，进行机理分析并建立数学模型及其阀控液压伺服系统的 AMESim 仿真模型；最终针对增量式数字阀的阀芯特性及控制特性进行了研究，主要侧重于阀口截面形式（包括圆柱形、锥形和矩形）、阀芯遮盖形式（包括零遮盖、正遮盖和负遮盖）及输入信号形式（包括三角波、正弦波）的影响分析，为增量式数字阀的优化设计及工程应用提供有意义的指导。

参 考 文 献

[1] 宋飞. 基于数字液压技术的一体化舵机设计与特性研究 [D]. 武汉：海军工程大学，2012.

[2] 陈彬，易孟林. 数字技术在液压系统中的应用 [J]. 液压气动与密封，2005 (4)：1 - 3.

[3] 吴文静，刘广瑞. 数字化液压技术的发展趋势 [J]. 矿山机械，2007 (8)：116 - 119.

[4] 许仰曾，李达平，陈国贤. 液压数字阀的发展及其工程应用 [J]. 流体传动与控制，2010 (2)：5 - 9.

[5] 王东，周棣，首天成. 数字液压阀的发展与研究 [J]. 流体传动与控制，2008 (2)：18 - 21.

[6] 李胜，阮健，孟彬. 2D 数字伺服阀频率特性研究 [J]. 中国机械工程，2011 (2)：215 - 219.

[7] 易际研. 2D 数字伺服阀及控制器的性能研究 [D]. 杭州：浙江工业大学，2009.

[8] 裴翔，李胜，阮健，等. 2D 数字伺服阀的频响特性分析 [J]. 机床与液压，2001 (4)：11 - 13.

[9] 邱法维，肖林，沙锋强，等. 双电机驱动数字液压阀的研发 [J]. 液压气动与密封，2013 (5)：60 - 62.

[10] 邱法维，沙锋强，王刚，等. 数字液压缸技术开发与应用 [J]. 液压与气动，2011 (7)：60 - 62.

[11] VICTORY Controls, LLC. Digital hydraulic linear positioner [EB/OL]. http：//www.victorycontrols.com/DSSC. pdf, 2005 - 06 - 12.

[12] KADLOWEC J, WINEMAN A, HULBERT G. Elastomer bushing response：experiments and finite element modeling [J]. Acta Mechanica, 2003 (1 - 2)：25 - 38.

[13] 陶桂宝，钟志伟，胡捷. 基于新型数字阀的闭环液压系统研究 [J]. 液压与气动，2009 (6)：19 - 21.

[14] 刘安民. 脉冲式数字流量阀及其数控液压系统 [J]. 液压与气动，2003 (5)：27 - 29.

[15] 郜立焕，赵成，赵才. 步进式液压数字阀用永磁式步进电动机的非线性控制 [J]. 兰州理工大学学报，2004 (2)：62 - 65.

[16] 王成宾. 步进电机控制的液压数字阀的建模与仿真研究 [D]. 太原：太原理工大学，2006.

[17] 段英宏，杨硕. 步进电动机的模糊 PID 控制 [J]. 计算机仿真，2006，23 (2)：

290 - 293.

[18] 宋飞, 邢继峰, 黄浩斌. 基于 AMESim 的数字伺服步进液压缸建模与仿真 [J]. 机床与液压, 2012 (15): 133 - 136.

[19] 刘磊, 邢继峰, 彭利坤. 基于 AMESim 的数字液压减摇鳍系统仿真研究 [J]. 机床与液压, 2013 (3): 113 - 116.

[20] 彭利坤, 宋飞, 邢继峰, 等. 数字液压缸阀芯特性研究 [J]. 机床与液压, 2012 (20): 62 - 65 + 84.

[21] 潘炜, 彭利坤, 邢继峰, 等. 数字液压缸换向冲击特性研究 [J]. 液压与气动, 2012 (2): 77 - 81.

[22] 何曦光, 彭利坤, 叶帆. 基于增量式数字阀的液压作动器设计及控制策略研究 [J]. 液压气动与密封, 2015 (3): 24　27.

[23] 宋飞, 楼京俊, 徐文献, 等. 某型数字液压缸阀芯遮盖形式仿真研究 [J]. 机床与液压, 2015 (19): 200 - 202 + 154.

[24] 潘炜, 彭利坤, 邢继峰, 等. 数字液压缸换向冲击特性研究 [J]. 液压与气动, 2012 (2): 77 - 81.

第 3 章　数字液压缸建模与仿真

数字液压缸，是一种通过控制或检测等手段将活塞或缸体的位移量数字化的液压缸，具有控制简单、定位精度高、抗污能力强、维护容易等优点，是数字液压技术中一个相当活跃的部分。现有的数字液压缸多采用阀控缸形式，根据阀与缸的结合方式，可分为内驱式和外驱式两大类。内驱式采用阀缸一体的结构，将数控单元内置，结构紧凑，有利于大型数字液压缸的制造；外驱式阀缸分离，趋向于作为整个系统的智能单元，向小型化或微型化方向发展。从位置控制所能实现的功能来看，又有连续控制型和点位控制型之分。连续控制型具有更广泛的适用范围，而点位控制型更适合于具有固定工位的特殊系统的精确定位。按反馈结构的形式来分，又分为外反馈型和内反馈型，直接反馈型和间接反馈型，以及刚性反馈型和柔性反馈型。采用柔性外部间接反馈结构，如利用光电码盘等将活塞位移量化输出给控制器，再由控制器按照一定的算法处理后控制数字阀的动作，可以实现高精度的控制；在对体积、可靠性、可维护性和性价比要求较高，而不苛求精度的场合，采用刚性内部间接反馈结构的数字液压缸则更具有优势；同时也可将这两种方式结合起来，形成多闭环控制数字液压缸，使其具有更好的综合性能，但同时结构也更复杂，对加工工艺的要求也更高。以上这三种反馈形式是现代数字液压缸的发展方向，具有结构简单、可靠性高、维修性好和性价比高等优点。

由于外驱式数字液压缸本质上就是增量式数字阀控液压伺服系统，在第 2 章已进行了详细的论述和研究，本章则以内驱式数字液压缸为主进行论述。

3.1　典型的内驱式数字液压缸结构形式

3.1.1　机械反馈式数字液压缸

典型的机械反馈式数字液压缸结构如图 3-1 所示，主要由步进电动机、减速机、三位四通滑阀、螺杆螺母副、液压缸以及滚珠丝杠反馈机构等组成，多为阀控非对称缸结构，采用阀缸一体化集成设计，并将反馈机构内置于活塞杆中，属于内驱式刚性间接反馈数字液压缸。由于采用螺旋传动副，使得阀芯与反馈机构分离，容易形成双级或多级间接反馈，增强了系统结构配置的灵活性，从而使得数字液压缸具有结构紧凑，阀芯移动范围大，活塞运动速度快等优点。图 3-1 中所示减速机增大了步进电动机和滚珠丝杠的适用范围，为非标配组件，目的是为了方便在数字液压缸设计成型后进一步对系统性能进行微调，可根据数字液压缸的实际应用需求合理取舍。

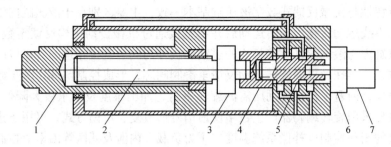

图 3-1　机械反馈式数字液压缸结构
1—活塞杆　2—滚珠丝杠　3、6—减速机　4—螺杆螺母副　5—阀芯　7—步进电动机

　　数字液压缸是一种具有局部内反馈的复合系统，如图 3-2 所示，其基本工作原理为：输入的脉冲信号经过细分电路调制后，驱动步进电动机及减速机传动机构带动滑阀阀芯旋转；阀芯的旋转运动在其端部螺杆螺母副的作用下转化为直线运动（反馈螺母轴向固定），形成阀口开度；通过改变阀口开度，调节液压油的流向和流量，以控制液压缸的运动方向和速度；液压缸的移动通过内置于活塞杆中的滚珠丝杠转化为旋转运动，并经减速机减速后传动至螺杆螺母副，形成负反馈，使阀芯复位，阀口关闭，液压缸停止运动。当有连续脉冲信号输入时，液压缸以相应速度朝相应方向直线运动，直至阀芯反馈位移与输入位移相等，阀口完全关闭，由此实现了以数字脉冲的频率和数量对液压缸速度和位置的精确控制。因此控制器只需根据期望位移和速度输出规划好的脉冲序列，即能实现开环控制，使数字液压缸按照预定的轨迹运动。由于控制方式简单，以数字脉冲信号直接控制，阀缸一体，采用常见的滑阀结构实现液流控制，具有结构紧凑，控制方便，定位精度高，抗干扰、抗污染能力强等优点，能够更好地适应有一定精度要求的复杂、恶劣工作环境。但受步进电动机矩频特性限制以及结构参数无法在线调整等因素影响，机械反馈式数字液压缸的响应频率、控制精度及自适应能力不太可能达到很高的要求。

图 3-2　机械反馈式数字液压缸工作原理

3.1.2　磁力耦合式数字液压缸

　　图 3-3 所示为重庆大学机械工程学院的研究团队设计研制的磁耦合式数字液压缸，属于采用复合反馈形式的闭环控制数字液压缸，主要是在机械反馈式数字液压

缸的基础上通过采用磁耦合机构作为反馈并增加了旋转编码器改进而成，因此其工作原理及特性与机械反馈式数字液压缸基本一致，主要区别在于液压缸内滚珠丝杠将活塞的直线运动转化为旋转运动后并不直接通过机械传动机构反馈至数字阀芯，而是通过缸内与滚珠丝杠直接相连的磁铁和缸外与阀芯直接相连的转盘以磁力耦合传递的方式将滚珠丝杠的旋转运动反馈至滑阀阀芯，形成控制闭环。由于磁耦合组件内外隔离，回避了机械传动所需的旋转密封，加工难度及要求极大降低。同时，由于在缸外采用旋转编码器产生数字反馈信号形成复合反馈方式，可用于进一步构建数字阀的闭环控制以补偿系统温度、压力负载、内泄及死区等因素对控制精度产生的不利影响。但受磁力耦合方式传动能力与可靠性的限制，以及采用将旋转运动直接反馈至旋转编码器和阀芯螺杆的单级反馈方式，使得其传递的速度、转矩及阀口开度不可能很大，只适用于负载力较小、低速和精度要求不高的场合。

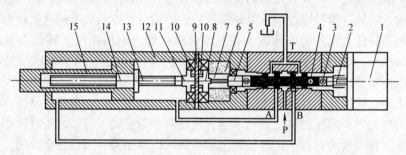

图 3-3 磁耦合传动数字液压缸结构

1—步进电动机 2—花键 3—万向联轴器 4—阀芯 5—外螺纹 6—编码器 7—缸外转轴 8—缸外转盘
9—后缸盖 10—磁铁 11—缸内转盘 12—缸体 13—滚珠丝杠 14—丝杠螺母 15—空心活塞杆

3.1.3 螺旋伺服式数字液压缸

螺旋伺服式数字液压缸最大的特点在于直接通过改变液压缸活塞两端的液力平衡状态，利用差动液压力来推动液压缸活塞运动。螺旋伺服式数字液压缸最早出现于 1970 年，为德国 Rexroth 公司研制的一种基于螺纹伺服机构的液压脉冲缸，其结构如图 3-4 所示。由于采用液压缸活塞内置控制阀芯的结构，利用三通阀来控制差动缸，零部件少，结构紧凑，但加工难度较高。

浙江工业大学研究团队利用液压螺旋伺服机构研制出的螺旋伺服式数字液压缸如图 3-5 所示，其工作原理为高压油（压力为 p_s）经可调节流阀（或调速阀）至控制活塞杆底部的活塞下腔（即工作腔，压力为 p_c）。活塞下腔与活塞杆内的回油孔 6 相通，并通过活塞杆上开设的轴对称小孔 10 及液压缸内壁上开设的三角螺旋槽，最终与低压回油腔（压力 $p_a = 0$）相通。三角螺旋槽与弓形回油口构成可变节流口，利用活塞杆旋转即可改变可变节流口面积，从而控制工作腔的压力。工作腔始终与高压油液相通，高压油流量调节方便，可适应实际需要。当控制信号输入，

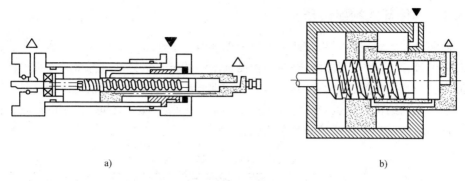

图 3-4　早期德国力士乐数字液压缸

a）整体结构　b）阀芯结构局部放大

步进电动机通过齿轮传动使活塞杆转动，此时可变节流口面积变小，则油液流向工作腔，腔内压力增大，打破了原来的平衡关系，活塞向上移动，这样又逐渐使可变节流口面积增大，直到恢复为原来的值，工作腔内的压力也减小至原平衡值，与高压腔和工作负荷 F_L 的向下推力相等，活塞重新达到一种平衡关系。反之亦然。这样步进电动机输入一定转角，活塞就产生相应的位移，从而实现通过步进电动机带动液压缸活塞旋转，控制螺旋槽与回油孔的通流面积以改变高低压腔的液力平衡，来推动活塞产生一定位移直至重新恢复液力平衡状态。螺旋伺服式数字液压缸属于内驱式柔性直接内反馈式数字液压缸，具有结构简单、成本低、抗污染能力强等优点，但只适用于小行程运动场合。

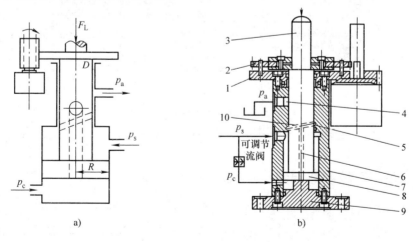

图 3-5　螺旋伺服式数字液压缸

a）原理图　b）结构图

1—缸盖　2—上盖　3—活塞杆　4—弓形回油口　5—三角螺旋槽

6—回油孔　7—缸筒　8—活塞　9—缸底　10—小孔

3.1.4 内循环式数字液压缸

西南科技大学研究团队设计了一种内循环数字液压缸，如图 3-6 所示。它能接收脉冲信号，并在内部通过电磁线圈控制柱塞组的定量吸排油过程将脉冲信号转换为液压推力，控制液压缸的位移和速度。这种液压缸不需要外部系统供油，是一种完全一体化的结构，克服了传统液压系统能量损失多、效率低和外泄漏的问题，具有一定的新意，是一种新型的数字液压缸。

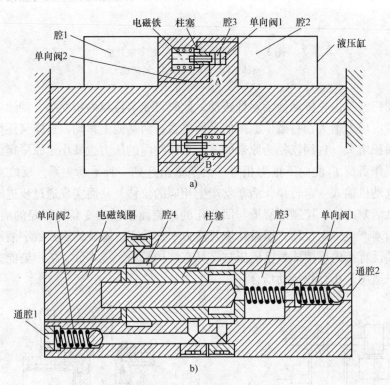

图 3-6　内循环式数字液压缸

a) 整体结构　b) 阀芯结构局部放大

3.1.5 多闭环控制数字液压缸

日本 IHI（石川岛播磨重工）公司生产的 ALMX - 3003TC 型闭环控制电液步进液压缸，如图 3-7 所示，采用了步进电动机、滚珠丝杠螺母副、内置式机液随动伺服阀的整体结构。由于能够通过编码器进一步形成外闭环反馈控制，因此能够补偿温度、压力负载、内泄及死区等因素对系统产生的影响，提高控制精度。这种数字缸与磁力耦合式数字液压缸一样，采用了复合反馈形式，属于多闭环控制数字液压缸。

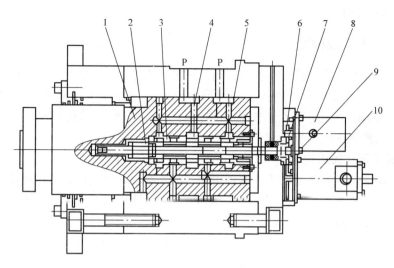

图 3-7 日本 IHI 公司闭环控制电液步进液压缸

1—活塞 2—丝杠螺母 3—阀套 4—阀芯 5—滚珠丝杠 6—编码器齿轮
7—滚珠丝杠齿轮 8—编码器 9—步进电动机齿轮 10—步进电动机

可以看到，仅仅是内驱式数字液压缸就有多种不同形式，不可能一一进行深入的理论研究，因此本章的后续理论研究内容将对象限定为课题组研究应用较多、较为熟悉的机械反馈式数字液压缸，其研究方法和分析结论对其他内驱式数字液压缸的分析研究具有一定的参考意义。

机械反馈式数字液压缸本质是利用步进电动机作为电－机转换元件，以数字脉冲信号直接控制液压缸位移和速度的机液伺服机构，具有结构紧凑、控制简单、定位精度高、抗污染能力强等优点，能够更好地适应有精度要求的复杂、恶劣的工作环境。但特殊的内部结构使得数字液压缸的系统特性主要取决于固有的结构参数，而无法在线调整，因此，初始的结构设计对提高数字液压缸本身的响应特性以及构建综合性能优良的数字液压控制系统至关重要。而目前，针对数字液压缸响应的本质及结构参数作用的研究还相对较少，这将是本章后续研究分析的重点。

3.2 数字液压缸建模

传递函数模型不仅能够表征系统的动态特性，还可以清晰地体现系统的结构组成，便于从物理本质上对系统响应作出解释。对数字液压缸进行频域建模，能够有效判断系统的稳定性，准确揭示系统的控制结构及各结构参数的作用，对数字液压控制系统整体性能的提高和结构参数的优化设计具有重要意义。

本节将以图 3-1 所示机械反馈式数字液压缸为主要研究对象，首先针对目前阀控缸建模过程中存在的问题试图建立统一的数字液压控制系统传递函数模型，便于后续进行理论解析。

3.2.1 传递函数模型

为简化分析，将步进电动机－减速机－滑阀阀芯、滚珠丝杠－减速机－反馈螺母之间的连接均视为刚性连接，并将数字液压控制系统分为步进电动机及滑阀（简称数字滑阀）、阀芯及反馈机构和阀控缸三个部分分别进行建模，最终整合得到系统总的传递函数模型。

1. 阀芯及反馈机构模型

由数字液压控制系统的工作原理可知，滑阀阀口开度是由阀芯、螺母、滚珠丝杠和减速机反馈机构的旋转运动复合而成的，参照图 3-2，可用式（3-1）所示方程简述其运动过程。

$$\begin{cases} x_v = x_m - x_f \\ x_m = \dfrac{t_1}{2\pi i_s}\theta \\ x_f = \dfrac{t_1}{i_r t_2}x_p \end{cases} \tag{3-1}$$

式中，x_v 为阀芯实际轴向位移；x_m 为数字滑阀旋转产生的阀芯轴向输入位移；x_f 为液压缸运动产生的阀芯轴向反馈位移；x_p 为活塞位移；t_1 为阀芯轴端螺杆螺母导程；t_2 为滚珠丝杠导程；i_r 为滚珠丝杠轴端减速机传动比；θ 为步进电动机旋转角度；i_s 为步进电动机轴端减速机传动比。

2. 阀控缸模型

数字液压控制系统特殊的结构形式决定了其一般采用阀控非对称缸结构，图 3-8 所示为典型的阀控非对称缸结构。图 3-8 中各阀口面积梯度分别为 $w_1 = w_3$，$w_2 = w_4$，定义阀口面积梯度比为 $m = w_2/w_1$，则 $m=1$ 时为对称阀，$m \neq 1$ 时为非对称阀；A_1、A_2 分别为液压缸无杆腔和有杆腔有效作用面积，定义液压缸两工作腔面积比为 $n = A_2/A_1$，则 $n \in (0, 1)$，而就对称缸而言，$n = 1$；V_1、V_2 分别为无杆腔和有杆腔等效容积；p_1、p_2 分别为

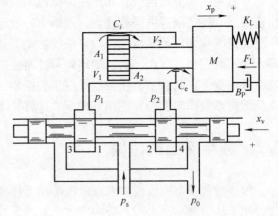

图 3-8 典型的阀控非对称缸结构

无杆腔和有杆腔工作腔压力；p_s 为供油压力；p_0 为回油压力；C_i 为液压缸内泄漏

系数；C_e 为外泄漏系数；M 为折算到活塞杆上的总质量；F_L 为负载力；B_p 为负载及活塞运动黏性阻尼系数；K_L 为负载等效弹簧刚度。图 3-8 中箭头方向均为正向。

与电液伺服和比例伺服等阀控液压伺服系统类似，阀控缸模型也是数字液压控制系统建模中的重要环节。建立阀控缸的传递函数模型存在较大困难，需要进行大量简化和合理假设，尤其是非对称缸的建模不能简单套用对称缸建模的方法，对系统工作点的设定和负载压力、负载流量的定义必须考虑系统不对称特性引起的变化。虽然已有大量文献对此进行研究，但仍需阐明以下几个重点：

1）传递函数模型是对系统在稳态工作点附近进行线性化处理得到的，仅能近似表征稳态工作点附近的系统特征，工作点变化较大时将使系统动态特性产生较大误差。

2）系统工作原点的选取必须具有代表性，一般应选取系统固有频率最低的位置作为工作原点，从而保证整个系统的稳定性。

3）传递函数模型建立的关键是通过负载压力 p_L 与负载流量 q_L 的定义将液压缸两腔的流量连续性方程整合，p_L 和 q_L 可以有多种定义形式，但必须符合液压缸输出功率与输入功率匹配的原则。

遵循上述原则，本节旨在建立一种通用的阀控缸传递函数模型。

（1）确定系统工作原点和初始容积

在液压系统中，液压弹簧刚度最小的位置，固有频率最低，阻尼比最小，系统稳定性最差，故以液压弹簧刚度最小的位置作为稳态工作点，进行系统特性的研究具有代表性。

定义液压弹簧刚度为

$$K_h = \frac{F}{\Delta x} = \frac{\Delta p A}{\Delta x} = \frac{\Delta p A^2}{\Delta V} = \frac{\beta_e A^2}{V}$$

由于液压缸两工作腔中油液始终处于压缩状态，可以看作两液压弹簧并联，故系统的总液压弹簧刚度为

$$K_h = K_{h1} + K_{h2} = \frac{\beta_e A_1^2}{V_1} + \frac{\beta_e A_2^2}{V_2} = \frac{\beta_e A_1}{x_p} + \frac{\beta_e A_2}{L - x_p} \tag{3-2}$$

式中，β_e 为油液体积弹性模量；L 为活塞行程。此时，x_p 代表活塞位置。

由式（3-2）可知，$x_p = L/(1+\sqrt{n})$ 时，液压弹簧刚度最小，即有 $K_{hmin} = (1+\sqrt{n})^2 \beta_e A_1/L$。以此位置为稳态工作点，取液压缸总压缩体积 $V_t = A_1 L$，则两工作腔的初始容积分别为

$$\begin{cases} V_{10} = \dfrac{1}{1+\sqrt{n}} V_t \\ V_{20} = \dfrac{n\sqrt{n}}{1+\sqrt{n}} V_t \end{cases} \tag{3-3}$$

液压缸运动过程中，无杆腔和有杆腔瞬时等效容积分别为 $V_1 = V_{10} + A_1 x_{\mathrm{p}}$，$V_2 = V_{10} - A_2 x_{\mathrm{p}}$。

由上述分析可知，当 $n = 1$ 时，有 $V_{10} = V_{20} = V_{\mathrm{t}}/2$，这与阀控对称缸系统建模时将工作原点设定在活塞中位处相符。而对于阀控非对称缸系统，$n \neq 1$，系统固有频率最低的位置既不是行程中点，也非两工作腔容积相等的位置。

（2）定义负载压力和负载流量

设 q_1 为流入无杆腔流量，q_2 为流出有杆腔流量，则液压缸稳态运行时，存在 $\dot{x}_{\mathrm{p}} = q_1/A_1 = q_2/A_2$，进而可得

$$q_2/q_1 = A_2/A_1 = n \tag{3-4}$$

故液压缸输出功率为 $W_{\mathrm{c}} = p_1 q_1 - p_2 q_2 = (p_1 - n p_2) q_1$。液压缸输入功率即滑阀输出功率为 $W_{\mathrm{v}} = p_{\mathrm{L}} q_{\mathrm{L}}$，因此负载压力 p_{L} 与负载流量 q_{L} 的定义必须满足条件 $W_{\mathrm{c}} \leq W_{\mathrm{v}}$，即输出功率不大于输入功率。

假设系统功率完全匹配，即 $W_{\mathrm{c}} = W_{\mathrm{v}}$ 始终成立，则 $p_{\mathrm{L}} q_{\mathrm{L}} = (p_1 - n p_2) q_1$，故可定义

$$p_{\mathrm{L}} = p_1 - n p_2 \tag{3-5}$$

$$q_{\mathrm{L}} = q_1 \tag{3-6}$$

为建立统一的数学模型，综合考虑两工作腔流量，可在稳态时对式（3-6）进行等价变换，得到负载流量的另一种定义形式

$$q_{\mathrm{L}} = \frac{1 + n^2}{1 + n^2} q_1 = \frac{q_1 + n q_2}{1 + n^2} \tag{3-7}$$

当 $n = 1$ 时，由式（3-5）和式（3-7）可得，$p_{\mathrm{L}} = p_1 - p_2$，$q_{\mathrm{L}} = (q_1 + q_2)/2$，这与阀控对称缸系统建模时常用的负载压力和负载流量的定义相同，故该定义形式具有通用性。

（3）阀口流量方程线性化

不考虑超压和气穴现象等非常规情况，即恒有 p_1，$p_2 \in (p_0, p_{\mathrm{s}})$，则当 $x_{\mathrm{v}} \geq 0$ 时，阀口流量方程为

$$\begin{cases} q_1 = C_{\mathrm{d}} w_1 x_{\mathrm{v}} \sqrt{\dfrac{2}{\rho}(p_{\mathrm{s}} - p_1)} \\[3mm] q_2 = C_{\mathrm{d}} w_4 x_{\mathrm{v}} \sqrt{\dfrac{2}{\rho}(p_2 - p_0)} \end{cases} \tag{3-8}$$

式中，C_{d} 为阀口流量系数。忽略回油背压，令 $p_0 \approx 0$，并结合式（3-4）和式（3-5）、式（3-7），可得

$$\begin{cases} p_1 = \dfrac{n^3 p_{\mathrm{s}} + m^2 p_{\mathrm{L}}}{n^3 + m^2} \\[4mm] p_2 = \dfrac{n^2(p_{\mathrm{s}} - p_{\mathrm{L}})}{n^3 + m^2} \end{cases} \tag{3-9}$$

$$q_{\mathrm{L}} = C_{\mathrm{d}} w_1 x_{\mathrm{v}} \sqrt{\frac{2}{\rho} \frac{m^2}{m^2 + n^3}(p_{\mathrm{s}} - p_{\mathrm{L}})} \qquad (3\text{-}10)$$

$x_{\mathrm{v}} < 0$ 时，阀口流量方程为

$$\begin{cases} q_1 = C_{\mathrm{d}} w_3 x_{\mathrm{v}} \sqrt{\dfrac{2}{\rho}(p_1 - p_0)} \\[3mm] q_2 = C_{\mathrm{d}} w_2 x_{\mathrm{v}} \sqrt{\dfrac{2}{\rho}(p_{\mathrm{s}} - p_2)} \end{cases} \qquad (3\text{-}11)$$

与 $x_{\mathrm{v}} \geqslant 0$ 同理，可得

$$\begin{cases} p_1 = \dfrac{m^2(np_{\mathrm{s}} + p_{\mathrm{L}})}{n^3 + m^2} \\[4mm] p_2 = \dfrac{m^2 p_{\mathrm{s}} - n^2 p_{\mathrm{L}}}{n^3 + m^2} \end{cases} \qquad (3\text{-}12)$$

$$q_{\mathrm{L}} = C_{\mathrm{d}} w_1 x_{\mathrm{v}} \sqrt{\frac{2}{\rho} \frac{m^2}{m^2 + n^3}(np_{\mathrm{s}} + p_{\mathrm{L}})} \qquad (3\text{-}13)$$

在设定工作点处对负载流量 q_{L} 进行线性化，可得

$$q_{\mathrm{L}} = K_{\mathrm{q}} x_{\mathrm{v}} - K_{\mathrm{c}} p_{\mathrm{L}} \qquad (3\text{-}14)$$

式中，K_{q} 为流量增益系数；K_{c} 为流量 – 压力系数。K_{q}、K_{c} 取值分别为

$$K_{\mathrm{q}} = \begin{cases} C_{\mathrm{d}} w_1 m \sqrt{\dfrac{2(p_{\mathrm{s}} - p_{\mathrm{L}})}{\rho(m^2 + n^3)}}, & x_{\mathrm{v}} \geqslant 0 \\[4mm] C_{\mathrm{d}} w_1 m \sqrt{\dfrac{2(np_{\mathrm{s}} + p_{\mathrm{L}})}{\rho(m^2 + n^3)}}, & x_{\mathrm{v}} < 0 \end{cases} \qquad K_{\mathrm{c}} = \begin{cases} \dfrac{C_{\mathrm{d}} w_1 m x_{\mathrm{v}}}{\sqrt{2\rho(p_{\mathrm{s}} - p_{\mathrm{L}})(m^2 + n^3)}}, & x_{\mathrm{v}} \geqslant 0 \\[4mm] \dfrac{C_{\mathrm{d}} w_1 m x_{\mathrm{v}}}{\sqrt{2\rho(np_{\mathrm{s}} + p_{\mathrm{L}})(m^2 + n^3)}}, & x_{\mathrm{v}} < 0 \end{cases}$$

（4）液压缸流量连续性方程

假设：控制阀至液压缸的连接管路粗且短，不计管路内的压力损失和动态损失；液压缸两工作腔内油液温度和体积模量为常数，压力相对均衡；液压缸内外泄漏均为层流状态。可得液压缸两工作腔内流量连续性方程为

$$\begin{cases} q_1 = A_1 \dot{x}_{\mathrm{p}} + C_i(p_1 - p_2) + \dfrac{V_1}{\beta_{\mathrm{e}}} \dot{p}_1 \\[4mm] q_2 = A_2 \dot{x}_{\mathrm{p}} + C_i(p_1 - p_2) - C_{\mathrm{e}} p_2 - \dfrac{V_2}{\beta_{\mathrm{e}}} \dot{p}_2 \end{cases} \qquad (3\text{-}15)$$

则

$$q_1 + n q_2 = (1 + n^2) A_1 \dot{x}_{\mathrm{p}} + (1 + n) C_i(p_1 - p_2) - $$

$$n C_{\mathrm{e}} p_2 + \frac{V_{10}}{\beta_{\mathrm{e}}} \dot{p}_1 - n \frac{V_{20}}{\beta_{\mathrm{e}}} \dot{p}_2 + \frac{A_1 x_{\mathrm{p}}}{\beta_{\mathrm{e}}} (\dot{p}_1 + n^2 \dot{p}_2) \qquad (3\text{-}16)$$

假设液压缸在初始位置附近作微小移动，式（3-16）可忽略最后一项，联合式（3-3）和式（3-7），得到

$$q_{\mathrm{L}} = A_1 \dot{x}_{\mathrm{p}} + \frac{1+n}{1+n^2} C_i (p_1 - p_2) - \frac{n}{1+n^2} C_e p_2 + \frac{1}{1+n^2} \frac{V_{\mathrm{t}}}{\beta_{\mathrm{e}}} \left(\frac{1}{1+\sqrt{n}} \dot{p}_1 - \frac{n^2 \sqrt{n}}{1+\sqrt{n}} \dot{p}_2 \right)$$

$$(3\text{-}17)$$

将式（3-9）和式（3-12）代入式（3-17），整合后得到

$$q_{\mathrm{L}} = A_1 \dot{x}_{\mathrm{p}} - C_{\mathrm{ta}} p_{\mathrm{s}} + C_{\mathrm{tc}} p_{\mathrm{L}} + K_{\mathrm{t}} \frac{V_{\mathrm{t}}}{\beta_{\mathrm{e}}} \dot{p}_{\mathrm{L}} \qquad (3\text{-}18)$$

式中，K_{t} 为比例系数；C_{tc} 为等效泄漏系数；C_{ta} 为附加泄漏系数。其取值分别为

$$K_{\mathrm{t}} = \frac{m^2 + n^4 \sqrt{n}}{(1+\sqrt{n})(1+n^2)(m^2+n^3)} \qquad C_{\mathrm{tc}} = \frac{(n+1)(m^2+n^2)C_i + n^3 C_e}{(1+n^2)(m^2+n^3)}$$

$$C_{\mathrm{ta}} = \begin{cases} \dfrac{n^2 [(1-n^2)C_i + nC_e]}{(1+n^2)(m^2+n^3)}, & x_{\mathrm{v}} \geqslant 0 \\[3mm] \dfrac{m^2 [(1-n^2)C_i + nC_e]}{(1+n^2)(m^2+n^3)}, & x_{\mathrm{v}} < 0 \end{cases}$$

（5）液压缸力平衡方程

液压缸输出力与负载力平衡方程为

$$M \ddot{x}_{\mathrm{p}} + B_{\mathrm{p}} \dot{x}_{\mathrm{p}} + K_{\mathrm{L}} x_{\mathrm{p}} + F_{\mathrm{L}} = A_1 p_1 - A_2 p_2 = A_1 p_{\mathrm{L}} \qquad (3\text{-}19)$$

液压缸稳态运行时，忽略弹性负载及黏性阻尼，则有

$$F_{\mathrm{L}} = A_1 p_1 - A_2 p_2 = A_1 p_{\mathrm{L}} \qquad (3\text{-}20)$$

故此时 A_1 也为系统的负载面积。

对式（3-14）、式（3-18）和式（3-19）进行拉式变换，得到以活塞位移为输出的阀控缸传递函数：

$$x_{\mathrm{p}} = \frac{\dfrac{K_{\mathrm{q}}}{A_1} x_{\mathrm{v}} + \dfrac{C_{\mathrm{ta}}}{A_1} p_{\mathrm{s}} - \dfrac{K_{\mathrm{tc}}}{A_1^2} \left(1 + \dfrac{K_{\mathrm{t}} V_{\mathrm{t}}}{K_{\mathrm{tc}} \beta_{\mathrm{e}}} s \right) F_{\mathrm{L}}}{\dfrac{K_{\mathrm{t}} M V_{\mathrm{t}}}{\beta_{\mathrm{e}} A_1^2} s^3 + \left(\dfrac{K_{\mathrm{tc}} M}{A_1^2} + \dfrac{K_{\mathrm{t}} B_{\mathrm{p}} V_{\mathrm{t}}}{\beta_{\mathrm{e}} A_1^2} \right) s^2 + \left(\dfrac{K_{\mathrm{tc}} B_{\mathrm{p}}}{A_1^2} + \dfrac{K_{\mathrm{t}} K_{\mathrm{L}} V_{\mathrm{t}}}{\beta_{\mathrm{e}} A_1^2} + 1 \right) s + \dfrac{K_{\mathrm{tc}} K_{\mathrm{L}}}{A_1^2}}$$

$$(3\text{-}21)$$

式中，$K_{\mathrm{tc}} = K_c + C_{\mathrm{tc}}$ 为总流量 – 压力系数。

3. 系统结构框图及总传递函数模型

图 3-9 所示为数字液压控制系统结构框图。

忽略弹性负载，即令 $K_{\mathrm{L}} = 0$，同时由于 $K_{\mathrm{tc}} B_{\mathrm{p}} / A_1^2 \ll 1$，忽略此项，式（3-21）简化为

$$x_{\mathrm{p}} = \frac{\dfrac{K_{\mathrm{q}}}{A_1} x_{\mathrm{v}} + \dfrac{C_{\mathrm{ta}}}{A_1} p_{\mathrm{s}} - \dfrac{K_{\mathrm{tc}}}{A_1^2} \left(1 + \dfrac{K_{\mathrm{t}} V_{\mathrm{t}}}{K_{\mathrm{tc}} \beta_{\mathrm{e}}} s \right) F_{\mathrm{L}}}{\dfrac{K_{\mathrm{t}} M V_{\mathrm{t}}}{\beta_{\mathrm{e}} A_1^2} s^3 + \left(\dfrac{K_{\mathrm{tc}} M}{A_1^2} + \dfrac{K_{\mathrm{t}} B_{\mathrm{p}} V_{\mathrm{t}}}{\beta_{\mathrm{e}} A_1^2} \right) s^2 + s}$$

$$(3\text{-}22)$$

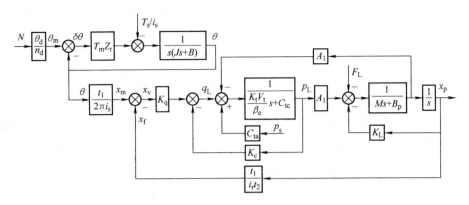

图 3-9　数字液压控制系统结构框图

此时，结合式（2-6），可进一步化简整理得到如图 3-10 所示简化的系统结构框图。

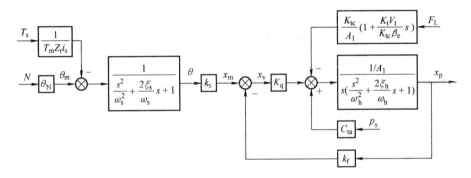

图 3-10　简化后数字液压控制系统结构框图

图 3-9 中，$\theta_N = \dfrac{\theta_d}{n_d}$ 为步进电动机细分步距角；$k_s = \dfrac{t_1}{2\pi i_s}$ 为数字滑阀角度－位移

转换系数；$k_f = \dfrac{t_1}{i_r t_2}$ 为活塞位移反馈系数；$\omega_s = \sqrt{\dfrac{T_m Z_r}{J}}$ 为数字滑阀固有频率；$\xi_s =$

$\dfrac{B}{2T_m Z_r}\sqrt{\dfrac{T_m Z_r}{J}}$ 为数字滑阀的阻尼比；$\omega_h = \sqrt{\dfrac{\beta_e A_1^2}{K_t M V_t}}$ 为液压固有频率；$\xi_h = \dfrac{K_{tc}}{2A_1}$

$\sqrt{\dfrac{\beta_e M}{K_t V_t}} + \dfrac{B_p}{2A_1}\sqrt{\dfrac{K_t V_t}{\beta_e M}}$ 为液压阻尼比。

不考虑阀芯旋转阻力矩的影响，则数字滑阀的传递函数为

$$G_s(s) = \frac{x_m}{N} = \frac{\theta_N k_s}{\dfrac{s^2}{\omega_s^2} + \dfrac{2\xi_s}{\omega_s}s + 1} \tag{3-23}$$

不考虑负载和附加泄漏的干扰作用，数字液压控制系统内反馈回路开环传递函数为

$$G_0(s) = G_c(s)H(s) = \frac{K_v}{s\left(\dfrac{s^2}{\omega_h^2} + \dfrac{2\xi_h}{\omega_h}s + 1\right)} \tag{3-24}$$

式中，$K_v = \dfrac{K_q k_f}{A_1}$ 为开环放大系数；$G_c(s) = \dfrac{K_q/A_1}{s\left(\dfrac{s^2}{\omega_h^2} + \dfrac{2\xi_h}{\omega_h}s + 1\right)}$ 为阀控缸传递函数；

$H(s) = k_f$ 为反馈通道传递函数。故内反馈回路闭环传递函数为

$$G_1(s) = \frac{x_p}{x_m} = \frac{G_c(s)}{1 + G_c(s)H(s)} = \frac{K_q/A_1}{\dfrac{s^3}{\omega_h^2} + \dfrac{2\xi_h}{\omega_h}s^2 + s + K_v} \tag{3-25}$$

此时，图 3-10 可进一步整理得到整合的系统结构框图如图 3-11 所示。

以脉冲数 N 为输入，活塞位移 x_p 为输出的数字液压控制系统总传递函数为

$$G(s) = \frac{x_p}{N} = \frac{\theta_N k_s K_q/A_1}{\left(\dfrac{s^2}{\omega_s^2} + \dfrac{2\xi_s}{\omega_s}s + 1\right)\left(\dfrac{s^3}{\omega_h^2} + \dfrac{2\xi_h}{\omega_h}s^2 + s + K_v\right)} \tag{3-26}$$

式（3-26）综合考虑了正向运动（$x_v \geq 0$）和反向运动（$x_v < 0$）两种工况。在不同的工况下分别取相应阀系数 K_q、K_c，即可得到相应的数学模型。同时该传递函数取 $m = 1$ 和 $m \neq 1$ 分别对应对称阀控数字液压控制系统和非对称阀控数字液压控制系统两种类型，因而模型具有统一性和通用性。此外，由于建模过程兼顾了 $n = 1$ 时的情况，因此该模型同样适用于数字阀控对称液压缸系统。

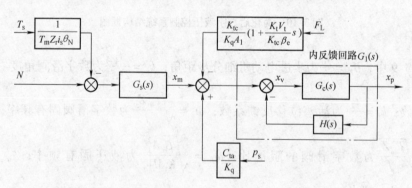

图 3-11　整合后数字液压控制系统结构框图

由于包含小孔节流的流量 – 压力二次关系，数字液压控制系统属于本质非线性系统。此外，还存在液压伺服系统中常见的控制阀饱和、死区和滞环，传动机构间隙以及运动部件的摩擦等因素，系统非线性严重。由前文分析可知，数字液压控制

系统由于反馈机构内置，多采用单出杆结构，系统同时具备阀控非对称动力机构固有的非对称性，动态特性复杂，跟踪精度及运行平稳性易受较大影响。因此建立相对准确的数学模型，研究系统的非线性动态特性及非线性因素对系统性能的影响，对数字液压控制系统的性能优化及拓展应用具有重要意义。

这里采用传统的线性化方法建立了传递函数模型，由于对系统进行了大量的简化和近似处理，该传递函数模型只适用于分析数字液压控制系统稳态及工作原点附近的情况，不能准确描述系统的非线性和时变特性。文献［30］、［31］建立了阀控非对称缸的非线性模型，并采用微分几何方法通过状态反馈实现了系统模型的精确线性化。文献［32］建立了比例阀控非对称缸系统的非线性状态方程模型，并分析了流量死区对系统动态跟踪性能的影响。文献［33］根据非线性动力学理论，通过理论分析和试验验证，研究了非线性弹簧力和非线性摩擦力对液压缸动态特性的作用。文献［34］则通过解析方法分析了时滞及死区等非线性因素对简化的液压位置调节系统动力学特性的影响。现有的液压伺服系统非线性建模及动态特性研究多以通用或简化的阀控缸系统为研究对象，缺少对数字液压控制系统结构特殊性的关注。文献［35］专门针对数字伺服步进液压缸，初步建立了系统的非线性状态方程模型，分析了摩擦非线性对系统的影响。在此基础上，本章进一步考虑数字液压控制系统结构的特殊性，对数字滑阀螺旋运动及反馈机构动态进行详细建模，同时对系统的非线性描述进行补充和修正，以得到更为合理完善的数学模型，从而为数字液压控制系统的性能预测和补偿控制提供理论基础。

3.2.2 状态方程模型

3.2.1 节在建立数字滑阀传递函数模型的过程中，将阀芯的旋转动态折算到步进电动机转子轴上，以简化数字滑阀阀芯螺旋运动的数学模型，但所用步进电动机模型为简化模型，且并未给出数字滑阀旋转阻力矩的具体形式；在建立阀芯及反馈机构模型时，仅对滑阀阀芯、反馈螺母、滚珠丝杠及减速机等反馈机构的运动位移传动关系进行描述，而忽略了阀芯和反馈机构的动态。事实上，阀芯及反馈机构的动力学模型，对于研究数字滑阀的驱动能力和卡滞特性以优化阀结构设计和选型，研究反馈机构对系统非线性动态特性的影响，揭示数字液压控制系统的特殊性等，都具有重要意义。因此，本节首先建立数字滑阀旋转动态模型和阀芯平动及反馈机构动态模型，其次修正并完善阀控非对称缸部分的非线性模型，最终得到完整的数字液压控制系统非线性状态空间模型。

1. 数字滑阀旋转动态模型

由式（2-3）数字滑阀旋转的动力学方程可得

$$\ddot{\theta} = \frac{1}{J}\left(T_e - \frac{T_s}{i_s} - B\dot{\theta}\right) \tag{3-27}$$

为建模方便，步进电动机的输出转矩简化为

$$T_e = T_m \sin[Z_r(\theta_m - \theta)] = T_m \sin[Z_r(\theta_N N - \theta)] \tag{3-28}$$

式（3-28）能从一定程度上反映步进电动机的矩角特性，但缺乏对绕组自感、互感以及磁路饱和等非线性的描述。为充分考虑步进电动机的非线性，同时兼顾建模难度，本节在 Leenhouts 模型基础上进行一定简化，得到基本参数可测的二相混合式步进电动机非线性模型。Leenhouts 模型于 1991 年提出，是近代较为通用的步进电动机非线性模型。它在早期的 Singh – Kuo 模型和 Pickup – Russell 模型的基础上进一步研究了绕组自感的变化过程，将绕组自感由基波分量和恒定分量的和来表达，并在转矩中考虑了三次谐波的影响，用饱和系数 k_{tc} 来表示旋转电压、绕组电感和转矩中与绕组电流有关的项。对于二相混合式步进电动机，应用 Leenhouts 模型可得到其转矩方程为

$$\begin{cases} T_e = T_A + T_B + T_d \\ T_A = -i_A\left(k_{t0} - k_{tc}\dfrac{|i_A|}{2}\right)[\sin\theta_e + h_3\sin(3\theta_e)] \\ T_B = i_B\left(k_{t0} - k_{tc}\dfrac{|i_B|}{2}\right)[\cos\theta_e - h_3\cos(3\theta_e)] \\ T_d = D\sin(4\theta_e) \end{cases} \tag{3-29}$$

式中，T_A、T_B、T_d 分别为 A、B 相绕组电磁转矩及定位转矩；i_A、i_B 分别为 A、B 相电流；k_{t0}、k_{tc} 分别为转矩系数及磁路饱和系数；h_3 为电磁转矩三次谐波相对幅值；$\theta_e = Z_r\theta$ 为电角度；D 为定位转矩幅值。

由于数字液压控制系统通常采用较为成熟的电流矢量恒幅均匀旋转细分驱动技术，可近似认为步进电动机相电流与预置电流相等，则

$$\begin{cases} i_A = I_{max}\cos\theta_{te} \\ i_B = I_{max}\sin\theta_{te} \end{cases} \tag{3-30}$$

式中，I_{max} 为最大相电流；$\theta_{te} = Z_r\theta_m = Z_r\theta_N N$ 为指令电度角。

2. 阀芯平动及反馈机构动态模型

阀芯平动的动力学方程为

$$F_v = m_v\ddot{x}_v + B_v\dot{x}_v + F_{fv} + F_s + F_t \tag{3-31}$$

式中，m_v 为阀芯质量；x_v 为阀芯轴向位移；B_v 为阀芯在阀套内滑动阻尼系数；F_{fv} 为滑动库仑摩擦力；F_s、F_t 分别为作用在阀芯上的稳态液动力和瞬态液动力；F_v 为轴向驱动力。

（1）稳态液动力

对于单个节流口，考虑径向间隙时，稳态液动力计算式为

$$F_s = 2C_v C_d w \sqrt{\Delta^2 + r_c^2}\Delta p_{sv}\cos\alpha = K_f w \Delta p_{sv}\sqrt{\Delta^2 + r_c^2}$$

式中，速度系数为 $C_v = 0.98$；w 为节流口面积梯度；Δp_{sv} 为节流口压降；射流角 α 与节流口开口量 $\overline{\Delta}$ 和径向间隙 r_c 的比值有关，即 $\alpha = f(\overline{\Delta}/r_c)$，当 $r_c = 0$ 时，$\alpha \approx$

$69°$，$K_f = 0.43$。

图 3-12 所示为考虑节流口差异的阀控非对称缸结构，各节流口初始遮盖量为 Δ_i，则输入阀芯位移为 x_v 时，各节流口的开口量和压降分别为

$$\overline{\Delta}_i = \begin{cases} x_v - \Delta_i, & i = 1,4 \\ -x_v - \Delta_i, & i = 2,3 \end{cases} \tag{3-32}$$

$$\Delta p_{svi} = \begin{cases} p_s - p_1, & i = 1 \\ p_s - p_2, & i = 2 \\ p_1 - p_0, & i = 3 \\ p_2 - p_0, & i = 4 \end{cases} \tag{3-33}$$

数字滑阀工作时，同时有两个可控节流口起作用。忽略止遮盖节流口上因泄漏引起的稳态液动力，同时，考虑稳态液动力的作用总是使节流口关闭，方向与阀芯位移方向相反，故数字滑阀总稳态液动力为

$$F_s = \begin{cases} K_{f1} w_1 \Delta p_{sv1} \sqrt{\overline{\Delta}_1^2 + r_c^2} + K_{f4} w_4 \Delta p_{sv4} \sqrt{\overline{\Delta}_4^2 + r_c^2}, & x_v \geqslant 0 \\ -K_{f2} w_2 \Delta p_{sv2} \sqrt{\overline{\Delta}_2^2 + r_c^2} - K_{f3} w_3 \Delta p_{sv3} \sqrt{\overline{\Delta}_3^2 + r_c^2}, & x_v < 0 \end{cases} \tag{3-34}$$

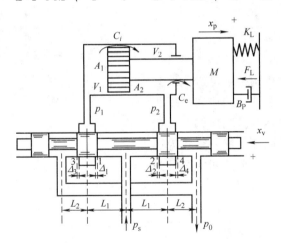

图 3-12　考虑节流口差异的阀控非对称缸结构

（2）瞬态液动力

单个节流口工作时的瞬态液动力为

$$F_t = C_d w L \sqrt{2\rho \Delta p}\, \dot{x}_v$$

式中，L 为阻尼长度。

在图 3-12 中，液流运动在节流口 1 和 2 处产生的瞬态液动力始终指向节流口关闭的方向，为正阻尼，阻尼长度以 L_1 表示，而液流运动在节流口 3 和 4 处产生的瞬态液动力始终指向节流口打开的方向，为负阻尼，阻尼长度以 L_2 表示。忽略

负开口量节流口上的瞬态液动力，则总瞬态液动力为

$$F_t = \begin{cases} \left(C_d w_1 L_1 \sqrt{2\rho \Delta p_{sv1}} - C_d w_4 L_2 \sqrt{2\rho \Delta p_{sv4}} \right) \dot{x}_v, & x_v \geqslant 0 \\ \left(C_d w_2 L_1 \sqrt{2\rho \Delta p_{sv2}} - C_d w_3 L_2 \sqrt{2\rho \Delta p_{sv3}} \right) \dot{x}_v, & x_v < 0 \end{cases} \quad (3\text{-}35)$$

（3）轴向驱动力

图 3-13 所示为滑动螺旋传动机构受力分析，N 为滑动螺旋面法向，T 为滑动螺旋面切向，A 为阀芯轴向，C 为阀芯周向；$\psi = \arctan[t_1/(\pi d_2)]$ 为螺旋面升角，t_1 为螺纹导程，d_2 为螺纹中径；θ_r 为阀芯螺杆与反馈螺母的相对转角，可表示为

$$\theta_r = \frac{\theta}{i_s} - \frac{\theta_b}{i_r} \quad (3\text{-}36)$$

式中，θ_b 为滚珠丝杠轴角位移。假设反馈螺母不动，则在周向力 F_a 的作用下，阀芯旋转，沿螺旋面滑动产生周向相对位移 $\theta_r d_2/2$ 和轴向位移 x_v。此时，螺旋面上反馈螺母对阀芯的支持力为 F_N，摩擦力为 F_T，则阀芯的轴向驱动力为

$$F_v = F_N \cos\psi - F_T \sin\psi \quad (3\text{-}37)$$

由图 3-13 可知，阀芯与反馈螺母在螺旋面法线方向 N 上的相对位移可表示为

$$x_{Nr} = (\theta_r d_2 \sin\psi)/2 - x_v \cos\psi \quad (3\text{-}38)$$

由于机械传动机构中不可避免地会存在间隙，使得力和位移的传递呈现非线性。建模时可将螺旋传动结构、反馈机构及减速机传动间隙，统一等效为螺纹间隙以简化模型。设传动间隙宽度为 $2x_c$，则螺旋面上正压力为

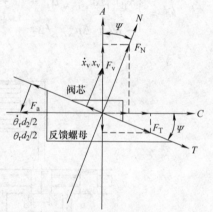

图 3-13　滑动螺旋传动机构受力分析

$$F_N = \begin{cases} K_N(x_{Nr} - x_c) + B_N \dot{x}_{Nr}, & x_{Nr} > x_c \\ 0, & |x_{Nr}| \leqslant x_c \\ K_N(x_{Nr} + x_c) + B_N \dot{x}_{Nr}, & x_{Nr} < -x_c \end{cases} \quad (3\text{-}39)$$

式中，K_N 为材料的接触刚度；B_N 为材料的结构阻尼。

由图 3-13 可知，阀芯相对于反馈螺母沿螺旋面切线方向 T 滑动的速度为

$$\dot{x}_{Tr} = (\dot{\theta}_r d_2 \cos\psi)/2 + \dot{x}_v \sin\psi \quad (3\text{-}40)$$

图 3-13 中阀芯周向相对转角 θ_r 及轴向位移 x_v 均为正方向，则螺旋面上滑动摩擦力为

$$F_T = \text{sgn}(\dot{x}_{Tr}) |F_N| \tan\rho_v \quad (3\text{-}41)$$

式中，$\rho_v = f/\cos\beta$ 为摩擦当量角，f 为螺纹面动摩擦系数，β 为螺纹牙型侧角。

由图 3-13 可知，驱动阀芯旋转所需周向力为

$$F_a = F_N \sin\psi + F_T \cos\psi \tag{3-42}$$

故阀芯旋转的负载转矩为

$$T_s = F_a d_2 / 2 \tag{3-43}$$

实际中，由于反馈螺母仅轴向固定，阀芯旋转的负载转矩同时也通过减速机反向传动至滚珠丝杠轴充当驱动力矩，则滚珠丝杠轴的力矩平衡方程为

$$T_s / i_r + T_b = J_b \ddot{\theta}_b + B_b \dot{\theta}_b + T_{fb} \tag{3-44}$$

式中，J_b 为滚珠丝杠轴等效转动惯量；B_b 为等效阻尼比；T_{fb} 为等效动摩擦转矩；作用在丝杠轴上的反馈力矩为

$$T_b = (K_2 x_p - \theta_b) K_T \tag{3-45}$$

式中，K_T 为滚珠丝杠传动机构的综合等效扭转刚度。

图 3-14 所示为滚珠丝杠传动机构偏差分析。$K_1 = 2\pi / (\eta t_2)$ 为滚珠丝杠的力矩 – 力转换系数，η 为传动效率，一般可取 $\eta = 0.98$；$K_2 = 2\pi / t_2$ 为位移 – 角度转换系数；K_1 为滚珠丝杠传动机构综合轴向刚度；K_θ 为滚珠丝杠传动机构综合扭转刚度。分析可得

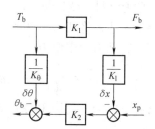

$$\frac{1}{K_T} = \frac{K_1 K_2}{K_1} + \frac{1}{K_\theta} \tag{3-46}$$　图 3-14　滚珠丝杠传动机构偏差分析

滚珠丝杠传动机构综合轴向刚度是指包括滚珠丝杠螺母副和支撑轴承在内的整个传动机构的综合拉压刚度，体现了滚珠丝杠传动机构抵抗轴向变形的能力。计算时，将滚珠丝杠传动机构的各组成部件视为一系列弹簧组件串联，由胡克定律可得

$$\frac{1}{K_1} = \frac{1}{K_s} + \frac{1}{K_n} + \frac{1}{K_b} \tag{3-47}$$

式中，K_s、K_n、K_b 分别为丝杠轴、螺母组件和支撑轴承的轴向刚度。

滚珠丝杠轴的轴向刚度与丝杠轴的安装方式有关。在数字液压控制系统中，滚珠丝杠轴内置于活塞杆中，采用一端止推，另一端简支的安装方式。故丝杠轴的轴向刚度为

$$K_s = \frac{\pi d_s^2 E}{4 l_s} \tag{3-48}$$

式中，E 为材料弹性模量；d_s 为丝杠轴径；l_s 为支撑轴承到螺母的安装距离，与活塞位移 x_p 有关。

为消除滚珠丝杠的轴向间隙，滚珠丝杠螺母组件一般采用预压型。当预压力为 F_{a0} 时，由赫兹弹性接触理论可得螺母组件轴向刚度为

$$K_n = 0.8 K_{n0} \left(\frac{F_{a0}}{0.1 C_a} \right)^{1/3} \tag{3-49}$$

式中，C_a 为螺母组件基本动额定载荷；K_{n0} 为预压基本动额定负荷 10% 的轴向负荷

时，螺母组件的理论轴向刚度；$0.8K_{n0}$ 为综合考虑螺母座和轴承座等安装零部件的刚度，式中取刚度修正系数为 0.8。

K_{n0} 和 K_b 均可根据所用产品型号，从样本尺寸表中查得。

同理由胡克定律可得，滚珠丝杠传动机构综合扭转刚度为

$$\frac{1}{K_\theta} = \frac{1}{K_{s\theta}} + \frac{1}{K_{c\theta}} \tag{3-50}$$

式中，$K_{c\theta}$ 为联轴器及减速机等效扭转刚度，可从产品样本尺寸表中查得；$K_{s\theta}$ 为滚珠丝杠扭转刚度，计算公式为

$$K_{s\theta} = \frac{\pi d_s^4 G}{32 L_s} \tag{3-51}$$

式中，G 为材料切变模量；L_s 为丝杠总长，与活塞有效行程 L 有关。

综上所述，将式（3-29）、式（3-30）和式（3-43）代入式（2-3），可得数字滑阀旋转动力学模型为

$$\ddot{\theta} = \frac{1}{J}\Big[T_e(N,\theta) - \frac{F_a(x_v,\dot{x}_v,\theta_b,\dot{\theta}_b,\theta,\dot{\theta})\,d_2}{2i_s} - B\dot{\theta} \Big] \tag{3-52}$$

将式（3-34）~式（3-37）代入式（3-31），可得阀芯平动动力学模型为

$$\ddot{x}_v = \frac{1}{m_v}\big[F_v(x_v,\dot{x}_v,\theta_b,\dot{\theta}_b,\theta,\dot{\theta}) - F_s(p_1,p_2,x_v) - F_t(p_1,p_2,\dot{x}_v) - B_v\dot{x}_v - F_{fv} \big] \tag{3-53}$$

将式（3-43）、式（3-45）代入式（3-44），可得反馈机构动力学模型为

$$\ddot{\theta}_b = \frac{1}{J_b}\Big[\frac{F_a(x_v,\dot{x}_v,\theta_b,\dot{\theta}_b,\theta,\dot{\theta})\,d_2}{2i_r} + (K_2 x_p - \theta_b)K_T(x_p) - B_b\dot{\theta}_b - T_{fb} \Big] \tag{3-54}$$

3. 阀控缸动态模型

由于数字滑阀在实际使用过程中不可避免地会出现磨损，即使是新阀也存在加工及装配造成的阀芯与阀套间径向间隙，由此导致滑阀泄漏，影响滑阀性能。尤其是当数字液压控制系统内位置反馈增益较大时，数字滑阀的实际阀芯位移较小，此时阀的径向泄漏不可忽略，如仍采用式（3-8）和式（3-11）阀口流量方程，将导致较大仿真误差。

图 3-15 所示为典型滑阀泄漏流量曲线，可以看出阀芯与阀套间径向间隙引起的泄漏流量有如下特性：①阀芯处于中位时泄漏量最大；②泄漏量随阀芯移动迅速减小。虽然通过新阀径向间隙泄漏的液流为层流，但在使用过程中阀口节流边受液流冲蚀磨损，径向泄漏增大，且变为紊流。

采用紊流模型描述开口量 $\overline{\Delta}_i < 0$ 时各阀口泄漏流量。同时，修正开口量 $\overline{\Delta}_i \geq 0$ 时通过锐边节流孔流量公式，可得新的阀口流量方程为

$$q_{svi} = \begin{cases} C_d w_i (x_{0i} + \overline{\Delta}_i) \sqrt{\dfrac{2}{\rho} \Delta p_{svi}}, & \overline{\Delta}_i \geqslant 0 \\[3mm] C_d w_i \dfrac{x_{0i}^2}{(x_{0i} - k_{1i} \overline{\Delta}_i)} \sqrt{\dfrac{2}{\rho} \Delta p_{svi}}, & \overline{\Delta}_i < 0 \end{cases} \qquad (3\text{-}55)$$

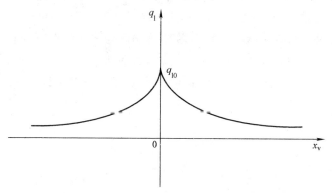

图 3-15　典型滑阀泄漏流量曲线

式中，k_{1i} 为各阀口泄漏系数；x_{0i} 为各阀口开度修正量，相当于最大泄漏量对应的无泄漏阀口开度。若不考虑各节流口间的差异，w_i、Δ_i、k_{1i}、x_{0i} 可用 w、Δ、k_1、x_0 统一表示。当缺少数字滑阀中位泄漏流量曲线时，设径向间隙为 r_c，可近似取

$$x_0 = \frac{\pi r_c^2}{32 C_d \mu} \sqrt{\frac{\rho}{2} p_s}$$

式中，μ 为油液动力黏度。

　　由此可知，流入无杆腔流量 q_1 和流出有杆腔流量 q_2 分别为

$$q_1 = q_{sv1} - q_{sv3} = q_{sv1}(x_v, p_1) - q_{sv3}(x_v, p_1) \qquad (3\text{-}56)$$

$$q_2 = q_{sv4} - q_{sv2} = q_{sv4}(x_v, p_2) - q_{sv2}(x_v, p_2) \qquad (3\text{-}57)$$

将式（3-56）和式（3-57）代入式（3-15）液压缸工作腔内流量连续性方程，可得

$$\dot{p}_1 = \frac{\beta_e}{V_{10} + A_1 x_p} \left[C_i (p_2 - p_1) - A_1 \dot{x}_p + q_{sv1}(x_v, p_1) - q_{sv3}(x_v, p_1) \right] \qquad (3\text{-}58)$$

$$\dot{p}_2 = \frac{\beta_e}{V_{20} - A_2 x_p} \left[A_2 \dot{x}_p + C_i (p_1 - p_2) - C_e p_2 + q_{sv2}(x_v, p_2) - q_{sv4}(x_v, p_2) \right]$$

$$(3\text{-}59)$$

式（3-19）液压缸力平衡方程可进一步写作

$$M \ddot{x}_p + B_p \dot{x}_p + K_L x_p + F_{fc} + F_b + F_e = A_1 p_1 - A_2 p_2 = F_L \qquad (3\text{-}60)$$

式中，F_L 为液压负载力，即液压输出力；F_e 为外载荷；F_b 为反馈机构所需驱动力；F_{fc} 为活塞、活塞杆与缸筒之间的摩擦力。

由式（3-45）可知，反馈机构所需驱动力为

$$F_b = K_1 T_b = \frac{2\pi T_b}{\eta t_2} \tag{3-61}$$

Canudas de Wit 提出的 LuGre 模型是在 Dahl 模型的基础上，将微观下的摩擦接触面看作大量具有随机行为的弹性 bristle，并基于 bristle 的平均变形建立的动态摩擦模型。LuGre 模型采用一阶微分方程，较全面、精确地描述了预滑动、摩擦滞环、变静摩擦及 Stribeck 效应等各种摩擦现象，反映了摩擦运动的机理，因而广泛用于机械液压等伺服系统的设计与研究。以 LuGre 模型考察摩擦力 F_{fc}，则有

$$\begin{cases} F_{fc} = \sigma_0 z + \sigma_1 \dot{z} + \sigma_2 \dot{x}_p \\[2mm] \dot{z} = \dot{x}_p - \dfrac{|\dot{x}_p|}{g(\dot{x}_p)} z \\[2mm] \sigma_0 g(\dot{x}_p) = F_c + (F_{sc} - F_c) \exp\left[-(\dot{x}_p / v_{sk})^2\right] \end{cases} \tag{3-62}$$

式中，z 为 bristle 平均变形量，F_c 为库仑摩擦力，F_{sc} 为最大静摩擦力，σ_0 为 bristle 刚度系数，σ_1 为 bristle 阻尼系数，σ_2 为黏性摩擦系数，v_{sk} 为 Stribeck 速度。

将式（3-61）和式（3-62）代入式（3-60），可得液压缸的动力学模型为

$$\ddot{x}_p = \frac{1}{M} \left[K_L x_p + A_1 p_1 - A_2 p_2 - (B_p + \sigma_1 + \sigma_2) \dot{x}_p - \left(\sigma_0 - \frac{\sigma_1 |\dot{x}_p|}{g(\dot{x}_p)} \right) x_{11} \right.$$

$$\left. - (K_2 x_p - \theta_b) K_1 K_T(x_p) - F_e \right] \tag{3-63}$$

4. 完整的系统非线性状态空间模型

定义系统状态量为

$$x = [x_1, x_2, x_3, x_4, x_5, x_6, x_7, x_8, x_9, x_{10}, x_{11}]^T = [x_p, \dot{x}_p, p_1, p_2, x_v, \dot{x}_v, \theta_b, \dot{\theta}_b, \theta, \dot{\theta}, z]^T$$

输出量为 $y = x_1 = x_p$，输入量为 $u = N$，联立式（3-52）～式（3-54）、式（3-58）、式（3-59）、式（3-63），得到考虑阀芯螺旋运动及反馈机构动态、阀口正遮盖误差和径向泄漏、机构传动间隙以及动摩擦力等因素的完整的数字液压控制系统非线性状态方程模型，见式（3-64）。

$$\begin{cases}
\dot{x}_1 = x_2 \\[2mm]
\dot{x}_2 = \dfrac{1}{M}\Big[K_L x_1 + A_1 x_3 - A_2 x_4 - (B_p + \sigma_2 + \sigma_1) x_2 - \Big(\sigma_0 - \dfrac{\sigma_1 |x_2|}{g(x_2)}\Big) x_{11} - (K_2 x_1 - x_7) K_1 K_T(x_1) - F_e \Big] \\[3mm]
\dot{x}_3 = \dfrac{\beta_e}{V_{10} + A_1 x_1}\big[C_i(x_4 - x_3) - A_1 x_2 + q_{sv1}(x_3, x_5) - q_{sv3}(x_3, x_5) \big] \\[3mm]
\dot{x}_4 = \dfrac{\beta_e}{V_{20} - A_2 x_1}\big[A_2 x_2 + C_i(x_3 - x_4) - C_e x_4 + q_{sv2}(x_4, x_5) - q_{sv4}(x_4, x_5) \big] \\[3mm]
\dot{x}_5 = x_6 \\[2mm]
\dot{x}_6 = \dfrac{1}{m_v}\big[F_v(x_5, x_6, x_7, x_8, x_9, x_{10}) - F_s(x_3, x_4, x_5) - F_1(x_3, x_4, x_6) - R_{\text{111}} x_6 = F_{1v} \big] \\[3mm]
\dot{x}_7 = x_8 \\[2mm]
\dot{x}_8 = \dfrac{1}{J_b}\Big[\dfrac{d_2}{2i_r} F_a(x_5, x_6, x_7, x_8, x_9, x_{10}) + (K_2 x_1 - x_7) K_T(x_1) - B_b x_8 - T_{fb} \Big] \\[3mm]
\dot{x}_9 = x_{10} \\[2mm]
\dot{x}_{10} = \dfrac{1}{J}\Big[T_e(x_9, u) - \dfrac{d_2}{2i_s} F_a(x_5, x_6, x_7, x_8, x_9, x_{10}) - B x_{10} \Big] \\[3mm]
\dot{x}_{11} = x_2 - \dfrac{|x_2|}{g(x_2)} x_{11}
\end{cases}$$

$$(3\text{-}64)$$

式中，各函数关系式为

$$g(x_2) = \frac{1}{\sigma_0}\big\{ F_c + (F_{sc} - F_c)\exp[-(x_2/v_{sk})^2] \big\} \tag{3-65}$$

$$\frac{1}{K_T(x_1)} = \frac{4\pi^2}{\eta t_2^2}\Big[\frac{4l_s(x_1)}{\pi d_s^2 E} + \frac{1}{K_n} + \frac{1}{K_b} \Big] + \frac{32L_s}{\pi d_s^4 G} + \frac{1}{K_{c\theta}} \tag{3-66}$$

$$q_{svi} = \begin{cases}
C_d w_i (x_{0i} + \overline{\Delta}_i)\sqrt{\dfrac{2}{\rho}\Delta p_{svi}}, & \overline{\Delta}_i \geqslant 0 \\[3mm]
C_d w_i \dfrac{x_{0i}^2}{x_{0i} - k_{1i}\overline{\Delta}_i}\sqrt{\dfrac{2}{\rho}\Delta p_{svi}}, & \overline{\Delta}_i < 0
\end{cases} \quad , i = 1, 2, 3, 4 \tag{3-67}$$

$$\Delta p_{svi} = \begin{cases}
p_s - x_3, & i = 1 \\
p_s - x_4, & i = 2 \\
x_3 - p_0, & i = 3 \\
x_4 - p_0, & i = 4
\end{cases} \qquad
\overline{\Delta}_i = \begin{cases}
x_5 - \Delta_i, & i = 1, \ 4 \\
-x_5 - \Delta_i, & i = 2, \ 3
\end{cases}$$

$$F_s(x_3,x_4,x_5) = \begin{cases} 0.43w_1\Delta p_{sv1}\sqrt{\Delta_1^2+r_c^2}+0.43w_4\Delta p_{sv4}\sqrt{\Delta_4^2+r_c^2}, & x_5 \geqslant 0 \\ -0.43w_2\Delta p_{sv2}\sqrt{\Delta_2^2+r_c^2}-0.43w_3\Delta p_{sv3}\sqrt{\Delta_3^2+r_c^2}, & x_5 < 0 \end{cases}$$

(3-68)

$$F_t(x_3,x_4,x_6) = \begin{cases} C_d\sqrt{2\rho}x_6[w_1L_1\sqrt{\Delta p_{sv1}}-w_4L_2\sqrt{\Delta p_{sv4}}], & x_5 \geqslant 0 \\ C_d\sqrt{2\rho}x_6[w_2L_1\sqrt{\Delta p_{sv2}}-w_3L_2\sqrt{\Delta p_{sv3}}], & x_5 < 0 \end{cases}$$

(3-69)

$$F_v(x_5,x_6,x_7,x_8,x_9,x_{10}) = F_N\cos\psi - |F_N|\mathrm{sgn}(\dot{x}_{Tr})\tan\rho_v\sin\psi$$

$$F_a(x_5,x_6,x_7,x_8,x_9,x_{10}) = F_N\sin\psi + |F_N|\mathrm{sgn}(\dot{x}_{Tr})\tan\rho_v\cos\psi$$

$$F_N = \begin{cases} K_N(x_{Nr}-x_c)+B_N\dot{x}_{Nr}, & x_{Nr} > x_c \\ 0, & |x_{Nr}| \leqslant x_c \\ K_N(x_{Nr}+x_c)+B_N\dot{x}_{Nr}, & x_{Nr} < -x_c \end{cases}, \quad \begin{cases} x_{Nr} = \dfrac{d_2}{2}\left(\dfrac{x_9}{i_s}-\dfrac{x_7}{i_r}\right)\sin\psi - x_5\cos\psi \\ \dot{x}_{Nr} = \dfrac{d_2}{2}\left(\dfrac{x_{10}}{i_s}-\dfrac{x_8}{i_r}\right)\sin\psi + x_6\cos\psi \end{cases}$$

(3-70)

$$T_e(x_9,u) = D\sin(4Z_rx_9) +$$

$$I_{\max}\sin(Z_r\theta_N N)\left[k_{t0}-\frac{k_{tc}}{2}|I_{\max}\sin(Z_r\theta_N N)|\right][\cos(Z_rx_9)-h_3\cos(3Z_rx_9)] -$$

$$I_{\max}\cos(Z_r\theta_N N)\left[k_{t0}-\frac{k_{tc}}{2}|I_{\max}\cos(Z_r\theta_N N)|\right][\sin(Z_rx_9)+h_3\sin(3Z_rx_9)]$$

(3-71)

3.3 理论解析

数字液压控制系统本身就是一种采用开环控制方式的伺服机构，因此有必要从控制系统的角度对数字液压控制系统的结构本质和参数意义进行解析。本节主要利用 3.2.1 节所建传递函数模型，从控制系统的角度出发，对数字液压控制系统的控制结构、参数意义和系统误差进行解析，并探讨补偿控制具体的实现形式；通过理论分析与仿真计算，研究数字液压控制系统不同运动方向上稳定性与速度特性的差异，并对系统的动态响应过程进行仿真分析。

3.3.1 控制结构和参数意义解析

由阀控缸的建模过程和图 3-9 可知，阀控缸部分的流量控制增益为 K_q，压力反馈增益为 K_c，速度反馈增益为 A_1，这是由阀控缸本身的结构特性决定的，涉及阀结构参数 w_1、m 和液压缸结构参数 A_1、n 的设计。因此，在阀控缸结构参数设计时不仅要考虑动力机构输出与负载的功率匹配问题，还应满足系统对稳定性、快速性和准确性等响应特性的要求。

在图 3-11 中，数字液压控制系统仅在阀控缸部分构成一内反馈回路，因此系统特性主要由阀控缸部分的内反馈回路决定。数字液压控制系统内反馈回路的反馈增益为 k_f，将其转化为单位负反馈回路，则内反馈回路结构框图如图 3-16 所示，x_d 为期望活塞位移；e 为数字液压控制系统位移跟踪误差。

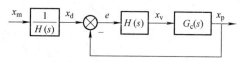

图 3-16 内反馈回路结构框图

由图 3-16 可知，$x_v = H(s)e = H(s)(x_d - x_p) = k_f(x_d - x_p)$。由于阀芯位移 x_v 为阀控缸系统的控制量，故 $H(s)$ 可视为闭环回路的控制器，数字液压控制系统本质上为阀控缸的比例控制系统，控制增益为 k_f，k_f 由阀芯螺母导程 t_1、滚珠丝杠导程 t_2 以及滚珠丝杠轴端减速机传动比 i_r 决定，因此需要合理设计选取。

数字液压控制系统设计成型后，k_f 为常值固定不变，因此系统的跟踪误差体现为阀芯位移 x_v，即 $e = x_v/k_f$。由阀控缸位移传递函数 $G_c(s)$ 可知，液压缸速度 v 对阀芯位移 x_v 的传递函数为

$$\frac{v}{x_v} = \frac{K_q/A_1}{\dfrac{s^2}{\omega_h^2} + \dfrac{2\xi_h}{\omega_h}s + 1} \tag{3-72}$$

故稳态时，有

$$v = \frac{K_q}{A_1}x_v = K_v e \tag{3-73}$$

一般情况下，由于 $K_v > 1$，因此，数字液压控制系统必须以牺牲跟踪精度为代价来提高液压缸的运动速度。

图 3-11 中，$x_m = G_s(s)N$ 为内反馈回路的输入，故步进电动机 – 滑阀的电 – 机转换环节相当于前处理器。由数字液压控制系统总传递函数式（3-26）可知，稳态时数字液压控制系统脉冲当量为

$$k_N = \frac{x_p}{N} = \frac{\theta_N k_s K_q/A_1}{K_v} = \frac{\theta_N k_s}{k_f} = \frac{\theta_b i_r t_2}{2\pi i_s n_b} \tag{3-74}$$

因此，步进电动机细分步距角 θ_N 和转子轴端减速机传动比 i_s 使得数字液压控制系统的响应速度、分辨率和定位精度在阀控缸系统设计成型后可调。

系统控制的目的是尽可能地消除误差，使系统实际输出与期望输出保持一致，这对主要作为随动系统应用的数字液压控制系统尤为重要，因此，下面进一步对系统误差进行分析。

3.3.2 系统位移响应特性分析

由数字液压控制系统传递函数的推导过程可知，流量增益系数 K_q 和流量 – 压力系数 K_c 在正反两个运动方向上具有不同的形式，因此系统在正反两个运动方向

上表现出不同的特性。为更直观地了解数字液压控制系统的系统性能，进一步采用理论分析和仿真计算相结合的方法进行研究。以下分析过程中，统一以参数上标标记运动方向，其中，"+"代表正向运动，"−"代表反向运动。

研究采用的数字液压控制系统的主要参数见表 3-1。

表 3-1　数字液压控制系统主要参数

参数名称	参数值	参数名称	参数值
步进电动机齿数 Z_r	50	固有步距角 θ_b/rad	3.14×10^{-2}
最大静转矩 $T_m/\text{N} \cdot \text{m}$	1.74	驱动细分数 n_d	5
综合转动惯量 $J/\text{kg} \cdot \text{m}^2$	3.82×10^{-5}	步进电动机端减速机传动比 i_s	4.25
综合黏性阻尼系数 $B/(\text{N} \cdot \text{m} \cdot \text{s/rad})$	3.2×10^{-2}	滚珠丝杠端减速机传动比 i_r	1
螺杆螺母导程 t_1/m	6×10^{-3}	滚珠丝杠导程 t_2/m	0.02
位移反馈系数 k_f	0.3	流量系数 C_d	0.62
阀口面积梯度 w_1/m	3.82×10^{-2}	阀口面积梯度比 m	1
无杆腔面积 A_1/m^2	2.54×10^{-2}	两工作腔面积比 n	0.8
液压缸总压缩体积 V_t/m^3	1.15×10^{-2}	活塞有效行程 L/m	0.45
油液密度 $\rho/(\text{kg/m}^3)$	918	供油压力 p_s/Pa	1×10^7
内泄漏系数 $C_i/[\text{m}/(\text{Pa} \cdot \text{s})]$	2.4×10^{-11}	油液体积弹性模量 β_e/Pa	7×10^8
外泄漏系数 $C_e/[\text{m}/(\text{Pa} \cdot \text{s})]$	4.7×10^{-13}	黏性阻尼系数 $B_p/(\text{N} \cdot \text{m/s})$	800
总质量 M/kg	360	负载力 F_L/N	0

（1）稳定性分析

根据 Routh 判据，系统稳定条件为 $K_v < 2\xi_h\omega_h$。正反向开环放大系数 K_v 和阻尼比的不同，使得正反向的稳定性有所差异。数字液压控制系统结构参数确定后，K_q 直接影响 K_v，K_c 直接影响 ξ_h，由于阀系数随阀工作点变化，使系统的稳定性指标不易确定。但当阀芯处于原点时，流量增益最大，流量–压力系数最小，系统阻尼比最低，此时系统最不稳定。故以零位阀系数进行分析，能够同时保证系统在其他工作点处的稳定性。

将表 3-1 所示参数代入推导得到的数学模型，计算得到 $K_q^+ = 2.825$，$K_q^- = 2.563$；数字滑阀的固有频率为 $\omega_s = 1.508 \times 10^3 \text{rad/s}$，阻尼比为 $\xi_s = 0.274$；液压固有频率为 $\omega_h = 615.5 \text{rad/s}$，该液压固有频率的计算充分考虑了由于滑阀结构和两腔初始容积不同对系统中压力和流量产生的影响，更准确地反映了阀控非对称缸的实际情况，结果小于一般文献中直接通过最小液压弹簧刚度计算得到的固有频率。

图 3-17 所示为计算得到的液压阻尼比随阀芯偏移量、负载压力变化曲线。可知液压阻尼比正比于阀口开度变化，同时正反向运动的液压阻尼比也不相同。负载力为负时，反向运动液压阻尼比大于正向运动，反之，正向运动液压阻尼比大于反向运动，但当 $p_L/p_s < 0.1$，即正负载力较小时，反向运动阻尼比仍大于正向运动。

可以看出液压阻尼比难以确定，且计算值一般偏小，而试验测量的零位阻尼比一般为 0.1 ~ 0.2，为了简化计算，此处取正向运动阻尼比为 0.1，反向运动阻尼比为 0.12。

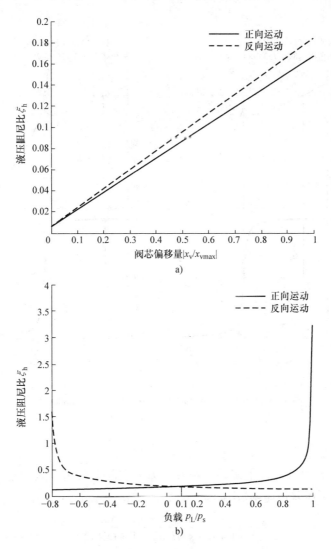

图 3-17　液压阻尼比随阀芯偏移量、负载压力变化曲线

a）液压阻尼比随阀芯偏移量变化曲线　b）液压阻尼比随负载压力变化曲线

此时，容易计算得到 $K_v^+ = 33.30$，$2\xi_h^+ \omega_h = 123.10$，$K_v^- = 30.22$，$2\xi_h^- \omega_h = 147.72$，故 $K_v^+ < 2\xi_h^+ \omega_h$，$K_v^- < 2\xi_h^- \omega_h$，可知正反向运动模型均满足稳定条件，系统稳定。

图 3-18 所示为数字液压控制系统内反馈回路开环 Bode 图，可以看出正反向运

动的幅值裕度均大于6dB，相角裕度均大于45°，系统稳定性良好，且反向运动幅值裕度大于正向运动，稳定性更优。穿越频率处的谐振峰由系统欠阻尼造成，因此必须设法提高数字液压控制系统的阻尼比，如增加负载黏性阻尼、设置压力反馈网络等。

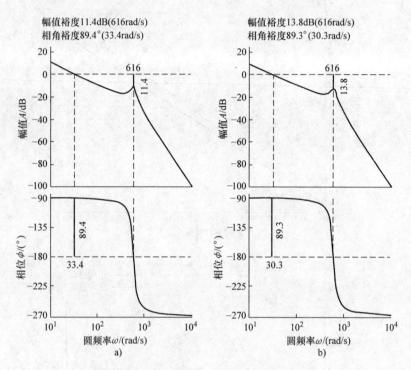

图3-18   数字液压控制系统内反馈回路开环 Bode 图

a）正向运动 Bode 图   b）反向运动 Bode 图

（2）系统误差分析（含活塞及阀芯平衡位置分析）

由于图3-16中只包含主回路，跟踪误差 e 实际上仅为输入信号引起的误差，可用 e_r 表示，则误差传递函数为

$$e_r = \frac{x_d}{1 + G_c(s)H(s)} = \frac{x_d}{1 + G_0(s)} \qquad (3\text{-}75)$$

由输入信号引起的稳态误差为

$$e_{rs} = \lim_{s \to 0} s e_r(s) = \lim_{s \to 0} \frac{s x_d(s)}{1 + G_0(s)} = \lim_{s \to 0} \frac{s^2 x_d(s)}{s + K_v} \qquad (3\text{-}76)$$

若期望位移信号为阶跃信号，$x_d(s) = x_d/s$，即保持给定位移 x_d 不变，则 $e_{rs} = 0$，数字液压控制系统稳态位置误差为零，系统无静差；若期望位移信号为斜坡信号，$x_d(s) = v_d/s^2$，即以期望速度为 v_d 匀速直线运动，则 $e_{rs} = v_d/K_v$，数字液压控制系统稳态速度误差与期望速度 v_d 成正比，与开环放大系数 K_v 成反比；若期望位

移信号为抛物线信号，$x_d(s) = a_d/(2s^3)$，即以期望加速度为 a_d 匀加速运动，则 $e_{rs} = \infty$，数字液压控制系统无法稳定跟踪等加速度信号。

实际上，数字液压控制系统误差的主要来源还包括几何误差、刚度误差、热误差、泄漏误差和载荷误差等，此处仅对图 3-11 中所示的负载和附加泄漏引起的误差进行重点分析。

由图 3-11 可得到由负载力 F_L 引起的数字液压控制系统位移输出 x_p 为

$$x_p = -\frac{K_{tc}}{K_q A_1}\left(1 + \frac{K_t V_t}{K_{tc}\beta_e}s\right)F_L G_1(s) = -\frac{\dfrac{K_{tc}}{A_1^2}\left(1 + \dfrac{K_t V_t}{K_{tc}\beta_e}s\right)F_L}{s\left(\dfrac{s^2}{\omega_h^2} + \dfrac{2\xi_h}{\omega_h}s + 1\right) + K_v} \tag{3-77}$$

则数字液压控制系统的位置动刚度为

$$\frac{F_L}{x_p} = \frac{s\left(\dfrac{s^2}{\omega_h^2} + \dfrac{2\xi_h}{\omega_h}s + 1\right) + K_v}{\dfrac{K_{tc}}{A_1^2}\left(1 + \dfrac{K_t V_t}{K_{tc}\beta_e}s\right)} \tag{3-78}$$

由负载引起的位移扰动误差为

$$e_{dL} = \frac{\dfrac{K_{tc}}{A_1^2}\left(1 + \dfrac{K_t V_t}{K_{tc}\beta_e}s\right)F_L}{s\left(\dfrac{s^2}{\omega_h^2} + \dfrac{2\xi_h}{\omega_h}s + 1\right) + K_v} \tag{3-79}$$

稳态时，由静载荷 $F_L(s) = F_L/s$ 引起的稳态误差为

$$e_{sdL} = \lim_{s \to 0} se_{dL}(s) = \lim_{s \to 0}\frac{sK_{tc}F_L(s)}{A_1^2(s + K_v)} = \frac{K_{tc}F_L}{A_1^2 K_v} = \frac{K_{tc}F_L}{A_1 K_q k_f} \tag{3-80}$$

由图 3-11 可得到由附加泄漏引起的数字液压控制系统位移输出 x_p 为

$$x_p = \frac{p_s C_{ta}}{K_q}G_1 = \frac{p_s C_{ta}/A_1}{s\left(\dfrac{s^2}{\omega_h^2} + \dfrac{2\xi_h}{\omega_h}s + 1\right) + K_v} \tag{3-81}$$

则由附加泄漏引起的位移扰动误差为

$$e_{dl} = -\frac{p_s C_{ta}/A_1}{s\left(\dfrac{s^2}{\omega_h^2} + \dfrac{2\xi_h}{\omega_h}s + 1\right) + K_v} \tag{3-82}$$

系统供油压力恒定时，即 $p_s(s) = p_s/s$，由附加泄漏引起的稳态误差为

$$e_{sdl} = \lim_{s \to 0} se_{dl}(s) = -\lim_{s \to 0}\frac{sp_s(s)C_{ta}}{A_1(s + K_v)} = -\frac{C_{ta}p_s}{A_1 K_v} = -\frac{C_{ta}p_s}{K_q k_f} \tag{3-83}$$

故考虑负载和泄漏影响的系统总跟踪误差为

$$e = e_r + e_{dL} + e_{dl} \tag{3-84}$$

稳态误差为

$$e_s = e_{sr} + e_{sdL} + e_{sdl} \tag{3-85}$$

3.3.3 速度特性分析

由式（3-72）和式（3-73）可知，当阀芯正反向偏移量相同时，数字液压控制系统正反向运动速度之比实际上为流量增益系数之比，即

$$\frac{v^+}{v^-} = \frac{K_q^+}{K_q^-} = \sqrt{\frac{p_s - p_L}{np_s + p_L}} \tag{3-86}$$

式（3-86）的值与 m 无关，即两方向的速度差异主要取决于负载和液压缸的结构，无法通过采用匹配的非对称阀控方式消除。只有当 $p_L = (1-n)p_s/2$ 时，才有 $v^+/v^- = 1$，即当 $F_L = (1-n)p_s A_1/2$ 时，正反向速度特性相同。而空载时，$F_L = 0$，$p_L = 0$，$v^+/v^- = \sqrt{1/n}$，因此非对称数字液压控制系统 $[n \in (0,1)]$ 的正向运动响应速度大于反向运动。

当阀芯正反向偏移量相同时，流量 – 压力系数 K_c 之比为

$$\frac{K_c^+}{K_c^-} = \sqrt{\frac{np_s + p_L}{p_s - p_L}} \tag{3-87}$$

即流量 – 压力系数 K_c 之比与流量增益系数 K_q 之比互为倒数。

3.3.4 活塞及阀芯平衡位置分析

图 3-19 所示为存在传动间隙时数字液压控制系统活塞及阀芯的四种稳定状态，图 3-19a 为系统不工作时或数字滑阀无径向泄漏时系统启动后的理想状态，图 3-19b 为正向运动停止后或滑阀有径向泄漏时系统启动后状态，图 3-19c 为滑阀无径向泄漏时反向运动停止后状态，图 3-19d 为滑阀有径向泄漏时反向运动停止后状态。结合图 3-19，可对数字滑阀径向泄漏和传动间隙的影响，以及活塞和阀芯的平衡位置作进一步的分析说明。

系统不工作时，阀芯正中，螺杆与螺母相对位置处于未啮合状态，理想情况下两侧螺纹间隙对称，如图 3-19a 所示。系统启动时，若数字滑阀无径向泄漏，阀口关闭，液压缸两腔无进回油，系统保持在图 3-19a 所示的理想状态不变；若数字滑阀有径向泄漏，泄漏流量使得两工作腔压力建立。在滑阀径向泄漏和液压缸内泄漏的共同作用下，活塞缓慢伸出，螺纹啮合于 A 面，并使阀芯位移偏负，有杆腔逐渐进油而无杆腔回油以补偿液压缸的内泄漏，最终活塞及阀芯停止偏移，系统在图 3-19b 所示位置达到平衡，初始静差 $e < 0$。

正向运动时，阀芯逆时针旋转，输入阀芯角位移大于反馈螺母角位移，螺纹最终啮合于 B 面，引入切边误差，系统稳态速度误差增大，$e > 0$。输入停止后，惯性运动使得啮合面再次切换至 A 面，且液压缸内泄漏维持了活塞的正向运动，使得

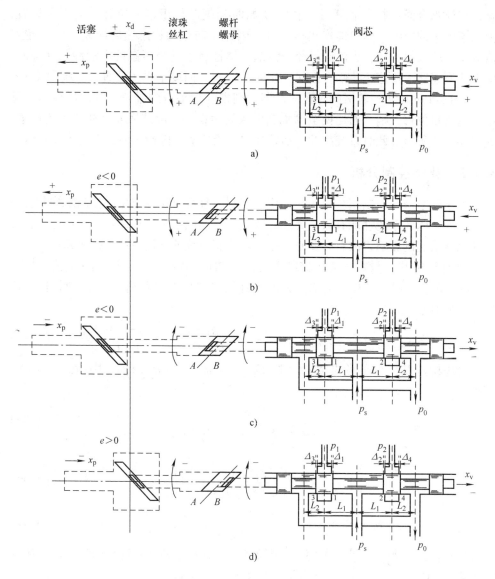

图 3-19 数字液压控制系统活塞及阀芯平衡位置分析

a) 理想状态 b) 正向运动停止后或滑阀有径向泄漏时系统启动后状态

c) 滑阀无径向泄漏时反向运动停止后状态 d) 滑阀有径向泄漏时反向运动停止后状态

输出反馈大于输入，故液压缸内泄漏不改变啮合面而仅使阀芯复位至初始平衡位置。数字滑阀无径向泄漏时，液压缸内泄漏使得系统逐渐恢复至两腔压力为零或阀口即将负向打开的平衡状态，由于腔内压力不固定，此时无法确定系统静态误差；若滑阀有径向泄漏时，系统恢复至图 3-19b 所示平衡位置，系统静差 $e < 0$，与初始静差基本相同。反向运动时，阀芯顺时针旋转，输出反馈角位移大于输入角位

移，螺纹啮合面维持 A 面不变，由于初始时刻阀芯处于即将负开口的平衡位置，消除了死区的影响，阀口能够迅速打开，因此反向运动稳态速度误差 $e < 0$，绝对值减小。输入停止后，若滑阀无径向泄漏，惯性运动与液压缸的内泄漏相互抑制，使得活塞能够平稳停止，啮合面保持在 A 面，阀芯回复至平衡位置，系统静差 $e < 0$，如图 3-19c 所示；若滑阀有径向泄漏，则惯性运动得到维持，输出反馈角位移小于输入角位移，啮合面切换至 B 面，引入切边误差，阀芯回复至初始平衡位置，如图 3-19d 所示。此时系统静差 > 初始静差，当传动间隙较大时，系统静差 $e > 0$。

3.3.5 补偿控制分析

由于数字液压控制系统采用开环比例控制，且系统设计成型后控制结构和参数不易改变，因此系统性能有限，无法有效克服实际应用中的负载及工作环境变化等扰动因素引起的影响，故有必要对数字液压控制系统的补偿控制进行研究。

在图 3-16 中，设数字液压控制系统内反馈回路输入为 $x_{\mathrm{m}} = x_{\mathrm{md}} + x_{\mathrm{mc}}$，其中，$x_{\mathrm{md}} = H(s)x_{\mathrm{d}}$ 为期望位移对应输入，即无补偿时内反馈回路输入；x_{mc} 为补偿控制输入。此时系统误差

$$e = x_{\mathrm{d}} - x_{\mathrm{p}} = x_{\mathrm{d}} - G_1 x_{\mathrm{m}} = x_{\mathrm{d}} - \frac{G_{\mathrm{c}}(s)(x_{\mathrm{md}} + x_{\mathrm{mc}})}{1 + G_0(s)} = \frac{x_{\mathrm{d}} - G_{\mathrm{c}}(s)x_{\mathrm{mc}}}{1 + G_0(s)} \qquad (3\text{-}88)$$

考虑构建基于误差的补偿控制器 $H_1(s)$，即 $x_{\mathrm{mc}} = H_1(s)e$，则由式（3-88）可得

$$e = \frac{x_{\mathrm{d}}}{1 + G_{\mathrm{c}}(s)[H(s) + H_1(s)]} \qquad (3\text{-}89)$$

则

$$x_{\mathrm{p}} = x_{\mathrm{d}} - e = \frac{G_{\mathrm{c}}(s)[H(s) + H_1(s)]}{1 + G_{\mathrm{c}}(s)[H(s) + H_1(s)]} x_{\mathrm{d}} \qquad (3\text{-}90)$$

$$x_{\mathrm{m}} = H(s)x_{\mathrm{d}} + H_1(s)e = \frac{[1 + G_0(s)][H(s) + H_1(s)]}{1 + G_{\mathrm{c}}(s)[H(s) + H_1(s)]} x_{\mathrm{d}} \qquad (3\text{-}91)$$

根据式（3-90）和式（3-91），可得到考虑补偿控制的阀控缸闭环系统框图如图 3-20 所示。

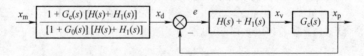

图 3-20 考虑补偿控制的阀控缸闭环系统框图

考虑补偿控制的阀控缸部分的总控制器为 $H(s) + H_1(s)$，若补偿控制采用 PID 控制，即 $H_1(s) = k_{\mathrm{p}} + k_i/s + k_{\mathrm{d}}s$，闭环回路的总控制器为 $H(s) + H_1(s) = k_{\mathrm{p}} + k_{\mathrm{f}} + k_i/s + k_{\mathrm{d}}s$。同样，此处系统误差仅为输入信号引起的误差，即

$$e_{\mathrm{r}} = \frac{x_{\mathrm{d}}}{1 + G_{\mathrm{c}}(s)\left[H(s) + H_1(s)\right]} \tag{3-92}$$

则由输入信号引起的稳态误差为

$$e_{\mathrm{rs}} = \lim_{s\to 0} s e_{\mathrm{r}}(s) = \lim_{s\to 0} \frac{s x_{\mathrm{d}}(s)}{1 + G_{\mathrm{c}}(s)\left[H(s) + H_1(s)\right]} = \lim_{s\to 0} \frac{s^3 x_{\mathrm{d}}(s)}{s^2 + k_i K_{\mathrm{q}}/A_1} \tag{3-93}$$

此时，由于系统中包含两个积分环节，为 Ⅱ 型系统，系统的稳态位置误差和稳态速度误差均为零，即当 $x_{\mathrm{d}}(s) = x_{\mathrm{d}}/s$ 时，$e_{\mathrm{rs}} = 0$；$x_{\mathrm{d}}(s) = v_{\mathrm{d}}/s^2$ 时，$e_{\mathrm{rs}} = 0$。系统能够无偏差地跟踪斜坡信号。当 $x_{\mathrm{d}}(s) = a_{\mathrm{d}}/(2s^3)$，$e_{\mathrm{rs}} = a_{\mathrm{d}} A_1/(K_{\mathrm{q}} k_i)$，即期望系统以等加速度 a_{d} 运动时，系统的稳态加速度误差与期望加速度 a_{d} 及负载面积 A_1 成正比，而与数字滑阀的流量增益系数 K_{q} 和补偿控制器积分控制增益 k_i 成反比，数字液压控制系统能够稳定跟踪等加速度输入信号。

由于数字液压控制系统设计成型后内反馈回路固定不变，故补偿控制只能通过构建外反馈通道实现。图 3-21 所示为外反馈补偿控制阀控缸闭环系统框图。

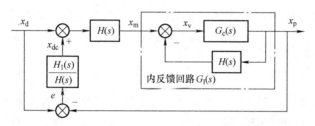

图 3-21　外反馈补偿控制阀控缸闭环系统框图

结合图 3-11 和图 3-21，令 $x_{\mathrm{d}} = 0$，考虑负载力 F_{L} 的影响，则包含补偿控制时数字液压控制系统位移输出 x_{p} 为

$$x_{\mathrm{p}} = -e_{\mathrm{dL}} = \left[H_1(s) e_{\mathrm{dL}} - \frac{K_{\mathrm{tc}}}{K_{\mathrm{q}} A_1}\left(1 + \frac{K_{\mathrm{t}} V_{\mathrm{t}}}{K_{\mathrm{tc}} \beta_{\mathrm{e}}} s\right) F_{\mathrm{L}}\right] G_1(s) \tag{3-94}$$

故由负载力 F_{L} 引起的位移扰动误差为

$$e_{\mathrm{dL}} = \frac{K_{\mathrm{tc}}}{K_{\mathrm{q}} A_1}\left(1 + \frac{K_{\mathrm{t}} V_{\mathrm{t}}}{K_{\mathrm{tc}} \beta_{\mathrm{e}}} s\right) \frac{F_{\mathrm{L}} G_1(s)}{1 + G_1(s) H_1(s)} = \frac{\dfrac{K_{\mathrm{tc}}}{A_1^2}\left(1 + \dfrac{K_{\mathrm{t}} V_{\mathrm{t}}}{K_{\mathrm{tc}} \beta_{\mathrm{e}}} s\right) F_{\mathrm{L}}}{s\left(\dfrac{s^2}{\omega_{\mathrm{h}}^2} + \dfrac{2\xi_{\mathrm{h}}}{\omega_{\mathrm{h}}} s + 1\right) + \left[k_{\mathrm{f}} + H_1(s)\right] K_{\mathrm{q}}/A_1}$$

$$\tag{3-95}$$

补偿控制时的数字液压控制系统位置动刚度为

$$\frac{F_{\mathrm{L}}}{x_{\mathrm{p}}} = \frac{1 + G_1(s) H_1(s)}{\dfrac{K_{\mathrm{tc}}}{K_{\mathrm{q}} A_1}\left(1 + \dfrac{K_{\mathrm{t}} V_{\mathrm{t}}}{K_{\mathrm{tc}} \beta_{\mathrm{e}}} s\right) G_1(s)} = \frac{s\left(\dfrac{s^2}{\omega_{\mathrm{h}}^2} + \dfrac{2\xi_{\mathrm{h}}}{\omega_{\mathrm{h}}} s + 1\right) + \left[k_{\mathrm{f}} + H_1(s)\right] K_{\mathrm{q}}/A_1}{\dfrac{K_{\mathrm{tc}}}{A_1^2}\left(1 + \dfrac{K_{\mathrm{t}} V_{\mathrm{t}}}{K_{\mathrm{tc}} \beta_{\mathrm{e}}} s\right)} \tag{3-96}$$

因此当补偿控制为 PID 控制时，由静载荷 $F_\mathrm{L}(s) = F_\mathrm{L}/s$ 引起的稳态误差为

$$e_\mathrm{sdL} = \lim_{s \to 0} s e_\mathrm{dL}(s) = \lim_{s \to 0} \frac{s K_\mathrm{tc} F_\mathrm{L}(s)}{A_1^2 \{ s + [k_\mathrm{f} + H_1(s)] K_\mathrm{q}/A_1 \}} = \lim_{s \to 0} \frac{s^2 K_\mathrm{tc} F_\mathrm{L}(s)}{A_1^2 (s^2 + k_i K_\mathrm{q}/A_1)} = 0$$

(3-97)

即 PID 补偿控制消除了静载荷引起的稳态误差。

同理，由图 3-11 和图 3-21，令 $x_\mathrm{d} = 0$，考虑附加泄漏的影响，可得包含补偿控制时数字液压控制系统位移输出 x_p 为

$$x_\mathrm{p} = -e_\mathrm{dl} = [H_1(s) e_\mathrm{dl} + p_\mathrm{s} C_\mathrm{ta}/K_\mathrm{q}] G_1(s)$$

(3-98)

则由附加泄漏引起的位移扰动误差为

$$e_\mathrm{dl} = -\frac{p_\mathrm{s} C_\mathrm{ta}}{K_\mathrm{q}} \frac{G_1(s)}{1 + G_1(s) H_1(s)} = -\frac{p_\mathrm{s} C_\mathrm{ta}/A_1}{s \left(\dfrac{s^2}{\omega_\mathrm{h}^2} + \dfrac{2\xi_\mathrm{h}}{\omega_\mathrm{h}} s + 1 \right) + [k_\mathrm{f} + H_1(s)] K_\mathrm{q}/A_1}$$

(3-99)

故系统供油压力恒定，$p_\mathrm{s}(s) = p_\mathrm{s}/s$ 时，由附加泄漏引起的稳态误差为

$$e_\mathrm{sdl} = \lim_{s \to 0} s e_\mathrm{dl}(s) = -\lim_{s \to 0} \frac{s p_\mathrm{s}(s) C_\mathrm{ta}}{A_1 \{ s + [k_\mathrm{f} + H_1(s)] K_\mathrm{q}/A_1 \}} = -\lim_{s \to 0} \frac{s^2 p_\mathrm{s}(s) C_\mathrm{ta}}{A_1 (s^2 + k_i K_\mathrm{q}/A_1)} = 0$$

(3-100)

因此，PID 补偿控制消除了系统供油压力恒定时附加泄漏引起的稳态误差。

在图 3-21 中内反馈回路输入端进一步考虑步进电动机的影响，则采用外反馈补偿控制的数字液压控制系统框图如图 3-22 所示。

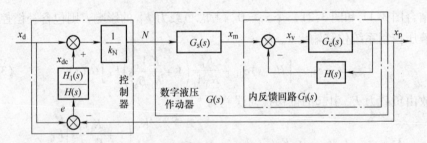

图 3-22 外反馈补偿控制数字液压控制系统框图

由上述分析可知，在补偿控制中加入积分环节，能够消除数字液压控制系统的稳态速度误差以及由静态负载、泄漏等引起的扰动误差，有效地提高了数字液压控制系统的跟踪精度。通过构建外反馈回路并合理设计补偿控制器实现数字液压控制系统的补偿控制原理上可行。

3.4　仿真分析

3.4.1　系统阶跃响应特性分析

数字液压作动系统总传递函数的特征方程为

$$\left(\frac{s^2}{\omega_s^2}+\frac{2\xi_s}{\omega_s}s+1\right)\left(\frac{s^3}{\omega_h^2}+\frac{2\xi_h}{\omega_h}s^2+s+K_v\right)=0 \qquad (3\text{-}101)$$

系统正向运动和反向运动的特征根分别为

$$s^+ = -33.6,\ -44.8\pm611.4\text{j},\ -414\pm1450\text{j}$$

$$s^- = -30.5,\ -58.6\pm609.8\text{j},\ -414\pm1450\text{j}$$

可知所有极点均位于虚轴左侧，数字滑阀部分的极点远离虚轴，对系统影响较小，系统响应的过渡过程主要由阀控缸部分的闭环极点引起的暂态分量决定。不考虑活塞位移符号，数字液压作动系统正反向运动的阶跃响应曲线如图 3-23a 所示，由此可知系统响应速度快，振荡但无超调，这是由于阀控缸部分的负实数极点和共轭复数极点与虚轴的距离十分接近，其对应的两个暂态过程共同作用的结果。过渡时间 $t_1^+=0.117\text{s}$，$t_1^-=0.129\text{s}$，正向运动的响应速度大于反向运动。

若滚珠丝杠端减速机传动比为 $i_r=10$，即取 $k_f=0.03$ 时，数字液压作动系统的阶跃响应曲线如图 3-23b 所示。可知，正反向阶跃响应过渡时间分别为 $t_2^+=1.17\text{s}$，$t_2^-=1.29\text{s}$，正向运动的响应速度依然大于反向运动，但与图 3-23a 相比，系统响应速度变慢，过渡过程无振荡也无超调。此时，系统的特征根分别为

$$s^+ = -3.3,\ -59.9\pm612.3\text{j},\ -414\pm1450\text{j}$$

$$s^- = -3,\ -72.3\pm610.9\text{j},\ -414\pm1450\text{j}$$

可知，减小反馈增益使得阀控缸部分的共轭极点远离虚轴，同时负实数极点靠近虚轴，其对应的暂态分量在过渡过程中起主导作用，这与响应曲线反映出的结果基本一致。事实上，由于与开环放大系数 K_v 相关，阀流量增益 K_q 的设计也影响系统的极点分布，从而影响系统动态响应的过程。

需要指出的是，上述阶跃响应是利用式（3-26）系统总传递函数，输入单位脉冲信号仿真得到的，是理想情况下的数字计算结果。实际系统中由于存在死区、间隙和泄漏等非线性因素，输入单位脉冲信号，数字液压作动系统可能无输出响应。同时，受步进电动机矩角特性限制，数字液压作动系统也无法跟踪幅值变化较大的阶跃位移信号。

3.4.2　系统供油压力和数字滑阀死区影响仿真分析

为了解系统供油压力和初始遮盖量对数字液压作动系统特性的影响，利用非线性模型作进一步的仿真研究。设定仿真条件分别为：①$p_s=6\text{MPa}$，$\Delta=0.3\text{mm}$；

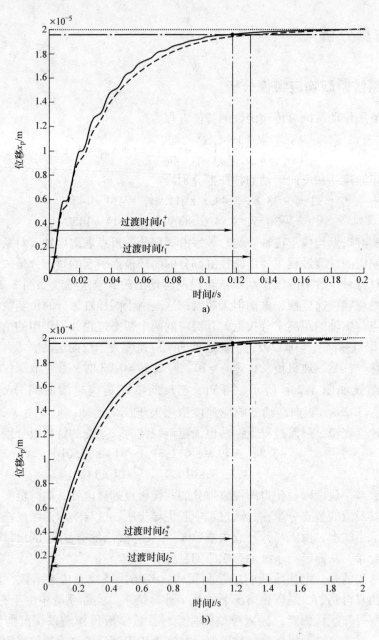

图 3-23 数字液压作动系统正反向运动阶跃响应曲线

a) $k_f = 0.3$ 时阶跃响应曲线 b) $k_f = 0.03$ 时阶跃响应曲线

②$p_s = 6\text{MPa}$, $\Delta = 0.1\text{mm}$; ③$p_s = 10\text{MPa}$, $\Delta = 0.3\text{mm}$; ④$p_s = 10\text{MPa}$, $\Delta = 0.5\text{mm}$。输入为预先规划好的梯形位移曲线对应的脉冲序列,输出结果对比如图 3-24 所示。

由图 3-24 分析可知，数字液压作动系统位移跟踪的稳态速度误差随系统压力增大而减小，但随初始遮盖量的增加而显著增大。因此，尽量减小数字滑阀的初始遮盖量能有效提高数字液压作动系统的动态跟踪精度。由图 3-24b 可知，同向运动停止后，数字液压作动系统的稳态误差基本恒定，受初始遮盖量影响较小，正向运动停止后，数字液压作动系统的稳态误差绝对值随遮盖量增大而略有增大；换向运

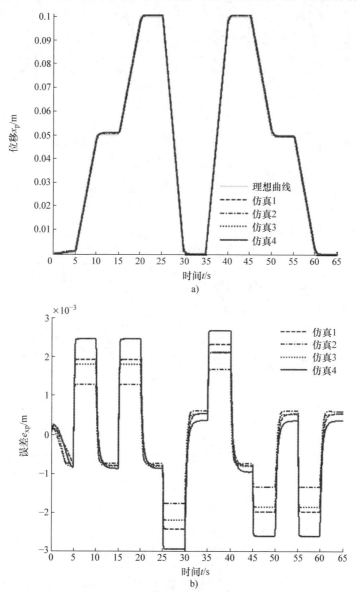

图 3-24　系统压力和遮盖量不同时位移跟踪对比曲线

a）跟踪位移　b）跟踪误差

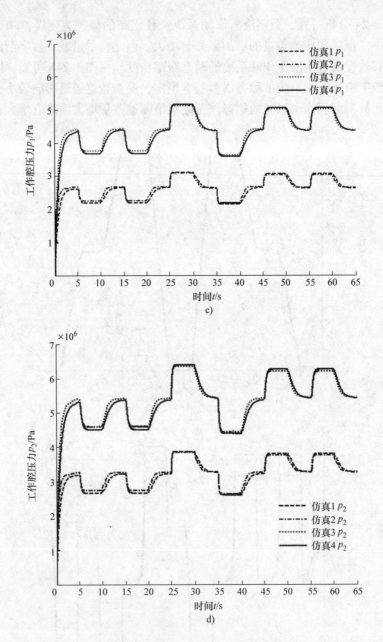

图 3-24 系统压力和遮盖量不同时位移跟踪对比曲线（续）

c）无杆腔压力   d）有杆腔压力

动引入的切边误差基本恒定，但随初始遮盖量的增大而略有减小，即换向前后的相对稳态误差绝对值随遮盖量的增大而减小。数字液压作动系统位移跟踪的稳态误差基本不受系统供油压力的影响。

由图 3-24c 和图 3-24d 可知，系统供油压力增大时，液压缸两工作腔压力也随之增大；死区变化对两工作腔压力的影响相对较小，但对正向运动和反向运动的影响存在差异：死区减小使得正向运动时的两腔压力 p_1、p_2 略微增大，而使得反向运动时的两腔压力有减小趋势。

为探讨不同系统供油压力和数字滑阀死区对系统速度响应特性的影响，取滚珠丝杠轴径 $d_s = 15\mathrm{mm}$ 和 Stribeck 速度 $v_{sk} = 4\mathrm{mm/s}$，设定系统供油压力为 $p_s = 6\mathrm{MPa}$、$15\mathrm{MPa}$，阀口遮盖量为 $\Delta = 0.1\mathrm{mm}$、$0.3\mathrm{mm}$、$0.5\mathrm{mm}$，分别进行仿真研究。图 3-25 所示为数字滑阀无径向泄漏，即 $r_c = 0\mu\mathrm{m}$ 时，不同条件下的系统正弦跟踪速度响应曲线。图 3-26 所示为数字滑阀径向间隙 $r_c = 10\mu\mathrm{m}$ 时，系统在不同条件下的正弦跟踪速度响应曲线。

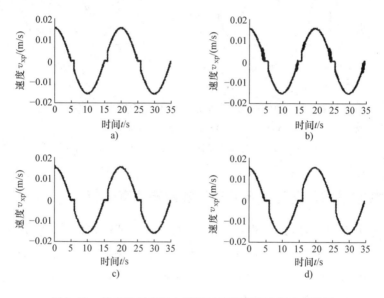

图 3-25　数字滑阀无径向泄漏时正弦跟踪速度响应曲线

a) $p_s = 6\mathrm{MPa}$，$\Delta = 0.1\mathrm{mm}$　b) $p_s = 15\mathrm{MPa}$，$\Delta = 0.1\mathrm{mm}$

c) $p_s = 6\mathrm{MPa}$，$\Delta = 0.3\mathrm{mm}$　d) $p_s = 6\mathrm{MPa}$，$\Delta = 0.5\mathrm{mm}$

由图 3-25 和图 3-26 可以看出，在换向及换向后的启动过程中，系统速度响应出现不同程度的抖动。对比图 3-25a 和 b、图 3-26a 和 b 可知，随着供油压力的增大，速度抖动程度加剧。这是由系统换向产生的不平衡液压冲击力与摩擦力负阻尼特性耦合造成的。系统压力越大，不平衡液压冲击力也就越大，越容易引起换向速度抖动。对比图 3-25a、c、d 和图 3-26b、c、d 可知，当换向液压冲击较小，不足以与摩擦力的 Stribeck 效应耦合时，数字滑阀的死区大小对速度抖动基本无影响；当系统出现换向抖动时，抖动程度随滑阀死区的增大而减小，这是因为增大滑阀死区延长了换向时间，降低了换向压力跃变造成的不平衡冲击的强度，从而削弱了速度抖动的程度。

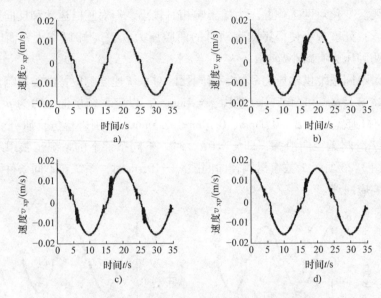

图 3-26　数字滑阀有径向泄漏时正弦跟踪速度响应曲线

a) $p_s = 6\text{MPa}$，$\Delta = 0.1\text{mm}$　b) $p_s = 15\text{MPa}$，$\Delta = 0.1\text{mm}$

c) $p_s = 15\text{MPa}$，$\Delta = 0.3\text{mm}$　d) $p_s = 15\text{MPa}$，$\Delta = 0.5\text{mm}$

3.4.3　数字滑阀径向泄漏及传动间隙影响仿真分析

设定系统供油压力 $p_s = 6\text{MPa}$，在 10s 时输入斜坡位移信号，使数字液压作动系统以 10mm/s 的速度匀速运动 50mm 后停止。仿真条件分别为：①数字滑阀无径向间隙，无传动间隙，即 $r_c = 0\mu\text{m}$，$x_c = 0\text{mm}$；②有径向间隙无传动间隙，$r_c = 16.5\mu\text{m}$，$x_c = 0\text{mm}$；③无径向间隙有传动间隙，$r_c = 0\mu\text{m}$，$x_c = 0.2\text{mm}$；④有径向间隙有传动间隙，$r_c = 16.5\mu\text{m}$，$x_c = 0.2\text{mm}$。图 3-27 和图 3-28 所示分别为输入正向斜坡信号和反向斜坡信号的系统响应。

由图 3-27a 和图 3-28d 的跟踪位移和工作腔压力曲线可知，当数字滑阀存在径向间隙时，阀口泄漏流量使数字液压作动系统两工作腔在 0～10s 无输入时刻逐渐建立压力，与此同时活塞小幅缩回后持续伸出，达到平衡位置，两腔压力稳定于 $p_1 = 2.63\text{MPa}$、$p_2 = 3.2\text{MPa}$，而数字滑阀无径向间隙时，活塞位移和两工作腔压力为 0 并保持不变。滑阀有径向泄漏时，正向运动两腔压力 p_1、p_2 下降，反向运动 p_1、p_2 上升，即反向运动稳态压力 > 静态压力 > 正向运动稳态压力。正向运动过程中，滑阀无径向泄漏时的两腔压力 p_1、p_2 较有径向泄漏时小，而反向运动过程中，滑阀无径向泄漏时的 p_1、p_2 大于有径向泄漏时的 p_1、p_2，故数字液压作动系统换向时，滑阀无径向泄漏时两腔压力跃变将大于有径向泄漏时的压力跃变，从而加剧换向冲击，不利于数字液压作动系统的平稳运行。输入信号停止后，滑阀有径

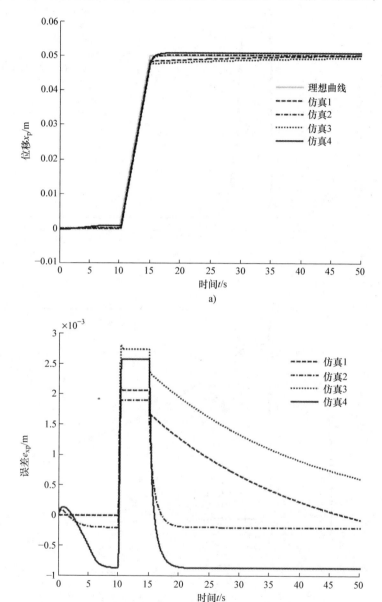

图 3-27　正向斜坡输入的系统响应

a）跟踪位移　b）跟踪误差

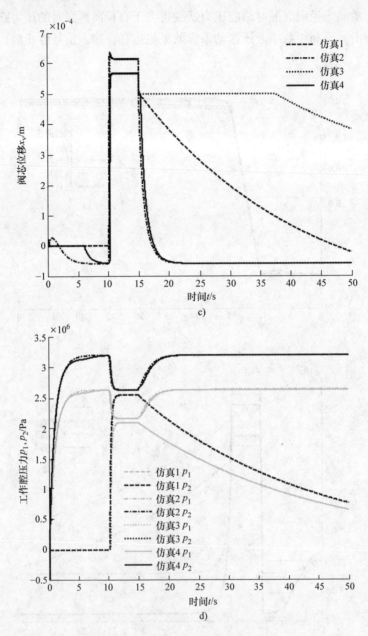

图 3-27 正向斜坡输入的系统响应（续）

c）阀芯位移 d）工作腔压力

向泄漏时，两腔压力迅速恢复至静态压力，并保持活塞位置基本恒定。而滑阀无径向泄漏时，两腔压力下降缓慢，活塞在正向运动后缓慢伸出，而在反向运动后能够平稳停止。这是由于阀口关闭后，$p_2 > p_1$，有杆腔至无杆腔的泄漏流量维持了活塞在滑阀流量死区范围内的正向运动，直到阀口反向打开，而反向运动则受到抑制。因此数字液压作动系统静止时，阀芯平衡位置偏离零位，处于阀口即将反向打开位置。

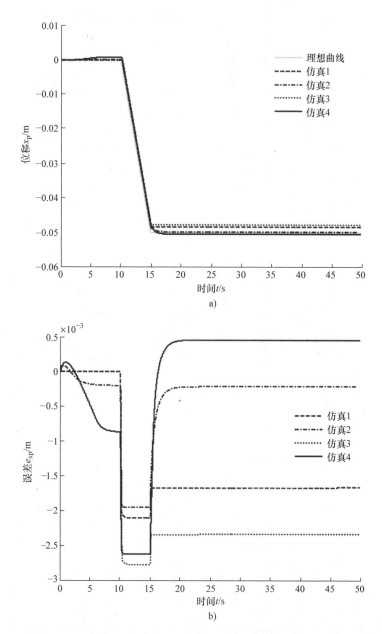

图 3-28 反向斜坡输入的系统响应

a) 跟踪位移 b) 跟踪误差

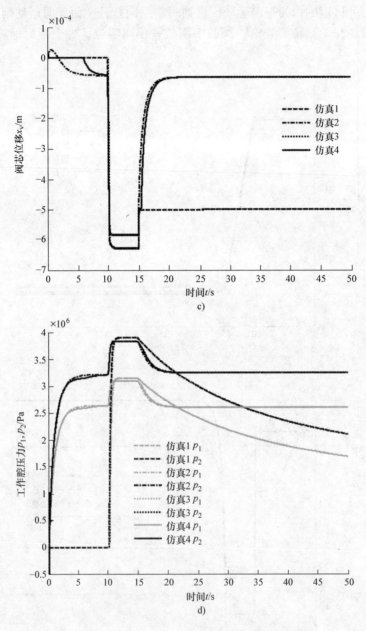

图 3-28　反向斜坡输入的系统响应（续）

c）阀芯位移　d）工作腔压力

　　由图 3-27c 和图 3-28c 可以看出，仿真 2 和 4 正向运动停止后的阀芯平衡位置为 $x_v = -0.059\text{mm}$，反向运动停止后阀芯平衡位置为 $x_v = -0.065\text{mm}$，仿真 1 和 3 反向运动停止后的阀芯平衡位置为 $x_v \approx -0.5\text{mm}$，进一步印证了上述关于阀芯平衡位置的结论。需要指出的是，仿真 2 和 4 正反两个方向上阀芯平衡位置的微小差异是由两个方向上阀口流量增益不同造成的；在压降和静止时间足够的情况下，仿真 1 和 3 正向运动后的最终阀芯位移也将趋近于 $x_v = -0.5\text{mm}$，图 3-27c 未能显示出。

在图 3-27b 和图 3-28b 中，以输入斜坡信号时的静差作为初始静差，输入信号停止 10s 后的误差作为终止静差，斜坡输入时的稳态跟踪误差统计见表 3-2。由表 3-2 可知，仿真 1 和 3 在稳态速度误差和终止静差方面相差约 $\pm 0.674\text{mm}$，而仿真 2 和 4 的稳态误差差值始终为 $\pm 0.674\text{mm}$。这是由传动间隙引起的稳态跟踪误差，其值基本恒定，由间隙宽度 x_c 决定，不受滑阀径向泄漏的影响。滑阀无径向泄漏时传动间隙与死区作用相当，同时增加了系统正向运动和反向运动的跟踪误差。对比仿真 1 和 2 以及仿真 3 和 4 的稳态速度误差和终止静差可知，数字滑阀的径向泄漏减小了流量死区的范围，削弱了死区对跟踪精度的影响，因此，保留适当的数字滑阀径向间隙有助于提高数字液压作动系统的整体跟踪精度。但反向运动时，数字滑阀的径向泄漏将在系统中引入传动间隙的切边误差，使得相对静差（终止静差 - 初始静差）增大，当传动间隙较大时，甚至使绝对位移输出超调。因此，消除或减小螺纹传动间隙能有效减小数字液压作动系统的跟踪误差。

表 3-2　斜坡输入的稳态跟踪误差

仿真条件	正向跟踪误差/mm			反向跟踪误差/mm		
	初始静差	稳态速度误差	终止静差	初始静差	稳态速度误差	终止静差
仿真 1	0	2.055	0.938	0	-2.103	-1.671
仿真 2	-0.197	1.897	-0.195	-0.197	-1.952	-0.216
仿真 3	0	2.728	1.613	0	-2.777	-2.345
仿真 4	-0.866	2.571	-0.869	-0.865	-2.626	0.458

对比表 3-2 中的数据可知，反向运动的稳态速度误差始终大于正向运动，这是由液压缸的非对称性造成的。当系统无输入而数字滑阀存在径向泄漏时，活塞在建立两腔压力的过程中缓慢伸出，从而产生初始负位置静差。由于同向运动不改变位置静差，故正向运动后终止误差与初始误差相同，而反向运动由于液压缸的非对称性，终止误差与初始误差在无传动间隙时略有差异（仿真 2 反向运动）。若以初始时刻和正向运动后的平衡位置或无传动间隙时反向运动的平衡位置为原点，则正向运动相对稳态速度误差（稳态速度误差 - 初始静差）增大，反向运动相对稳态误差减小。若系统存在传动间隙时，以仿真 4 反向运动停止后的活塞平衡位置为原点，则反向相对稳态速度误差增大，而正向相对稳态速度误差减小，这也是实际试验中跟踪误差变化与跟踪速度变化不成正比的原因。

图 3-25 和图 3-26 中已经考虑了数字滑阀径向泄漏对系统速度响应的影响，对比图 3-25b 和图 3-26b 可知，当系统供油压力较大时，数字滑阀的径向泄漏加剧了

换向前后的速度抖动程度，不利于系统的平滑换向。为更深入地研究数字滑阀径向泄漏量及摩擦力 Stribeck 速度对系统速度响应的影响，取系统压力 $p_s = 15\text{MPa}$，滑阀遮盖量 $\Delta = 0.5\text{mm}$，滚珠丝杠轴径 $d_s = 15\text{mm}$，利用非线性模型仿真得到数字滑阀径向泄漏量及摩擦力 Stribeck 速度不同时的速度响应曲线如图 3-29 所示。图 3-29a 和 c 为 $r_c = 10\mu\text{m}$，Stribeck 速度分别为 2mm/s 和 6mm/s 时的速度响应，可以看出，$v_{sk} = 6\text{mm/s}$ 时系统换向前后产生明显抖动，尤其在反向启动后速度抖动严重。进一步同图 3-26d（$v_{sk} = 4\text{mm/s}$）对比可知，换向速度抖动程度随 Stribeck 速度的增大而增大。图 3-29b 和 d 为 $r_c = 16.5\mu\text{m}$，v_{sk} 为 4mm/s 和 6mm/s 时的速度响应，两曲线无明显变化，即此时换向速度抖动受 Stribeck 速度影响较小。进一步与图 3-26d（$r_c = 10\mu\text{m}$，$v_{sk} = 4\text{mm/s}$）、图 3-29c（$r_c = 10\mu\text{m}$，$v_{sk} = 6\text{mm/s}$）对比可知，滑阀径向间隙即泄漏量的不同，导致换向前后速度不同，从而影响换向液压冲击与摩擦 Stribeck 效应的耦合，改变换向速度抖动状况。

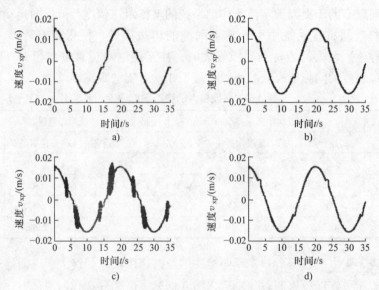

图 3-29　滑阀径向泄漏量及 Stribeck 速度不同时的速度响应曲线

a) $r_c = 10\mu\text{m}$，$v_{sk} = 2\text{mm/s}$　b) $r_c = 16.5\mu\text{m}$，$v_{sk} = 4\text{mm/s}$

c) $r_c = 10\mu\text{m}$，$v_{sk} = 6\text{mm/s}$　d) $r_c = 16.5\mu\text{m}$，$v_{sk} = 6\text{mm/s}$

　　综合图 3-25 ~ 图 3-29 分析可知，数字滑阀死区及径向泄漏等因素影响系统换向过程所需的时间以及换向前后的速度，换向时间越短，换向前后速度与摩擦 Stribeck 速度越接近，系统越容易发生换向速度抖动。图 3-25 ~ 图 3-29 结果均在丝杠轴径 $d_s = 15\text{mm}$ 时得到，由建模过程可知，数字液压作动系统行程确定后，滚珠丝杠轴径成为影响反馈刚度的主要因素，下面进一步利用非线性模型研究反馈机构刚度对系统动态特性的影响。

3.4.4 反馈形式及刚度影响仿真分析

内置刚性机械反馈是数字液压作动系统区别于比例阀控缸系统和伺服阀控缸系统的又一重要特点，事实上，也可采用电反馈（数字脉冲信号）和数字滑阀（单端输入式和双端输入式）构建柔性外反馈数字阀控缸系统，因此探讨不同的反馈形式对数字液压作动系统性能的影响，有助于揭示数字液压伺服系统与其他电液伺服系统的区别与联系。利用非线性模型，对系统进行仿真研究，通过是否考虑反馈力，模拟机械反馈和电反馈的差异；通过设置不同的滚珠丝杠端减速比，模拟反馈增益的变化。为增强对比效果，取系统压力 $p_s = 10\text{MPa}$，数字滑阀初始遮盖量和径向间隙为 $\Delta = 0.3\text{mm}$，$r_c = 10\mu\text{m}$，设定仿真条件分别为：①考虑反馈力，减速比 $i_r = 1$；②不考虑反馈力，减速比 $i_r = 1$；③考虑反馈力，减速比 $i_r = 5$；④不考虑反馈力，减速比 $i_r = 5$。输入理想位移曲线 $x_d = 0.05\sin(0.1\pi t)$ 对应的脉冲序列时，系统位移输出和速度输出特性对比如图 3-30 和图 3-31 所示。

由图 3-30 所示跟踪位移和跟踪误差曲线可知，减速比越小，即反馈增益越大，系统响应越快，输出位移与期望位移越接近，跟踪误差也就越小；反馈力对定位精度影响不大，系统位置刚度特性好。由图 3-31 所示速度响应曲线可知，反馈增益较大时，系统速度抖动剧烈；而机械反馈结构增加了系统阻尼，消除速度抖动效果十分明显，尤其是当反馈增益较大时，能够在保证响应速度和跟踪精度的同时，实现活塞位移的平稳输出。

取系统压力 $p_s = 15\text{MPa}$，数字滑阀遮盖量 $\Delta = 0.5\text{mm}$，径向间隙 $r_c = 10\mu\text{m}$，Stribeck 速度 $v_{sk} = 6\text{mm/s}$，设定滚珠丝杠轴径 $d_s = 10\text{mm}$、20mm，分别进行仿真，得到反馈机构刚度不同时系统速度响应和液压负载力曲线如图 3-32 所示。图 3-32a、b 与图 3-29c（$d_s = 20\text{mm}$）对比可知，滚珠丝杠轴径即反馈机构刚度越大，系统速度抖动程度越严重。由图 3-32c、d 可以看出，换向造成的不平衡液压冲击力随反馈机构刚度的增大而增大，冲击力与摩擦力的跃变共同作用，导致系统在较大范围内产生严重的速度抖动。

3.4.5 非线性摩擦及 Stribeck 速度影响仿真分析

进一步取系统压力 $p_s = 10\text{MPa}$，滑阀遮盖量 $\Delta = 0.1\text{mm}$，径向间隙 $r_c = 10\mu\text{m}$，Stribeck 速度 $v_{sk} = 2\text{mm/s}$，进行仿真，得到 Stribeck 速度较小时系统速度响应和液压负载力曲线如图 3-33 所示。图 3-33a、c 为 $d_s = 10\text{mm}$ 时速度和液压负载力曲线，图 3-33b、d 为 $d_s = 20\text{mm}$ 时速度和液压负载力曲线。可以看出，由于系统供油压力较低，换向引起的不平衡冲击力较小，且 Stribeck 速度较小，静动摩擦力过渡相对平缓，因此不足以在换向前后引起严重速度抖动。但当 $d_s = 10\text{mm}$，反馈机构刚度较小时，冲击衰减较慢，使得换向时速度以较小幅值持续抖动较长时间，抖动程度较 $d_s = 20\text{mm}$ 时严重。而反向运动换向时，由于系统阻尼较正向运动大，稳

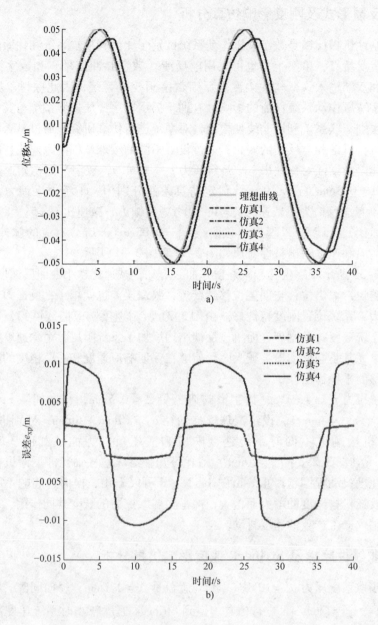

图 3-30　反馈不同时位移跟踪对比曲线

a）跟踪位移　b）跟踪误差

定性较好，冲击衰减快，因此抖动程度均不大，反向运动的换向平稳性优于正向运动。对比图 3-25 ~ 图 3-32 正反向运动换向前后的速度抖动情况也可得到上述结论。

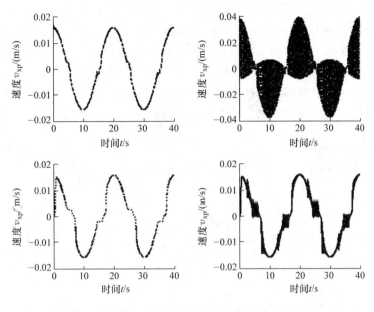

图 3-31　反馈不同时跟踪速度曲线

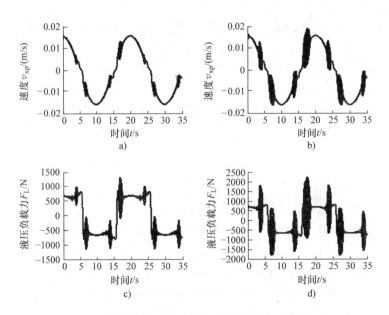

图 3-32　反馈机构刚度不同时速度响应和液压负载力曲线

a) $d_s = 10\mathrm{mm}$　b) $d_s = 20\mathrm{mm}$　c) $d_s = 10\mathrm{mm}$　d) $d_s = 20\mathrm{mm}$

在尚未进行精确试验测定的情况下，根据已有文献对往复运动液压缸密封件在一定条件下的实测以及观测的摩擦力数据，确定数字液压缸的 F_s 的取值范围为

800～1200N，F_c 的取值范围为 300～500N。数字液压缸及液压系统的参数同上，黏性摩擦系数 $\alpha_2 = 1200\text{N}/(\text{m} \cdot \text{s})$，初始油源压力 $p_s = 12\text{MPa}$。忽略液压密封的静摩擦力、库仑摩擦力和负阻尼特性，仅考虑黏性摩擦力时，缸的速度响应和摩擦力曲线如图 3-34、图 3-35 所示。可见，仅有黏性负载时，摩擦对数字液压缸系统的速度冲击很小。数字液压缸在换向点附近的速度有微小振荡，是因为阀控非对称缸在缸正向和反向运动时速度增益的差异以及换向冲击力造成的。

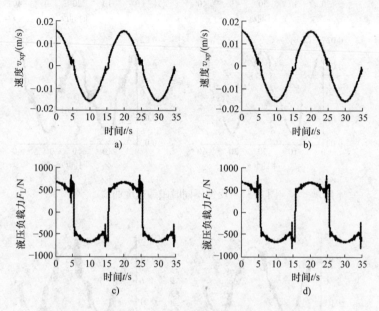

图 3-33 Stribeck 速度较小时速度和液压负载力曲线

a) $d_s = 10\text{mm}$　b) $d_s = 20\text{mm}$　c) $d_s = 10\text{mm}$　d) $d_s = 20\text{mm}$

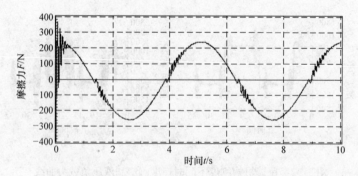

图 3-34 摩擦力－时间曲线（仅考虑黏性摩擦）

忽略液压密封的静摩擦力、库仑摩擦力、负阻尼特性和黏性摩擦力，仅考虑 Stribeck 速度 v_{sk} 的影响效应时，当液压系统密封材料温度发生变化，峰值速度 v_{sk}

发生变化,液压缸的速度响应和摩擦力曲线如图 3-36 ~ 图 3-39 所示。可以看出,密封件的类型和工作状况(润滑状况、工作温度)直接影响产生的摩擦力,进而影响缸的运动速度,如密封件的工作温度影响到 Stribeck 速度,进而引起摩擦力对缸的速度、振荡幅值与位置的影响。

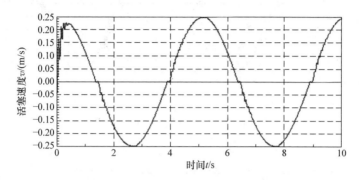

图 3-35 缸速度 – 时间曲线(仅考虑黏性摩擦)

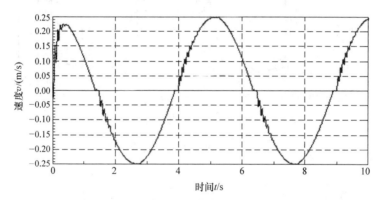

图 3-36 缸速度 – 时间曲线($v_{sk} = 0.008 \text{m/s}$)

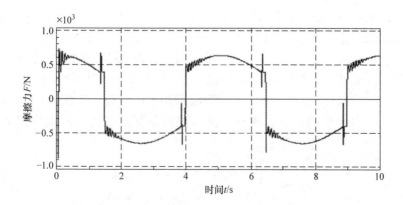

图 3-37 摩擦力 – 时间曲线($v_{sk} = 0.008 \text{m/s}$)

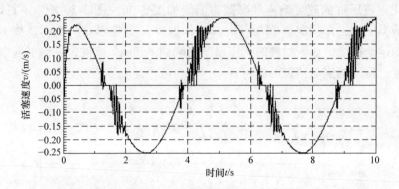

图 3-38　缸速度 – 时间曲线（$v_{sk} = 0.05\text{m/s}$）

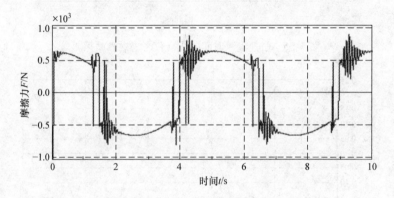

图 3-39　摩擦力 – 时间曲线（$v_{sk} = 0.05\text{m/s}$）

3.4.6　非对称阀控非对称缸方式分析

1. 非对称阀控非对称缸理论分析

对称阀控非对称缸会引起液压缸换向时两腔压力跃变、振动等，对于电液伺服系统，可以采用非线性电路补偿、算法软件补偿、静动态补偿和各种策略，但是这些不适用于数字液压缸，一些学者提出了非对称阀控非对称缸的方案，即尝试采用非对称滑阀阀芯（即非对称阀）对系统进行改进。图 3-8 所示滑阀阀口过流面积分别为 a_1、a_2、a_3、a_4，A_1 和 A_2 分别为液压缸无杆腔和有杆腔的有效作用面积。为了得到精确而平稳的控制，阀口过流面积与活塞有效工作面积应按下式关系配作：

$$\frac{a_4}{a_1} = \frac{A_2}{A_1} = m, \quad a_2 = a_4 = 0 \quad x_v \geqslant 0 \tag{3-102}$$

$$\frac{a_2}{a_3} = \frac{A_2}{A_1} = m, \quad a_1 = a_3 = 0 \quad x_v < 0 \tag{3-103}$$

当采用圆柱阀时，阀口 1、2 的面积梯度 W_1、W_2 和阀口 3、4 的面积梯度 W_3、W_4 满足：

$$\frac{a_4}{a_1} = \frac{W_4}{W_1} = n \text{ 和} \frac{a_2}{a_3} = \frac{W_2}{W_3} = n \tag{3-104}$$

忽略泄漏，当缸的负载力 F_L 不变时，由式（3-9）和式（3-11）可得液压缸换向产生的压力突变值为

$$\Delta p_1 = \frac{n \mid n^2 - m^2 \mid p_s}{n^3 + m^2} \tag{3-105}$$

$$\Delta p_2 = \frac{\mid n^2 - m^2 \mid p_s}{n^3 + m^2} \tag{3-106}$$

故当对称阀控非对称缸时，$n \neq m$，带入式（3-105）和式（3-106），可知 $\Delta p_1 \neq \Delta p_2 > 0$。当采用配作的非对称阀控非对称缸系统时，有 $n = m$，此时压力突变值 $\Delta p_1 = \Delta p_2 = 0$。也就是说当缸的负载力 F_L 不变时，采用配作的非对称阀控制非对称缸，可使液压缸两腔压力突变值为 0，避免换向产生的压力冲击。

2. 非对称阀对系统精度的影响

数字液压缸实际采用的是圆柱阀，根据上述配作进行计算：

$$\frac{W_4}{W_1} = \frac{W_2}{W_3} = \frac{A_2}{A_1} = \frac{D^2 - d^2}{D^2} = \frac{0.18^2 - 0.08^2}{0.18^2} = 0.8 \tag{3-107}$$

根据式（2-13）可知：

$$W_1 = W_3 = \pi D_w \tag{3-108}$$

$$W_2 = W_4 = \pi D_y \tag{3-109}$$

其中，$D_w = 16\text{mm}$ 为阀口 1、3 的阀芯直径，D_y 为阀口 2、4 的阀芯直径，将式（3-108）和式（3-109）带入式（3-107）得

$$\frac{W_4}{W_1} = \frac{W_2}{W_3} = \frac{D_y}{D_w} = 0.8 \tag{3-110}$$

从而可以计算出 $D_y = 12.8\text{mm}$。

在仿真模型中将圆柱阀 1、3 阀口的直径设置为 16mm，2、4 阀口的直径设置为 12.8mm，其他条件不变进行仿真，并将结果与对称阀控非对称缸仿真结果进行对比。图 3-40 和图 3-41 分别为液压缸的位移曲线和跟踪误差曲线，其中 1、2 分别为对称阀和非对称阀下的仿真曲线，图 3-40 中粗实线为理论位移曲线。

由图 3-40 可知，对称阀和非对称阀下的活塞位移曲线非常接近，它们的实际位移曲线滞后理论位移曲线约 0.15s，最大位移幅值分别可达 222.3mm 和 222.1mm。由图 3-41 可知，对称阀和非对称阀下的活塞跟踪误差曲线也较为接近，非对称阀下的跟踪误差比对称阀下的跟踪误差稍小，两阀跟踪误差曲线间距保持恒定，始终为 0.2mm，两者最终的静态误差都为 0.25mm。通过上述分析可知：虽然非对称阀对系统精度的提高效果不明显，但非对称阀的使用效果至少不会比对称阀

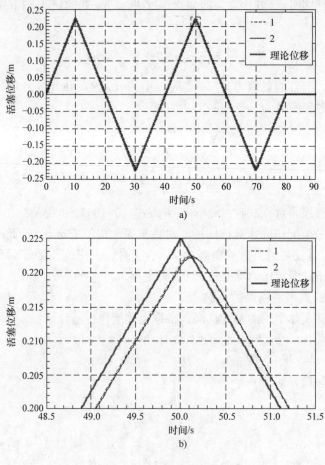

图 3-40 活塞位移 – 时间曲线

a) 位移曲线 b) 局部放大

1—对称阀 2—非对称阀

的效果差。

3. 非对称阀对系统平稳性的影响

图 3-42 和图 3-43 分别为液压缸无杆腔压力曲线和有杆腔压力曲线, 其中曲线 1 为对称阀下的压力曲线, 曲线 2 为非对称阀下的压力曲线。通过观察图 3-42 可知: 使用对称阀情况下液压缸的无杆腔压力在换向时出现了幅值较小的压力跃变, 跃变值约为 1.5MPa, 但使用非对称阀的情况下几乎观察不到压力跃变, 压力曲线较为平滑。图 3-43 中有杆腔的压力曲线对比更加明显, 在使用对称阀的情况下, 有杆腔压力在换向时出现了较大幅度的压力跃变, 幅值可达 2.5MPa, 但使用非对称阀的情况下有杆腔的压力在换向时无压力跃变。通过上述对比可知: 完全匹配的非对称阀控非对称缸可以较好地抑制换向时液压腔内的压力跃变, 防止液压冲击的

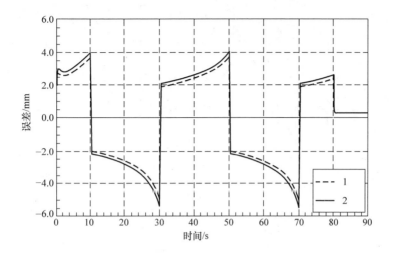

图 3-41　液压缸跟踪误差 - 时间曲线
1—对称阀　2—非对称阀

产生，优化效果明显优于对称阀。

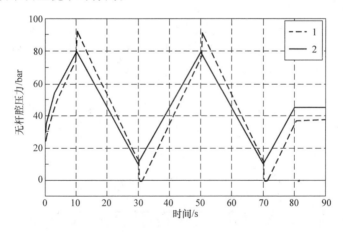

图 3-42　无杆腔压力 - 时间曲线
1—对称阀　2—非对称阀

　　综上所述，非对称阀虽然对数字液压伺服系统控制精度的提高效果一般，但至少不会比对称阀的效果差，而且完全匹配的非对称阀控非对称缸在抑制系统换向的压力跃变方面效果明显，可以有效防止液压冲击的产生，提高系统的平稳性，可以考虑用来对系统性能进行优化，非对称阀的具体实现可采用改变阀芯直径或阀芯型面的方法。

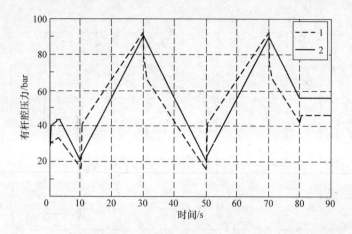

图 3-43 有杆腔压力 – 时间曲线
1—对称阀 2—非对称阀

3.5 小结

通过本章研究，主要得到以下结论：

1）数字液压作动系统本质上为内置闭环的开环比例控制系统，控制增益实为活塞位移反馈系数 k_f，由阀芯螺母导程、滚珠丝杠导程及丝杠轴端减速机传动比决定；跟踪误差体现为阀芯位移 x_v，系统必须以牺牲跟踪精度为代价来提高运动速度。

2）数字液压作动系统特性主要由阀控缸部分的内反馈回路决定，为一阶无静差系统。不考虑扰动产生的影响，系统的稳态位置误差为零，稳态速度误差与期望速度 v_d 成正比，与开环增益 K_v 成反比。通过构建外反馈回路并合理设计补偿控制器，能够消除数字液压作动系统的稳态速度误差以及由静态负载、泄漏等引起的扰动误差，有效提高系统的跟踪精度。

3）由于充分考虑了滑阀结构及两腔初始容积不同产生的影响，推导得到的液压固有频率计算公式能更准确地反映阀控非对称缸的实际情况；液压阻尼比受流量 – 压力系数 K_c 影响，与滑阀开度成正比；负载阻力增加了液压阻尼比，正向负载力较小时，反向运动阻尼比略大于正向运动。数字液压作动系统两运动方向上的速度差异本质上为流量增益 K_q 的差异，主要由负载和液压缸的非对称结构决定，与阀的匹配与否无关，空载时，正向运动响应速度大于反向运动。流量增益 K_q 和反馈增益 k_f 的设计决定了系统的闭环极点分布，从而影响系统的稳定性及动态响应过程。

4）数字滑阀无径向泄漏时传动间隙与死区作用相当，同时增加了系统正、反两个运动方向上的跟踪误差；滑阀径向泄漏减小了流量死区的范围，保留适当的滑阀径向间隙有助于提高数字液压作动系统的整体跟踪精度，但反向运动时，滑阀径向泄漏将在系统中引入传动间隙的切边误差，使得相对静差（终止静差 – 初始静差）增大；消除或减小螺纹传动间隙能有效减小数字液压作动系统的跟踪误差。

5）运动换向时，在非对称缸不平衡液压冲击力与摩擦力 Stribeck 效应耦合作用下，数字液压作动系统容易产生速度抖动。受系统供油压力、数字滑阀死区及径向泄漏、Stribeck 速度和反馈机构刚度等因素的综合影响，速度抖动程度复杂多变。其中，系统压力越大，不平衡液压冲击力也越大，越容易引起换向速度抖动；数字滑阀死区及径向泄漏等因素影响系统换向过程所需的时间及换向前后的速度，换向时间越短，换向前后速度与摩擦 Stribeck 速度越接近，系统越容易发生换向速度抖动；增大反馈机构刚度将增大换向造成的不平衡液压冲击力及速度抖动的幅值，同时也增大了速度抖动衰减的速度，故反馈机构刚度在不平衡冲击力与摩擦力 Stribeck 效应耦合程度不同时对速度抖动程度的影响不同。

参 考 文 献

[1] 陈佳. 一体化数字液压舵机控制性能及非线性特性研究［D］. 武汉：海军工程大学，2014.

[2] 邢继峰，曾晓华，彭利坤. 一种新型数字液压缸的研究［J］. 机床与液压，2005（8）：145 – 146.

[3] 肖志权，邢继峰，朱石坚，等. 数字伺服步进液压缸的密封和摩擦特性分析［J］. 液压与气动，2007（2）：72 – 76.

[4] 江海军，宋飞，王传辉，等. 阀芯螺杆螺距对数字液压缸性能影响的仿真分析［J］. 机床与液压，2014（11）：150 – 152.

[5] 张乔斌，宋飞. 数字液压缸跟踪误差特性仿真分析［J］. 机床与液压，2015(7)：157 – 160.

[6] 陈佳，邢继峰，彭利坤. 基于传递函数的数字液压伺服系统建模与分析［J］. 中国机械工程，2014，25（1）：65 – 70.

[7] CHEN JIA，XING JIFENG，ZENG XIAOHUA，et al. Nonlinear modeling and analysis of digital hydraulic cylinder［C］//Proceedings of the 2nd International Conference on Information Science and Control Engineering，ICISCE2015. Shanghai：IEEE，2015：349 – 353.

[8] 陈佳，邢继峰，彭利坤. 数字液压缸非线性动态特性分析及试验［J］. 机械科学与技术，2016，35（7）：1035 – 1042.

[9] 魏祥雨，王世耕，胡捷，等. 闭环控制数字液压缸及实验研究［J］. 液压与气动，2005（7）：19 – 22.

[10] 魏祥雨. 闭环控制数字液压缸研究［D］. 重庆：重庆大学，2005.

[11] 刘忠，李伟，彭金艳. 机电液集成控制的数字液压缸研究［J］. 制造技术与机床，2009（11）：51 – 54.

[12] 吴文静，刘广瑞. 数字化液压技术的发展趋势［J］. 矿山机械，2007（8）：116 – 119.

[13] 章海，陈胜，贾宝书，等. 一种小行程数字液压伺服缸的特性分析［J］. 机床与液压，

2004（6）：44-46.

[14] 章海，裴翔，陈胜，等．数字缸的静态特性分析［J］．工程设计学报，2004，11（1）：27-30.

[15] 章海．新型数字液压伺服缸的研究［D］．杭州：浙江工业大学，2004.

[16] 章海，顾平灿，裴翔，等．数字缸的动态特性仿真分析［J］．浙江工业大学学报，2005，33（3）：295-298.

[17] 张向英，朱建公．内循环数字液压缸的仿真研究［J］．机床与液压，2007，35（9）：159-160.

[18] 张向英．内循环数字液压缸的研究［D］．绵阳：西南科技大学，2008.

[19] 史小波．DYJ001型结晶器振动电液步进缸设计及特性研究［D］．兰州：兰州理工大学，2010.

[20] 郜立焕，史小波，李建仁，等．闭环控制电液步进液压缸及试验精度分析［J］．机床与液压，2010（11）：67-68.

[21] ZHOU SHENGHAO, XIAO MIN, SONG JINCHUN. Modeling and control of electro-hydraulic-controlled stepping cylinder for mold oscillation［J］. Electrical Power Systems and Computers, 2011: 183-189.

[22] 郜立焕，史小波，李建仁，等．闭环控制电液步进液压缸及试验精度分析［J］．机床与液压，2010（11）：67-68.

[23] 吕云嵩．阀控非对称缸频域建模［J］．机械工程学报，2007，43（9）：122-126.

[24] GUO BO, LI YUGUI, HAN HEYONG. Analysis of asymmetric valve control asymmetric cylinder system of hydraulic leveler［J］. Advanced Materials Research, 2011, 145: 477-480.

[25] 孟亚东，李长春，张金英，等．阀控非对称缸液压系统建模研究［J］．北京交通大学学报（自然科学版），2009，33（1）：66-70.

[26] 叶小华，岑豫皖，赵韩，等．基于液压弹簧刚度的阀控非对称缸建模仿真［J］．中国机械工程，2011，22（1）：23-27.

[27] 肖志权，邢继峰，彭利坤．再论负载流量与负载压力［J］．机床与液压，2007，35（1）：130-133.

[28] 李洪人．液压控制系统［M］．北京：国防工业出版社，1990.

[29] 宋志安．基于MATLAB的液压伺服控制系统分析与设计［M］．北京：国防工业出版社，2007.

[30] 杨军宏，尹自强，李圣怡．阀控非对称缸的非线性建模及其反馈线性化［J］．机械工程学报，2006，42（5）：203-207.

[31] CHEN JIA, XING JIFENG, HE XIGUANG. Nonlinear optimal tracking control of valve-controlled asymmetrical cylinder［C］//2nd International Conference on Mechatronics and Intelligent Materials. Guilin: TTP, 2012: 407-411.

[32] 黎波，严骏，郭刚，等．挖掘机电液比例控制系统非线性建模与分析［J］．机械科学与技术，2012，31（9）：1458-1462.

[33] 王林鸿，吴波，杜润生，等．液压缸运动的非线性动态特征［J］．机械工程学报，2007，43（12）：12-19.

［34］ MAGYAR B, HOS C, STEPAN G. Influence of control valve delay and dead zone on the stability of a simple hydraulic positioning system ［J］. Mathematical Problems in Engineering, 2010 (1): 1 – 15.

［35］ 肖志权, 彭利坤, 邢继峰, 等. 数字伺服步进液压缸的建模分析 ［J］. 中国机械工程, 2007, 18 (16): 1935 – 1938.

［36］ LEENHOUTS A C. Step motor system design handbook ［M］. New York: Litchfield Engineering Company, 1991: 4 – 7, 35 – 36.

［37］ LEENHOUTS A C. Prediction and measurement of the pullout torque in step motor system ［C］// Proc. of IMCSD, 23rd, Chicago, Univ. of Illinois, 1994: 1 – 10.

［38］ YOU J W, KIM J H. Design of a low – vibration micro – stepping controller for dom – camera ［C］//Proceedings of IEEE International Conference on Mechatronics and Automation. Changchun: IEEE, 2009: 296 – 301.

［39］ EBRAHIMI M, WHALLEY R. Analysis, modeling and simulation of stiffness in machine tool drives ［J］. Computer & Industrial Engineering, 2000, 38 (1): 93 – 105.

［40］ KALYONCU M, HAYDIM M. Mathematical modelling and fuzzy logic based position control of an electrohydraulic servosystem with internal leakage ［J］. Mechatronics, 2009, 19 (6): 847 – 858.

［41］ MERRITT H E. Hydraulic control systems ［M］. New York: John Wiley&Sons, 1967.

［42］ ERYRILMAZ B, WILSON B H. Combining leakage and orifice flows in a hydraulicservovalve model ［J］. Journal of Dynamic System Measure and Control, 2000, 122 (3): 576 – 579.

［43］ GORDIC D, BABIC M, MILOVANOVIC D, et al. Spool valve leakage behavior ［J］. Archives of Civil and Mechanical Engineering, 2011, 11 (4): 859 – 866.

［44］ CANUDAS DE WIT C, OLSSON H, ASTROM K J, et al. A new model for control of systems with friction ［J］. IEEE Trans Automatic Control, 1995, 40 (3): 419 – 425.

［45］ BERGER E J. Friction modeling for dynamic system simulation ［J］. Applied Mechanics Reviews, 2002, 55 (6): 535 – 577.

［46］ 丁千, 翟红梅. 机械系统摩擦动力学研究进展 ［J］. 力学进展, 2013, 43 (1): 112 – 131.

第4章 一体化数字液压舵机

舵机是舰船灵活机动与安全航行的基本保障，是实现舰船机动控制极为重要的装置设备，其性能直接关系到舰船的操纵性和安全性。受空间结构和驱动功率的限制，舰船一般采用往复式液压舵机，这是一套复杂的机电液控制系统，包含诸多机械设备和液压元件。现代舰船液压系统采用集中式独立液压源或中央液压源供油（见图4-1），系统连接管路遍布全艇，使得油源工作及操舵过程中产生的机械振动和流体冲击沿管路传播，辐射并增强。有研究测试表明，某些舰船操舵时产生的辐射噪声甚至超过主机工作时的辐射噪声。这不但严重干扰艇员的正常工作和生活，危害艇员的身心健康，而且极大地降低了舰船的隐身性能，增加了暴露的危险。同时，舵机系统零部件较多，布置分散，故障率较高，维护困难；高压油液远距离传输，能量耗损大，系统工作效率低；油源功率体积大，管路分布广，占用较大空间。这些都对舰船及艇员的正常工作产生极大影响。

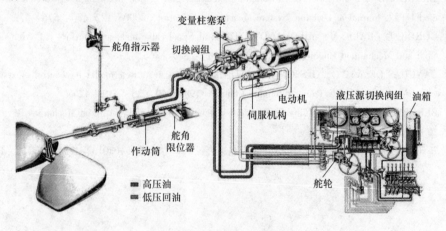

图 4-1 典型舰船液压舵机

解决上述问题的关键是，摒弃传统液压舵机"集中供油，功率液传"的设计思想，研制新型的集成一体化舵机，以减少或取消液压管路，抑制机械振动和液压冲击的传播，减少液压系统的节流和溢流作用，在降低高频噪声的同时提高能源利用率。这就要求作为集成一体化舵机核心的作动系统必须具有集成、可靠、高效和低噪声等特点，同时还应保证系统响应快，精度高，自适应能力强，这也符合一体化作动器的发展趋势。

　　在综合分析了国内外在集成一体化作动器方面的研究现状的基础上，立足自身优势，提出一种以数字液压技术为基础的泵阀联控一体化舵机设计方案，其核心就是一体化数字液压作动器。设计思路是将数字液压技术与变频调速技术结合，采用变频液压泵源为数字液压作动器供油，并通过优化设计将整个系统集成为一体。由于数字液压作动器本身就是集成了控制阀和反馈元件的一体化伺服机构，使得这种方案的系统元件集成和泵阀协同控制易于实现，但同时又对数字液压作动器本身的综合性能提出更高要求。

　　一体化数字液压舵机采用集成化设计，将液压动力源、控制阀（或泵）组件与液压缸等执行机构集成为一体，外部仅需提供电能即可维持其工作，从而简化了舰船操舵系统的整体结构，避免了管路的疲劳破损及能量传输耗损，在提高能源利用率的同时降低了系统工作时的辐射噪声。而舵机潮湿、腐蚀、电磁干扰以及负载大范围变化等复杂恶劣工作环境要求一体化数字液压舵机不仅要满足舰船操舵系统的负载及功率需求，还必须具备较高的可靠性和可维护性，同时保证系统具有良好的动、静态特性和自适应能力。此时，作为一体化数字液压舵机的核心——数字液压作动系统，其性能就显得至关重要。本章将结合一体化数字液压舵机的应用背景，继续论述在数字液压控制技术方面开展的相关科学研究。

4.1　一体化数字液压舵机系统方案设计

4.1.1　设计要求

　　一体化数字液压舵机的设计要求，概括起来主要包括以下几个方面：

　　1）最大输出力及力矩足够大，且能够适应一定范围内的负载变化。

　　2）最大转舵角度和最大转舵速度均足够大，能够准确响应舰船操舵控制系统发出的指令。

　　3）负载功率匹配特性好，工作效率高，功率损失少。

　　4）系统频宽足够大，响应速度足够快，满足舰船操舵控制系统的快速性要求。

　　5）体积小，重量轻，结构集成，安装方便。

　　6）可靠性高，故障率低，使用维护方便，生命周期长。

　　7）工作时噪声低，满足舰船操舵系统对辐射噪声的要求。

4.1.2　系统方案

　　图 4-2 所示为舰船升降舵舵机结构，采用往复式结构，主要由作动器和转舵机构组成，其中作动器是舵机系统的核心。在保持现有舰船舵机结构及分布形式不变

的基础上，一体化数字液压舵机的一种可行方案就是采用一体化数字液压作动器驱动转舵机构工作以实现舵机系统的集成化和低噪声。

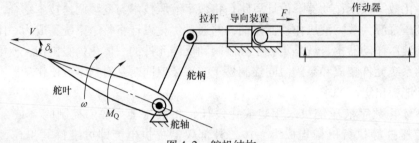

图 4-2 舵机结构

一体化数字液压作动器是基于泵阀联控功率匹配的思想提出的，系统主要分为变频液压泵源和数字液压作动器两部分，基本工作原理为：控制器按照预设的位移和压力对数字液压作动器和泵源分别进行控制。液压泵源主要由交流伺服电动机与定量泵组成，采用变频调速方式实现恒压控制，即控制器通过检测系统供油压力的变化对交流伺服电动机转速进行控制以调节泵源排量，维持恒定的系统压力。当舵机系统工作时，系统压力有下降趋势，此时泵源快速启动以补充系统工作所需流量；而当系统不工作时，系统压力逐渐升高，泵源将以较低转速运转以维持系统正常工作所需压力。由于舵机是一种间隙式工作的动力机构，泵源以这种方式实现按照数字液压作动器的实际需求输出流量，溢流耗损较小，使得系统在提高效率的同时降低了溢流噪声。数字液压作动器，是一种以步进电动机驱动的增量式数字伺服动力元件，在供油充足的情况下，能将输入的电脉冲信号转换为活塞的机械位移输出，且脉冲数对应活塞位移，脉冲频率对应活塞速度，数字液压作动器的这种开环随动控制方式极大地降低了舵机系统泵阀联控的复杂程度。

图 4-3 所示为一体化数字液压作动器液压原理。系统除包含交流伺服电动机、低噪声叶片泵、数字液压作动器等动力元件和控制器外，还由电磁溢流阀、高压球阀、单向阀、测压接头等阀组元件及蓄能器、油箱、吸油过滤器、高压过滤器、回油过滤器、空气滤清器、热交换器、液位计、温度计、压力表、压力传感器等辅助元件组成。交流伺服电动机与叶片泵组成低噪声泵源，通过吸油过滤器从油箱吸油，并经由高压过滤器和单向阀向数字液压作动器供油，数字液压作动器则通过回油过滤器和热交换器进行回油。由于泵源采用了流量匹配的恒压控制，电磁溢流阀仅作安全阀使用，防止在调试阶段或系统故障时出现超压现象；单向阀用于防止高压油回流；设置测压接头和高压球阀是为了方便压力表和蓄能器的安装；蓄能器则在吸收系统压力脉动的同时，起到能量调节的作用以补偿由于泵源惯性大而造成的流量匹配延迟；吸油过滤器、高压过滤器和回油过滤器是为了防止油液中的杂质进入系统工作回路；空气滤清器则起到防止空气中杂质混入油箱的作用；液位计、温度计、压力表和压力传感器对系统状态进行实时监测和预警；热交换器则用于降低

油液温度，减小系统温升。

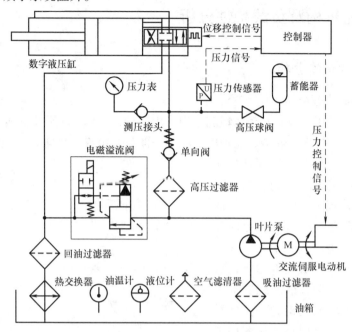

图4-3　一体化数字液压作动器液压原理

　　在方案实施过程中，综合考虑集成设计与加工难度，将空气滤清器、回油过滤器、热交换器、液位计、温度计直接安装在油箱上，交流伺服电动机、叶片泵、吸油过滤器、高压过滤器、单向阀、溢流阀、压力表和压力传感器则集成布置在配油盘上，配油盘固定在油箱的侧面并与油箱相通，从而形成一体化泵源，实现了油源的高度集成化，减小了系统体积。为便于在方案论证及样机试验阶段对系统进行灵活配置，数字液压作动器、蓄能器及控制器可根据实际需求固定在油箱外侧或单独外置。图4-4所示为一体化数字液压作动器原理样机。

图4-4　一体化数字液压作动器原理样机

4.2 转舵机构及负载特性分析

4.2.1 转舵机构分析

1. 结构形式分析

由图 4-2 可知，舰船升降舵转舵机构采用拉杆式结构，主要由布置在耐压壳体外的导向装置、拉杆、舵柄、舵轴以及艇体外的舵叶组成。导向装置内部为一滑动球铰链结构，舵柄与舵轴固连，舵叶根部安装在舵轴上，随舵轴一起转动。舵机系统工作时，作动器活塞推动（或拉动）球铰链在导向装置内滑动，并通过拉杆将推（拉）力传递至舵柄，形成转舵力矩，从而驱动舵柄、舵轴及舵叶绕舵轴中心旋转。整个转舵机构为一曲柄滑块机构，其平面机构运动简图如图 4-5 所示。

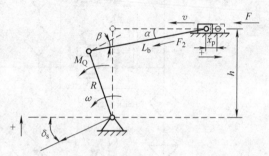

图 4-5 转舵机构平面运动简图

2. 传动关系分析

图 4-5 中，x_p 为作动器活塞位移；L_b 为拉杆长度；R 为舵柄长度；δ_s 为转舵角；舵角以向上为正方向，活塞位移以向右为正方向，分析可知存在如下关系：

$$x_p = L_b(\cos\alpha - 1) + R\sin\delta_s \tag{4-1}$$

式中，α 为拉杆与活塞轴向夹角。h 为活塞杆到舵轴垂直距离，则

$$h = R\cos\delta_s + L_b\sin\alpha \tag{4-2}$$

假设舵柄与舵叶垂直，则 $h = R$。联立式（4-1）和式（4-2），可得活塞位移 x_p 与舵角 δ_s 的传动关系为

$$x_p = \sqrt{L_b^2 - R^2(1 - \cos\delta_s)^2} + R\sin\delta_s - L_b \tag{4-3}$$

取 $R = 0.45\text{m}$，$L_b = 6R$，$\delta_s \in [-30°, 30°]$，可得活塞位移 – 舵角关系曲线如图 4-6 所示。由图 4-6 可知，活塞位移 x_p 与舵角 δ_s 近似呈线性关系，$x_p/\delta_s \approx 7.5\ \text{mm}/°$。图 4-7 所示为拉杆长度 L_b 不同（$L_b = 3R$，$6R$，$9R$，$12R$）时的活塞位移 – 舵角比值 x_p/δ_s 随舵角 δ_s 变化曲线。可以看出，x_p/δ_s 随 δ_s 变化曲线近似呈抛物线形状，x_p/δ_s 均在舵（或活塞）中位附近 $\delta_s = 0°$（$x_p = 0\text{mm}$）取得最大值 $7.854\ \text{mm}/°$，即小舵角时往复式舵机最不灵活，转舵效率最低。随着舵叶偏角 $|\delta_s|$ 增大，x_p/δ_s 持续减小，转舵效率不断提高。活塞位移 – 舵角比值 x_p/δ_s 在中位两侧并不完全对称，尤其在 $L_b = 3R$ 时，x_p/δ_s 对称性最差。随 L_b 增大，x_p/δ_s 关于中位的对称性得到改善，故从转舵对称的角度考虑，拉杆长度 L_b 应取较大值。

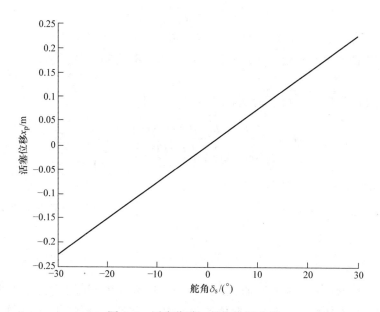

图 4-6　活塞位移 – 舵角关系曲线

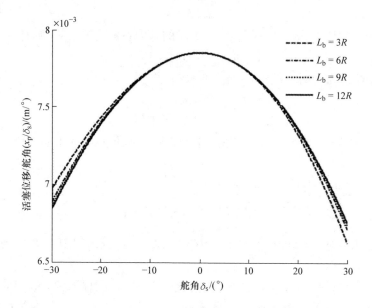

图 4-7　拉杆长度对活塞位移 – 舵角比值影响

4.2.2　负载特性分析

在图 4-5 中，M_Q 为转舵力矩，分析可知，对应的作动器输出力为

$$F = \frac{M_Q \cos\alpha}{R\cos\beta} \tag{4-4}$$

式中，β 为拉杆偏离舵叶延长线角度，符号与舵角 δ_s 保持一致，则有

$$\beta = \alpha + \delta_s \tag{4-5}$$

式（4-2）与式（4-4）、式（4-5）联立可解得

$$F = \frac{M_Q \sqrt{L_b^2 - (h - R\cos\delta_s)^2}}{L_b R\cos\left[\arcsin\left(\dfrac{h - R\cos\delta_s}{L_b}\right) + \delta_s\right]} \tag{4-6}$$

1. 水动力负载

由船舶流体力学的相关理论可知，水流作用在舵叶上相对于舵轴产生的水动力矩为

$$M_1 = \frac{1}{2}\rho S V^2 \bar{b} C_N \tag{4-7}$$

式中，ρ 为流体密度；S 为舵叶面积；V 为进流速度，也即舰船航速；$\bar{b}$ 为舵面平均弦长；C_N 为升力系数。不考虑艇体漂角产生的影响，根据藤井公式可知

$$C_N = \frac{6.13\lambda}{2.25 + \lambda}\sin\delta_s \tag{4-8}$$

式中，$\lambda = 0.5 \sim 3.0$。取极限舵角 $\delta_s = 30°$ 时的升力系数为 C_{Nmax}，则有

$$C_N = 2\sin\delta_s C_{Nmax} \tag{4-9}$$

故舰船航速为 V 时，舵角 δ_s 产生的水动力矩为

$$M_1 = \frac{V^2 \sin\delta_s}{32} M_{1max} \tag{4-10}$$

进一步根据式（4-6）可得，作动器保持某一舵角 δ_s 时的水动力负载为

$$F_1 = \frac{V^2 \sin\delta_s}{32}\sqrt{\frac{4L_b^2 - (R\cos\delta_s - h)^2}{4L_b^2 - (\sqrt{3}R - 2h)^2}}\frac{\cos\left[\arcsin\left(\dfrac{\sqrt{3}R - 2h}{2L_b}\right) - 30°\right]}{\cos\left[\arcsin\left(\dfrac{R\cos\delta_s - h}{L_b}\right) - \delta_s\right]} F_{1max} \tag{4-11}$$

式中，M_{1max} 为航速 $V = 8$kn，舵角 $\delta_s = 30°$ 时的舵叶最大水动力矩，F_{1max} 为相应的作动器水动力负载。

联立式（4-11）和式（4-3），设定航速 $V = 8$kn，同样取 $R = 0.45$m，$L = 6R$，$h = R$，可得作动器的相对水动力负载 F_1/F_{1max} 与活塞位移 x_p 关系曲线如图4-8所示。可见，作动器水动力负载 F_1/F_{1max} 相对于位移 x_p 的线性度更差，且正极限位置处的水动力负载略大于负极限位置处的水动力负载。故当一体化数字液压舵机采用单出杆作动器时，为充分发挥作动器性能，应保证正向输出力最大，即使活塞杆伸出方向为正位移方向，故宜将图4-2中所示作动器反向安装。

图4-9所示为拉杆长度 L_b 不同（$L_b = 3R$，$6R$，$9R$，$12R$）时的作动器水动力

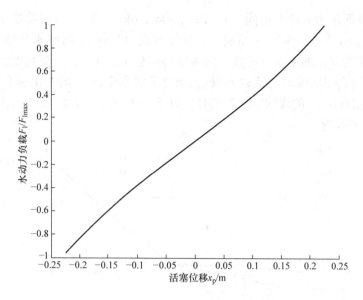

图 4-8　水动力负载 - 活塞位移关系曲线

负载 - 活塞位移比值 $F_1/(F_{1max}x_p)$ 随活塞位移 x_p 变化曲线。对比可知，中位附近水动力负载 F_1/F_{1max} 随位移 x_p 变化速率较小，随 x_p 数值增大，F_1/F_{1max} 相对于 x_p 变化速度也不断增大。水动力负载 - 活塞位移比值 $F_1/(F_{1max}x_p)$ 在中位两侧不对称，且随拉杆长度 L_b 减小，不对称程度严重。故从作动器水动力负载对称的角度考虑，拉杆长度 L_b 也宜取较大值。

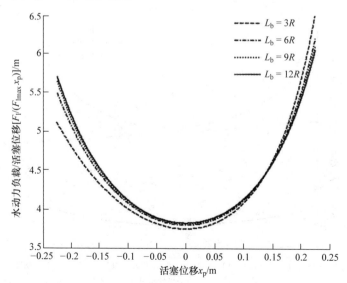

图 4-9　拉杆长对水动力负载 - 活塞位移比值影响

图 4-10 所示为航速 V 不同（$V=2$kn，4kn，6kn，8kn）时作动器相对水动力负载 F_1/F_{1max} 与活塞位移 x_p 关系曲线，可知水动力负载 F_1 随航速 V 增大而增大。图 4-11 所示为对应的水动力负载–活塞位移比值 $F_1/(F_{1max}x_p)$ 变化曲线，可以看出，随着航速降低，水动力负载 F_1/F_{1max} 相对于活塞位移 x_p 的变化速率整体减小，即 F_1/F_{1max} 相对于 x_p 的线性度逐渐变好，且 $F_1/(F_{1max}x_p)$ 及 F_1 在正负位移方向上的对称性得到改善。

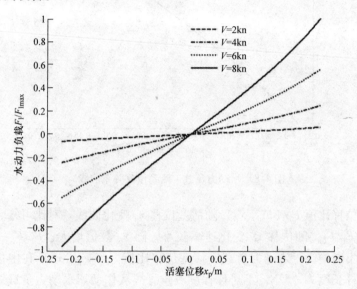

图 4-10　不同航速下水动力负载–活塞位移关系曲线

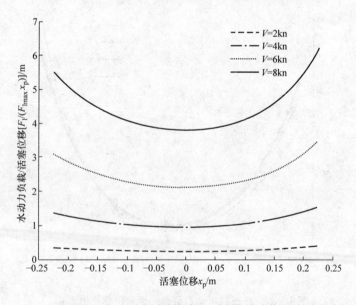

图 4-11　航速对水动力负载–活塞位移比值影响

2. 摩擦负载及惯性负载

转舵过程中的摩擦负载主要包含耐压壳体密封填料函及导向装置内的库仑摩擦力 F_{frr} 和黏性摩擦力 F_{frv}，舵轴处的库仑摩擦力矩 M_{fr} 和舵叶在流体中所受的黏性摩擦力矩 M_{flr}。其中，库仑摩擦力及力矩 F_{frr}、M_{fr} 相对恒定，而黏性摩擦力及力矩 F_{frv}、M_{flr} 与活塞运动速度及转舵角速度成正比。

转舵过程中的惯性负载主要为拉杆、舵柄及舵叶转动惯性力矩产生的负载，需要估算拉杆、舵柄及舵叶的重量并根据各自的回转半径得到舵装置的等效转动惯量 J_{mr}，进而根据转舵角加速度推算得到转舵惯性力矩 M_{mr}。

将摩擦转矩 M_{fr}、M_{flr} 及惯性转矩 M_{mr} 通过式（4-6），以力的形式折算至作动器活塞杆输出端，进一步联合摩擦力 F_{frr}、F_{frv}，可得到转舵过程中作动器的摩擦负载及惯性负载。由于摩擦负载及惯性负载只在转舵运动过程中存在，且具体数值不易确定，可通过适当放大作动器运动时的摩擦力及惯性力来考虑摩擦负载及惯性负载。

3. 负载匹配分析

往复转舵过程，若作动器位移按正弦规律变化，则

$$x_p = \frac{L}{2}\sin\left(\frac{2\pi}{T_r}t\right) \tag{4-12}$$

式中，L 为活塞有效行程；T_r 为转舵周期。作动器运动速度及加速度分别为

$$v = \frac{L\pi}{T_r}\cos\left(\frac{2\pi}{T_r}t\right) \tag{4-13}$$

$$a = -\frac{2L\pi^2}{T_r^2}\sin\left(\frac{2\pi}{T_r}t\right) \tag{4-14}$$

忽略摩擦负载，则折算至作动器上的负载力为

$$F = F_1 - m_r\frac{2L\pi^2}{T_r^2}\sin\left(\frac{2\pi}{T_r}t\right) \tag{4-15}$$

式中，m_r 为转舵惯性负载折算到作动器活塞上对应的等效附加质量。

根据一体化数字液压舵机的性能指标，取 $L = 0.45\text{m}$，$T_r = 40\text{s}$，$F_{lmax} = 192\text{kN}$，$m_r = 1.576 \times 10^3\text{kg}$，由式（4-11）、式（4-13）和式（4-15），可得转舵负载轨迹如图 4-12 所示。

由图 4-12 可知，转舵负载轨迹为一近似椭圆，其在作动器 $p_L - q_L$ 平面内轨迹方程可近似表示为

$$\left(\frac{p_L}{F_{max}/A_1}\right)^2 + \left(\frac{q_L}{A_1 v_{max}/\eta}\right)^2 = 1 \tag{4-16}$$

式中，p_L 为负载压力；q_L 为负载流量；A_1 为负载面积；η 为容积效率。

由式（4-16）可知，当 $p_L = F_{max}/(\sqrt{2}A_1)$，$q_L = A_1 v_{max}/(\sqrt{2}\eta)$ 时，转舵负载轨迹功率 $p_L q_L$ 最大。由液压伺服系统理论可知，阀控动力机构最大功率点为 $p_L =$

$2p_s/3$，$q_L = q_{max}/\sqrt{3}$。此处，p_s 应理解为系统正反向运动都能驱动的最大负载压力 p_{Lmax}。在阀控对称动力机构中，$p_{Lmax} = p_s$；而对于阀控非对称动力机构而言，由于正向运动与反向运动驱动能力不同，故 $p_{Lmax} = p_s A_2/A_1 = np_s$，$n$ 为非对称缸两工作腔面积之比。

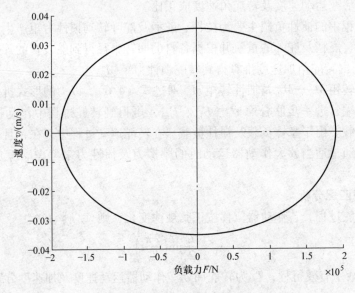

图 4-12　负载轨迹

根据最佳负载匹配设计原则：应使阀控动力机构的输出特性曲线包围负载轨迹并在最大功率点处相切，满足耗能最小指标。可知负载面积应为

$$A_1 = \frac{3}{2\sqrt{2}np_s} F_{max} = \frac{3}{2\sqrt{2}np_s}\left(F_{lmax} + m_r \frac{2L\pi^2}{T_r^2} \right) \tag{4-17}$$

控制阀最大流量应为

$$q_{max} = \sqrt{\frac{3}{2}}\frac{A_1 v_{max}}{\eta} \tag{4-18}$$

由文献［5］可推导得到阀控动力机构不发生超压或气蚀的有效负载压力范围为

$$p_L \in \begin{cases} \left[1 - n - \dfrac{m^2}{n^2}, \ \dfrac{m^2}{n^2} \right]p_s, & m \leqslant n \\[3mm] \left[-\dfrac{n^3}{m^2}, \ 1 - n + \dfrac{n^3}{m^2} \right]p_s, & m > n \end{cases} \tag{4-19}$$

式中，m 为控制阀口面积梯度比。

由于 $n \leqslant 1$，进一步可得限制条件

$$\frac{F_{max}}{p_s A_1} \leqslant \begin{cases} \dfrac{m^2}{n^2} + n - 1, & m < n \\[2mm] \dfrac{n^3}{m^2}, & m \geqslant n \end{cases} \tag{4-20}$$

联立式 (4-17)、式 (4-20) 可得

$$\sqrt{1 - 0.029n} \leqslant \frac{m}{n} < 1.03 \tag{4-21}$$

由此可知，以最小耗能为指标的最佳负载匹配设计，只能在 m 与 n 相差不大的匹配阀控动力机构中实现，即作动器的控制阀口面积梯度需按两工作腔面积比进行配作。

当作动器采用匹配的非对称阀控非对称缸结构形式，即 $m = n$ 时，选定 $n = 0.8$，代入具体数值，由式 (4-17)、式 (4-18) 计算可知，最佳匹配参数分别为 $A_1 = 0.025 m^2$，$q_{max} = 69.59 L/min$。作动器与负载的最佳匹配如图 4-13 所示。

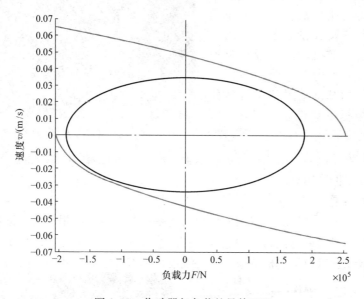

图 4-13　作动器与负载的最佳匹配

4.3　试验平台设计

由于一体化数字液压舵机尚处于方案论证阶段，不存在进行实物验证或实船试验的条件，因此现阶段一体化数字液压舵机试验研究的主要任务是，基于相似验证原理对一体化数字液压作动器的性能进行测试，优化并改进系统设计，以满足舵机系统的任务需求。集成一体化的系统结构对数字液压作动系统的综合性能提出了更高要求，使得对系统进行全面的性能测试显得尤为重要。目前，液压 CAT 试验平

台发展较为成熟，但其测试对象一般为通用的比例伺服或电液伺服系统，尚无专门针对数字液压作动系统的测试平台。因此，试验研究的首要任务就是设计功能相对齐全的试验平台。本节将基于一体化数字液压舵机的系统方案，充分利用一体化数字液压作动器的本体资源，设计并搭建相应的测控平台，为一体化数字液压舵机的研制提供试验基础。

4.3.1 硬件设计

一体化数字液压舵机试验平台主要由一体化数字液压作动器试验样机、加载装置及测控系统组成，下面对其分别进行介绍。

1. 试验样机

图 4-14 所示为一体化数字液压作动器试验样机，其结构组成及工作原理在前文已详细介绍，此处不再赘述。需要指出的是，为全面测试数字液压作动器的性能，优化一体化数字液压舵机的系统设计及控制方案，试验平台要求能够在作动器硬件设备的基础上灵活布置多种传感器和数据采集设备。因此，为便于传感器安装及系统的灵活配置，

图 4-14 一体化数字液压作动器试验样机

试验阶段未将样机的各组成部分进行系统集成，一体化泵源、数字液压作动器、蓄能器及控制器仍采用分离布置。

2. 加载装置

虽然转舵过程中，舵机水动力负载与活塞位移的线性度相对活塞位移与舵角的线性度较差，但仍可近似为线性负载。受试验条件限制，从可行性角度考虑，设计了弹簧加载装置以模拟舵机负载，其三维设计模型及安装后效果如图 4-15 所示。

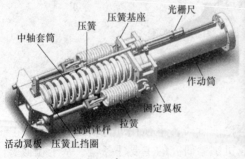

a)   b)

图 4-15 加载装置
a) 三维设计模型 b) 安装后效果

　　加载装置主要由固定翼板、活动翼板、中轴套筒、压簧基座、压簧止挡圈、拉簧连杆、压簧和拉簧等部件组成。其工作原理为：两块固定翼板采用螺栓连接，分别固定在作动筒输出端盖两侧，对作动筒形成合抱；压簧基座通过外围螺栓与固定翼板相连，将整个作动筒输出端盖夹持在内部，从而与固定翼板及作动筒固连；压簧基座上包含一段与活塞杆同轴的导向套筒，压簧套在其上，导向套筒在支撑、导向压簧的同时对活塞杆形成保护；中轴套筒内、外壁均有螺纹，并通过内螺纹与活塞杆输出端固连，从而将活塞杆延长，为压簧止挡圈和活动翼板提供支撑；两根拉簧连杆分别安装在活动翼板两侧，且只能在各自安装位置的导向套内滑动，从而为拉簧提供导向和支撑；加载装置的载荷主要由两根拉簧和一根压簧组成的弹簧组合提供，其中压簧安装在压簧止挡圈及压簧基座之间，而拉簧则通过两端拉环分别与拉簧连杆及固定翼板上的拉簧耳环相连；以行程中位为零点，当活塞杆处于伸出位置时，拉簧处于拉伸状态而压簧为自由状态，而当活塞杆处于缩回位置时，压簧处于压缩状态而拉簧为自由状态，从而使得压簧和拉簧分别在活塞中位两侧为作动器提供负载力，且载荷大小与活塞杆伸出或缩回量成正比。

　　初始时刻，作动器活塞处于中位静止时，调节压簧止挡圈在中轴套筒上的位置，可使压簧两端恰好与压簧止挡圈及压簧基座接触而不压缩；同时，可通过调节拉簧连杆活动翼板端止挡螺母位置使拉簧也处于即将拉伸的自由状态，从而保证活塞在初始零位时载荷为零，拉簧和压簧分别在正负位移处单独提供加载载荷。设计选取弹簧加载组合时，要求压簧和拉簧弹簧刚度基本一致，从而保证作动器正负位移处的加载力基本对称。

3. 测控系统

　　试验要求测控系统能够在监测一体化数字液压作动器实时运行状态的同时，与作动器本身的控制器进行数据交换并形成主从控制，具有良好的拓展性和可控性。由此，在充分利用一体化数字液压作动器本体资源的基础上，设计了相应的控制及测试系统，其结构组成如图 4-16 所示。

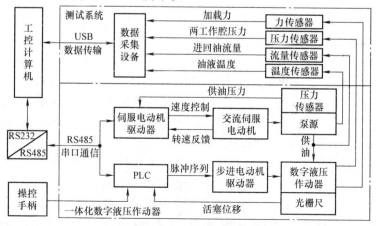

图 4-16　测控系统结构组成

一体化数字液压作动器的控制器由西门子 S7 – 224XP CN 型 PLC 和艾默生 Unidrive SP2403 型交流伺服电动机驱动器共同组成，分别控制数字液压作动器和一体化泵源，具体实物如图 4-17 所示。由于 PLC 和交流伺服电动机驱动器均支持 RS485 通信协议，故 PLC 可作为主控制器，通过 RS485 串口通信对交流伺服电动机驱动的一体化泵源进行实时监控。在测控系统设计中充分利用这一点并稍作改进即可方便地实现对一体化数字液压作动器的完全控制和对活塞位移、系统压力等状态量的实时监测。为提高控制和数据采集的效率，测控系统采用星型网络拓扑结构实现"一主两从"的控制模式，即工控计算机作为上位机主控制单元，同时与西门子 PLC 和艾默生伺服电动机驱动器进行串口通信以实现并行控制。由于工控机仅支持 RS232 串口通信协议，因此在工控机串口端需附加 RS232 – RS485 串口通信转换器。此外，测控平台上还安装了操控手柄，PLC 通过检测开关量输入判断手柄动作并执行相应的操作，从而实现对数字液压作动器的手动控制。

a)   b)

图 4-17　一体化数字液压作动器控制器

a）数字液压作动器控制盒　b）泵源控制柜

测试系统中的传感器主要包含位移传感器（信和 KA – 300 型光栅尺）、轮辐式拉压力传感器（FUTEK LCF500 型）、压力传感器（超宇测控 CY3018 型）、涡轮流量计（LWGY – 15A 型）和温度传感器（JG100 – PT 型）。其中光栅尺用于检测活塞杆实际位移，输出为脉冲信号，由 PLC 高速计数器采集；检测系统压力的传感器输出为 4 ~ 20mA 电流信号，直接输入伺服电动机驱动器作为转速控制的反馈信号，以上两种状态量均通过串口通信传送至工控机。其余传感器的输出也均为电流或电压信号，采集需要的 A/D 转换通道较多，因此数据采集设备采用研华 USB – 4711A 型多功能采集模块。它具有 16 路模拟量输入通道，分辨率为 12 位，采样速率高达 150kS/s，且支持 USB 2.0，能够方便地接入测控计算机，实现高速数据采集。力传感器用于检测加载试验中作动器所受外载荷；通过检测数字液压作动器有杆腔和无杆腔的压力，能够得到作动器工作腔内压力状态及数字滑阀的压力特性；

由于数字滑阀阀芯位移无法直接控制和测量，因此有必要通过流量传感器了解系统运行时的流量特性；温度传感器则用于检测油温的变化，以反映系统的工况和效率。由此实现了对一体化数字液压作动器性能及运行状态的综合测试，并为进一步优化系统的控制策略提供了监测硬件基础。测试系统设备实物如图 4-18 所示。

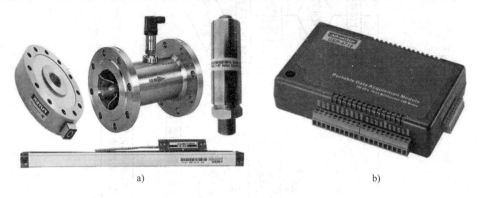

a)　　　　　　　　　　　　　　　　　　b)

图 4-18　测试系统设备

a）传感器　b）采集设备

4.3.2　软件系统设计

由试验平台硬件组成可知，一体化数字液压舵机测控系统包含 PLC、伺服电动机驱动器和测控计算机等三个控制单元。故试验平台的软件系统也分为三部分分别进行设计。

1. PLC 控制系统

PLC 是数字液压作动器的直接控制单元，主要实现数字液压作动器的手动及自动控制、与上位机通信等功能，程序流程如图 4-19 所示。程序按模块化思想设计，开机自检后即运行参数初始化、通信初始化、计数及脉冲输出初始化模块，初始化完成后进入主程序。主程序通过 PLC 的周期扫描方式实现循环执行。程序中共设计了五种工作模式，包括手动、自动及归零三种运动模式和复位、急停等辅助模式。运动模式均采用先确定脉冲属性（数量、周期）和方向，后调用统一的脉冲计数与脉冲输出模块方式实现对数字液压作动器位移的监控。手动模式的脉冲属性采用系统缺省设置，方向由操控手柄控制；归零模式的脉冲周期由系统预设，脉冲数量和方向则通过活塞杆的当前位置判定；自动模式的脉冲属性和方向根据上位机设置的信号类型、幅值及周期计算得到，其中，脉冲属性通过 50ms 定时中断计算更新，方向通过发送完成中断更新。设计程序时始终保持定时中断在脉冲发送完成之前触发，从而保证了脉冲输出的连续性。为最大限度地满足系统性能测试的需求，自动模式设计了五种常用的输入信号以供选择，分别为阶跃、斜坡等非周期信号和方波、三角波、正弦波等周期信号。需要指明的是，由于受步进电动机矩频特

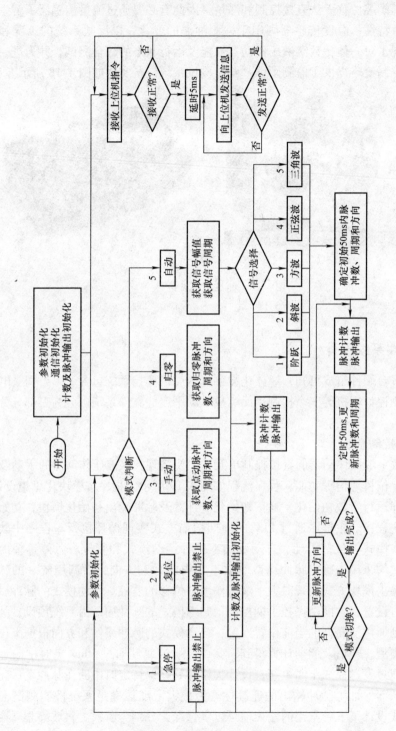

图 4-19 PLC 程序流程

性的限制，数字液压作动器无法正常响应严格的阶跃及方波信号，这里以系统能够正常响应的最高脉冲频率输出脉冲来近似模拟阶跃和方波信号。复位用于在主程序中初始化系统状态，急停则通过禁止 PLC 的脉冲输出实现在归零和自动模式下令作动器立即停止运动。五种工作模式结束后均通过参数初始化模块准备下次工作并返回模式判断。

　　PLC 与上位机的通信采用"问答式"，并通过通信中断和定时中断完成。通信初始化完成后，PLC 遂处于接收允许状态，接收完成时触发接收中断程序，判断接收数据正确与否，发现异常即返回重新接收。确认接收正常后，延迟 5ms 通过同一通信端口，向上位机发送数据，正常结束后触发发送完成中断，将端口重置为接收允许状态，至此完成一次完整的通信。由于西门子 PLC 串口通信支持自由端口模式，允许用户自己定义通信协议，故 PLC 可在接收到上位机的指令数据后，直接将需要监视的状态数据按照预先设定的协议发送至上位机，而对通信数据的解码和编码则在接收与发送的过程中同步完成，以提高通信效率。

2. 伺服电动机驱动器控制系统

　　伺服电动机驱动器主要通过控制交流伺服电动机的转速实现对系统供油压力的控制，以降低溢流调压造成的功率损失。图 4-20 所示为交流伺服电动机控制流程示意图，主要分为压力、速度和电流三个控制环节，基于艾默生伺服电动机驱动器实现。在压力环中，系统压力传感器的电流信号通过模拟量输入端口引入驱动器，驱动器经过 A/D 转换及数据处理后直接得到归一化的压力测量值，可方便地转换为对应的电动机转速（0 ~ 1500r/min）。由于使用的系统压力传感器量程为 0 ~ 21MPa，而系统设计工作压力为 10MPa，为提高压力控制的灵敏度，重新标定压力测量值，以使 0 ~ 15MPa 压力反馈对应为 0 ~ 1500r/min 转速反馈。反馈转速与设定转速（由预设压力转换得到）求差后，输入驱动器自带的用户 PID 控制器从而实现系统压力环的控制。压力环输出作为速度 PID 控制器的给定速度输入，与电动机编码器的速度反馈共同构成交流伺服电动机的速度环控制。速度环输出为相应的电流控制信号，与电动机电流反馈信号共同参与电流环 PID 控制。电流环输出电压控制信号，经过电压调制器适配后输出，驱动交流伺服电动机旋转。速度环和电流环

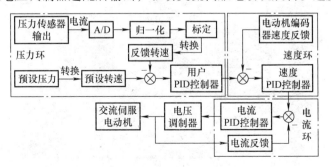

图 4-20　交流伺服电动机控制流程

为伺服电动机控制的固有环节，在自调谐后可将其参数固定，上位机仅需调整压力环参数，即可实现对系统压力和电动机转速的精确控制。艾默生驱动器支持 AN-SIx3.28 串行通信协议，通信参数设置完成后能够自动应答接收到的正确指令信息，无需在驱动器内编写通信程序。

3. 测控计算机软件平台

为使测控系统软件界面简洁、易于操作、具有良好的人机交互性，测控计算机软件平台基于 LabVIEW 采用模块化设计开发。图 4-21 所示为测控计算机软件平台结构，主要分为监控模块、数据处理模块和参数设置模块三部分。监控模块主要利用工控计算机的 COM 端口完成对西门子 PLC 和艾默生伺服电动机驱动器的监控，并通过 USB 端口与研华 A/D 采集模块进行数据交换。对 PLC 和伺服电动机驱动器的监控程序基于 LabVIEW 的 VISA 串口通信功能模块实现；与 A/D 采集模块的数据交换则基于 DLL 技术通过调用采集模块库函数的方法实现。数据处理模块对监控模块解析得到的数据进行滤波、变换等信号处理后以曲线或数值的形式实时显示，

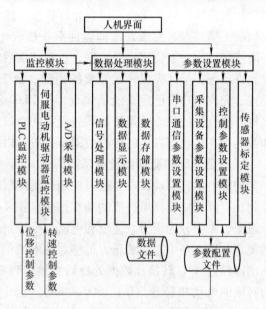

图 4-21　测控计算机软件平台结构

同时按规定的格式将监测数据存储记录在数据文件中。参数设置模块则用于设置串口通信参数、采集设备参数以及 PLC 的作动器位移控制参数和驱动器的伺服电动机转速控制参数，并对各传感器的采集值进行标定。同时，为提高软件操作的人性化和便捷性，参数设置模块还通过对系统参数配置文件的读写实现默认参数的快速载入与保存。图 4-22 所示为基于 LabVIEW 开发的测控系统人机界面。

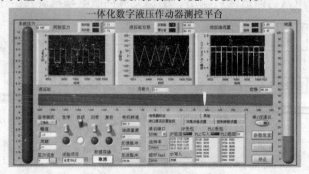

图 4-22　软件平台人机界面

4.4　试验与分析

本节将利用4.3节设计的试验系统，在空载和加载两种状态下对一体化数字液压舵机的数字液压作动系统进行基本性能测试，开展相关试验研究，优化系统设计方案，为推进一体化数字液压舵机的研究提供试验支撑。

4.4.1　空载试验

空载试验易于实现，可方便地用于试验样机及测控系统设计可行性与有效性的验证，且能够在一定程度上反映出系统的基本性能，因此试验首先在空载状态下对系统的总体性能及跟踪精度进行测试。

1. 总体性能测试

设定系统压力 $p_s = 6\mathrm{MPa}$，选定输入位移信号为 $x_d = 50\sin(2\pi t/15)$ 的正弦波，进行位移跟踪试验以测试一体化数字液压作动器及试验平台的总体性能。试验的部分结果在图4-23中以曲线形式给出。

由图4-23a位移跟踪曲线可知，测控系统能够按照设定的信号幅值及周期输出相应的脉冲序列，控制数字液压作动器作正弦运动。作动器实际位移输出能够有效跟踪规划的理想位移曲线，跟踪误差在 $-3 \sim 3\mathrm{mm}$ 内变动。数字液压作动器正向运动至零位时，速度最大，跟踪误差也最大；受机构传动间隙和滑阀径向泄漏的影响，作动器由正向运动切换至反向运动时，出现较大跟踪误差。图4-23b所示为液压缸两工作腔内压力、系统压力及电动机转速变化曲线。可以看出，活塞静止时，作动器流量需求较小，伺服电动机在较低转速（$n < 60\mathrm{r/min}$）下即可恒定地维持6MPa的系统压力，系统功率输入较小；活塞启动时作动器流量需求骤增，导致系统压力下降，但伺服电动机能够快速响应，在2.5s左右的时间内经过一次调整，即可保证一体化泵源的系统压力输出满足需求。受液压缸非对称结构影响，换向时液压缸两工作腔内压力出现明显跃变，但伺服电动机转速在 $20 \sim 800\mathrm{r/min}$ 的范围内不断调节泵源排量，以保证系统压力始终保持在 $6 \pm 0.5\mathrm{MPa}$ 的范围内波动，系统压力控制特性良好。

总体性能测试表明，一体化数字液压作动器性能基本满足设计要求，设计的测控系统能有效监控一体化数字液压舵机的运行状态，满足对系统进行全面、综合测试的需求。

2. 定位精度测试

为测试数字液压作动器的跟踪及定位精度，设定 $p_s = 6\mathrm{MPa}$，输入行程为50mm，速度分别为 $v_d = 12.5\mathrm{mm/s}$、$6.25\mathrm{mm/s}$、$5\mathrm{mm/s}$ 和 $2.5\mathrm{mm/s}$ 的斜坡信号，进行6组无换向伸出、缩回试验（与前次运动同向），试验稳态位移量记录见表4-1。表4-1中，位移单位为mm，速度单位为mm/s。为便于对比分析，表4-1中数据均为标量，未包含方向信息。

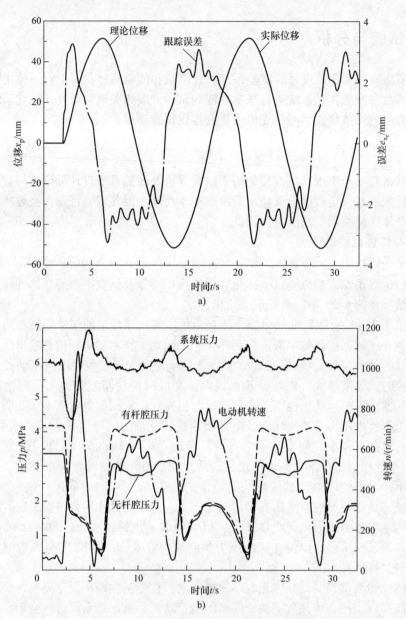

图 4-23　正弦位移跟踪试验
a）位移跟踪曲线　b）压力及转速变化曲线

　　分析试验数据可知，系统无换向伸出时稳态位移在 49.8 ~ 50.2mm 范围内变动，相对误差为 ±0.4%，缩回时稳态位移在 49.72 ~ 50.28mm 范围内变动，相对误差为 ±0.6%，定位精度较高。伸出与缩回的稳态位移误差差别很小，作动器正反向定位精度的对称性较好。对比不同速度时的稳态位移均值可知，稳态位移误差基本与速度无关。这与第 3 章数字液压作动系统为一阶无静差系统的分析结论相符，此时稳态位移误差主要由系统内部静载荷及附加泄漏引起。

表 4-1　无换向试验数据

伸出 – 伸出	$v_d = 12.5$	$v_d = 6.25$	$v_d = 5$	$v_d = 2.5$	缩回 – 缩回	$v_d = 12.5$	$v_d = 6.25$	$v_d = 5$	$v_d = 2.5$
1	50.135	49.92	50.18	49.975	1	49.925	50.28	49.755	49.92
2	49.83	50.08	49.95	50.135	2	49.98	49.67	50.19	50.01
3	50.085	49.835	50.01	50.1	3	49.965	50.25	49.79	49.9
4	50.19	50.13	49.87	50.175	4	50.22	50.12	49.815	50.005
5	49.8	49.9	50.095	49.835	5	50.125	49.79	50.125	49.87
6	50.2	49.98	49.785	50.195	6	50.26	49.945	49.72	49.9
平均值	50.040	49.974	49.982	50.069	平均值	50.079	50.009	49.899	49.934

表 4-2 为相同系统压力及输入条件下的 3 组换向伸出、缩回试验（与前次运动反向）稳态位移。表 4-2 中，位移单位为 mm，速度单位为 mm/s，所示数据均为标量。

表 4-2　换向试验数据

缩回 – 伸出	$v_d = 12.5$	$v_d = 6.25$	$v_d = 5$	$v_d = 2.5$	伸出 – 缩回	$v_d = 12.5$	$v_d = 6.25$	$v_d = 5$	$v_d = 2.5$
1	51.46	51.215	51.335	51.54	1	51.29	51.47	51.34	51.41
2	51.19′	51.06	51.32	51.485	2	51.41	51.15	51.305	51.37
3	51.325	51.24	51.455	51.365	3	51.455	51.215	51.425	51.375
平均值	51.325	51.172	51.370	51.463	平均值	51.385	51.278	51.357	51.385

由试验数据可知，换向运动对稳态位移误差的影响较大。换向时系统产生约 1.3mm 左右的稳态误差，数值变化区间为 [1.06，1.54]。这主要是由数字滑阀径向泄漏及传动间隙引起的换向切边误差，进一步验证了第 3 章关于阀芯及活塞平衡位置的分析。

3. 跟踪性能测试

为测试作动器的动态跟踪特性，在相同的系统压力条件下，输入幅值 $A = 50\text{mm}$，周期分别为 $T = 20\text{s}$、12.5s、10s 的三角波信号（对应活塞运动速度分别为 $v = \pm 10\text{mm/s}$、$\pm 16\text{mm/s}$、$\pm 20\text{mm/s}$）进行位移跟踪试验，试验结果如图 4-24 所示。为便于对比分析，图 4-24 中仅给出两个完整周期内的试验结果。

由图 4-24a 位移及跟踪误差曲线可知，作动器能够稳定跟踪不同周期的三角波输入信号，动态跟踪误差始终控制在 -3.5～3mm 的范围内。除换向过程跟踪误差突变出现峰值外，跟踪过程位移误差在一定范围内波动，稳态速度误差相对恒定。周期为 20s 时，作动系统正向运动平均稳态速度误差约为 0.668mm，反向运动平均稳态速度误差约为 -0.729mm；周期 12.5s 时，稳态速度误差均值正向约为

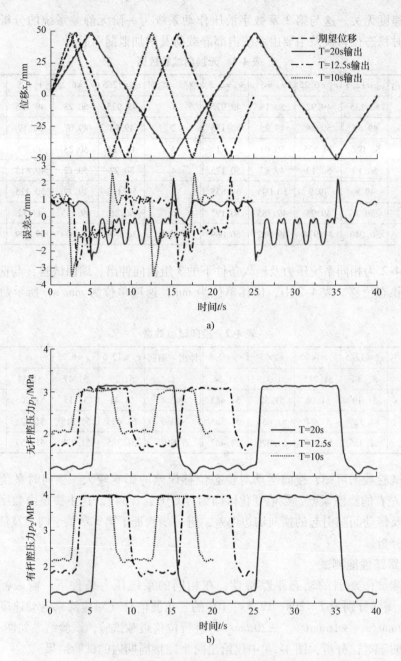

图 4-24 不同周期三角波跟踪试验

a) 位移及跟踪误差曲线 b) 两工作腔压力

0.910mm，反向约为 - 0.973mm；周期 10s 时，平均稳态速度误差正向约为
1.071mm，反向约为 - 1.152mm。可见，数字液压作动系统动态跟踪误差随运动速

度增大而增大，而速度较小时，跟踪误差波动范围较大，系统运行平稳性较差。

由图 4-24b 两腔压力变化曲线可知，作动系统在稳态跟踪过程中，两腔压力相对恒定，周期为 20s 时，正向跟踪过程中两腔压力分别为 $p_1 \approx 1.199\text{MPa}$，$p_2 \approx 1.268\text{MPa}$，反向跟踪过程中 $p_1 \approx 3.141\text{MPa}$，$p_2 \approx 3.943\text{MPa}$；周期为 12.5s 时，正向运动稳态压力分别为 $p_1 \approx 1.731\text{MPa}$，$p_2 \approx 1.844\text{MPa}$，反向稳态压力分别为 $p_1 \approx 3.077\text{MPa}$，$p_2 \approx 3.940\text{MPa}$；周期为 10s 时，正向运动稳态压力分别为 $p_1 \approx 2.061\text{MPa}$，$p_2 \approx 2.176\text{MPa}$，反向稳态压力分别为 $p_1 \approx 3.022\text{MPa}$，$p_2 \approx 3.945\text{MPa}$。可知，作动器空载运行时，有杆腔压力高于无杆腔压力，且反向运动的两腔稳态压力高于正向运动稳态压力。两腔稳态压力在不同速度的正向运动过程中相差较大，有随速度增大而增大的趋势；而在反向运动过程中随速度变化不大。与误差曲线反映的趋势一致，速度较大时，两腔压力波动小，平稳性较好。

考虑一体化数字液压作动器的系统压力可能存在一定范围的变化，为验证不同系统压力对系统动态特性的影响，保持输入信号为幅值 $A = 50\text{mm}$，周期 $T = 20\text{s}$ 的三角波（对应活塞运动速度分别为 $v = \pm 10\text{mm/s}$）不变，进一步设定系统供油压力分别为 $p_s = 6\text{MPa}$、8MPa、10MPa，进行位移跟踪试验，试验结果如图 4-25 所示。

由图 4-25a 位移跟踪曲线可知，不同系统压力下作动器的动态跟踪误差可进一步控制在 $-2.5 \sim 2.5\text{mm}$ 的范围内，与不同周期三角波跟踪试验结果相同，跟踪过程的位移误差在一定范围内波动，稳态速度误差相对恒定。系统压力为 8MPa 时，

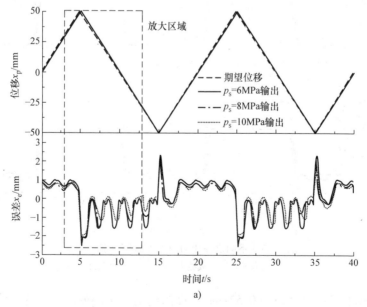

图 4-25　不同供油压力三角波跟踪试验

a）位移跟踪曲线

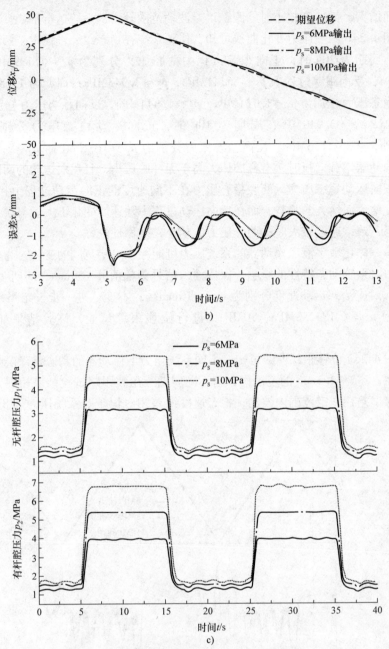

图 4-25 不同供油压力三角波跟踪试验（续）

b）位移跟踪区域放大　c）两工作腔压力

正向稳态速度误差均值约为 0.521mm，反向约为 –0.559mm；系统压力为 10MPa
时，正向稳态速度误差均值约为 0.471mm，反向约为 –0.491mm。与不同周期三角
波跟踪试验中给出的系统 6MPa，输入信号周期为 20s 时的稳态速度误差对比可知，

系统的动态跟踪误差随供油压力的增大而减小。图 4-25a 进一步结合其 3～13s 区域放大曲线图 4-25b 可知，不同系统压力下跟踪误差变化曲线趋势基本一致，波动幅度受压力影响较小。

由图 4-25c 两腔压力变化曲线可知，系统压力为 8MPa 时，正向跟踪过程中两腔压力分别为 $p_1 \approx 1.382\mathrm{MPa}$，$p_2 \approx 1.495\mathrm{MPa}$，反向跟踪过程中 $p_1 \approx 4.265\mathrm{MPa}$，$p_2 \approx 5.356\mathrm{MPa}$；系统压力为 10MPa 时，正向运动稳态压力分别为 $p_1 \approx 1.541\mathrm{MPa}$，$p_2 \approx 1.688\mathrm{MPa}$，反向稳态压力分别为 $p_1 \approx 5.386\mathrm{MPa}$，$p_2 \approx 6.754\mathrm{MPa}$。同样，与不同周期三角波跟踪试验给出的系统为 6MPa 时的试验结果对比可知，两腔稳态压力随系统压力增大而增大，正向运动两腔压力随系统压力变化量小于反向运动，有杆腔压力变化量大于无杆腔压力变化量。

4.4.2　加载试验

本次共设计了三套弹簧组合用于加载试验以模拟不同航速下的转舵负载力，三套弹簧组合的刚度分别为 $K_L = 4.083 \times 10^4\mathrm{N/m}$、$1.021 \times 10^5\mathrm{N/m}$、$1.960 \times 10^5\mathrm{N/m}$，作动器行程为 200mm 时对应的最大载荷分别为 $F_{emax} = 8.16\mathrm{kN}$、20.4kN、39.2kN。将三套弹簧组合分别安装，设定系统压力为 6MPa，并选取幅值 $A = 200\mathrm{mm}$，周期 $T = 50\mathrm{s}$ 的三角波作为输入信号依次进行加载试验，试验结果如图 4-26 所示。其中，加载试验 1 对应最大载荷为 8.16kN，加载试验 2 对应最大载

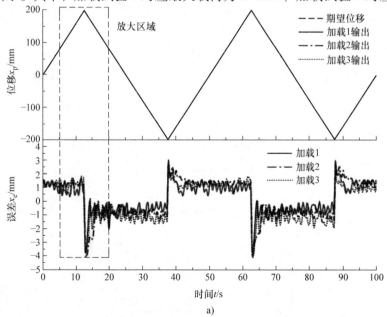

图 4-26　不同载荷加载试验

a）位移跟踪曲线

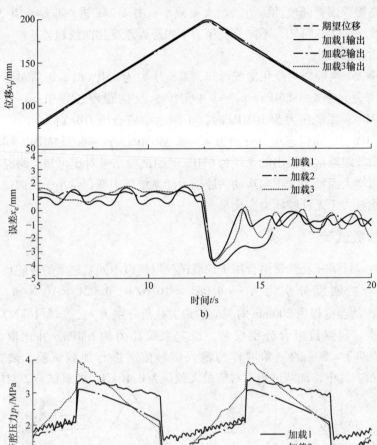

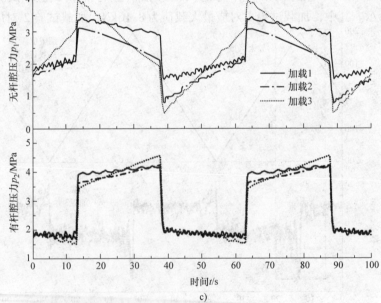

图 4-26 不同载荷加载试验（续）

b）位移跟踪区域放大 c）两工作腔压力

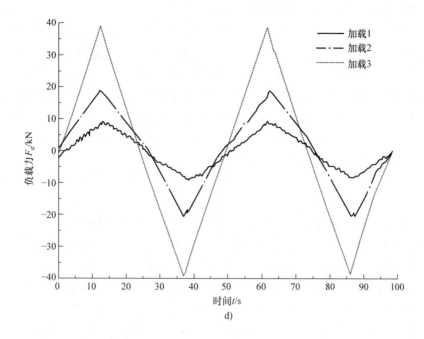

图 4-26　不同载荷加载试验（续）

d）加载力

荷为 20.4kN，加载试验 3 对应最大载荷为 39.2kN。

由图 4-26a 位移跟踪曲线可知，在不同载荷作用下，作动系统输出能够稳定跟踪输入，跟踪误差在 -4 ~ 3mm 范围内变化，系统刚度较大，跟踪误差受载荷影响整体较小；从反向运动的跟踪误差变化曲线可以明显看出，在同一加载试验中，随载荷增大，系统跟踪误差有增大趋势，而正向运动跟踪误差受载荷变化影响相对较小；在三种不同载荷作用下，反向运动的跟踪误差均有增大趋势，且载荷弹簧刚度越大，跟踪误差增大越明显。图 4-26b 为图 4-26a 中 5 ~ 20s 区域的放大图，可以看到正向运动的位移跟踪误差仅在加载试验 3（最大载荷为 F_{emax} = 39.2kN）中略有增大，而在加载试验 1 和 2 中基本不受载荷变化影响，进一步说明正向运动的位置刚度大于反向运动。

图 4-26c 为液压缸两工作腔内压力变化曲线，可以看出，载荷变化对腔内压力影响较大。无杆腔压力 p_1 变化幅度大于有杆腔压力 p_2 变化幅度，尤其在由反到正运动换向时，无杆腔压力 p_1 压降较大，极易出现气蚀现象，这是由于试验样机采用对称阀控非对称缸结构，阀缸并不匹配，系统承压范围有限。由两腔压力变化曲线可知，随载荷弹簧刚度的增加，两腔压力波动幅值减小，系统稳定性得到改善。这与第 3 章稳定性分析中负载力增加了数字液压作动系统的液压阻尼比，系统稳定裕度随负载力增大而增大的结论吻合。由此可以推断，航速较高，转舵力矩较大

时，有利于舵机系统的稳定操舵。

图 4-26d 为测得的加载力曲线，可见三种弹簧组合的线性度较好，设计的加载装置能够正常工作，较好地模拟了一体化数字液压舵机转舵过程中的负载力。

为研究不同转舵速度对一体化数字液压舵机性能的影响，加载试验中分别选取了不同周期的三角波作为输入信号。图 4-27 所示为加载试验 3 中，设定输入信号周期分别为 $T = 80s$、64s 和 50s（对应活塞运动速度分别为 $v = \pm 10mm/s$、$\pm 12.5mm/s$ 和 $\pm 16mm/s$）时的试验曲线。为便于清晰对比、分析，图 4-27 中仅给出了两个完整转舵周期内的试验结果。

由图 4-27a 位移跟踪曲线可知，转舵周期越短，活塞运动速度越大，作动系统跟踪误差的波动幅度越小（反向运动尤为明显），即转舵周期较小，速度较快时，转舵平稳性好，这是由于作动系统低速稳定性较差，而弹簧加载装置改变了作动系统的动力学及摩擦特性，因此低速时易产生"爬行"等抖动现象。转舵周期为 80s 时，作动系统正向跟踪误差均值为 0.881mm，反向跟踪误差均值为 -0.992mm；周期为 64s 时，跟踪误差均值正向为 1.048mm，反向为 -1.074mm；周期为 50s 时，跟踪误差均值正向为 1.106mm，反向为 -1.135mm。进一步结合图 4-27a 中 0~30s 区域放大图 4-27b 可知，活塞运动速度增大，系统跟踪误差增大，跟踪精度降低，这与空载试验结果反映的趋势及第 3 章数字液压作动系统必须以牺牲精度为代价提

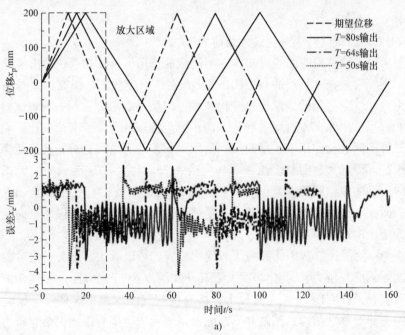

图 4-27 不同周期加载试验

a）位移跟踪曲线

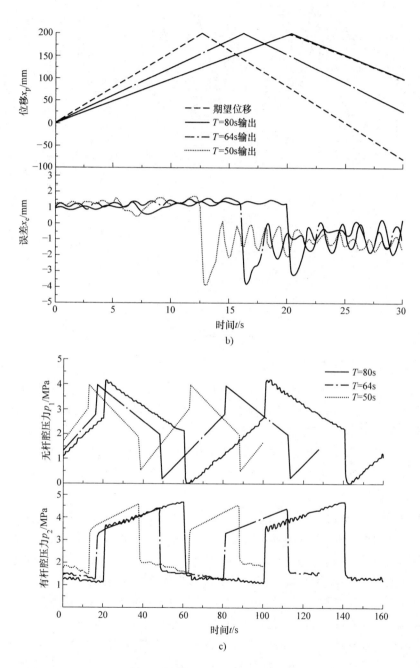

图 4-27　不同周期加载试验（续）

b）位移跟踪区域放大　c）两工作腔压力

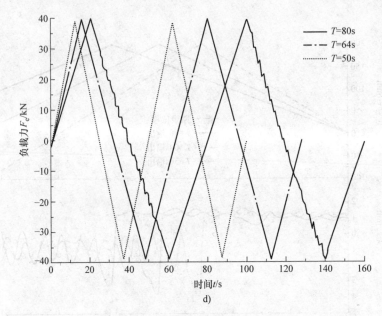

图 4-27　不同周期加载试验（续）
d）加载力

高跟踪速度的结论吻合。

由图 4-27c 两工作腔压力变化曲线可知，腔内压力变化幅度随活塞运动速度减小而逐渐增大，尤其是在转舵周期 $T = 80s$，活塞运动由反向切换至正向的瞬间，无杆腔压力 p_1 下降至 0MPa，此时无杆腔内存在气蚀，不利于作动系统正常工作且加速系统耗损，因此舵机系统在实际工作中，应避免在航速较高，负载力较大时，使用较低速度转舵。图 4-27d 为试验中测得的加载力曲线，可知加载装置工作正常，加载力线性度好。

进一步研究系统供油压力不同对一体化数字液压舵机性能的影响，利用加载试验 3 对应的加载装置，选取幅值 $A = 200mm$，周期 $T = 50s$ 的三角波作为输入信号，设定供油压力分别为 $p_s = 6MPa$、$8MPa$、$10MPa$，进行不同供油压力下的加载试验，试验结果如图 4-28 所示。换阀作动系统跟踪的平稳性得到改善。

由图 4-28a 位移跟踪曲线可知，系统压力为 6MPa 时，作动器正向稳态速度误差均值约为 0.886mm，反向约为 -0.913mm；系统压力为 8MPa 时，正向稳态速度误差均值约为 0.702mm，反向约为 -0.737mm；系统压力为 10MPa 时，正向稳态速度误差均值约为 0.579mm，反向约为 -0.607mm。可见，供油压力增大，使得作动系统动态跟踪误差减小，同时削弱了转舵过程中负载力变化对系统动态跟踪误差的影响。这与空载试验结果趋势一致，共同印证了第 3 章数字液压作动系统稳态速度误差随系统压力增大而减小的结论。图 4-28b 为图 4-28a 中 5～20s 区域放大图，可见跟踪误差曲线变化趋势基本一致，供油压力对跟踪误差波动范围影响较小。

　　由图 4-28c 作动器两腔压力变化曲线可知，同空载状态不同系统压力下的三角波跟踪试验结果反映的趋势相同，系统压力增大，换向时两腔压力跃变的幅值也增

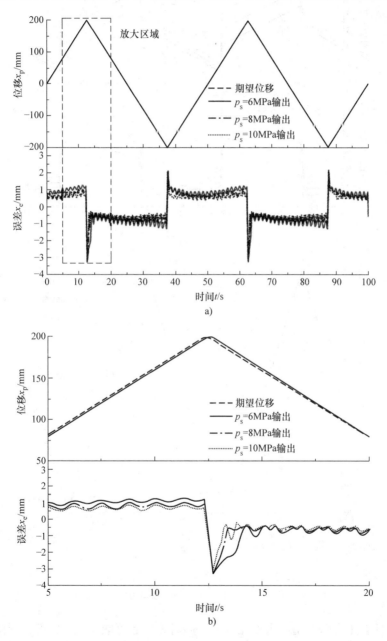

图 4-28　不同供油压力加载试验

a）位移跟踪曲线　　b）位移跟踪区域放大

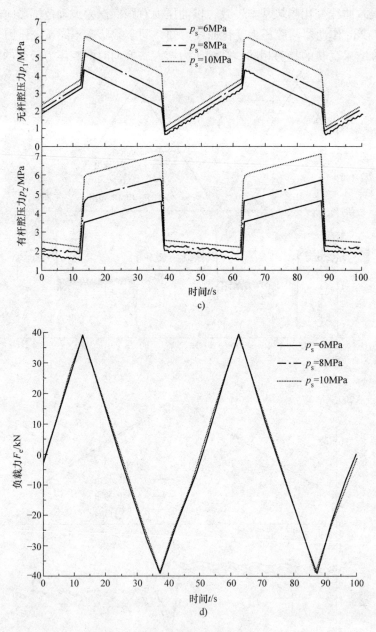

图 4-28 不同供油压力加载试验（续）
c）两工作腔压力　d）加载力

大，且有杆腔压力跃变增幅大于无杆腔，同时无杆腔可能发生气蚀的情况随系统供油压力的增大而得到一定程度的改善，因此应防止一体化数字液压舵机系统压力过低，使得作动器无杆腔在由反到正运动换向时发生气蚀。由图 4-28d 的负载力变化曲线可知，三次试验过程中的负载力变化基本保持一致，加载装置工作正常，可重复性较好。

综合图 4-24 ~ 图 4-28 的试验结果，分析可知，速度变化对系统运行平稳性的影响明显大于负载力及系统供油压力的影响，系统稳定性对运行速度敏感，系统运动时的期望速度设置不合理将可能导致系统动态失稳。

4.5　小结

本章首先确立了一体化数字液压舵机的设计要求与主要性能指标，在此基础上对一体化数字液压舵机的系统方案进行设计，给出了液压原理图及实施方案。其次，分析了转舵机构的结构形式及活塞位移和舵角的传动关系。此外，还分析了转舵过程中的舵机负载，并对转舵负载进行了匹配分析与设计。最后，在充分利用一体化数字液压作动器试验样机本身结构及资源的基础上，设计了相应的弹簧加载装置和测控系统，搭建了一体化数字液压舵机试验平台。基于 PLC、伺服电动机驱动器和测控计算机等三个控制单元开发了测控软件系统。利用建立的试验平台，在空载状态下测试了一体化数字液压作动器的总体性能及定位、跟踪精度，并通过加载试验模拟了一体化数字液压舵机的转舵过程，进一步检测了系统性能，并验证了前文研究的部分结论。

通过本章研究，主要得到以下结论：

1）转舵机构为曲柄 - 滑块结构，活塞位移 x_p 与舵角 δ_s 近似呈线性关系；比值 x_p/δ_s 随舵角 $|\delta_s|$ 增大而减小，转舵效率提高，但在中位两侧并不完全对称；拉杆长度 L_b 增大，x_p/δ_s 关于中位的对称性得到改善。

2）正极限位置处的水动力负载大于负极限位置处的水动力负载，为充分发挥单出杆作动器的性能，应令活塞杆伸出方向对应正位移（正舵角）方向；水动力负载相对于 x_p 的变化速率 $F_l/(F_{lmax}x_p)$ 随 $|x_p|$ 增大而增大，且在中位两侧也不对称；增大拉杆长度 L_b，有利于降低 $F_l/(F_{lmax}x_p)$ 的不对称性；降低航速，能够同时改善 F_l/F_{lmax} 相对于 x_p 的线性度及 $F_l/(F_{lmax}x_p)$ 关于中位的对称性。

3）阀控动力机构的负载匹配设计应考虑系统有效承压范围的限制，以最小耗能为指标的最佳负载匹配只能在匹配的阀控动力机构中实现；转舵负载轨迹近似为一椭圆，当作动器采用匹配的非对称阀控非对称缸结构形式时，通过计算可以得到满足最小耗能指标的作动器最佳负载匹配参数。

4）测控系统能够有效监测系统的运行状态，具备灵活的位移和压力控制方式；加载装置线性度好，能够较好地模拟转舵过程中的舵机负载；试验平台功能全面，运行安全可靠，能够满足对一体化数字液压舵机系统性能进行综合测试的需求。

5）一体化数字液压作动器性能基本满足设计要求，能够在有效降低溢流耗损的同时，保持良好的跟踪性能；无换向时，系统稳态位移误差在 -0.3 ~ 0.3mm 范围内变化，定位精度高且与运动速度无关；换向时由于存在传动间隙引起的切边误差，位移误差较大；系统动态跟踪误差随运动速度增大而增大，随系统供油压力增大而减小；跟踪误差受载荷影响整体较小，系统位置刚度大，且正向运动位置刚度大于反向运动。

6）载荷增加使舵机作动系统的稳定性得到改善，故航速较高时，有利于稳定操舵，但由正到反运动换向时，无杆腔压降较大，尤其在转舵速度较低时容易出现气蚀现象，故不宜使用低速转舵，且在设计作动系统时应尽量采用匹配的阀控缸结构以提高系统的有效承压范围；在设计的系统压力范围内增大供油压力，能从一定程度上改善转舵过程中无杆腔发生气蚀的情况；系统稳定性对运行速度的敏感程度大于对负载力及供油压力的敏感程度。

参 考 文 献

[1] 陈佳. 一体化数字液压舵机控制性能及非线性特性研究 [D]. 武汉：海军工程大学，2014.

[2] 俞孟萨，黄国荣，伏同先. 潜艇机械噪声控制技术的现状与发展概述 [J]. 船舶力学，2003，7 (4)：110 – 120.

[3] 顾邦中. 船舶操舵系统液压冲击问题的分析 [J]. 中国修船，2005 (1)：26 – 28.

[4] 刘长年. 液压伺服系统优化设计理论 [M]. 北京：冶金工业出版社，1989.

[5] JELALI M，KROLL A. Hydraulic servo – systems：modelling，identification and control [M]. London：Springer Verlag，2003.

[6] 高军霞，刘军. 基于虚拟仪器的电液比例阀性能测试实验台的设计 [J]. 液压与气动. 2009 (8)：17 – 18.

[7] 蒋俊，王文娟，曾良才，等. 大型轧机伺服液压缸动态特性测试方法研究 [J]. 机床与液压，2011，39 (19)：28 – 30.

[8] 谭心，李超，李瑜庆. 基于 LabVIEW 的液压实验台 CAT 系统研究 [J]. 液压与气动，2012 (10)：49 – 52.

[9] EMERSON. Unidrive SP advanced user guide [EB/OL]. http：//www.controltechniques.com/ 2009 06.

[10] CHEN Jia，XING Jifeng，LV Bangiun. Hopf bifurcation analysis of digital hydraulic cylinder [C]. Proceedings of the 2nd International Conference on Mechatronics and Industrial Informatics，ICMII 2014，Guangzhou，2014：27 – 31.

[11] 陈佳，邢继峰，吕帮俊，等. 基于分岔理论的数字液压缸稳定性分析与设计 [J]. 海军工程大学学报，2015，27 (2)：80 – 85.

[12] 曹洪涛，陈锋，陈佳. 集成一体化舵机技术研究综述 [J]. 舰船科学技术，2017，39 (7)：1 – 7.

[13] 陈佳，邢继峰，曾晓华. 一体化数字液压作动器试验平台设计 [J]. 液压与气动，2014 (7)：64 – 68.

第5章　调距桨数字液压系统模型参考自适应控制

调距桨数字液压系统原理如图 5-1 所示，该系统以数字阀为控制核心，该数字阀除控制系统外，还可与压力补偿器构成负载敏感回路，可保证系统负载敏感功能始终处于正常状态；用一对平衡阀组成的液压平衡回路代替原系统的双向液压锁结构，在实现稳距功能的前提下，可保证系统平稳运行，且具有超压保护功能；采用变频电动机＋定量泵结构代替原调距桨液压系统的恒流供油方式，通过电动机调速实现对流量的实时调节，实现对工作流量的匹配。

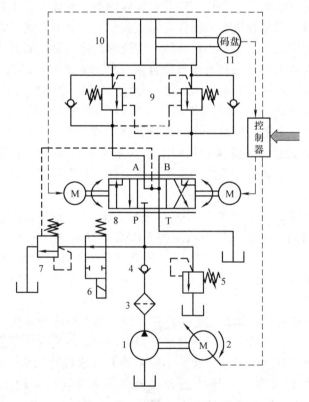

图 5-1　调距桨数字液压系统原理

1—定量泵　2—变频电动机　3—过滤器　4—单向阀　5—溢流阀　6—电磁阀

7—压力补偿器　8—数字多路阀　9—平衡阀　10—非对称液压缸　11—位移传感器

根据调距桨数字液压系统的工作原理和状态方程模型可知，系统的输入量为数字阀的驱动脉冲和变频器的电压信号，输出量为液压缸位移。若将变频器的电压信号设为固定值，即变频液压站恒流量供油，则液压缸的位移完全由数字阀控制，此时系统为单输入单输出（SISO）系统。由系统的传递函数模型可知，系统的相对阶为3，属于典型的三阶无零点系统。此外，就实际的调距桨数字液压系统而言，可用的反馈信号只有液压缸的位置信号，即系统仅输出量可测。若要获得更多的系统状态信息需增加传感器的数量，但这种方法对实际系统而言经常是不可行的或代价过高。调距桨数字液压系统的位置反馈信号为数字信号，自身抗干扰能力较强，信号噪声较小，通过微分获得液压缸的速度和加速度状态信息具有一定的可行性。在进行调距桨数字液压系统的控制方法研究时，上述因素都应给予考虑，设计的控制器才能适合实际系统使用。

数字液压系统同普通的液压伺服系统一样，本质上属于高阶非线性系统，而且实际系统不可避免地存在诸多外界干扰、不确定参数和非线性因素等，无论采用何种建模方法，系统仍会存在一定的未建模动态。此外，对于数字液压系统而言，还要考虑数字信号和数字元器件对系统控制的影响，上述因素的共同作用给数字液压系统的控制带来了不小的挑战。传统的液压伺服控制方法很难保证系统的控制效果，为此人们开始对液压系统自适应控制方法进行研究。文献 [2-3] 设计了液压伺服系统基于 Lyapunov 函数的模型参考自适应控制器（MRAC），虽然该控制器控制精度较高，但其使用了被控对象的各状态量，所需状态信息较多，系统抗干扰能力差，应用于实际系统存在困难。文献 [4] 提出了从模型取状态 MRAC 设计方法，所设计控制器的输入主要来自参考模型各状态量，仅需使用被控对象的输出即可，系统的抗干扰能力强，使用被控对象状态信息少，但该设计方法仅适用于相对阶 ≤ 2 的系统。文献 [5] 在上述研究基础上引入了参数可调的线性补偿器，去掉了"被控对象稳定且参数变化范围已知"的假设。文献 [6-9] 针对上述从模型取状态的 MRAC 设计方法仅适用于相对阶 $n^* \leq 2$ 系统的问题进行了改进，提出了适用于任意相对阶的从模型取状态 MRAC 设计方法，但该方法引入了线性正反馈环节，应用于实际系统存在困难且易造成系统不稳定。

通过上述介绍可知，调距桨数字液压系统可简单地认为是相对阶为3的三阶无零点系统，虽然该系统仅输出量可测，但由于输出量采用数字信号，可适当微分，此外系统还存在诸多未知干扰、不确定性和非线性等因素。基于上述事实，本章将在调距桨数字液压系统状态方程模型和参考模型基础上，进行系统的MRAC 设计，确保系统在恶劣环境下依然具有较高的控制精度。在控制器设计过程中应遵循的原则是避免使用线性正反馈环节，尽量减少使用被控对象各状态量，即使采用也尽量通过被控对象输出微分的方式得到，使控制器的设计贴合系统实际，更具实用性。

5.1　模型参考自适应控制的理论基础

5.1.1　Popov 超稳定理论

Popov 超稳定理论是在非线性反馈系统中得出的，这类非线性反馈系统是由一个线性定常前向回路和一个非线性时变反馈回路组成的非线性反馈系统框图，如图 5-2 所示。

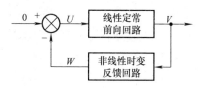

图 5-2　非线性反馈系统框图

根据 Popov 超稳定理论设计准则，若系统满足如下条件：

1）线性定常部分严格正实。

2）非线性时变部分满足 Popov 积分不等式

$$\int_0^t V^T W \mathrm{d}t \geqslant -r_0^2, 0 < r_0^2 < +\infty$$

则该系统是全局渐进稳定的。

若 $\psi(t,\tau) = k(t-\tau)f(\tau)$，其中 $k(t-\tau)$ 是正定标量积分核，其 Laplace 变换是在 $s=0$ 处有一个极点的正实传递函数，则有下面不等式成立

$$\eta(0,t_1) = \int_0^{t_1} f(t) \left[\psi(0) + \int_0^t \psi(t,\tau) \mathrm{d}\tau \right] \mathrm{d}t \geqslant -r^2, r^2 < \infty$$

5.1.2　无零点系统的模型跟随问题

文献［4］对二阶无零点单输入单输出线性系统在可控、可观及参考模型与被控对象阶次相同的情况下必然能达到"完全模型跟随"进行了证明，同时指出该结论对高阶无零点系统仍然适用。本节将对高阶无零点系统的"完全模型跟随"问题进行简单证明，通过证明过程可了解模型参考自适应控制的基本原理。假设参考模型和被控对象的相对阶都为 h，为实现被控对象输出完全跟随参考模型输出，引入参考模型和被控对象的状态反馈，具体模型跟随控制系统框图如图 5-3 所示。

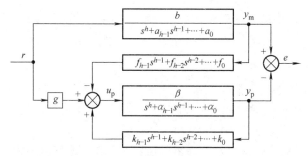

图 5-3　模型跟随控制系统框图

参考模型方程为

$$A_m(s)y_m = br \qquad (5\text{-}1)$$

被控对象方程为

$$A_p(s)y_p = \beta u_p \qquad (5\text{-}2)$$

被控对象的控制输入为

$$u_p = gr + K(s)y_p - F(s)y_m \qquad (5\text{-}3)$$

式中，y_m 为模型输出；r 为模型输入；y_p 为被控对象输出；u_p 为被控对象输入；$A_m(s)$、$A_p(s)$、$F(s)$ 和 $K(s)$ 分别为

$$A_m(s) = s^h + a_{h-1}s^{h-1} + \cdots + a_0$$
$$A_p(s) = s^h + \alpha_{h-1}s^{h-1} + \cdots + \alpha_0$$
$$F(s) = f_{h-1}s^{h-1} + f_{h-2}s^{h-2} + \cdots + f_0$$
$$K(s) = k_{h-1}s^{h-1} + k_{h-2}s^{h-2} + \cdots + k_0$$

定义系统的输出误差为 $e = y_m - y_p$，用式（5-1）减式（5-2），并将式（5-3）代入，可得

$$\left[s^h + \sum_{i=0}^{h-1}(a_i + \beta f_i)s^i \right]e = \left\{ \sum_{i=0}^{h-1}[\alpha_i - a_i + \beta(k_i - f_i)]s^i \right\}y_p + (b - \beta g)r$$

$$(5\text{-}4)$$

为达到被控对象的"完全模型跟随"，必须保证当 r 为任意分段连续函数，$e(0) = 0$ 时，总有 $e(t) = y_m - y_p = 0$。因此，要达到"完全模型跟随"，需满足下式

$$\left\{ \sum_{i=0}^{h-1}[\alpha_i - a_i + \beta(k_i - f_i)]s^i \right\}y_p + (b - \beta g)r = 0 \qquad (5\text{-}5)$$

且要求 $\left[s^h + \sum_{i=0}^{h-1}(a_i + \beta f_i)s^i \right]e = 0$ 必须是渐近稳定的，即 $s^h + \sum_{i=0}^{h-1}(a_i + \beta f_i)s^i$ 是 Hurwitz 多项式。

使式（5-5）对任意分段连续函数 r 成立的一个充要条件是

$$\begin{cases} \alpha_i - a_i + \beta(k_i - f_i) = 0, i = 0, 1, \cdots, h-1 \\ b - \beta g = 0 \end{cases} \qquad (5\text{-}6)$$

要使式（5-6）中的 $k_i - f_i$ 和 g 有唯一解，必须式（5-7）成立

$$rank\begin{bmatrix} \beta & 0 & \cdots & 0 \\ 0 & \beta & \cdots & 0 \\ \vdots & \vdots & \ddots & \vdots \\ 0 & 0 & \cdots & \beta \end{bmatrix}^{h \times h} = rank\begin{bmatrix} \beta & \cdots & 0 & 0 & a_{h-1} - \alpha_{h-1} \\ \vdots & \ddots & \vdots & \vdots & \vdots \\ 0 & \cdots & \beta & 0 & a_0 - \alpha_0 \\ 0 & \cdots & 0 & \beta & b \end{bmatrix}^{h \times (h+1)}$$

$$(5\text{-}7)$$

因为对实际系统来说增益 β 不为零，所以式（5-7）是恒等式。这也就证明了线性无零点单输入单输出系统在可控、可观及模型与对象阶次相同的情况下，是必

然能达到"完全模型跟随"的。

根据上述"完全模型跟随"证明过程，可将模型跟随控制系统具体分为三类：

1）当 $f_{h-1} = f_{h-2} = \cdots = f_0 = 0$ 时，即模型跟随控制系统不使用参考模型的状态，仅使用被控对象的状态进行反馈，此时 k_i 和 g 有唯一解，系统可实现"完全模型跟随"。文献［2，3］中所采用的自适应控制方法基本原理与此类似。

2）当 $k_{h-1} = k_{h-2} = \cdots = k_0 = 0$ 时，即模型跟随控制系统不使用被控对象的状态，仅使用参考模型的状态进行反馈控制，此时 f_i 和 g 有唯一解，系统可实现"完全模型跟随"。此种情况尤其适合被控对象状态不能直接观测的模型跟随控制系统，文献［6－9］中所采用的自适应控制方法基本原理与此类似。

3）当 k_i 和 f_i 中都有不为零的元素时，即模型跟随控制系统既使用了被控对象的状态，又使用了参考模型的状态，此时 $k_i - f_i$ 和 g 有唯一解，系统可实现"完全模型跟随"，具体的 k_i 和 f_i 可根据具体控制的需要进行选择。文献［11］中所采用的自适应控制方法基本原理与此类似。

只要能达到线性"完全模型跟随"，对于相同结构的自适应"完全模型跟随"也同样能够达到。可简单理解为，在自适应模型跟随系统中，k_i、f_i 和 g 是可调的，α_i 和 β 是慢时变的（即在适应过程中可看作是不变的）或是未知的。无论在任何时刻，只要式（5-6）不成立，则适应机构通过调节 k_i、f_i 和 g 总能使其成立。这时 k_i、f_i 和 g 的值也就是从式（5-6）中求出的解。下一时刻，如果参数 α_i 和 β 变动，导致式（5-6）再一次不成立时，适应机构再一次调 k_i、f_i 和 g 使其成立。这样不停地循环工作下去，即可实现被控对象输出实时跟随参考模型输出变化。

5.2　模型参考自适应控制器设计

本章拟设计调距桨数字液压系统的三阶无零点（$n^* = 3$）从模型取状态 MRAC，同时避免采用线性正反馈环节，使其适用于实际调距桨数字液压系统控制。该控制器不仅可解决被控对象（即调距桨数字液压系统）状态不能直接观测的问题，而且由于用以控制的状态量来源于参考模型当中，可减少对系统状态进行测量的传感器的使用数量，最大限度降低对实际系统的硬件要求，增强系统的抗干扰能力。

三阶无零点系统的从模型取状态 MRAC 的设计依据为 Popov 超稳定理论，可保证所设计控制系统的稳定。为符合 Popov 超稳定条件，需将原控制系统变换为等价的非线性反馈系统，所设计自适应律应使该控制系统满足 Popov 积分不等式。在自适应律的求解过程中构建了两种结构不同的 MRAC 系统，即信号综合 MRAC 系统和参数调节 MRAC 系统，借助两系统间零状态等价关系最终求得自适应律。

5.2.1　系统描述

设系统的参考模型为

$$A_m(s)y_m(t) = br(t) \tag{5-8}$$

被控对象为

$$A_p(s)y_p(t) = \beta u_p(t) \tag{5-9}$$

式中，$y_m(t)$ 为模型输出；$r(t)$ 为模型输入；$y_p(t)$ 为被控对象输出；$u_p(t)$ 为被控对象输入。$A_m(s)$ 和 $A_p(s)$ 的计算如下：

$$A_m(s) = s^3 + a_2 s^2 + a_1 s + a_0$$

$$A_p(s) = s^3 + \alpha_2 s^2 + \alpha_1 s + \alpha_0$$

式中，a_i 和 b 是已知确定常数；α_i 和 β 为未知定常或慢时变参数，假设在 $t \in [0, \infty]$ 区间内，变化范围是已知的。

5.2.2 控制器设计

将滤波器置于参考模型和被控对象的输出端，可避免对被控对象的输出求导，增强系统的抗干扰能力，采用信号综合法构建的从模型取状态 MRAC 系统如图 5-4 所示，图中 s 为微分算子 d/dt。

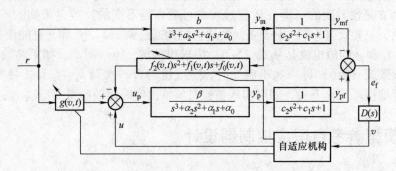

图 5-4　信号综合 MRAC 系统

由图 5-4 可知，被控对象的控制输入为

$$u_p = G(v,t,s)r - F(v,t,s)y_m + u \tag{5-10}$$

其中

$$G(v,t,s) = g(v,t)$$

$$F(v,t,s) = f_2(v,t)s^2 + f_1(v,t)s + f_0(v,t)$$

将式（5-10）代入式（5-9）中，可得

$$A_p(s)y_p = \beta G(v,t,s)r - \beta F(v,t,s)y_m + \beta u \tag{5-11}$$

使用滤波器 $C(s) = c_2 s^2 + c_1 s + 1$ 作用在模型和对象输出端得

$$\left.\begin{array}{l} C(s)y_{mf} = y_m \\ C(s)y_{pf} = y_p \end{array}\right\} \tag{5-12}$$

采用该滤波器对输入信号进行滤波

$$C(s)r_f = r \tag{5-13}$$

滤波后的广义误差为

$$e_f = y_{pf} - y_{mf} = \frac{1}{C(s)}e \tag{5-14}$$

上式代入广义误差串联线性补偿器 $D(s)$ 后，得

$$v = D(s)e_f \tag{5-15}$$

用式 (5-11) 减去式 (5-8)，并将 $e = y_m - y_f$ 代入，可得

$$A_p(s)e = [\beta G(v,t,s) - b]r - [\beta F(v,t,s) + A_p(s) - A_m(s)]y_m + \beta u \tag{5-16}$$

将式 (5-12) ～式 (5-14) 代入式 (5-16) 中，可得

$$A_p(s)C(s)e_f = [\beta G(v,t,s) - b]C(s)r_f - [\beta F(v,t,s) + A_p(s) - A_m(s)]C(s)y_{mf} + \beta u \tag{5-17}$$

将滤波器置于被控对象输入端和参考模型输出端，采用参数调节设计方法得到的从模型取状态 MRAC 系统，如图 5-5 所示。

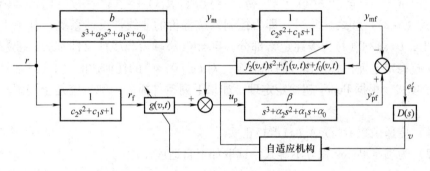

图 5-5　参数调整 MRAC 系统

当滤波器放在可调系统输入端和参考模型输出端时，根据图 5-5 可得广义误差方程

$$A_p(s)e'_f = [\beta G(v,t,s) - b]r_f - [\beta F(v,t,s) + A_p(s) - A_m(s)]y_{mf} \tag{5-18}$$

用 $C(s)$ 左乘式 (5-18) 两边，考虑 α_i 和 β 是未知定常或慢时变的，即 α_i 和 β 对时间的导数近似等于零，得

$$A_p(s)C(s)e'_f = [\beta G(v,t,s) - b]C(s)r_f - [\beta F(v,t,s) + A_p(s) - A_m(s)]C(s)y_{mf}$$
$$+ C(s)[\beta G(v,t,s)r_f - \beta F(v,t,s)y_{mf}] - \beta G(v,t,s)r + \beta F(v,t,s)y_m \tag{5-19}$$

根据上述两种控制系统的零状态等价关系，比较式 (5-17) 和式 (5-19)，得

$$u = C(s)[G(v,t,s)r_f - F(v,t,s)y_{mf}] - G(v,t,s)r + F(v,t,s)y_m \tag{5-20}$$

将 $G(v,t,s)$、$F(v,t,s)$ 和 $C(s)$ 代入式 (5-20) 中，整理可得

$$u = [c_2\ddot{g}(v,t) + c_1\dot{g}(v,t)]r_f + 2c_2\dot{g}(v,t)\dot{r}_f - [c_2\ddot{f}_2(v,t) + c_1\dot{f}_2(v,t)]\ddot{y}_{mf} - 2c_2\dot{f}_2(v,t)\dddot{y}_{mf}$$
$$- [c_2\ddot{f}_1(v,t) + c_1\dot{f}_1(v,t)]\dot{y}_{mf} - 2c_2\dot{f}_1(v,t)\ddot{y}_{mf} - [c_2\ddot{f}_0(v,t) + c_1\dot{f}_0(v,t)]y_{mf} - 2c_2\dot{f}_0(v,t)\dot{y}_{mf}$$

由上式可见，u 是瞬态项，仅在自适应调节过程中（即 $e \neq 0$ 时）出现。由于 u 中已有瞬态项，故参数自适应律只取积分形式

$$\begin{cases} g(v,t) = \displaystyle\int_0^t \psi(v,\tau,t)\mathrm{d}\tau + g(0) \\ f_i(v,t) = \displaystyle\int_0^t \varphi_i(v,\tau,t)\mathrm{d}\tau + f_i(0), i = 0,1,2 \end{cases} \tag{5-21}$$

由于式（5-18）与式（5-17）等价，用式（5-18）代替式（5-17），将 $v = D(s)e_f$ 代入，得

$$v = \frac{D(s)}{A_p(s)}\{[\beta G(v,t,s) - b]r_f - [\beta F(v,t,s) + A_p(s) - A_m(s)]y_{mf}\} \tag{5-22}$$

根据图 5-2，可将式（5-22）改写为

$$V = \frac{D(s)}{A_p(s)}U \tag{5-23}$$

$$W = -U = -[\beta G(v,t,s) - b]r_f + [\beta F(v,t,s) + A_p(s) - A_m(s)]y_{mf} \tag{5-24}$$

式（5-23）和式（5-24）即为控制系统等价的非线性反馈系统，其中 V 为系统输出，$D(s)/A_p(s)$ 为线性定常部分，$W = W(v,t)$ 为非线性反馈部分，要想满足 Popov 超稳定定理，必须作一附加假定：对 $t \in [0,\infty)$ 的任何值时，$A_p(s)$ 都是 Hurwitz 多项式。根据 Popov 超稳定定理，如果下列条件成立，则系统是全局渐近超稳定的：

1）传递函数 $D(s)/A_p(s)$ 严格正实。

2）为满足 Popov 积分不等式，选取如下自适应律：

$$\begin{cases} \psi(v,\tau,t) = -lvr_f \\ \phi_2(v,\tau,t) = k_2 v \ddot{y}_{mf} \\ \phi_1(v,\tau,t) = k_1 v \dot{y}_{mf} \\ \phi_0(v,\tau,t) = k_0 v y_{mf} \end{cases} \tag{5-25}$$

再将式（5-25）代入式（5-21）中，得

$$\begin{cases} g(v,t) = -l \displaystyle\int_0^t vr_f \mathrm{d}\tau + g(0) \\ f_2(v,t) = k_2 \displaystyle\int_0^t v\ddot{y}_{mf} \mathrm{d}\tau + f_2(0) \\ f_1(v,t) = k_1 \displaystyle\int_0^t v\dot{y}_{mf} \mathrm{d}\tau + f_1(0) \\ f_0(v,t) = k_0 \displaystyle\int_0^t v y_{mf} \mathrm{d}\tau + f_0(0) \end{cases} \tag{5-26}$$

将式（5-20）代入式（5-10）中，得

$$u_p = C(s)[G(v,t,s)r_f - F(v,t,s)y_{mf}] \tag{5-27}$$

将式（5-26）代入式（5-27），并 u_{p} 分为 $u_{\mathrm{p1}} + u_{\mathrm{p2}}$，可得

$$u_{\mathrm{p1}} = g(0)r - f_2(0)\ddot{y}_{\mathrm{m}} - f_1(0)\dot{y}_{\mathrm{m}} - f_0(0)y_{\mathrm{m}} \qquad (5\text{-}28)$$

$$u_{\mathrm{p2}} = u_{\mathrm{p20}} + u_{\mathrm{p21}} + u_{\mathrm{p22}} + u_{\mathrm{p23}} \qquad (5\text{-}29)$$

$$\begin{aligned}
u_{\mathrm{p20}} &= (c_2 s^2 + c_1 s + 1)\left[\left(-l\int_0^t v r_{\mathrm{f}}\mathrm{d}\tau\right)r_{\mathrm{f}}\right] \\
&= -\left(l\int_0^t v r_{\mathrm{f}}\mathrm{d}\tau\right)r - l r_{\mathrm{f}}^2(c_2 s + c_1)v - 3c_2 l v r_{\mathrm{f}}\dot{r}_{\mathrm{f}}
\end{aligned} \qquad (5\text{-}30)$$

$$\begin{aligned}
u_{\mathrm{p21}} &= -(c_2 s^2 + c_1 s + 1)\left[\left(k_2\int_0^t v\ddot{y}_{\mathrm{mf}}\mathrm{d}\tau\right)\ddot{y}_{\mathrm{mf}}\right] \\
&= -\left(k_2\int_0^t v\ddot{y}_{\mathrm{mf}}\mathrm{d}\tau\right)\ddot{y}_{\mathrm{m}} - k_2\ddot{y}_{\mathrm{mf}}^2(c_2 s + c_1)v - 3c_2 k_2 v\ddot{y}_{\mathrm{mf}}\dddot{y}_{\mathrm{mf}}
\end{aligned}$$
$$(5\text{-}31)$$

$$\begin{aligned}
u_{\mathrm{p22}} &= -(c_2 s^2 + c_1 s + 1)\left[\left(k_1\int_0^t v\dot{y}_{\mathrm{mf}}\mathrm{d}\tau\right)\dot{y}_{\mathrm{mf}}\right] \\
&= -\left(k_1\int_0^t v\dot{y}_{\mathrm{mf}}\mathrm{d}\tau\right)\dot{y}_{\mathrm{m}} - k_1\dot{y}_{\mathrm{mf}}^2(c_2 s + c_1)v - 3c_2 k_1 v\dot{y}_{\mathrm{mf}}\ddot{y}_{\mathrm{mf}}
\end{aligned}$$
$$(5\text{-}32)$$

$$\begin{aligned}
u_{\mathrm{p23}} &= -(c_2 s^2 + c_1 s + 1)\left[\left(k_0\int_0^t v y_{\mathrm{mf}}\mathrm{d}\tau\right)y_{\mathrm{mf}}\right] \\
&= -\left(k_0\int_0^t v y_{\mathrm{mf}}\mathrm{d}\tau\right)y_{\mathrm{m}} - k_0 y_{\mathrm{mf}}^2(c_2 s + c_1)v - 3c_2 k_0 v y_{\mathrm{mf}}\dot{y}_{\mathrm{mf}}
\end{aligned}$$
$$(5\text{-}33)$$

为保证传递函数 $D(s)/A_{\mathrm{p}}(s)$ 严格正实，应选取线性补偿器 $D(s) = d_2 s^2 + d_1 s + d_0$，且满足 $\mathrm{Re}[D(\mathrm{j}\omega)/A_{\mathrm{p}}(\mathrm{j}\omega)] > 0$，于是有

$$\begin{aligned}
\frac{D(s)}{A_{\mathrm{p}}(s)} &= \frac{-d_2\omega^2 + \mathrm{j}d_1\omega + d_0}{-\mathrm{j}\omega^3 - \alpha_2\omega^2 + \mathrm{j}\alpha_1\omega + \alpha_0} \\
&= \frac{[(d_0 - d_2\omega^2) + \mathrm{j}d_1\omega][\alpha_0 - \alpha_2\omega^2 - \mathrm{j}(\alpha_1\omega - \omega^3)]}{(\alpha_0 - \alpha_2\omega^2)^2 + (\alpha_1\omega - \omega^3)^2}
\end{aligned}$$
$$(5\text{-}34)$$

则有

$$\mathrm{Re}\left[\frac{D(\mathrm{j}\omega)}{A_{\mathrm{p}}(\mathrm{j}\omega)}\right] = \frac{(d_0 - d_2\omega^2)(\alpha_0 - \alpha_2\omega^2) + d_1\omega(\alpha_1\omega - \omega^3)}{(\alpha_0 - \alpha_2\omega^2)^2 + (\alpha_1\omega - \omega^3)^2} \qquad (5\text{-}35)$$

由于 $\mathrm{Re}[D(\mathrm{j}\omega)/A_{\mathrm{p}}(\mathrm{j}\omega)] > 0$，根据式（5-35）可得

$$(d_0 - d_2\omega^2)(\alpha_0 - \alpha_2\omega^2) + d_1\omega(\alpha_1\omega - \omega^3)$$
$$= \alpha_0 d_0 + (\alpha_1 d_1 - \alpha_0 d_2 - \alpha_2 d_0)\omega^2 + (\alpha_2 d_2 - d_1) > 0 \qquad (5\text{-}36)$$

为满足式（5-36），可使

$$\begin{cases} \alpha_0 d_0 > 0 \\ \alpha_1 d_1 - \alpha_0 d_2 - \alpha_2 d_0 > 0 \\ \alpha_2 d_2 - d_1 > 0 \end{cases} \tag{5-37}$$

由于 $A_p(s)$ 为稳定多项式，根据 Routh 稳定判据，可知 $\alpha_0 > 0$，$\alpha_1 > 0$，$\alpha_2 > 0$ 和 $\alpha_1 \alpha_2 - \alpha_0 > 0$，结合式（5-37）易知 $d_0 > 0$ 和 $d_2 > d_1 / \alpha_2$。假定 $A_p(s)$ 参数变化范围已知，即 $\alpha_0 \in [\alpha_{0\min}, \alpha_{0\max}]$，$\alpha_1 \in [\alpha_{1\min}, \alpha_{1\max}]$ 和 $\alpha_2 \in [\alpha_{2\min}, \alpha_{2\max}]$，令 $d_2 = d_1 / \alpha_{2\min} + \delta$，$\delta$ 为大于零的任意常数，代入式（5-37）中可得

$$d_1 > \frac{\alpha_{2\min}(\alpha_2 d_0 + \alpha_0 \delta)}{\alpha_{2\min}\alpha_1 - \alpha_0} \tag{5-38}$$

根据式（5-38），可取

$$d_1 > \frac{\alpha_{2\min}(\alpha_{2\max} d_0 + \alpha_{0\max} \delta)}{\alpha_{2\min}\alpha_{1\min} - \alpha_{0\max}}$$

综合上述推导结果可知，为满足传递函数 $D(s)/A_p(s)$ 严格正实，线性补偿器 $D(s)$ 参数选取时需满足如下不等式

$$\begin{cases} d_0 > 0 \\ d_1 > \dfrac{\alpha_{2\min}(\alpha_{2\max} d_0 + \alpha_{0\max} \delta)}{\alpha_{2\min}\alpha_{1\min} - \alpha_{0\max}} \\ d_2 > d_1 / \alpha_{2\min} \end{cases} \tag{5-39}$$

5.3 控制器仿真研究

根据式（5-28）~式（5-33），在 Matlab/Simulink 中完成的三阶无零点系统从模型取状态 MRAC 控制器的仿真模型如图 5-6 所示。

由图 5-6 可知，该控制器的输入量有 y_m、$\dot{y}_m$、$\ddot{y}_m$、y_{mf}、$\dot{y}_{mf}$、$\ddot{y}_{mf}$、r、r_f、$\dot{r}_f$、v，其中输入量 y_m、$\dot{y}_m$、$\ddot{y}_m$、y_{mf}、$\dot{y}_{mf}$、$\ddot{y}_{mf}$ 都来自于系统的参考模型，输入量 r、r_f、$\dot{r}_f$ 来自输入信号，仅输入量 v 与被控对象的输出 y_p 有关。此外该控制器的实现仅使用了 1 个微分器（图 5-6 中 Derivative 模块），其余全部由积分器实现，控制器中的平方项也仅涉及参考模型和控制输入，避免了噪声平方项的引入，上述种种措施可保证控制系统具有较强的抗干扰能力。

控制系统采用的参考模型为

$$(s + 41.1)(s^2 + 4.6s + 2.118 \times 10^6) y_m = 695.8 r$$

线性串联补偿器 $D(s)$ 的选取同 5.2.2 前面，为便于仿真将可选取滤波器 $C(s) = D(s)/d_0$，最终得到的线性补偿器 $D(s)$ 和滤波器 $C(s)$ 为

$$\begin{cases} D(s) = s^2 + 4.6s + 2.118 \times 10^6 \\ C(s) = 4.722 \times 10^{-7} s^2 + 2.172 \times 10^{-6} s + 1 \end{cases}$$

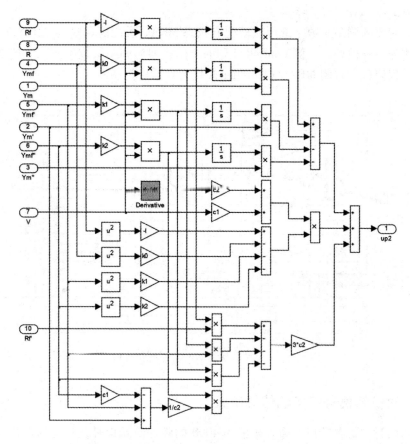

图 5-6 从模型取状态 MRAC 控制器的仿真模型

为检验线性串联补偿器 $D(s)$ 是否满足要求，可利用调距桨数字液压系统的传递函数模型进行简单验证，系统正反向运动的传递函数模型为

$$\begin{cases} A_{p+}(s) = s^3 + 10.06s^2 + 1.396 \times 10^5 s + 7.166 \times 10^5 \\ A_{p-}(s) = s^3 + 9.147s^2 + 1.216 \times 10^5 s + 9.136 \times 10^5 \end{cases}$$

可认为 $\alpha_0 \in [7.166 \times 10^5, 9.136 \times 10^5]$，$\alpha_1 \in [1.216 \times 10^5, 1.396 \times 10^5]$，$\alpha_2 \in [9.147, 10.06]$，且有 $d_0 = 2.118 \times 10^6$，$d_1 = 4.6$，$d_2 = 1$，将上述参数代入式（5-39），可知所选线性补偿器的参数满足此不等式，可保证 $D(s)/A_p(s)$ 严格正实。

被控对象即调距桨数字液压系统，由于调距桨数字液压系统的非线性状态方程可以较为真实地体现系统的特性，仿真中将状态方程模型作为被控对象，外负载力 F_e 可视为被控对象的外界扰动，控制输入为数字阀驱动脉冲 u_p，输出为液压缸位移 y_p。

仿真中自适应参数的选取为 $g(0) = 1.25$，$f_0(0) = 67708.54$，$f_1(0) = 1525.07$，

$f_2(0) = 0, l = 0.1, k_1 = k_2 = k_3 = 1$。

最终完成的调距桨数字液压从模型取状态 MRAC 系统仿真模型如图 5-7 所示，图中上侧为参考模型，下侧 Controlled Object 模块即为调距桨数字液压系统的非线性状态方程模型，右侧 MRAC Controller 模块为自适应控制器。

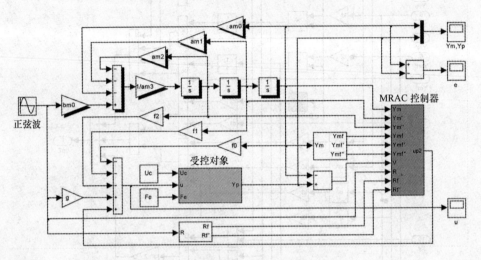

图 5-7　从模型取状态 MRAC 系统仿真模型

5.3.1　对阶跃信号响应的仿真研究

在初始时刻，参考模型输入幅值为 4000 的脉冲阶跃信号，对应的理论位移应为 32mm；外负载力初始时刻为 0，在第 5s 时增大为 100kN。设置仿真时间为 10s，分别在正反向阶跃信号下进行仿真，得到正向阶跃信号下的正向位移跟踪曲线和跟踪误差曲线如图 5-8 所示，反向阶跃信号下的反向位移跟踪曲线和跟踪误差曲线如图 5-9 所示。

由图 5-8 和图 5-9 可知，在正反向阶跃信号下，参考模型都经过 0.2s 即达到稳定状态，稳定后位移 32mm，与理论位移一致，参考模型的对称性好，模型精度较高。在初始时刻，被控对象的输出位移跟踪误差最大，正向阶跃信号下可达 2.4mm，反向阶跃信号下可达 3.3mm，但在自适应控制器的作用下，都经过 2.8s 调整达到稳定状态，稳定后的位移为 32mm，跟踪误差为 0。在第 5s 时，由于外载荷的突然增大，正反向运动的跟踪误差瞬间都增大至 2.0mm，后在自适应控制器的作用下，经过 2.5s 调整后稳定，跟踪误差又逐渐减小为 0。

根据上述仿真数据可知，该控制器能够使调距桨数字液压系统的输出位移很好地跟随参考模型的输出变化，控制器具有较快的响应速度和较高的控制精度，且对外界干扰具有较好的自适应能力，上述性能虽然略低于基于被控对象输出微分的 MRAC 的相关性能，但依然能够满足使用需求。

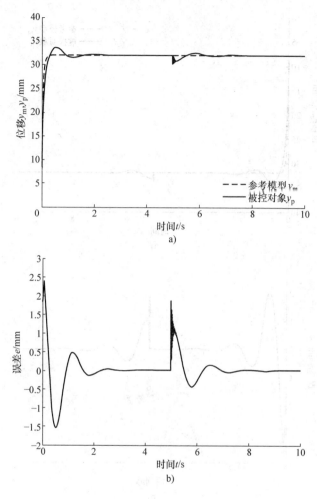

图 5-8　正向位移跟踪曲线和跟踪误差曲线

a) 位移跟踪曲线　b) 跟踪误差曲线

5.3.2　对外负载扰动的仿真研究

给定参考模型的输入脉冲序列按照幅值 8000、周期 40s 的正弦规律变化, 对应的理论位移为幅值 64mm、周期 40s 的正弦曲线。在三种外负载作用下进行对比仿真, 外负载设定为周期 10s, 幅值分别为 0kN、50kN 和 100kN 的正弦波, 设置仿真时长为 80s, 仿真得到的位移跟踪曲线和跟踪误差曲线如图 5-10 所示。

由图 5-10 可知, 在三种外负载作用下, 控制器都能使被控对象输出精确地跟踪参考模型的输出变化。在初始时刻, 被控对象的跟踪误差达到最大, 三种外负载下跟踪误差分别为 1.8mm、2.0mm 和 2.3mm, 在自适应控制器作用下, 经过 4.0s 调整, 跟踪误差逐渐减小为 0。初始阶段后, 外负载扰动对系统跟踪误差的影响极

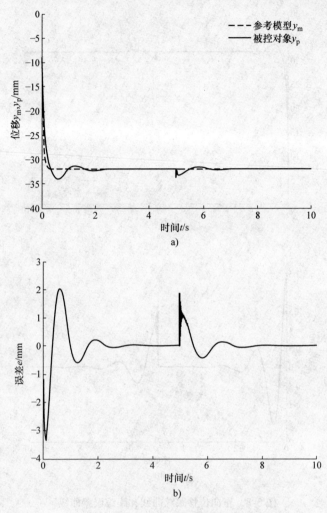

图 5-9 反向位移跟踪曲线和跟踪误差曲线

a) 位移跟踪曲线　b) 跟踪误差曲线

小，三种外负载作用下的跟踪误差相近。系统运行过程中，除参考模型输出位移为 0 时存在较大跟踪误差外，其他时刻跟踪误差基本趋近于 0，但最大跟踪误差不超过 0.7mm。

通过上述仿真结果可知，外负载力的大小仅对控制器初始时刻的控制精度影响较大，存在负载越大跟踪误差越大的规律，但经过控制器的调整后，外负载扰动对系统跟踪误差的影响极小。可见所设计控制器控制精度较高，且具有较强的抗干扰能力，但也应注意控制器在参考模型输出为 0 时，控制精度存在突然增大的现象。

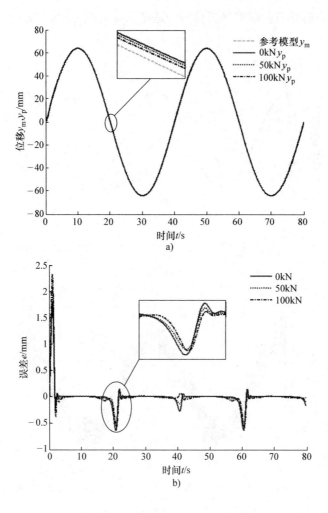

图 5-10　位移跟踪曲线和跟踪误差曲线

a）位移跟踪曲线　b）跟踪误差曲线

5.3.3　对噪声干扰的仿真研究

因为控制器的输入量主要来自参考模型各状态量和输入量，仅控制器输入量 v 与被控对象的输出 y_p 有关，由于选取的 $C(s) = D(s)/d_0$，可知 $v = d_0(y_p - y_m)$，且在控制器的实现过程中对 v 进行了微分，即 $\dot{v} = d_0(\dot{y}_p - \dot{y}_m)$，则被控对象输出的微分噪声可通过输入量 v 被引入系统控制当中，可能对系统控制产生影响。

为研究被控对象输出微分噪声对控制系统的影响，设定系统空载运行，给定参考模型的输入脉冲序列按照幅值 8000、周期 40s 的正弦规律变化，对应的理论位移为幅值 64mm、周期 40s 的正弦曲线。给被控对象的状态量 $\dot{y}_p$（液压缸运行速度）

增加幅度 20% 的白噪声，增加噪声前后的速度曲线对比如图 5-11 所示。

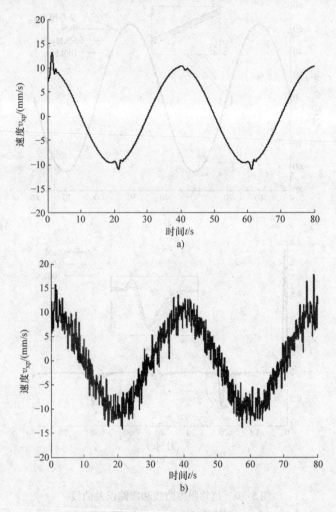

图 5-11　速度曲线对比
a）无噪声速度曲线　b）有噪声速度曲线

　　在有无噪声情况下进行对比仿真，设置仿真时长为 80s，仿真得到的位移跟踪曲线和跟踪误差曲线如图 5-12 所示。

　　由图 5-12 可知，被控对象输出微分噪声对控制系统的影响很小，有无噪声情况下的被控对象输出位移跟踪曲线和跟踪误差曲线十分接近，有噪声情况下跟踪误差曲线仅存在很小幅度的抖动。仿真结果表明，该控制器抗量测噪声干扰的能力较强，量测噪声干扰对控制器性能的影响甚小。

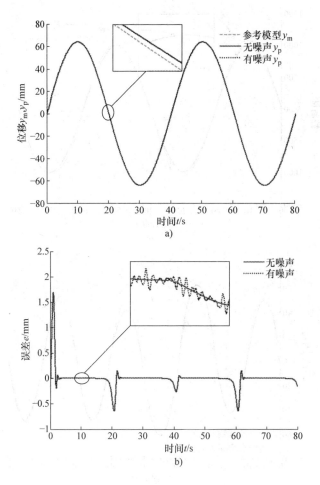

图 5-12　位移跟踪曲线和跟踪误差曲线

a）位移跟踪曲线　b）跟踪误差曲线

5.3.4　对输入干扰的仿真研究

在调距桨数字液压系统的输入端加入干扰 $\Delta u = 50\sin(\pi t/10)$，设定系统空载运行，给定参考模型的输入脉冲序列按照幅值 8000、周期 40s 的正弦规律变化，仿真时间为 80s，仿真得到的干扰前后控制量曲线如图 5-13a 所示，干扰前后控制量间差值与干扰输入的对比如图 5-13b 所示；位移跟踪曲线和跟踪误差曲线如图 5-14 所示。

由图 5-13 可知，在有无干扰两种情况下，控制器输出控制量间的差值曲线与干扰输入曲线基本保持一致，说明该控制器能够对输出控制量进行自适应调节，以补偿干扰带来的被控对象控制输入的变化。由图 5-14 可知，在有无干扰两种情况

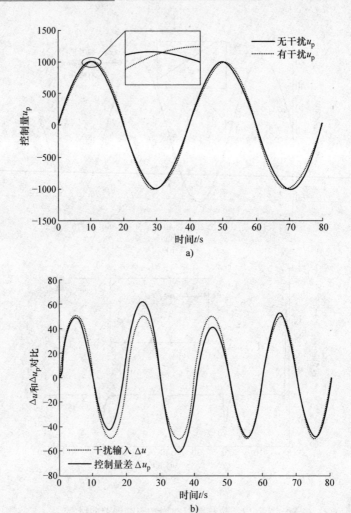

图 5-13   控制器的输出控制量曲线

a）干扰前后控制量对比   b）控制量差与干扰输入对比

下，控制器都能够保证被控对象输出很好地跟踪参考模型输出变化，甚至在初始时刻，有干扰情况下的跟踪误差更小。干扰的输入对控制器的稳态误差略有影响，无干扰时系统稳态误差基本为 0，有干扰时的稳态误差约为 0.01mm，可见输入干扰会造成控制器残留误差的增大，但增量十分微小。仿真结果表明所设计控制器能够补偿输入干扰产生的影响，保持系统的控制精度，控制器对输入噪声干扰具有较强的鲁棒性。

通过对从模型取状态的 MRAC 的仿真研究可知，该控制器虽然在响应速度和控制精度方面比基于被控对象输入微分的 MRAC 略差，但仍能满足系统的使用要求，而且其对外负载扰动、量测噪声干扰和输入噪声干扰具有更强的自适应能力，更易于在实际系统中使用。

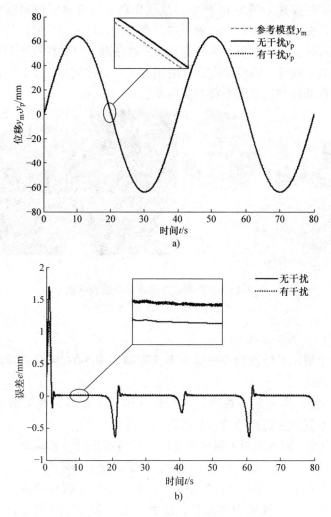

图 5-14　位移跟踪曲线和跟踪误差曲线

a）位移跟踪曲线　b）跟踪误差曲线

5.4　试验验证

5.4.1　调距桨数字液压系统试验平台

调距桨数字液压系统试验平台主要由调距桨数字液压系统试验样机、测控系统和加载装置三部分组成，下面对这三个部分分别进行介绍。

1. 调距桨数字液压系统试验样机

调距桨数字液压系统试验样机主要由液压作动系统和机械调距机构组成，其三维设计模型和实物照片如图 5-15 所示。液压作动系统可根据控制信号输出对应的液压缸位移，机械调距机构负责将液压缸的直线位移转换为桨叶的旋转螺距角，同时还负责将加载装置产生的负载力传递给液压缸活塞。试验样机主要用于调距桨数字液压系统的演示验证，液压缸在设计时进行了一定比例的缩小，但液压缸的行程以及调距机构各部件的运动关系都与实际系统相一致。

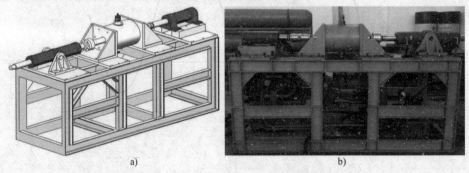

a)   b)

图 5-15　调距桨数字液压系统试验样机

a）三维设计模型　b）试验样机实物照片

（1）试验样机调距系统

调距桨数字液压系统试验样机液压系统原理如图 5-16 所示，该液压系统主要实现以下四个功能。

1）调距功能，即系统可根据控制台输入的调距指令，调节液压缸的位移输出，使螺距调整到设定螺距位置，且螺距角误差在允许范围内。

2）稳距功能，即在螺距不需要改变时，保持液压缸位移输出不变，使螺距固定在设定螺距处，即使系统负载发生变化，螺距仍能保持不变。

3）负载敏感功能，即在保证控制精度的前提下，系统可根据负载压力和运行速度的变化实时调整供油压力和流量，使供油压力和流量跟随负载压力和流量变化，最大限度地减少压力和流量损失，提高系统效率。

4）卸荷功能，即在稳距阶段不需要供应压力油时，液压油不经过溢流阀直接被引回油箱，该功能可减少系统无效功率和发热。

由于实际条件的限制，搭建完成的试验样机数字液压系统与前述优化方案并不完全相同，但两者的主体结构保持一致。系统的控制核心数字阀为自研元件，直接研制带压力反馈通道的数字多路阀难度较大且无法保证可靠性，实际系统中采用了自研三位四通数字阀＋二位三通电磁换向阀的结构代替数字多路阀，三位四通数字阀负责控制液压缸，二位三通电磁换向阀负责将工作腔压力作为反馈压力引出，由于电磁换向阀的频响高于数字阀，采用上述组合结构代替数字多路阀是合理的。为了防止系统可能出现的压力振荡，在供油回路中增加了小容量的蓄能器，截止阀可以控制蓄能器是否投入工作。由于模拟加载装置采用被动加载方式，且平衡阀多用

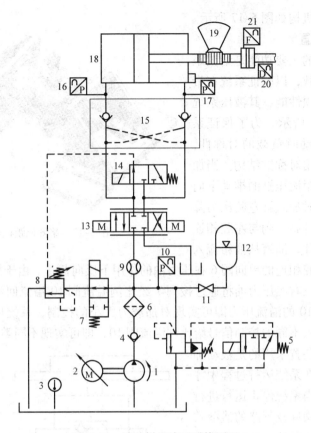

图 5-16　试验样机液压系统原理

1—叶片泵　2—变频电动机　3—温度传感器　4—单向阀　5—电磁卸荷溢流阀　6—过滤器
7—二位二通电磁换向阀　8—压力补偿器　9—流量传感器　10、16、17—压力传感器
11—截止阀　12—蓄能器　13—数字阀　14—二位三通电磁换向阀　15—双向液压锁
18—非对称液压缸　19—调距机构　20—位移传感器　21—力传感器

于重载大流量场合，对于流量较小的试验样机作用有限，实际系统仍采用双向液压锁结构来实现稳距功能。

（2）机械调距机构

机械调距机构的主要作用是模拟和演示桨叶螺距的调整过程，传递加载装置所提供的负载力给调距液压缸。典型的调距机构有三种：曲柄滑块机构、曲柄销槽机构和曲柄连杆机构，三者虽然结构形式不同，但功能完全类似，即将液压执行机构的直线运行转换为调距桨桨叶的旋转运动。由于液压缸与桨叶螺距角之间成对应关系，控制液压缸的位移输出即可达到控制螺距的目的。试验样机对调距桨的调距机构进行了简化，采用齿轮齿条 + 减速机结构模拟演示实际调距机构的调距过程，齿轮的分度圆直径为 65mm，减速机的减速比为 5:1，则液压缸位移为 -71 ~ 85mm 对应的桨叶螺距角为 -25° ~ 30°，该运动参数与实际调距桨调距机构参数一致。

桨毂调距机构如图 5-17 所示。

2. 加载装置

加载装置的主要功能是给调距液压缸施加负载，以验证系统在带载情况下的各项性能，其液压系统原理如图 5-18 所示。为了保证系统正反方向运动时负载的对称性，加载液压缸采用对称缸结构。当加载液压缸在调距液压缸的推动下向右运动时，此时加载缸左腔压力降低，右腔压力升高，则与左腔相连的单向阀 5 打开，油液从油箱流入

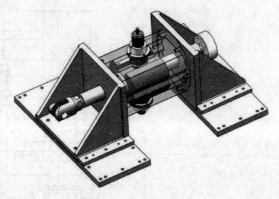

图 5-17　桨毂调距机构

左腔，而与右腔相连的单向阀 6 在压力油的作用下反向截止。由于加载缸右腔压力大于左腔，所以右腔压力油将通过梭阀 7 经比例溢流阀 10 溢流回油箱，故通过控制比例溢流阀 10 的溢流压力即可实现对加载力大小的控制，系统反向运动时也是如此。通过输入不同的控制信号给比例溢流阀 10，即可实现不同类型的加载。

由于加载装置采用的是被动加载方式，只有在系统运行过程中才能实现加载，当系统停止运行进行稳距时，由于阀件及管路的泄漏致使加载压力无法保持，此时需要依靠手动液压泵 2 和手动换向阀 4 配合使用来为加载液压缸补充压力油，以维持加载压力的稳定。当系统正常运行时，手动换向阀 4 处于中位关闭状态；当系统停止运行时，手动液压泵 2 提供压力油，手动换向阀 4 控制加载力的方向。

3. 测控系统硬件

调距桨数字液压系统试验平台的测控系统框图如图 5-19 所示，测控系统的硬件主要由上位机、下

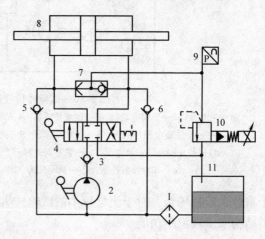

图 5-18　加载装置液压系统原理
1—过滤器　2—手动液压泵　3、5、6—单向阀
4—手动换向阀　7—梭阀　8—对称液压缸
9—压力传感器　10—比例溢流阀　11—油箱

位机和分布在试验样机各处的传感器组成，其中上位机和下位机集中放置在控制台内，最终完成的试验样机控制台如图 5-20 所示。控制台与试验台架间仅通过若干信号线相连，在远端的控制台上即可完成对试验样机的全部控制操作和各试验数据的采集。

上位机为 1 台研华工控计算机，其上安装有多功能数据采集板卡，可输入输出模拟量和开关量，通过 RS485 串口与下位机进行通信。上位机的主要任务是根据用户输入的参数生成控制指令，并发送至下位机，对来自传感器和下位机的各试验数据进行采集、记录和显示，同时还要完成对加载装置的控制，以提供试验所需的负载力。

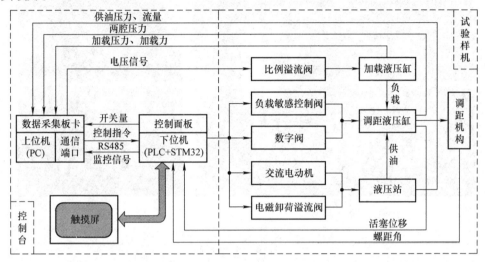

图 5-19　测控系统框图

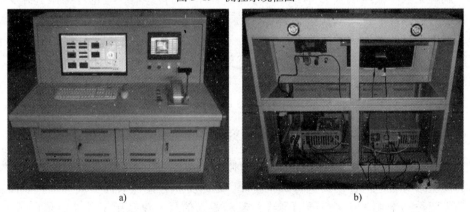

a)　　　　　　　　　　　　　　　　b)

图 5-20　试验样机控制台

a）控制台前面板　b）控制台内部

下位机是整个测控系统的核心控制部分，主要由西门子 PLC、STM32 单片机、步进电动机细分驱动器和变频器组成，为防止变频器对弱电部分的干扰，将变频器安装在远离控制台的试验台架上，其余设备都集中安装在控制台内部的一控制箱内，安装完成的下位机部分中的控制箱和变频器如图 5-21 所示。下位机的控制指令可通过上位机输入，也可以通过与下位机配套的触摸屏进行输入。下位机主要功能是根据接收到的控制指令和传感器反馈回来的系统状态参数，通过内置的控制算法计算出系统所需的控制输入，控制步进电动机细分驱动器和变频器驱动数字阀和交流电动机动作，最终实现控制目标。此外由于部分传感器的试验数据是由下位机进行采集的，下位机还需要将这部分数据上传至上位机，进行数据的显示和记录。

a)   b)

图 5-21   下位机部分中的控制箱和变频器

a）控制箱   b）变频器

调距桨数字液压试验平台所使用的传感器有压力传感器、流量传感器、温度传感器、力传感器、拉线式位移传感器、旋转编码器。其中压力传感器、流量传感器、温度传感器和力传感器输出的信号为 $4 \sim 20\text{mA}$ 的电流信号，而数据采集板卡仅能采集 $0 \sim 5\text{V}$ 的电压信号，故需在传感器电流输出端串联 250Ω 的精密电阻即可将其转换为 $1 \sim 5\text{V}$ 的电压信号。拉线式位移传感器和旋转编码器的输出信号为正交脉冲信号，对该数字信号的采集是借助 PLC 内置的正交计数功能来实现的。

5.4.2   调距桨数字液压系统试验研究

由于试验样机控制系统的计算能力有限，这里仅对 5.2 节所设计的从模型取状态的模型参考自适应控制器进行试验验证。通过分析控制器具体实现可知，该控制器的主要控制量来自参考模型的各状态量和输入信号，仅利用了被控对象的输出，该控制器的实现仅使用了 1 个微分器，其余全部由积分器实现。控制器的整体结构较为简单，对控制系统硬件的计算能力要求不高，易于在硬件上实现。

控制器的输入量有 y_m、$\dot{y}_m$、$\ddot{y}_m$、$\dot{y}_{mf}$、$\ddot{y}_{mf}$、$\dddot{y}_{mf}$、r、$\dot{r}_f$、$\ddot{r}_f$、v，其中输入量 y_m、$\dot{y}_m$、$\ddot{y}_m$、$\dot{y}_{mf}$、$\ddot{y}_{mf}$、$\dddot{y}_{mf}$ 来自于系统的参考模型，输入量 r、$\dot{r}_f$、$\ddot{r}_f$ 来自输入信号，为减少试验样机微控制器的计算负担和程序编写难度，可将上述与被控对象无关的输入量计算好，存入微控制器中，在对系统控制时进行调用即可。

1. 空载试验

给参考模型输入周期 40s、幅值 8000 的三角波信号，则对应的参考模型各状态量如图 5-22 所示，输入信号的各状态量如图 5-23 所示。由于状态量 y_m 为参考模型的输出，即为被控对象需跟踪的参考位移，则 y_m、$\dot{y}_m$ 和 $\ddot{y}_m$ 即为系统的参考位移、速度和加速度；由于 $y_m = (c_2 s^2 + c_1 s + 1) y_{mf}$，可知状态量 y_{mf}、$\dot{y}_{mf}$ 和 $\ddot{y}_{mf}$ 为 y_m 的各阶积分；图 5-22 中显示的状态量 y_m、$\dot{y}_m$、$\ddot{y}_m$ 和状态量 y_{mf}、$\dot{y}_{mf}$、$\ddot{y}_{mf}$ 较为接近，这是由于所选滤波器参数较小的缘故。状态量 r 为参考模型的输入，由于 $r = (c_2 s^2 + c_1 s + 1) r_f$，则状态量 r_f、$\dot{r}_f$ 为输入量 r 的各阶积分。

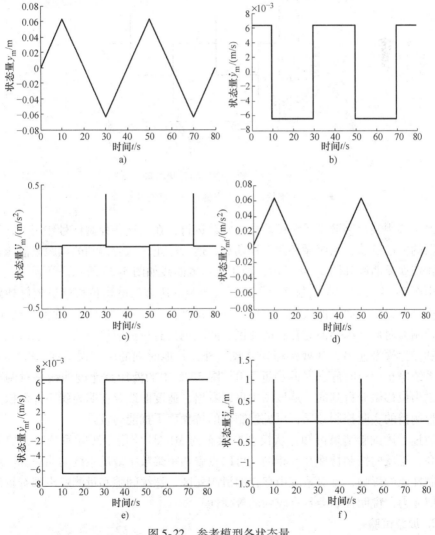

图 5-22　参考模型各状态量

a) 状态量 y_m　b) 状态量 $\dot{y}_m$　c) 状态量 $\ddot{y}_m$　d) 状态量 y_{mf}　e) 状态量 $\dot{y}_{mf}$　f) 状态量 $\ddot{y}_{mf}$

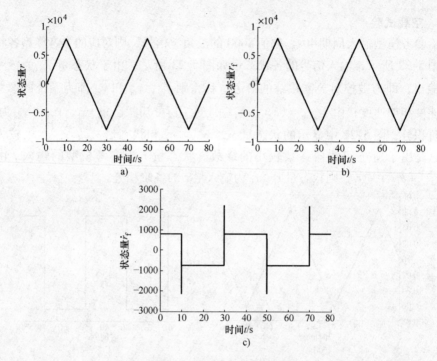

图 5-23　输入信号的各状态量

a) 状态量 r　b) 状态量 r_f　c) 状态量 $\dot{r}_f$

设定调距桨数字液压系统试验样机空载运行，在上述各控制信号作用下，进行控制器的验证试验，系统循环两个周期后，运行停止，试验得到的调距桨液压缸位移及跟踪误差曲线如图 5-24 所示，液压缸速度曲线如图 5-25 所示。

由图 5-24 可知，在控制器的作用下，调距液压缸的输出位移能够较好地跟踪参考模型的输出，而且曲线在最大位移处（即换向点）的"削顶"现象得到改善，说明控制器对数字阀换向时存在的死区和间隙也具有自适应调节能力。系统除在换向点和参考模型输出为 0 处跟踪误差较大外，其他时刻的跟踪误差在 ±0.5mm 以内，系统停止运行时静态误差趋近于 0。图 5-25 中的液压缸速度曲线是对调距液压缸输出位移微分得到的，从该图中可以看出，速度曲线存在明显噪声，但依然不影响控制器的实际控制效果，可见控制器的抗噪声干扰能力较强。

通过上述试验结果可知，从模型取状态的 MRAC 应用于实际系统时，控制精度较高，正反向控制特性基本相同，可以克服调距桨数字液压系统的非对称性结构对控制性能的影响，且对系统中存在的滑阀死区、螺纹间隙和量测噪声都有较好的自适应能力，说明控制器具有较强的鲁棒性。

2. 加载试验

同样给参考模型输入周期 40s、幅值 8000 的三角波信号，与参考模型和输入信号相关的各状态量同图 5-22 和图 5-23 中所示，设定调距桨数字液压系统试验样机

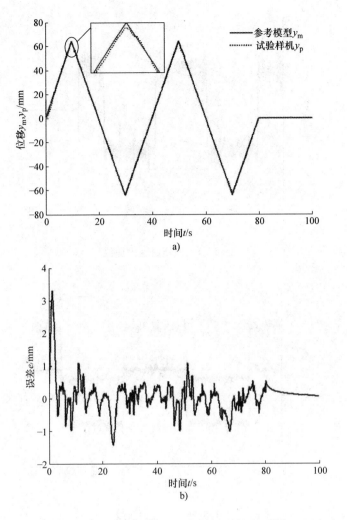

图 5-24 液压缸位移跟踪曲线和跟踪误差曲线

a) 位移跟踪曲线 b) 跟踪误差曲线

分别在 0kN 和 30kN 外负载下运行，对应加载装置比例溢流阀的设定压力应为 0MPa 和 3.5MPa，系统循环运行两个周期，试验中力传感器测得的加载力曲线如图 5-26 所示，调距液压缸位移跟踪曲线和跟踪误差曲线如图 5-27 所示。

由图 5-26 可知，由于加载装置采用被动加载方式，因此只能对系统施加正向负载，即负载力与运动方向相反。即使在空载运行条件（即设定压力为 0MPa）下，由于系统中各摩擦力的存在，调距液压缸仍然会承受一定的外负载力。在设定压力为 3.5MPa 时，由于摩擦力和加载缸出力的共同作用，系统的加载力会略大于 30kN。

由图 5-27 可知，无论是空载运行还是加载运行，调距液压缸位移都能很好地

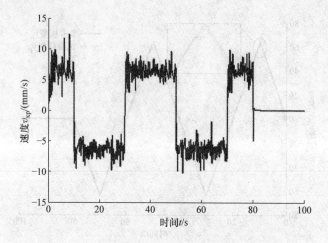

图 5-25   液压缸速度曲线

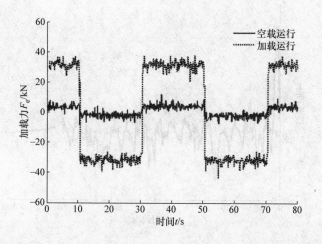

图 5-26   加载力曲线

跟踪参考模型输出位移的变化，除在换向点和参考模型输出为 0 处跟踪误差较大外，其他时刻的跟踪误差都在 ±0.5mm 以内。对比两工况下的跟踪曲线可知，加载力对系统初始时刻、换向点和参考模型为 0 处的跟踪误差有一定影响，加载力在初始时刻和换向点处也发生突变，总体趋势为负载越大跟踪误差越大，但控制器能够对过大的跟踪误差进行快速的调整，保证系统控制精度，说明控制器对外负载扰动具有较好的自适应调节能力。

通过对从模型取状态的 MRAC 的试验研究，验证了控制器具有较高的控制精度，对噪声干扰和外负载扰动具有较强的自适应调节能力，控制器鲁棒性较好，试验得出的控制器性能规律与仿真结果一致，说明所设计控制器正确且有效。

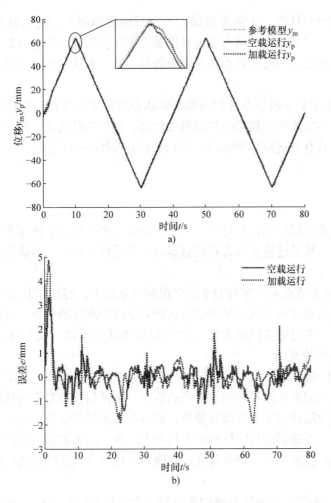

图 5-27　调距液压缸位移跟踪曲线和跟踪误差

a）位移跟踪曲线　b）跟踪误差曲线

本 章 小 结

本章搭建了功能完善的调距桨数字液压系统试验平台，并利用该试验平台对系统的控制性能和从模型取状态的模型参考自适应控制器进行了试验研究。本章的主要内容及结论如下：

1）完成了数字液压调距系统、桨毂调距机构、加载装置和控制电路等硬件部分，开发了下位机、上位机及触摸屏程序，构建了完整的试验平台测控系统，最终搭建了功能完善的调距桨数字液压系统试验平台。

2）通过对调距桨数字液压系统控制性能的试验研究，得出如下结论：系统正反向运动存在非对称性，正向跟踪误差小于反向跟踪误差；输入脉冲信号频率越高，系统的跟踪误差越大；增大压力补偿器设定压差和反馈增益可提高系统的控制精度。上述试验结论与前述模型仿真结果保持一致，再次验证了所建系统模型的正确性。

3）对调距桨数字液压系统的从模型取状态的模型参考自适应控制器进行了试验验证，试验结果表明控制器的控制精度较高，对外负载扰动、噪声干扰和滑阀死区等影响因素具有自适应调节能力，控制器的有效性得到了验证。

5.5 小结

本章根据系统仅输出位移可测的实际，设计了调距桨数字液压系统的从模型取状态的 MRAC，并通过模型仿真对控制器的性能进行了验证。本章的主要内容和结论如下：

1）在二阶无零点系统实现完全模型跟随的基础上，得出了任意阶无零点系统通过被控对象或参考模型状态反馈能够达到完全模型跟随的结论，并简单阐明了三种可行的模型参考自适应控制方案（即被控对象状态反馈、模型状态反馈和混合状态反馈）的理论基础。

2）设计了调距桨数字液压系统的从模型取状态的 MRAC，该控制器的输入主要来自参考模型的各状态量和被控对象的输出，未使用被控对象的其他状态量。在控制器的实现上除使用了 1 个微分器外，其余全部采用积分器，且不存在线性正反馈环节，保证了控制器的稳定性和抗干扰能力。仿真结果表明该控制器响应速度较快，具有较高的控制精度，对外界扰动和噪声干扰具有较强的自适应能力，控制器鲁棒性较强。

3）设对调距桨数字液压系统的从模型取状态的 MRAC 进行了试验验证，试验结果表明控制器的控制精度较高，对外负载扰动、噪声干扰和滑阀死区等影响因素具有自适应调节能力，控制器的有效性得到了验证。

参 考 文 献

[1] 钱超，宋飞. 三阶无零点从模型取状态 MRAC 系统设计 [J]. 系统仿真学报，2018，30 (4)：1542 – 1550.

[2] WU Z S, ZHENG H Q, YU H Y. Application of error polynomial theory based model reference adaptive control in the system of asymmetric cylinder controlled by symmetric valve [J]. Journal of Mechanical Engineering, 2006, 42 (8)：56 – 59.

[3] WU Z S, WANG X C, YAO J J, et al. Research on model reference adaptive control of electro – hydraulic servo system [J]. Machine Tool & Hydraulics, 2005 (10)：113 – 114.

[4] 吴士昌，臧瀛芝，于洪年. 自适应模型跟随系统的一种设计方法 [J]. 东北重型机械学院

学报，1985（04）：60 - 67.

[5] WU Z Q, LIU F C, REN F. An improved scheme of model reference adaptive control using state variables from the model [J]. Automation & Information Engineering, 1999 (01)：20 - 24.

[6] CHEN F, WANG Z C, LIU X J, et al. A kind of design for arbitrary relative order MRAC system taking the state from the model [J]. Basic Automation, 2003 (02)：142 - 144.

[7] LIU X J, YI J Q, ZHAO D B. Simple scheme for MRAC system using lyapunov theory [J]. Acta Simulata Systematica Sinica, 2005 (08)：1933 - 1935.

[8] CAI M J, WANG X J, WU S C. Adaptive model tracking control of overcoming disturbance on basis of hyperstable [J]. Application Research of Computers, 2007, 24 (7)：102 - 104.

[9] 董媛媛，王亚静，吴士昌，等. 基于超稳定理论克服不可测干扰的新算法 [J]. 武汉理工大学学报，2009（24）：132 - 134.

[10] 吴士昌，吴忠强. 自适应控制 [M]. 北京：机械工业出版社，2005.

[11] ZHANG X L. Unified scheme for the HMRACS system design with reference model state [J]. Electrical Drive Automation, 2001 (03)：24 - 26.

[12] 贵忠东，丁凡，袁野，等. CPP 桨毂机构电液伺服加载试验台 [J]. 农业机械学报，2014（01）：313 - 320.

[13] 陈嘉迪. 船舶调距桨装置动态加载试验系统研究 [D]. 杭州：浙江大学，2016.

[14] 柴镇江. 调距桨桨毂加载重块考核试验的设计原理 [J]. 机电设备，2011（04）：17 - 18.

第6章　调距桨数字液压系统返步鲁棒自适应控制

第 5 章完成了调距桨数字液压系统的 MRAC 设计，仿真结果表明该控制器控制精度较高，对外界干扰和量测噪声具有一定的鲁棒性，但应注意到上述控制器设计的假设条件颇多，如被控对象参数变化范围已知且为慢时变的，被控对象和参考模型的阶数必须相同，仅适用于相对阶 $n^* \leq 3$ 的系统。在实际系统中，上述部分假设条件有时很难满足，就调距桨数字液压系统而言，根据其状态方程模型可知系统的阶数高于 3 阶，若仅将系统模型简化为 3 阶，则必然存在未建模动态。由于系统结构上的非对称性，在正反向运动时，被控对象会存在结构参数突变的情况，这不符合被控对象参数慢时变的假设。该控制器提高鲁棒性的方法是在控制器方案设计时尽量减少引入易被噪声干扰的状态量，而在设计过程中对减小噪声和干扰对控制的影响考虑较少，上述种种因素导致该控制器仅具有有限的鲁棒性。

本章将在前述章节的基础上从鲁棒自适应控制的角度出发，对调距桨数字液压系统的鲁棒自适应控制展开研究，设计适合系统控制的鲁棒自适应控制器，以提高系统对外界扰动、噪声干扰和时变参数的自适应调节能力，减小控制器设计所需的假设前提条件，扩大控制器的适应范围。

6.1　鲁棒自适应控制的理论基础

若一个动态系统的状态方程描述为

$$\dot{x} = f(x,t), x(t_0) = x_0 \tag{6-1}$$

其中，$x \in \mathbf{R}^n$，$t > 0$。若状态空间中存在某一状态 x_e，满足方程 $f(x_e, t) = 0$，则 x_e 就是系统的一个平衡点。通过坐标变化可将平衡状态平移到坐标原点，则系统又可表示为

$$\dot{x} = f(x,t), f(0,t) = 0 \tag{6-2}$$

则系统的平衡点即转换为坐标原点 0。

1. Lyapunov 稳定性定理

对于式（6-2）描述的系统，如果在包含原点 0 在内的某个域 $\boldsymbol{D}$ 内，存在 Lyapunov 函数 $V(x,t) > 0$［即 $V(x,t)$ 是正定的］，而且 $\dot{V}(x,t) \leq 0$［即 $\dot{V}(x,t)$ 是负半定的］，则系统在原点 0 是稳定的。

2. Lyapunov 渐近稳定性定理

对于式（6-2）描述的系统，如果在包含原点 0 在内的某个域 $\boldsymbol{D}$ 内，存在 Lyapunov 函数 $V(x,t) > 0$［即 $V(x,t)$ 是正定的］，而且 $\dot{V}(x,t) < 0$［即 $\dot{V}(x,t)$ 是负定

的]，则系统在原点 0 是渐近稳定的。

6.2　模型参考 Backstepping 鲁棒自适应控制器设计

6.2.1　系统描述

假定被控对象传递函数模型为

$$y_p = G_p(s)u_p = k_p \frac{\overline{B}_p(s)}{A_p(s)}u_p = \frac{B_p(s)}{A_p(s)}u_p \tag{6-3}$$

式中，$y_p \in \mathbf{R}^1$ 为被控对象输出；$u_p \in \mathbf{R}^1$ 为被控对象输入；$\overline{B}_p(s)$ 和 $A_p(s)$ 为参数未知的首一多项式，阶次分别为 w 和 z；$\overline{B}_p(s) = B_p(s)/k_p$，$k_p = \beta_w$；$B_p(s)$ 和 $A_p(s)$ 具体可表示为

$$B_p(s) = \beta_w s^w + \beta_{w-1} s^{w-1} + \cdots + \beta_1 s + \beta_0$$

$$A_p(s) = s^z + \alpha_{z-1} s^{z-1} + \cdots + \alpha_1 s + \alpha_0$$

其中，$\alpha_i(i = 0, \cdots, z-1)$ 和 $\beta_i(i = 0, \cdots, w)$ 为未知参数。

由式（6-3）可知，被控对象的状态方程模型可表示为

$$\begin{cases} \dot{x}_p = A_r x_p - \alpha y_p + B_r u_p, x_p(0) = 0 \\ y_p = C_r^T x_p \end{cases} \tag{6-4}$$

其中

$$x_p \in \mathbf{R}^z, A_r = \begin{bmatrix} 0_{z-1} & I_{z-1} \\ 0 & 0_{z-1}^T \end{bmatrix}, \alpha = \begin{bmatrix} \alpha_{z-1} \\ \vdots \\ \alpha_0 \end{bmatrix}, B_r = \begin{bmatrix} 0_{z-w-1} \\ \beta \end{bmatrix}, C_r = \begin{bmatrix} 1 \\ 0_{z-1} \end{bmatrix}, \beta = \begin{bmatrix} \beta_w \\ \vdots \\ \beta_0 \end{bmatrix}$$

选取的参考模型为

$$y_m = G_m(s)r = k_m \frac{\overline{B}_m(s)}{A_m(s)}r = \frac{B_m(s)}{A_m(s)}r \tag{6-5}$$

式中，$y_m \in \mathbf{R}^1$ 为参考模型输出；$r \in \mathbf{R}^1$ 为参考模型输入；$\overline{B}_m(s)$ 和 $A_m(s)$ 为参数未知的首一多项式，阶次分别为 q 和 p；$\overline{B}_m(s) = B_m(s)/k_m$，$k_m = b_q$；$B_m(s)$ 和 $A_m(s)$ 具体可表示为

$$B_m(s) = b_q s^q + b_{q-1} s^{q-1} + \cdots + b_1 s + b_0$$

$$A_m(s) = s^p + a_{p-1} s^{p-1} + \cdots + a_1 s + a_0$$

则参考模型的状态方程可表示为

$$\begin{cases} \dot{\boldsymbol{x}}_m = \boldsymbol{A}_v \boldsymbol{x}_m - a y_m + \boldsymbol{B}_v r, \boldsymbol{x}_m(0) = 0 \\ y_m = \boldsymbol{C}_v^T \boldsymbol{x}_m \end{cases} \tag{6-6}$$

其中

$$x_m \in \mathbf{R}^n, A_v = \begin{bmatrix} 0_{p-1} & I_{p-1} \\ 0 & 0_{p-1}^T \end{bmatrix}, a = \begin{bmatrix} a_{p-1} \\ \vdots \\ a_0 \end{bmatrix}, B_v = \begin{bmatrix} 0_{p-q-1} \\ b \end{bmatrix} C_v = \begin{bmatrix} 1 \\ 0_{p-1} \end{bmatrix}, b = \begin{bmatrix} b_q \\ \vdots \\ b_0 \end{bmatrix}$$

6.2.2 自适应律求解

为满足控制器设计要求，对上述被控对象和参考模型作如下假设：

1）$B_p(s)$ 是 Hurwitz 多项式，且高频增益 k_p 的符号已知。

2）$G_p(s)$ 的相对阶 h = z – w 已知。

3）$A_m(s)$ 的阶数 p ≤ z。

4）$G_m(s)$ 的相对阶也为 h = p – q。

模型参考 Backstepping 鲁棒自适应控制系统结构如图 6-1 所示，控制器的设计采用 Backstepping 方法，将被控系统拆分为 h 个相对阶为 1 的子系统，Backstepping 控制器将产生 h 个辅助误差信号 r_i（i = 0，…，h – 1）以及 h 个中间控制信号 u_i（i = 0，…，h – 1）。这些信号不仅决定参数调整规律，而且对系统控制目标的实现和过渡品质的改善起到至关重要的作用。

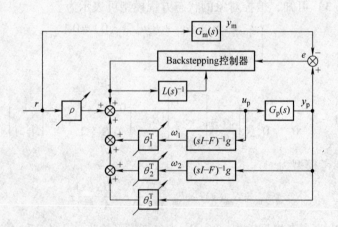

图 6-1 模型参考 Backstepping 鲁棒自适应控制系统

参考文献［4］，选取如下形式的自适应控制律

$$u_p = \theta^{*T} \omega \tag{6-7}$$

其中：$\theta^* = [\theta_1^{*T}, \theta_2^{*T}, \theta_3^{*T}, c_0^*]^T$；$\omega = [\omega_1^T, \omega_2^T, y_p, r]^T$；$\dot{\omega}_1 = F\omega_1 + gu_p$；$\dot{\omega}_2 = F\omega_2 + gy_p$；$g^T = [1, 0_{z-2}^T]$；$F = \begin{bmatrix} -\lambda_{z-2} \cdots \lambda_1 & \lambda_0 \\ I_{z-2} & 0_{z-2} \end{bmatrix}$ 是给定的稳定矩阵，则 λ_i 也可认为是任给 Hurwitz 多项式 $\Lambda(s) = s^{z-1} + \lambda_{z-2}s^{z-2} + \cdots + \lambda_1 s + \lambda_0 = \det(sI - F)$ 的系数，$(sI - F)^{-1}g = a(s)/\Lambda(s)$，$a(s) = [s^{z-2}, \cdots, s, 1]^T$，

$c_0^* = k_m/k_p$。由式（6-7）代入式（6-4）中，整理可得

$$\begin{cases} \dot{y}_c = A_0 Y_c + B_c u_p \\ y_p = C_c^T Y_c \end{cases} \qquad (6\text{-}8)$$

其中

$$A_0 = \begin{bmatrix} A_r - \alpha C_r^T & 0 & 0 \\ 0 & F & 0 \\ g C_r^T & 0 & F \end{bmatrix}, \ Y_c = \begin{bmatrix} x_p \\ \omega_1 \\ \omega_2 \end{bmatrix}, \ B_c = \begin{bmatrix} B_r \\ g \\ 0 \end{bmatrix}, \ C_c = \begin{bmatrix} C_r \\ 0 \\ 0 \end{bmatrix}$$

为引入 $\theta^{*T}\omega$ 项，可将式（6-8）改写为

$$\begin{cases} \dot{y}_c = A_0 Y_c + B_c \theta^{*T}\omega + B_c (u_p - \theta^{*T}\omega), Y_c(0) = 0 \\ y_p = C_c^T Y_c \end{cases} \qquad (6\text{-}9)$$

将 θ^* 和 ω 代入式（6-9）的 $B_c \theta^{*T}\omega$ 项中，整理可得

$$\begin{cases} \dot{y}_c = A_c Y_c + B_c c_0^* r + B_c (u_p - \theta^{*T}\omega), Y_c(0) = 0 \\ y_p = C_c^T Y_c \end{cases} \qquad (6\text{-}10)$$

其中

$$A_c = \begin{bmatrix} A_r + B_r \theta_3^* C_r^T - \alpha C_r^T & B_r \theta_1^{*T} & B_r \theta_2^{*T} \\ g\theta_3^* C_r^T & F + g\theta_1^{*T} & g\theta_2^{*T} \\ g C_r^T & 0 & F \end{bmatrix}$$

由于式（6-10）是闭环系统，如果将式（6-10）中的 r 作为输入，y_p 作为输出，显然有

$$C_c^T (sI - A_c)^{-1} B_c c_0^* = G_m(s) \qquad (6\text{-}11)$$

由于 A_c 为稳定矩阵，根据式（6-11）可知，Y_m 为参考模型与 Y_c 同维的非最小状态空间实现的状态，满足

$$\begin{cases} \dot{y}_m = A_c Y_m + B_c c_0^* r, \ Y_m(0) = 0 \\ y_m = C_c^T Y_m \end{cases} \qquad (6\text{-}12)$$

用式（6-10）减去式（6-12），并定义 $e = Y_c - Y_m$ 和 $e_1 = y_p - y_m$，可得误差方程为

$$\begin{cases} \dot{e} = A_c e + B_c (u_p - \theta^{*T}\omega), e(0) = e_0 \\ e_1 = C_c^T e \end{cases} \qquad (6\text{-}13)$$

令 $\rho^* = 1/c_0^*$，由式（6-10）和式（6-13）可得

$$e_1 = G_m(s)\rho^* (u_p - \theta^{*T}\omega) + C_c^T (sI - A_c)^{-1} e_0 \qquad (6\text{-}14)$$

不失一般性，设 $e(0) = e_0 = 0$，并选取

$$G_m(s) = \frac{1}{(s + p_0)\cdots(s + p_{h-1})} \qquad (6\text{-}15)$$

其中：$p_i > 0$，$i = 0$，1，$\cdots$，$h-1$；ρ^* 和 θ^* 是常数。将 $e_0 = 0$ 和式（6-15）代入式（6-14）中，可得

$$e_1 = G_{\mathrm{m}}(s)L(s)\rho^*\left[L^{-1}(s)(u_{\mathrm{p}} - \theta^{*\mathrm{T}}\omega)\right] = \frac{1}{s+p_0}\rho^*(u_{\mathrm{f}} - \theta^{*\mathrm{T}}\varphi) \quad (6\text{-}16)$$

其中

$$L(s) = (s+p_1)\cdots(s+p_{h-1})$$

$$\begin{cases} u_{\mathrm{f}} = \dfrac{u_{\mathrm{p}}}{(s+p_1)\cdots(s+p_{h-1})} = L^{-1}(s)u_{\mathrm{p}} \\[3mm] \varphi = \dfrac{\omega}{(s+p_1)\cdots(s+p_{h-1})} = L^{-1}(s)\omega \end{cases} \quad (6\text{-}17)$$

设 ρ^* 和 θ^* 的估计分别为 ρ 和 θ，则 e_1 的估计 $\hat{e}_1$ 为

$$\hat{e}_1 = \frac{1}{s+p_0}\rho(u_{\mathrm{f}} - \theta^{\mathrm{T}}\varphi) \quad (6\text{-}18)$$

选取中间变量

$$r_1 = u_{\mathrm{f}} - \theta^{\mathrm{T}}\varphi \quad (6\text{-}19)$$

用式（6-16）减去式（6-18），并将式（6-19）代入可得

$$\varepsilon = e_1 - \hat{e}_1 = \frac{1}{s+p_0}(\rho^*\tilde{\theta}^{\mathrm{T}}\varphi - \tilde{\rho}r_1) \quad (6\text{-}20)$$

其中：$\tilde{\theta}$ 和 $\tilde{\rho}$ 分别为 θ^* 和 ρ^* 的估计误差，$\tilde{\theta} = \theta - \theta^*$，$\tilde{\rho} = \rho - \rho^*$。

选取 Lyapunov 函数

$$V_1 = \frac{\varepsilon^2}{2} + \frac{\tilde{\theta}^{\mathrm{T}}\Gamma^{-1}\tilde{\theta}}{2}\rho^* + \frac{\tilde{\rho}^2}{2\gamma} \quad (6\text{-}21)$$

参考文献 [5, 6]，选取如下自适应律

$$\begin{cases} \dot{\theta} = -\varepsilon\Gamma\varphi\,\mathrm{sgn}(\rho^*) \\ \dot{\rho} = \gamma\varepsilon r_1 \end{cases} \quad (6\text{-}22)$$

其中 Γ 和 γ 为自适应增益，且满足 $\Gamma^{\mathrm{T}} = \Gamma > 0$ 和 $\gamma > 0$，则可知 V_1 为正定的。由式（6-20）可得

$$\dot{\varepsilon} = -p_0\varepsilon + \rho^*\tilde{\theta}^{\mathrm{T}}\varphi - \tilde{\rho}\rho r_1 \quad (6\text{-}23)$$

求 V_1 沿式（6-22）和式（6-23）的导数，可得

$$\begin{aligned} \dot{V}_1 &= \varepsilon(-p_0\varepsilon + \rho^*\tilde{\theta}^{\mathrm{T}}\varphi - \tilde{\rho}r_1) + \tilde{\theta}^{\mathrm{T}}\Gamma^{-1}\dot{\theta}\rho^* + \tilde{\rho}\dot{\rho}/\gamma \\ &= -p_0\varepsilon^2 + \rho^*\tilde{\theta}^{\mathrm{T}}\varphi\varepsilon - \tilde{\rho}r_1\varepsilon - \rho^*\,\mathrm{sgn}(\rho^*)\tilde{\theta}^{\mathrm{T}}\varphi\varepsilon + \tilde{\rho}r_1\varepsilon \\ &= -p_0\varepsilon^2 + \rho^*\tilde{\theta}^{\mathrm{T}}\varphi\varepsilon - |\rho^*|\tilde{\theta}^{\mathrm{T}}\varphi\varepsilon \leq -p_0\varepsilon^2 \leq 0 \end{aligned} \quad (6\text{-}24)$$

则由式（6-22）和式（6-23）构成的系统渐近稳定，有 $\lim\limits_{t\to\infty}\varepsilon = 0$，说明上述自适应律可保证参数估计稳定收敛于实际值。

第 1 步：式（6-17）、式（6-19）、式（6-22）可得

$$r_1 = \frac{1}{s+p_1}[\,u_1 + \varphi^{\mathrm{T}}\Gamma\varphi\varepsilon\mathrm{sgn}(\rho^*) - \theta^{\mathrm{T}}\varphi_1\,] \tag{6-25}$$

$$\begin{cases} u_1 = \dfrac{u_{\mathrm{p}}}{(s+p_2)\cdots(s+p_{\mathrm{h}-1})} = (s+p_1)u_{\mathrm{f}} \\[4mm] \varphi_1 = \dfrac{\omega}{(s+p_2)\cdots(s+p_{\mathrm{h}-1})} = (s+p_1)\varphi \end{cases} \tag{6-26}$$

由式(6-25)可得

$$\dot{r}_1 = sr_1 = -p_1 r_1 + u_1 + \varphi^{\mathrm{T}}\Gamma\varphi\varepsilon\mathrm{sgn}(\rho^*) - \theta^{\mathrm{T}}\varphi_1 \tag{6-27}$$

选取中间变量

$$u_1 = \theta^{\mathrm{T}}\varphi_1 - \xi_1(\varphi^{\mathrm{T}}\Gamma\varphi)^2 r_1 + r_2 \tag{6-28}$$

将式 (6-26) 代入到式 (6-27) 中, 可得

$$\dot{r}_1 = -[\,p_1 + \xi_1(\varphi^{\mathrm{T}}\Gamma\varphi)^2\,]r_1 + \varphi^{\mathrm{T}}\Gamma\varphi\varepsilon\mathrm{sgn}(\rho^*) + r_2 \tag{6-29}$$

第 i 步 $(i=2, \cdots, \mathrm{h}-3)$ 与上面设计步骤类似, 有

$$\dot{r}_i = -[\,p_i + \xi_i(\varphi_{i-1}^{\mathrm{T}}\Gamma\varphi)^2\,]r_i + \varphi_{i-1}^{\mathrm{T}}\Gamma\varphi\varepsilon\mathrm{sgn}(\rho^*) + r_{i+1} \tag{6-30}$$

$$u_i = \theta^{\mathrm{T}}\varphi_i - \xi_1(\varphi^{\mathrm{T}}\Gamma\varphi)^2 r_1 - \cdots - \xi_i(\varphi_{i-1}^{\mathrm{T}}\Gamma\varphi)^2 r_i + r_{i+1} \tag{6-31}$$

$$\begin{cases} u_i = \dfrac{u_{\mathrm{p}}}{(s+p_{i+1})\cdots(s+p_{\mathrm{h}-1})} = (s+p_1)\cdots(s+p_i)u_{\mathrm{f}} \\[4mm] \varphi_i = \dfrac{\omega}{(s+p_{i+1})\cdots(s+p_{\mathrm{h}-1})} = (s+p_1)\cdots(s+p_i)\varphi \end{cases} \tag{6-32}$$

第 $k-2$ 步, 当 $i=\mathrm{h}-2$ 时, 由式 (6-17) 和式 (6-31) 可得

$$r_{\mathrm{h}-2} = \frac{1}{s+p_{\mathrm{h}-2}}[\,u_{\mathrm{h}-2} + \varphi_{\mathrm{h}-3}^{\mathrm{T}}\Gamma\varphi\varepsilon\mathrm{sgn}(\rho^*) - \theta^{\mathrm{T}}\varphi_{\mathrm{h}-2}\,] + \sum_{i=1}^{\mathrm{h}-3}\xi_i(\varphi_{i-1}^{\mathrm{T}}\Gamma\varphi)^2 r_i \tag{6-33}$$

$$\begin{cases} u_{\mathrm{h}-2} = \dfrac{u_{\mathrm{p}}}{(s+p_{\mathrm{h}-1})} = (s+p_1)\cdots(s+p_{\mathrm{h}-2})u_{\mathrm{f}} \\[4mm] \varphi_{\mathrm{h}-2} = \dfrac{\omega}{(s+p_{\mathrm{h}-1})} = (s+p_1)\cdots(s+p_{\mathrm{h}-2})\varphi \end{cases} \tag{6-34}$$

对式 (6-33) 两边同时乘 $(s+p_{\mathrm{h}-2})$, 可得

$$\dot{r}_{\mathrm{h}-2} = -p_{\mathrm{h}-2}r_{\mathrm{h}-2} + u_{\mathrm{h}-2} + \varphi_{\mathrm{h}-3}^{\mathrm{T}}\Gamma\varphi\varepsilon\mathrm{sgn}(\rho^*) - \theta^{\mathrm{T}}\varphi_{\mathrm{h}-2} + \sum_{i=1}^{\mathrm{h}-3}\xi_i(\varphi_{i-1}^{\mathrm{T}}\Gamma\varphi)^2 r_i \tag{6-35}$$

选取中间变量

$$u_{\mathrm{h}-2} = \theta^{\mathrm{T}}\varphi_{\mathrm{h}-2} - \sum_{i=1}^{\mathrm{h}-2}\xi_i(\varphi_{i-1}^{\mathrm{T}}\Gamma\varphi)^2 r_i \tag{6-36}$$

将式 (6-36) 代入式 (6-35) 中, 可得

$$\dot{r}_{\mathrm{h}-2} = -[\,p_{\mathrm{h}-2} + \xi_{\mathrm{h}-2}(\varphi_{\mathrm{h}-3}^{\mathrm{T}}\Gamma\varphi)^2\,]r_{\mathrm{h}-2} + \varphi_{\mathrm{h}-3}^{\mathrm{T}}\Gamma\varphi\varepsilon\mathrm{sgn}(\rho^*) \tag{6-37}$$

根据式（6-22）、式（6-29）、式（6-30）、式（6-34）、式（6-36）和式（6-37），整理可得系统自适应控制律为

$$u_p = (s + p_{h-1})u_{h-2} = \theta^T\omega - \varphi_{h-2}^T\Gamma\varphi\varepsilon\mathrm{sgn}(\rho^*)$$
$$- \sum_{i=1}^{h-2}\xi_i[2(\varphi_{i-1}^T\Gamma\varphi)(\dot\varphi_{i-1}^T\Gamma\varphi + \varphi_{i-1}^T\Gamma\dot\varphi)r_i + p_{h-1}(\varphi_{i-1}^T\Gamma\varphi)^2r_i]$$
$$- \sum_{i=1}^{h-3}\xi_i(\varphi_{i-1}^T\Gamma\varphi)^2\{-[p_i + \xi_i(\varphi_{i-1}^T\Gamma\varphi)^2]r_i + \varphi_{i-1}^T\Gamma\varphi\varepsilon\mathrm{sgn}(\rho^*) + r_{i+1}\}$$
$$- \xi_{h-2}(\varphi_{h-3}^T\Gamma\varphi)^2\{-[p_{h-2} + \xi_{h-2}(\varphi_{h-3}^T\Gamma\varphi)^2]r_{h-2} + \varphi_{h-3}^T\Gamma\varphi\varepsilon\mathrm{sgn}(\rho^*)\}$$

$$(6\text{-}38)$$

其中

$$\begin{cases}\dot\varphi_{i-1} = \dfrac{s}{(s+p_i)\cdots(s+p_{h-1})}\omega, i = 1,2,\cdots,h-2 \\[3mm] \dot\varphi_0 = \dot\varphi = \dfrac{s}{(s+p_1)\cdots(s+p_{h-1})}\omega\end{cases}$$

6.2.3　控制器稳定性证明

对于由式（6-23）、式（6-29）、式（6-30）和式（6-37）构成的自适应闭环系统，选取 Lyapunov 函数

$$V = V_1 + \sum_{i=1}^{h-2}\gamma_i\frac{r_i^2}{2} \tag{6-39}$$

其中：V_1 定义见式（6-21），$\gamma_i > 0$（$i = 1$, 2, $\cdots$, $h-2$）是待定参数，易知 V 为正定的，则 V 沿式（6-23）、式（6-29）、式（6-30）、式（6-37）的导数为

$$\dot V \leq -\frac{p_0}{h-1}\varepsilon^2 - \sum_{i=1}^{h-2}\frac{\gamma_i p_i r_i^2}{2} - \sum_{i=1}^{h-2}\frac{p_0}{h-1}\left[\varepsilon - \frac{(h-1)\gamma_i\varphi_{i-1}^T\Gamma\varphi r_i}{2p_0}\right]^2$$
$$+ \sum_{i=1}^{h-2}\left[-\gamma_i\xi_i(\varphi_{i-1}^T\Gamma\varphi)^2r_i^2 + \frac{(h-1)\gamma_i^2(\varphi_{i-1}^T\Gamma\varphi)^2r_i^2}{4p_0}\right]$$
$$+ \left[\gamma_1 r_1 r_2 - \frac{\gamma_1 p_1 r_1^2}{2} - \frac{\gamma_2 p_2 r_2^2}{4}\right] + \sum_{i=2}^{h-4}\left[\gamma_i r_i r_{i+1} - \frac{\gamma_i p_i r_i^2}{2} - \frac{\gamma_{i+1}p_{i+1}r_{i+1}^2}{4}\right]$$
$$+ \left[\gamma_{h-3}r_{h-3}r_{h-2} - \frac{\gamma_{h-3}p_{h-3}r_{h-3}^2}{2} - \frac{\gamma_{h-2}p_{h-2}r_{h-2}^2}{4}\right] \tag{6-40}$$

对于给定的 ξ_i 和 p_i，选取 γ_i 满足 $0 < \gamma_i \leq 4p_0\xi_i/(h-1)$，$i = 1$, 2, $\cdots$, $h-2$，$\gamma_2 \geq 2\gamma_1/(p_1p_2)$，$\gamma_{i+1} \geq 4\gamma_i/(p_ip_{i+1})$，$i = 2$, $\cdots$, $h-4$，$\gamma_{h-2} \geq 2\gamma_{h-3}/(p_{h-3}p_{h-2})$，则

$$\dot V \leq -\frac{p_0}{h-1}\varepsilon^2 - \sum_{i=1}^{h-2}\frac{\gamma_i p_i r_i^2}{2} < 0 \tag{6-41}$$

说明 ε 和 r_i 组成的误差方程系统是稳定的，则有 $\lim\limits_{t \to \infty} r_i(t) = 0$，$i = 1, 2, \cdots,$ $w - 2$ 和 $\lim\limits_{t \to \infty} \varepsilon(t) = 0$。由于 $\lim\limits_{t \to \infty} r_1(t) = 0$，根据式（6-17）可知 $\lim\limits_{t \to \infty} \hat{e}_1(t) = 0$，又因 $\varepsilon = e_1 - \hat{e}_1$，故可得 $\lim\limits_{t \to \infty} e_1(t) = 0$，可见被控对象输出能够跟随参考模型输出。

6.3 参考模型优化

通过前面的研究，得到较为优化的调距桨数字液压系统参考模型：

$$y_m = \frac{695.8}{s^3 + 45.76s^2 + 2.118 \times 10^6 s + 8.697 \times 10^7} r \tag{6-42}$$

由式（6-42）可知，该参考模型为三阶无零点系统，求解可得其传递函数的极点为 $s_1 = 41.1$ 和 $s_{2,3} = 2.3 \pm 1455.3i$，为 1 实根和 1 对共轭复根。根据式（6-15）可知，为方便控制器的设计要求参考模型传递函数的极点全为实根，显然共轭复根的存在不利于控制器的设计，为此需对参考模型传递函数进行极点配置，以满足控制器的设计要求。

可将式（6-42）改写为状态方程形式，可表示为

$$\begin{cases} \dot{x} = Ax + br \\ y_m = C^T x \end{cases} \tag{6-43}$$

其中

$$A = \begin{bmatrix} -45.76 & -2.118 \times 10^6 & -8.697 \times 10^7 \\ 1 & 0 & 0 \\ 0 & 1 & 0 \end{bmatrix}, \ b = \begin{bmatrix} 1 \\ 0 \\ 0 \end{bmatrix}, \ C = \begin{bmatrix} 695.8 \\ 0 \\ 0 \end{bmatrix}$$

极点 s_1、s_2 和 s_3 即为特征多项式 $\det(sI - A) = 0$ 的根，极点配置的基本原理即依靠系统的状态反馈改变系统的特征矩阵，从而达到改变系统极点的目的，极点配置的原理框图如图 6-2 所示。

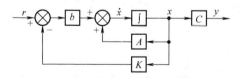

图 6-2　极点配置的原理框图

由图 6-2 可知，经过状态反馈矩阵 K 的作用，系统状态方程可转化为

$$\begin{cases} \dot{x} = (A - bK)x + br \\ y_m = C^T x \end{cases} \tag{6-44}$$

此时系统的极点为特征多项式 $\det[sI - (A - bK)] = 0$ 的根，可见通过改变状态反馈矩阵 K 即可实现对系统极点重新配置。

式（6-42）所示的参考模型性能已较为理想，这里仅将其极点配置为实根即可，为保证相同输入的情况下，改进后的参考模型输出不变，这里选定新的极点为 $s_1 = -41.1$ 和 $s_2 = s_3 = -\left|-2.3 \pm 1455.3i\right| = -1455.3$，利用 Matlab 计算可得对应的状态反馈增益矩阵 $K = [2910，119520，75610]$，极点配置完成后的参考模型为

$$y_{\mathrm{m}} = G_{\mathrm{m}}(s)r = \frac{695.8}{(s+41.1)(s+1455.3)^2}r \qquad (6-45)$$

为对比极点配置前后参考模型的性能，两模型都输入幅值为 4000 的阶跃脉冲信号，模型对应的最终理论位移曲线应为 32mm，设置仿真时长为 1s，仿真得到的位移曲线和跟踪误差曲线如图 6-3 所示。

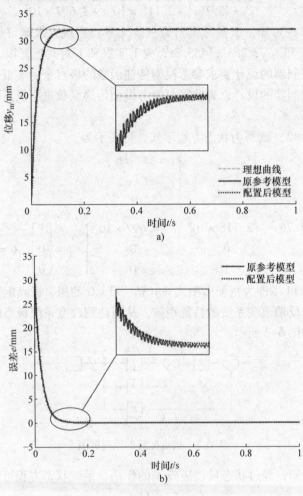

图 6-3 位移跟踪曲线和跟踪误差曲线
a）位移跟踪曲线 b）跟踪误差曲线

由图 6-3 可知，两模型的性能极为接近，跟踪曲线基本重合，都经过约 0.2s

的调整后达到稳定状态，稳定后的最终位移都为 32mm，静态误差基本为 0，通过放大跟踪曲线可知极点配置后的参考模型曲线更为平滑，说明模型的稳定性更好，这主要是由于经过极点配置后，参考模型的极点远离虚轴的缘故。可见经过极点配置，参考模型的性能更好，模型极点全为实数更加方便控制器的设计。

通过上述参考模型极点配置的过程可知，与基于系统结构参数改进获得参考模型的方法相比，采用极点配置获得参考模型的方法更为灵活，由于可以按照对控制性能的需要对系统极点进行任意配置，因此可以获得性能更为优异的参考模型，而基于结构参数改进获得参考模型的方法优点在于可操作性强，模型与实际系统更为接近。可将上述两种获得参考模型的方法配合使用，首先通过结构参数优化改进获得基础参考模型，再通过极点配置的方法对模型的控制精度、稳定性和过渡品质进行优化提高，最终得到性能较为理想的参考模型，该方法可为控制器参考模型的选取提供借鉴。

6.4　控制器仿真研究

由于系统的相对阶 $h=3$，则需选取的稳定矩阵 $\boldsymbol{F}$ 为 2×2 矩阵，向量 $\boldsymbol{g}$ 为 2 维列向量，这里选取

$$\boldsymbol{F}=\begin{bmatrix}-8&-20\\1&0\end{bmatrix},\ \boldsymbol{g}=\begin{bmatrix}1\\0\end{bmatrix} \tag{6-46}$$

将 $\boldsymbol{F}$ 和 $\boldsymbol{g}$ 代入到式（6-7），可得

$$\begin{cases}\dot{\omega}_1=\begin{bmatrix}-8&-20\\1&0\end{bmatrix}\omega_1+\begin{bmatrix}1\\0\end{bmatrix}u_\mathrm{p},\omega_1(0)=\begin{bmatrix}0\\0\end{bmatrix}\\\dot{\omega}_2=\begin{bmatrix}-8&-20\\1&0\end{bmatrix}\omega_2+\begin{bmatrix}1\\0\end{bmatrix}y_\mathrm{p},\omega_2(0)=\begin{bmatrix}0\\0\end{bmatrix}\end{cases} \tag{6-47}$$

$$\omega=[\omega_1^\mathrm{T},\omega_2^\mathrm{T},y_\mathrm{p},r]^\mathrm{T}$$

为方便控制器设计，选取 $p_0=41.1$ 和 $p_1=p_2=1455.3$，则有

$$\varphi=\frac{1}{s+1455.3}\varphi_1,\ \varphi_1=\frac{1}{s+1455.3}\omega \tag{6-48}$$

选取 $\rho^*=1$，则 $\mathrm{sgn}(\rho^*)=1$，代入式（6-22）中，可得自适应律为

$$\begin{cases}\dot{\theta}=-\Gamma\varphi\varepsilon,\theta(0)=[0,0,0,0,0,0]^\mathrm{T}\\\dot{\rho}=\gamma\varepsilon r_1,\rho(0)=0.66\end{cases} \tag{6-49}$$

将 k、p_0、p_1、p_2 和 ρ^* 代入式（6-38）中，可得自适应控制律为

$$u_\mathrm{p}=\theta^\mathrm{T}\omega-\varphi^\mathrm{T}\Gamma\varphi_1\varepsilon-4\xi_1\varphi^\mathrm{T}\Gamma\varphi(\varphi^\mathrm{T}\dot{\Gamma}\varphi)r_1+\xi_1^2(\varphi^\mathrm{T}\Gamma\varphi)^4r_1-\xi_1(\varphi^\mathrm{T}\Gamma\varphi)^3\varepsilon \tag{6-50}$$

其中

$$\begin{cases} \dot{r}_1 = -\left[p_1 + \xi_1(\varphi^{\mathrm{T}} \varGamma \varphi)^2\right] r_1 + \varphi^{\mathrm{T}} \varGamma \varphi \varepsilon \\ \varepsilon = y_{\mathrm{p}} - y_{\mathrm{m}} - \dfrac{1}{s + p_0} \rho r_1 \end{cases}$$

选取设计参数为 $\varGamma = 20000\mathrm{I}$、$\gamma = 50$ 和 $\xi_1 = 1$，所选满足条件 $0 < \gamma \leqslant 2p_0\xi_1$。控制系统仿真中，选用的参考模型见式（6-45），被控对象模型使用调距桨数字液压系统的非线性状态方程模型，最终在 Matlab/Simulink 中完成的鲁棒 MRAC 系统仿真模型如图 6-4 所示。

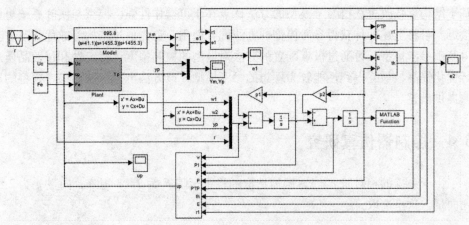

图 6-4　模型参考 Backstepping 鲁棒自适应控制系统仿真模型

6.4.1　对阶跃信号响应的仿真研究

在初始时刻，参考模型输入幅值为 4000 的脉冲阶跃信号，最终输出的理论位移应为 32mm；外负载力初始时刻为 0，在第 5s 时增大为 100kN。设置仿真时间为 10s，仿真得到阶跃信号下的位移及跟踪误差曲线如图 6-5 所示。

由图 6-5 可知，在阶跃信号下，经过极点配置的新参考模型经过 0.15s 即达到稳定状态，较之前参考模型响应快速性有所提高，稳定后位移 32mm，与理论位移一致，模型精度较高。在初始时刻，被控对象的输出位移跟踪误差最大，可达 30.0mm，但经过 2.8s 调整达到稳定状态，稳定后的位移为 32mm，跟踪误差为 0。在第 5s 时，由于外载荷的突然增大，跟踪误差瞬间都增大至 8.5mm，后在自适应控制器的作用下，经过 2.0s 调整后稳定，跟踪误差又逐渐减小至 0。根据上述仿真数据可知，所设计控制器能够保证被控对象输出跟随参考模型输出变化，响应速度较快，控制精度高，且对外界干扰具有较强的自适应调节能力。

6.4.2　对外负载扰动的仿真研究

给定参考模型的输入脉冲序列按照幅值 8000、周期 40s 的正弦规律变化，对应

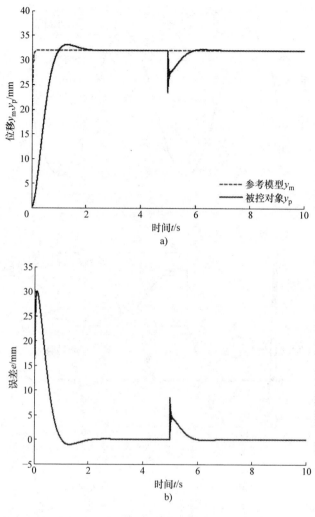

图 6-5　位移跟踪曲线和跟踪误差曲线

a）位移跟踪曲线　b）跟踪误差曲线

的理论位移为幅值 64mm、周期 40s 的正弦曲线。设定周期 10s、幅值分别为 0kN、50kN 和 100kN 按正弦规律变化的三种外负载，在上述负载作用下进行对比仿真，设置仿真时长为 80s，仿真得到的位移及跟踪误差曲线如图 6-6 所示。

·　　由图 6-6 可知，在三种外负载作用下，控制器都能使被控对象精确地跟踪参考模型的输出。在初始时刻，被控对象的跟踪误差达最大，三种外负载下跟踪误差分别为 8.0mm、9.1mm 和 10.2mm，在自适应控制器作用下，经过 4.5s 调整，跟踪误差逐渐减小为 0。初始阶段后，外负载扰动对系统跟踪误差影响较小，三种外负载作用下的跟踪误差相近。系统运行过程中，除参考模型输出位移为 0 时存在较大跟踪误差外，其他时刻跟踪误差基本趋近于 0。

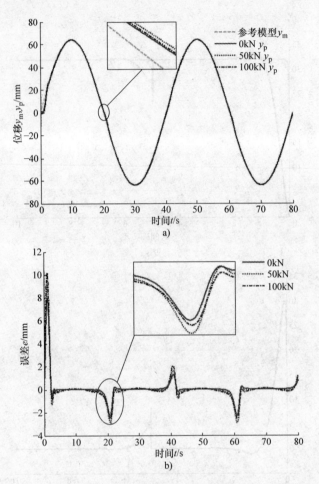

图 6-6　位移跟踪曲线和跟踪误差曲线

a）位移跟踪曲线　b）跟踪误差曲线

通过上述仿真结果可知，外负载力的大小仅对控制器初始时刻的控制精度影响较大，存在负载越大跟踪误差越大的规律，但经过控制器的调整后，外负载扰动对系统跟踪误差的影响极小。可见所设计控制器控制精度较高，且对外界扰动具有较强的自适应调节能力，但也应注意到控制器在参考模型输出为 0 时，控制精度仍存在突然增大的现象。

6.4.3　对噪声干扰的仿真研究

在被控对象输入端加入干扰 $\Delta u = 50\sin(\pi t/10)$。设定系统空载运行，给定参考模型的输入脉冲序列按照幅值 8000、周期 40s 的正弦规律变化，仿真时间 80s，仿真得到的干扰前后控制量如图 6-7a 所示，干扰前后控制量间差值与干扰输入的对比如图 6-7b 所示；位移及跟踪误差曲线如图 6-8 所示。

　　由图 6-7 可知，在有无干扰两种情况下，控制器的输出控制量存在差异，两者间的差值与干扰输入存在正相关性，说明所设计的控制器能够在出现干扰情况下对输出控制量进行自适应调节，以补偿干扰带来的被控对象控制输入的变化。

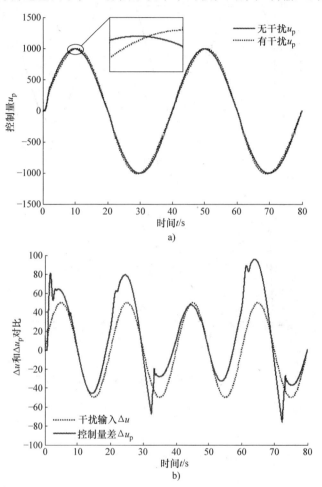

图 6-7　控制器的输出控制量曲线
a) 干扰前后控制量对比　b) 控制量差与干扰输入对比

　　由图 6-8 可知，在有无干扰两种情况下，控制器都能够保证被控对象输出很好地跟踪参考模型输出变化，甚至在初始时刻，有干扰情况下的跟踪误差更小，但干扰的输入对控制器的稳态误差有影响，有干扰时的稳态误差约比无干扰时大 0.02mm，可见干扰会造成控制器残留误差的增大，但增量十分微小，完全可以接受。通过上述仿真研究可知，所设计控制器在系统出现干扰时能自动调节控制量的输出，补偿干扰产生的影响，保持系统的控制精度，控制器对噪声干扰具有较强的鲁棒性。

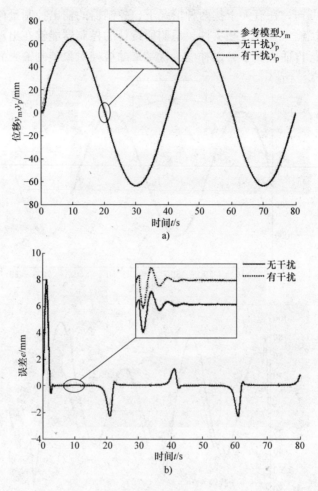

图 6-8　位移跟踪曲线和跟踪误差曲线

a）位移跟踪曲线　b）跟踪误差曲线

6.4.4　对时变参数的仿真研究

调距桨数字液压系统存在众多时变参数，如内外泄漏系数、阀口流量系数、黏性阻尼系数、受压容腔容积、活塞等效质量等，上述参数会受到系统温升或工作位置变化的影响。为研究时变参数对控制器性能的影响，选定液压缸黏性阻尼系数 B_e 作为时变参数，在参数恒定和时变两种工况下进行控制器性能的对比仿真研究，参数具体变化规律设为 $B_e = 800 + 400\sin(\pi t/4)$。系统空载运行，给定参考模型的输入脉冲序列按照幅值 8000、周期 40s 的正弦规律变化，仿真得到的位移及跟踪误差曲线如图 6-9 所示。

由图 6-9 可知，参数恒定和时变工况下的位移曲线和跟踪误差曲线基本重合，

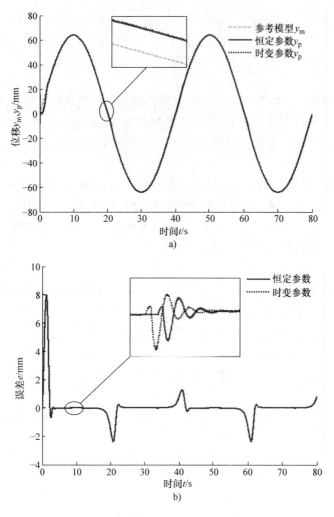

图 6-9 位移跟踪曲线和跟踪误差曲线

a) 位移跟踪曲线 b) 跟踪误差曲线

仅在系统换向点和参考模型为 0 处存在微小差异。除设置的时变参数外，由于调距桨数字液压系统结构的非对称性，在系统换向点也存在着系统结构参数的突变，但仿真结果显示系统仅在换向点有微小幅度调整即快速进入稳定状态，由此可见控制器对时变参数具有较好的自适应调节能力，鲁棒性较强。

通过上述仿真研究可知，噪声干扰和参数时变对模型参考 Backstepping 鲁棒自适应控制器性能的影响极小，说明该控制器对噪声干扰和时变参数具有较强的鲁棒性，这主要是由于控制器的设计采用了 Backstepping 设计方法，自适应控制律的产生是通过逐步递推积分的方式实现，故对噪声干扰和时变参数具有较好的自适应调节能力。但该控制器的响应速度和控制精度不如第 5 章所设计的两种模型参考自适应控制器。

6.5 小结

本章针对前述章节模型参考自适应控制器设计所需假设条件过多且鲁棒性有限的问题，为调距桨数字液压系统设计了模型参考 Backstepping 鲁棒自适应控制器，并通过模型仿真对控制器的性能进行了验证和研究。本章的主要内容和结论如下：

1）设计了调距桨数字液压系统的模型参考 Backstepping 鲁棒自适应控制器，并证明控制器的稳定性。该控制器设计所需的假设条件较少，可适用于任意相对阶参数时变的系统。仿真结果表明该控制器响应速度快，控制精度较高，对外界扰动、噪声干扰和时变参数具有自适应调节能力。

2）为满足模型参考 Backstepping 鲁棒自适应控制器设计的需要，采用极点配置方法对原参考模型进行了优化，得到了极点全为实根的新参考模型，该模型在满足设计需要的同时，自身的性能也得到提升。与前述章节基于结构参数优化获得参考模型的方法相比，通过极点配置获得参考模型的方法更为灵活。

参 考 文 献

[1] 钱超，宋飞. 三阶无零点从模型取状态 MRAC 系统设计 [J]. 系统仿真学报，2018，30 (4)：1542 – 1550.

[2] ZHANG X L. Unified scheme for the HMRACS system design with reference model state [J]. Electrical Drive Automation，2001 (03)：24 – 26.

[3] SLOTINE J J E，LI W P. 应用非线性控制 [M]. 北京：机械工业出版社，2016.

[4] XIE X J，WU Z J，ZHANG S Y. Direct model reference adaptive backstepping controller with un-normalized adaptive laws [J]. Control & Decision，2004，19 (1)：53 – 56.

[5] IOANNOU P A，SUN J. Robust adaptive control [M]. New York：Dover Publications，2012.

[6] DONG W H，SUN X X，Li Y，et al. Direct model reference backstepping adaptive control [J]. Control & Decision，2008，23 (9)：981 – 986.

[7] XIE X J，GAO L J. Robust direct model reference adaptive control for the plants with relative degree n* = 3 [J]. Control Theory & Applications，2005，22 (5)：699 – 702.

第7章 变频数字液压系统自适应控制

数字液压系统依然是阀控液压系统，从效率方面来讲，同传统的液压系统一样存在较大的系统能量损失。造成这一现象的根本原因有两个：一是液压源采用的是传统的电动机与定量泵组合的形式，液压源输出功率恒定，无法根据负载调节；二是阀控系统造成的节流损失。

如果仅从节能的角度出发，单纯的泵控液压系统效率最高。然而单纯的泵控液压系统存在响应频率慢，稳定性较差的缺陷，无法满足高速高精度的控制要求。采用阀控的数字液压缸恰能较好的满足对于控制精度和速度的要求，因此可将泵控技术与阀控技术相结合，在满足控制要求的前提下，通过调节泵的输出功率达到节能的效果。

针对数字液压缸能耗较高的问题，本章结合变频控制技术提出变频数字液压系统及其分级压力控制方案，不仅提高了系统效率，同时也克服了单纯泵控液压系统响应较慢的缺点。针对控制器设计过程中不确定参数导致的较大保守性，采用自适应算法来估计不确定参数并进行动态调整。本章首先从系统非线性建模入手，推导系统的控制模型以及不确定参数范围。将自适应控制方法与滑模控制、模糊控制相结合，在考虑参数不确定性、外部扰动及输入饱和的前提下为系统设计控制器，并通过对比仿真，验证控制和节能效果。

7.1 变频数字液压系统数学模型及其不确定参数分析

本小节从变频数字液压系统原理入手，完成数学建模。在此基础上，分析系统中的不确定参数及其范围。

7.1.1 变频数字液压系统工作原理

变频数字液压系统结构如图7-1所示，其工作原理如下：数字液压缸不工作时，控制器控制变频器输出保证泵正常工作的最低频率的交变电流，此时液压泵输出的流量全部通过溢流阀流回油箱，系统压力保持在溢流阀设定压力。液压缸工作时，控制器根据接收到的信号驱动变频器，从而带动电动机及定量泵为系统供油，使系统流量尽量匹配负载所需，同时使系统压力保持在运行时的设定值；数字液压阀也接受控制器指令打开或关闭，从而控制数字液压缸的动作；系统中的溢流阀作为安全阀使用，其开启压力设定值高于液压缸工作时系统压力的设定值，因此，液压缸工作时系统压力主要由变频器来进行调解，溢流阀主要作为安全阀使用，保证系统压力不会过高。

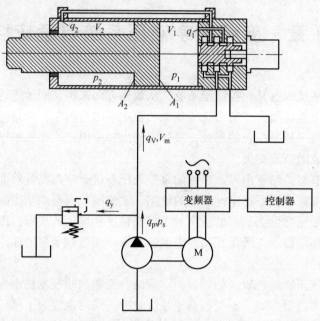

图 7-1 变频数字液压系统结构

由上述工作原理可知，与普通无变频控制相比，尽管系统压力都保持设定压力，但变频控制下的液压泵输出流量更少，因此输出功率也更少，从而更加节能。普通控制与变频控制下泵的输出流量与功率对比如图 7-2 所示。

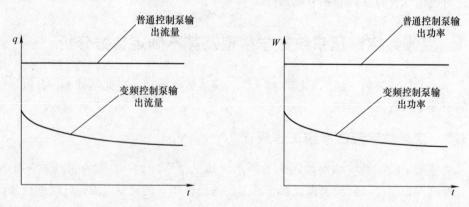

图 7-2 普通控制与变频控制下泵输出流量、功率对比

与普通的阀控数字液压缸相比，变频控制不仅有位置环，还存在压力环，其详细控制方框图如图 7-3 所示。

在一般的变频液压控制系统当中，阀控环节仅仅是开或关这两个状态。只要位移误差不为 0 则阀口处于最大开口状态，否则阀口关闭。因此系统将压力环和位置

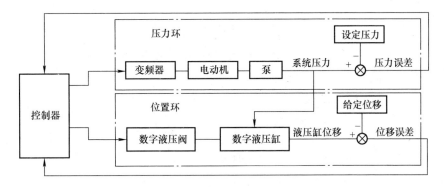

图 7-3 控制方框图

环看作是两个相互独立的系统。对于压力环来讲，控制的目标是保持系统压力恒定，液压缸所需流量被看作是扰动，系统的压力控制只依赖于压力误差。而对于位置环来讲，仅仅将压力环当作提供压力的动力源，不考虑系统压力变化对位置环控制的影响。采用这种控制方案，系统的响应完全依赖于泵的调节。

变频数字液压系统中数字液压阀也能够根据控制指令实时调节，因此系统中存在两个控制量。由于加入了数字液压阀的调节，系统的响应速度更快。采用这种控制方案，压力环与位置环存在着耦合现象，即系统压力变化会对液压缸的控制产生一定的影响。为全面反映压力环和位置环的关系，并设计相应的控制器，需对变频数字液压位置跟踪系统详细建模。

7.1.2 变频数字液压系统非线性模型

变频器输出电流频率与其输入电压存在线性关系：

$$f_s = K_{int}u_c \tag{7-1}$$

式中，f_s 为输出电流频率，u_c 为输入控制电压，$K_{int} = 10\text{Hz/V}$ 为变频器增益系数。规定变频器带动电动机正转向系统供油时变频器的输入控制电压为正，变频器的输入控制电压为零意味着电动机停转，为负意味着电动机反转，将液压油从系统抽回油箱。但是在实际当中，为了保证系统稳定，不允许电动机反转。当数字液压缸不工作时，电动机以保证泵正常工作的最小转速运行，此时对应的输入控制电压为 u_{cbmin}；当数字液压缸不工作时，则不受 u_{cbmin} 限制，只需满足 $0 \leqslant u_c \leqslant u_{cmax}$ 即可，其中 u_{cmax} 表示输入控制电压最大幅值。

电动机的相电压 U_1 与电流频率 f_s 的关系近似为

$$U_1 = K_{uf}f_s \tag{7-2}$$

式中，$K_{uf} = 220/50 = 4.4$，$K_{ui} = K_{uf}K_{int} = 44$。

在变频变压的工作条件下，电动机的瞬变过程较短，可以忽略。异步电动机的电磁转矩为

$$T_e = \frac{3m_p}{2\pi R_2}K_{uf}^2 K_{int} u_c - \frac{m_p^2}{40\pi R_2}K_{uf}^2 n_p \tag{7-3}$$

式中，m_p 为异步电动机磁极对数；R_2 为异步电动机折合到定子侧的转子每相电阻；n_p 为电动机转速。

电动机的力矩平衡方程为

$$\frac{\pi}{30}J_T \dot{n}_p = T_e - D_p \eta_v p_s - \frac{\pi}{30}B_T n_p \tag{7-4}$$

式中，J_T 为折合到电动机轴上的转动惯量；D_p 为泵的排量；η_v 为泵的容积效率；p_s 为系统压力，B_T 为阻尼系数。

V_m 腔室中流回油箱的流量：

$$q_y = \begin{cases} K_{yt}(p_s - p_y)\sqrt{p_s} & p_s > p_y \\ 0 & p_s \leqslant p_y \end{cases} \tag{7-5}$$

式中，q_y 为通过溢流阀流回油箱的流量；p_y 为溢流阀的开启压力，$K_{yt} = C_{d2}w_y \sqrt{2/\rho}$，$C_{d2}$ 为溢流阀的流量系数，w_y 为溢流阀的面积梯度，ρ 是液压油密度。

V_m 腔室流量连续性方程：

$$q_V = \frac{2\pi}{60}D_p n_p \eta_v - C_p p_s - q_y - \frac{V_m}{\beta_e}\dot{p}_s \tag{7-6}$$

式中，V_m 为泵出口到阀芯的密闭腔体积；β_e 为油液体积弹性模量；q_V 为 V_m 中流入数字液压缸的流量。

由图 7-1 可知，当数字液压缸活塞杆向左伸出时 $q_V = q_1$，而活塞杆向右运动回缩时 $q_V = -q_2$，可得

$$q_V = \begin{cases} q_1 = A_1 \dot{x}_p + C_i(p_1 - p_2) + \frac{V_1}{\beta_e}\dot{p}_1 & x_v \geqslant 0 \\ q_2 = -A_2 \dot{x}_p + \frac{V_2}{\beta_e} + C_e p_2 - C_i(p_1 - p_2) & x_v < 0 \end{cases} \tag{7-7}$$

数字液压缸的数学模型在前面章节已经建立，本章不再赘述。

变频数字液压位置跟踪系统基本控制目标是通过变频器的调节使系统压力保持在设定值，同时使数字液压缸尽快跟踪设定位移信号。假设设定的系统压力信号为 p_d，压力误差信号为 $p_e = p_s - p_d$，则有

$$\dot{p}_e = \dot{p}_s = \frac{\beta_e}{V_m}\left(\frac{\pi}{30}D_p n_p \eta_v - C_p p_s - q_y - q_V\right) \tag{7-8}$$

在式（7-8）中，$C_p p_s$ 是系统泄漏，其数量级与其他项相比可以忽略不计，因此可把该项视作扰动。一般情况下溢流阀的调定压力 p_y 高于系统运行时的设定压力，溢流阀并不参与工作，因此 q_y 大部分情况下都为 0，只有系统压力超出溢流阀的调定压力，溢流阀才会打开，并且打开之后系统压力迅速降低到调定压力以下，溢流阀随之关闭，在此过程中 q_y 的值会从零突然升高之后急速下降，出现一个类

似脉冲的过程，此过程不可控且与其他项相比，数量级也较小，因此 q_y 可视作扰动项。

同理，q_V 中的 $C_i(p_1-p_2)+\dfrac{V_1}{\beta_e}\dot{p}_1$ 以及 $\dfrac{V_2}{\beta_e}\dot{p}_2+C_ep_2-C_i(p_1-p_2)$ 也可视作扰动项。不妨将上述扰动项加在一起作为一个合成的新扰动项，设 $w_1=\dfrac{\beta_e}{V_m}(-C_pp_s-$

$$q_y+q_V)+\begin{cases}\dfrac{\beta_e}{V_m}\Big[-C_i(p_1-p_2)-\dfrac{V_1}{\beta_e}\dot{p}_1\Big]&x_v\geqslant0\\[3mm]\dfrac{\beta_e}{V_m}\Big[C_i(p_1-p_2)-\dfrac{V_2}{\beta_e}\dot{p}_2-C_ep_2\Big]&x_v<0\end{cases}$$，则式（7-8）可写为

$$\dot{p}_e=\dot{p}_s=\frac{\beta_e}{V_m}\left(\frac{\pi}{30}D_pn_p\eta_v+\begin{cases}-A_1\dot{x}_p&x_v\geqslant0\\A_2x_4&x_v<0\end{cases}\right)+w_1 \tag{7-9}$$

下面结合数字液压缸的位置跟踪控制模型，推导变频数字液压位置跟踪系统非线性模型。

令 $x=[x_1,\ x_2,\ x_3,\ x_4,\ x_5]^T=[P_e,n_p,e,\dot{e},\ddot{e}]^T$，将式（7-9）、式（7-4）写为如下形式：

$$\begin{cases}\dot{x}_1\\\dot{x}_2\\\dot{x}_3\\\dot{x}_4\\\dot{x}_5\end{cases}=\begin{cases}\dfrac{\beta_e}{V_m}\left(\dfrac{\pi}{30}D_px_2\eta_v+\begin{cases}-A_1x_4&x_v\geqslant0\\A_2x_4&x_v>0\end{cases}\right)+w_1\\[4mm]\dfrac{30}{\pi J_T}\left(\dfrac{3m_p}{2\pi R_2}K_{uf}^2K_{int}u_c-\dfrac{m_p^2}{40\pi R_2}K_{uf}^2x_2-D_p\eta_vx_1+D_p\eta_vp_d-\dfrac{\pi}{30}B_Tx_2\right)\\[4mm]x_4\\x_5\\\tau_1x_3+\tau_2x_4+\tau_3x_5+\dfrac{A_1}{M}(g_3+\varepsilon g_4)u+w\end{cases} \tag{7-10}$$

在式（7-10）中令 $w_2=D_p\eta_vp_d$，$w=[w_1,\ w_2,\ w]^T$，$u=[u_c,\ u]^T$，进一步将式（7-10）写为矩阵形式可得

$$\dot{x}=Ax+gu+B_1w \tag{7-11}$$

$$A=\begin{bmatrix}0&\dfrac{\pi\beta_e}{30V_m}\eta_VD_p&0&\dfrac{\beta_e}{V_m}\begin{cases}-A_1&x_v\geqslant0\\A_2&x_v<0\end{cases}&0\\[4mm]-\dfrac{30D_p\eta v}{\pi J_T}&-\dfrac{3m_p^2}{4\pi^2J_TR_2}K_{uf}^2-\dfrac{B_T}{J_T}&0&0&0\\[4mm]0&0&0&1&0\\0&0&0&0&1\\0&0&\tau_1&\tau_2&\tau_3\end{bmatrix} \tag{7-12}$$

$$g = \begin{bmatrix} 0 & 0 \\ \dfrac{45m_{\mathrm{p}}}{\pi^2 J_{\mathrm{T}} R_2} K_{\mathrm{uf}}^2 K_{\mathrm{int}} & 0 \\ 0 & 0 \\ 0 & 0 \\ 0 & \dfrac{A_1}{M}(g_3 + g_4) \end{bmatrix}, B_1 = \begin{bmatrix} 1 & 0 & 0 \\ 0 & 1 & 0 \\ 0 & 0 & 0 \\ 0 & 0 & 0 \\ 0 & 0 & 1 \end{bmatrix}$$

至此,推导得到了变频数字液压系统非线性模型。其中的不确定参数在 7.1.3 节研究。

7.1.3 变频数字液压系统非线性模型中的不确定参数及输入饱和现象分析

考虑的数字液压缸中系统不确定参数为 M、β_{e}、C_{d}。而本章中由于测量、计算等原因导致 V_{m} 的数值同实际值之间也存在一定误差,不妨设 V_{m} 标称参数为 $\bar{V}_{\mathrm{m}}$,则有 $V_{\mathrm{m}} = \bar{V}_{\mathrm{m}}(1 + \Delta_4)$,$\Delta_4$ 描述了参数 V_{m} 的不确定性集合,且有 $|\Delta_4| \le a_4$,a_4 是 Δ_4 的边界。

$\dfrac{\beta_{\mathrm{e}}}{V_{\mathrm{m}}}$ 的标称参数 $\dfrac{\bar{\beta}_{\mathrm{e}}}{\bar{V}_{\mathrm{m}}}$,不确定参数 $\Delta_{\beta V}$ 及其范围如下:

$$\frac{\beta_{\mathrm{e}}}{V_{\mathrm{m}}} = \frac{\bar{\beta}_{\mathrm{e}}}{\bar{V}_{\mathrm{m}}} \frac{(1 + \Delta_2)}{(1 + \Delta_4)} = \frac{\bar{\beta}_{\mathrm{e}}}{\bar{V}_{\mathrm{m}}} + \Delta_{\beta V}, \Delta_{\beta V} = \frac{\bar{\beta}_{\mathrm{e}}}{\bar{V}_{\mathrm{m}}}\left(\frac{1 + \Delta_2}{1 + \Delta_4} - 1\right), |\Delta_{\beta V}| \le \Delta_{\beta V \max} = \frac{\bar{\beta}_{\mathrm{e}}}{\bar{V}_{\mathrm{m}}}\left(\frac{a_2 + a_4}{1 - a_4}\right)$$

$$(7\text{-}13)$$

式(7-12)中矩阵 A 的确定参数矩阵 $\bar{A}$ 和不确定参数矩阵 ΔA 分别为

$$\bar{A} = \begin{bmatrix} 0 & \dfrac{\bar{\beta}_{\mathrm{e}}}{\bar{V}_{\mathrm{m}}}\dfrac{\pi}{30}\eta_{\mathrm{V}} D_{\mathrm{p}} & 0 & \dfrac{\bar{\beta}_{\mathrm{e}}}{\bar{V}_{\mathrm{m}}}\begin{cases} -A_1 x_4 & x_{\mathrm{v}} \ge 0 \\ A_2 x_4 & x_{\mathrm{v}} < 0 \end{cases} & 0 \\ -\dfrac{30 D_{\mathrm{p}}\eta v}{\pi J_{\mathrm{T}}} & -\dfrac{3 m_{\mathrm{p}}^2}{4\pi^2 J_{\mathrm{T}} R_2}K_{\mathrm{uf}}^2 - \dfrac{B_{\mathrm{T}}}{J_{\mathrm{T}}} & 0 & 0 & 0 \\ 0 & 0 & 0 & 1 & 0 \\ 0 & 0 & 0 & 0 & 1 \\ 0 & 0 & \bar{\tau}_1 & \bar{\tau}_2 & \bar{\tau}_3 \end{bmatrix} \quad (7\text{-}14)$$

$$\Delta A = \begin{bmatrix} 0 & \Delta_{\beta V}\dfrac{\pi}{30}\eta_{\mathrm{V}} D_{\mathrm{p}} & 0 & \Delta_{\beta V} = \begin{cases} -A_1 x_4 & x \ge 0 \\ A_2 x_4 & x < 0 \end{cases} & 0 \\ 0 & 0 & 0 & 0 & 0 \\ 0 & 0 & 0 & 0 & 0 \\ 0 & 0 & 0 & 0 & 0 \\ 0 & 0 & \Delta\tau_1 & \Delta\tau_2 & \Delta\tau_3 \end{bmatrix}$$

式（7-14）中的不确定参数 $\Delta\tau_1$、$\Delta\tau_2$ 和 $\Delta\tau_3$ 已经推导过，此处不再赘述。至此，已经完成了变频数字液压位置跟踪系统非线性模型中不确定参数范围的推导。

系统当中同时还存在着输入饱和现象，不妨设用 sat（u_c）和 sat（u）分别表示受到变频器输入控制电压 u_c 和数字液压阀控制输入 u 受到的输入饱和幅值限制，则有

$$\mathrm{sat}(u_c)=\begin{cases}u_c & 0\leqslant u_c\leqslant u_{c\max}\\ u_{c\max} & u_c>u_{c\max}\\ 0 & u_c<0\end{cases}, \mathrm{sat}(u)=\begin{cases}u & |u|\leqslant u_{\max}\\ \mathrm{sgn}(u)u_{\max} & |u|>u_{\max}\end{cases} \quad (7\text{-}15)$$

下面将采用自适应控制方法为其设计控制器 u_k，使得在存在外部干扰和系统参数不确定的情况下，位置跟踪误差能够快速稳定地趋近于 0。

7.2　基于自适应滑模控制的变频数字液压系统控制研究

滑模变结构控制具有算法简单，抗干扰能力强，适用于非线性系统等特点，得到了广泛应用。但是一般的自适应滑模控制没有同时考虑到输入饱和以及不确定参数的影响。针对以上问题，通过自适应参数来估计不确定参数，并引入输入饱和辅助系统完成控制器的设计和系统稳定性的证明。

本节首先不考虑输入饱和，设计一个自适应滑模控制器，使系统在不确定参数和外部扰动的情况下能够稳定并具有良好的动态跟踪性能。在此基础之上，考虑输入饱和的影响，引入一个输入饱和辅助系统，并设计相应的自适应参数控制律。首先将式（7-12）写为如下形式：

$$\begin{cases}\dot{x}_1\\ \dot{x}_2\\ \dot{x}_3\\ \dot{x}_4\\ \dot{x}_5\end{cases}=\begin{cases}\theta_1 A_1 x+w_1\\ A_2 x+g_1 u_c+w_2\\ x_4\\ x_5\\ \theta_2 A_5 x+\chi_2 g_2 u+w\end{cases} \quad (7\text{-}16)$$

式中

$$A_1=\left[0,\frac{\overline{\beta}_e}{\overline{V}_m}\frac{\pi}{30}\eta_v D_p,0,\frac{\overline{\beta}_e}{\overline{V}_m}\begin{cases}-A_1 x_4 & x_v\geqslant 0\\ A_2 x_4 & x_v<0\end{cases},0\right]$$

$$A_2=\left[-\frac{30 D_p\eta_v}{\pi J_T},-\frac{3m_p^2}{4\pi^2 J_T R_2}K_{uf}^2-\frac{B_T}{J_T},0,0,0\right]$$

$$A_5 = \begin{bmatrix} 0 & 0 & 0 & 0 & 0 \\ 0 & 0 & 0 & 0 & 0 \\ 0 & 0 & \overline{\tau}_1 & 0 & 0 \\ 0 & 0 & 0 & \overline{\tau}_2 & 0 \\ 0 & 0 & 0 & 0 & \overline{\tau}_3 \end{bmatrix}$$

$$\theta_1 = \frac{(1+\Delta_2)}{(1+\Delta_4)}, |\theta_1| \leqslant \frac{(1+a_2)}{(1-a_4)} \tag{7-17}$$

$$\theta_2 = [0, 0, \theta_{21}, \theta_{22}, \theta_{23}]$$

$$|\theta_{21}| \leqslant \frac{\Delta\tau_{1\text{bound}}}{\overline{\tau}_1}, |\theta_{22}| \leqslant \frac{\Delta\tau_{2\text{bound}}}{\overline{\tau}_2}, |\theta_{23}| \leqslant \frac{\Delta\tau_{3\text{bound}}}{\overline{\tau}_3}$$

$$\chi_2 = (1+\Delta_1)(1+\Delta_2)(1+\Delta_3)$$

$$(1-a_1)(1-a_2)(1-a_3) \leqslant |\chi_2| \leqslant (1+a_1)(1+a_2)(1+a_3)$$

$$g_1 = \frac{45m_{\text{p}}}{\pi^2 J_{\text{T}} R_2} K_{\text{uf}}^2 K_{\text{int}}, g_2 = \frac{A_1}{\overline{(g_3 + \varepsilon \overline{g}_4)}}$$

式 (7-17) 中含有不确定参数矩阵为: θ_1、θ_2 和 χ_2。这样就将不确定参数集中用几个参数来表示,为下一步自适应控制器的设计打下了基础。

7.2.1　不考虑输入饱和的自适应滑模控制器设计

本小节首先不考虑输入饱和现象,为系统设计滑模控制面及相应的参数自适应律。

选择滑模控制面,即切换函数为

$$s = Cx, C = [c_1, c_2, c_3, c_4, c_5] \tag{7-18}$$

式中,C 为系数待定的矩阵。

对滑模面求导可得

$$\dot{s} = C\dot{x} = c_1(\theta_1 A_1 x + w_1) + c_2(A_2 x + g_1 u_c + w_2) + c_3 x_4 + c_4 x_5 + c_5(\theta_2 A_5 x + \chi_2 g_2 u + w) \tag{7-19}$$

由滑模可达性条件 $s\dot{s} < 0$ 可得

$$s\dot{s} = s[c_1(\theta_1 A_1 x + w_1) + c_2(A_2 x + g_1 u_c + w_2) + c_3 x_4 + c_4 x_5 + c_5(\theta_2 A_5 x + \chi_2 g_2 u + w)] < 0 \tag{7-20}$$

可取控制量为

$$u_c = -\frac{1}{g_1}\left[A_2 x + w_2 + \frac{c_1}{c_2}(\theta_1 A_1 x + w_1 + c_6 s)\right] \tag{7-21}$$

$$u = -\frac{1}{\chi_2 g_2}\left(\theta_2 A_5 x + w + \frac{c_3}{c_5} x_4 + \frac{c_4}{c_5} x_5 + \frac{c_7}{c_5} s\right)$$

式中,$c_6 > 0$。联立式 (7-20) 和式 (7-21) 可得: $s\dot{s} = -(c_6 + c_7)s^2 < 0$ 满足滑模

可达性条件。即当 $s \neq 0$ 时，可以通过控制器的作用使系统到达滑模面并保持在滑模面上的运动。然而由于存在不确定的参数及扰动，式（7-21）不可能运用在实际当中。不妨用估计值来替代这些不确定参数及扰动，并为这些参数设计自适应控制率，使系统最终能够稳定。

设不确定参数的估计值分别为：$\hat{\theta}_1$、$\hat{\theta}_2$ 和 $\hat{\chi}_2$，扰动估计值为：$\hat{w}$、$\hat{w}_1$ 和 $\hat{w}_2$，估计误差为：$\tilde{\theta}_1$、$\tilde{\theta}_2$、$\tilde{\chi}_2$、$\tilde{w}$、$\tilde{w}_1$ 和 $\tilde{w}_2$，则有

$$\begin{cases} \dot{\tilde{\theta}}_1 = -\dot{\hat{\theta}}_1 \\ \dot{\tilde{\theta}}_2 = -\dot{\hat{\theta}}_2 \\ \dot{\tilde{\chi}}_2 = -\dot{\hat{\chi}}_2 \\ \dot{\tilde{w}} = -\dot{\hat{w}} \\ \dot{\tilde{w}}_1 = -\dot{\hat{w}}_1 \\ \dot{\tilde{w}}_2 = -\dot{\hat{w}}_2 \end{cases} \tag{7-22}$$

将自适应参数代入式（7-21）中替代不确定参数可得自适应控制器为

$$u_c = -\frac{1}{g_1}\Big[A_2 x + \hat{w}_2 + \frac{c_1}{c_2}(\hat{\theta}_1 A_1 x + \hat{w}_1 + c_6 s) \Big] \tag{7-23}$$

$$u = -\frac{1}{\hat{\chi}_2 g_2}\Big(\hat{\theta}_2 A_5 x + \hat{w} + \frac{c_3}{c_5}x_4 + \frac{c_4}{c_5}x_5 + \frac{c_7}{c_5}s \Big)$$

将式（7-23）代入式（7-20）可得

$$s\dot{s} = c_1 s(\tilde{\theta}_1 A_1 x + \tilde{w}_1) + c_2 s \tilde{w}_2 + c_5 s(\tilde{\theta}_2 A_5 x + \tilde{w}) + c_5 s \tilde{\chi}_2 g_2 u - (c_6 + c_7)s^2 \tag{7-24}$$

接下来利用李雅普诺夫方法导出这些参数的自适应律。

选择李雅普诺夫函数为：$V(x) = \dfrac{1}{2}s^2 + \dfrac{1}{2}\tilde{\theta}_1^2 + \dfrac{1}{2}\tilde{\theta}_2^2 + \dfrac{1}{2}\tilde{\chi}_2^2 + \dfrac{1}{2}\tilde{w}_2^2 + \dfrac{1}{2}\tilde{w}_1^2 + \dfrac{1}{2}\tilde{w}^2$，对其求导可得

$$\begin{aligned} \dot{V}(x) &= c_1 s(\tilde{\theta}_1 A_1 x + \tilde{w}_1) + c_2 s \tilde{w}_2 + c_5 s(\tilde{\theta}_2 A_5 x + \tilde{w}) + c_5 s \tilde{\chi}_2 g_2 u - (c_6 + c_7)s^2 \\ &\quad - \tilde{\theta}_1 \dot{\hat{\theta}}_1 - \tilde{\theta}_2 \dot{\hat{\theta}}_2 - \tilde{\chi}_2 \dot{\hat{\chi}}_2 - \tilde{w}\dot{\hat{w}} - \tilde{w}_1 \dot{\hat{w}}_1 - \tilde{w}_2 \dot{\hat{w}}_2 \\ &= \tilde{\theta}_1(c_1 s A_1 x - \dot{\hat{\theta}}_1) + \tilde{\theta}_2(c_5 s A_5 x - \dot{\hat{\theta}}_2) + \tilde{w}(c_5 s - \dot{\hat{w}}) + \tilde{w}_1(c_1 s - \dot{\hat{w}}_1) + \tilde{w}_2(c_2 s - \dot{\hat{w}}_2) \\ &\quad + \tilde{\chi}_2(c_5 s g_2 u - \dot{\hat{\chi}}_2) - (c_6 + c_7)s^2 \end{aligned} \tag{7-25}$$

取自适应律为

$$\begin{cases} \dot{\hat{\theta}}_1 = c_1 s A_1 x \\ \dot{\hat{\theta}}_2 = c_5 s A_5 x \\ \dot{\hat{\chi}}_2 = c_5 s g_2 u \\ \dot{\hat{w}} = c_5 s \\ \dot{\hat{w}}_1 = c_1 s \\ \dot{\hat{w}}_2 = c_2 s \end{cases} \tag{7-26}$$

将自适应律（7-26）代入式（7-25）可得 $\dot{V}(x) = -(c_6 + c_7) s^2 < 0$，因此系统在所设计的控制器和自适应律的作用下是李雅普诺夫稳定的。

7.2.2 考虑输入饱和的自适应滑模控制器设计

上一节在不考虑输入饱和的前提下，推导了自适应滑模控制器。本节将在上一节基础之上，考虑输入饱和问题，设计自适应滑模控制器。

定义饱和偏差 q_1，q_2 如下：

$$q_1 = u_c - \text{sat}(u_c), q_2 = u - \text{sat}(u) \tag{7-27}$$

由于考虑了输入饱和，因此将式（7-19）中的 u_c 和 u 换为 $\text{sat}(u_c)$ 和 $\text{sat}(u)$ 可得：

$$\dot{s} = C\dot{x} = c_1(\theta_1 A_1 x + w_1) + c_2[A_2 x + g_1 \text{sat}(u_c) + w_2] + c_3 x_4 + c_4 x_5 + c_5[\theta_2 A_5 x + \chi_2 g_2 \text{sat}(u) + w]$$

$$= c_1(\theta_1 A_1 x + w_1) + c_2(A_2 x + g_1 u_c + w_2) - c_2 g_1 q_1 + c_3 x_4 + c_4 x_5 + c_5(\theta_2 A_5 x + \hat{\chi}_2 g_2 u + w) - c_5 \hat{\chi}_2 g_2 q_2 + c_5 \tilde{\chi}_2 g_2 \text{sat}(u) \tag{7-28}$$

控制器的选择依然按照式（7-23），则有

$$\dot{s} = c_1(\tilde{\theta}_1 A_1 x + \tilde{w}_1) + c_2 \tilde{w}_2 + c_5(\tilde{\theta}_2 A_5 x + \tilde{w}) - (c_6 + c_7) s + c_5 \tilde{\chi}_2 g_2 \text{sat}(u) - c_2 g_1 q_1 - c_5 \hat{\chi}_2 g_2 q_2 \tag{7-29}$$

选取饱和辅助控制系统如下：

$$\dot{z}_1 = \begin{cases} -k_1 z_1 + \dfrac{c_2 s g_1 q_1}{|z_1|^2} z_1 & |z_1| \geqslant \varepsilon_1 \\ 0 & |z_1| < \varepsilon_1 \end{cases} \tag{7-30}$$

$$\dot{z}_2 = \begin{cases} -k_2 z_2 - \dfrac{|c_5 s g_2 q_2| \hat{\chi}_{2\max}}{|z_2|^2} z_2 & |z_2| \geqslant \varepsilon_2 \\ 0 & |z_2| < \varepsilon_2 \end{cases} \tag{7-31}$$

$$\hat{\chi}_{2\max} = (1 + a_2)(1 + a_3)$$

式中的参数 ε_1 和 ε_2，k_1 和 k_2 需设定，另外 z_1 和 z_2 的初始状态也需设定。由

式（7-17）可知 $|\hat{\chi}_2|\leqslant\hat{\chi}_{2\max}$。

重新选择李雅普诺夫函数为：$V(x)=\dfrac{1}{2}s^2+\dfrac{1}{2}\tilde{\theta}_1^2+\dfrac{1}{2}\tilde{\theta}_2^2+\dfrac{1}{2}\tilde{\chi}_2^2+\dfrac{1}{2}\tilde{w}_2^2+\dfrac{1}{2}\tilde{w}_1^2$

$+\dfrac{1}{2}\tilde{w}^2+\dfrac{1}{2}z_1^2+\dfrac{1}{2}z_2^2$，对其求导，并将式（7-30）和式（7-31）代入可得

$$\dot{V}(x)=c_1s(\tilde{\theta}_1A_1x+\tilde{w}_1)+c_2s\tilde{w}_2+c_5s(\tilde{\theta}_2A_5x+\tilde{w})+c_5s\tilde{\chi}_2g_2\mathrm{sat}(u)-(c_6+c_7)s^2$$

$$-c_2sg_1q_1-c_5s\hat{\chi}_2g_2q_2-\tilde{\theta}_1\dot{\hat{\theta}}_1-\tilde{\theta}_2\dot{\hat{\theta}}_2-\tilde{\chi}_2\dot{\hat{\chi}}_2-\tilde{w}\dot{\hat{w}}-\tilde{w}_1\dot{\hat{w}}_1-\tilde{w}_2\dot{\hat{w}}_2+z_1\dot{z}_1+z_2\dot{z}_2$$

$$=\tilde{\theta}_1(c_1sA_1x-\dot{\hat{\theta}}_1)+\tilde{\theta}_2(c_5sA_5x-\dot{\hat{\theta}}_2)+\tilde{w}(c_5s-\dot{\hat{w}})+\tilde{w}_1(c_1s-\dot{\hat{w}}_1)+\tilde{w}_2(c_2s-\dot{\hat{w}}_2)$$

$$+\tilde{\chi}_2[c_5sg_2\mathrm{sat}(u)-\dot{\hat{\chi}}_2]-(c_6+c_7)s^2-k_1z_1^2-k_2z_2^2-|c_5sg_2q_2|\hat{\chi}_{2\max}-c_5s\hat{\chi}_2g_2q_2$$

$$\tag{7-32}$$

取自适应律为

$$\begin{cases}\dot{\hat{\theta}}_1=c_1sA_1x\\[4pt]\dot{\hat{\theta}}_2=c_5sA_5x\\[4pt]\dot{\hat{\chi}}_2=c_5sg_2\mathrm{sat}\ (u)\\[4pt]\dot{\hat{w}}=c_5s\\[4pt]\dot{\hat{w}}_1=c_1s\\[4pt]\dot{\hat{w}}_2=c_2s\end{cases}\tag{7-33}$$

将自适应律（7-33）代入式（7-32），同时注意到：$c_5s\hat{\chi}_2g_2q_2\leqslant$ $|c_5sg_2q_2|\hat{\chi}_{2\max}$，即 $-|c_5sg_2q_2|\hat{\chi}_{2\max}-c_5s\hat{\chi}_2g_2q_2\leqslant0$，可得 $\dot{V}(x)=-(c_6+c_7)s^2<0$，因此系统在所设计的控制器和自适应律的作用下是李雅普诺夫稳定的。

7.2.3　考虑输入饱和的自适应滑模控制器仿真分析

本小节将通过与恒压系统进行对比仿真，验证采用自适应滑模控制器的变频数字液压系统的动态特性、节能效果以及系统压力设定值 P_d 对其性能的影响。

模型仿真参数如下：

$K_{\mathrm{int}}=10\mathrm{Hz/V}$，$m_p=2$，$R_2=0.0274$，$J_T=1\mathrm{kg\cdot m^2}$，$D_p=6.366\times10^{-6}\mathrm{m^3/}$ rad，$C_p=1.5\times10^{-10}\mathrm{m^5/(N\cdot s)}$，$\eta_v=0.95$，$B_T=0.001$，$V_m=0.01\mathrm{m^3}$ $K_{yr}=8\times$ $10^{-7}\mathrm{m^{3.5}/A\cdot kg^{0.5}}$。

选择不确定参数为 $M=40.1[1+0.01\sin(0.5t)]\mathrm{kg}$，$\beta_e=700[1+0.1\sin$ $(0.6t)]$ MPa，$C_d=0.64[1+0.02\sin(3t)]$，$F_L=-6000\sin(2t)N$。滑模面参数的选择为：$c_1=3\times10^{-1}$，$c_2=1$，$c_3=2\times10^3$，$c_4=6$，$c_5=1\times10^{-3}$。控制器中的参数 $c_6=1$，$c_7=2$。饱和辅助控制系统参数 $\varepsilon_1=\varepsilon_2=0.001$，$k_1=k_2=10$，初始状态

$z_1 = z_2 = 0.1$。

控制器按照式（7-23），自适应控制率按照式（7-32），给定跟踪信号为：$r(t) = 0.15$，系统仿真初始条件为：$p_s = 10\text{MPa}$，$n_p = 60\text{n/min}$，$x_p = 0$，$p_1 = p_2 = 0$，自适应参数估计值 $\hat{\theta}_1$、$\hat{\theta}_2$、$\hat{\chi}_2$ 及扰动估计值 $\hat{w}$、$\hat{w}_1$、$\hat{w}_2$ 的初始条件均为 0。对比仿真结果如图 7-4 所示。

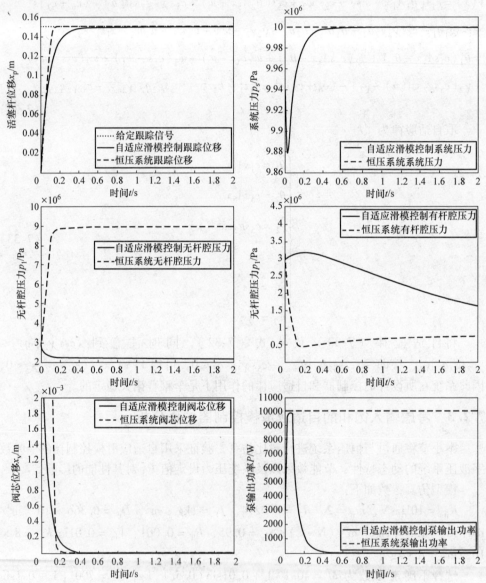

图 7-4　变频数字液压自适应滑模控制与恒压系统跟踪对比

由图 7-4 可以看出，当跟踪阶跃信号时，采用自适应滑模控制器的变频数字液压系统用时 0.5s 左右才能够跟踪给定信号，而恒压系统只用 0.2s 左右就能够跟踪给定位移信号。因此采用自适应滑模控制器的变频数字液压系统动态特性较恒压系统差。从控制输入来看，变频器电压和阀芯位移均出现饱和现象。这是因为在开始时系统位移误差较大，所需系统流量较大，因此控制量也较大。之后随着位置误差减小，所需控制量也逐渐减小，对应的控制输入也逐渐退出饱和区。从泵输出功率来看，变频数字液压系统在位置跟踪完成之后，系统输出功率极小；相比之下，恒压系统的输出功率恒定，当液压缸不动作时，大量液压油经过溢流阀流回油箱，会造成大量浪费。因此，在能够满足系统跟踪特性的前提下，考虑节能因素，可优先选用变频数字液压系统以降低能耗。

下面通过仿真进一步研究系统压力设定值 p_d 对变频数字液压系统动态响应及能耗的影响。变频数字液压系统中的系统压力 p_s 围绕 p_d 波动，因此 p_d 的值会对系统特性造成影响，下面分别选取 $p_d = 10\mathrm{MPa}$、$p_d = 8\mathrm{MPa}$ 和 $p_d = 6\mathrm{MPa}$ 进行对比仿真，其余条件与前次仿真中相同。对比结果如图 7-5 所示。

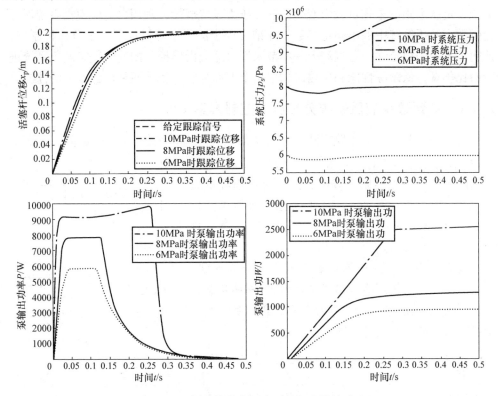

图 7-5　不同系统设定压力下的跟踪特性对比

由图 7-5 可得，随着系统压力设定值的降低，跟踪特性开始变差，但是总体而言动态特性相差不大。然而泵的输出功率和输出功随着系统压力设定值的降低也显著降低，这主要是因为系统流量几乎全部用于推动负载运动，因此系统输出的功率和功主要取决于系统压力设定值。上述现象说明在一定范围内适当降低系统压力设定值，对动态特性的影响很小，然而却能够大幅降低系统的能耗。

综合以上仿真试验，可以得到如下结论：自适应滑模控制器及自适应律能够保证系统稳定；采用该控制器的变频数字液压系统动态跟踪性能比恒压系统稍差，但是功率损耗少，具有较好的节能效果；一定范围内适当降低系统压力设定值，对动态特性的影响很小，然而却能够大幅降低系统的能耗。

7.3 基于自适应模糊控制的变频数字液压分级压力控制研究

上一小节的仿真结果指出适当降低系统压力可以提高系统效率。文献 [21] 提出根据工作需求，为系统设置不同系统压力的方法以减小功率损失。然而该方案需要提前了解负载的变化规律，以进行相应的系统压力设置。然而实际当中的负载力往往无法提前预知，因此该方案的应用受到了限制。针对该问题，本章提出一种系统设定压力跟随未知负载力变化的分级压力设置规律，利用自适应模糊系统逼近变频数字液压系统中的不确定参数，并结合反步法为系统设计了一个鲁棒控制器，证明了系统的稳定性。通过和上一小节采用自适应滑模控制的变频数字液压系统进行对比仿真，从跟踪性能和泵输出功率两个方面综合比较了两种设计方案的性能。

7.3.1 变频数字液压系统分级压力控制方案设计

在上一小节中，变频数字液压系统中的系统压力设定值 p_d 为恒定值，不随负载力 F_L 的变化而变化。实际上，当负载力较小时，所需的系统压力也会随之降低，此时可适当降低系统压力设定值以提高效率。为此提出了针对未知负载力 F_L 的分级压力控制方案，即 p_d 随 F_L 的变化规律，如图 7-6 所示。

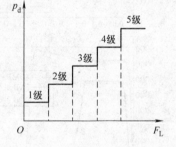

首先将系统压力依据负载力的不同分为 5 级，每一级的压力为固定值，具体见表 7-1。按照负载力定出分级压力值之后，p_d 即为定值，其控制问题与上一小节中的控制问题相同。

图 7-6　分级压力变化规律

表 7-1　分级压力表

序号	1 级	2 级	3 级	4 级	5 级
分级压力值/MPa	2	4	6	8	10
$\mid F_L \mid$ 范围/N	<2000	2000~2999	3000~3999	4000~4999	5000~6000

因此，接下来，关键问题是要根据可测的状态量获得未知负载力 F_L 的大小。

$$F_L = A_2 p_2 - A_1 p_1 + M \ddot{x}_p + B_p \dot{x}_p + k_s x_p \tag{7-34}$$

若能测得 p_2、p_1、$\ddot{x}_p$、$\dot{x}_p$、x_p 则可由式（7-34）得出负载力 F_L。将得出的 F_L 与表 7-1 中的范围进行对比，进而可以得出此时的系统分级压力设定值。

7.3.2　系统中不确定函数的最佳模糊逼近

在完成系统分级压力设定值的选取之后，问题转化为控制器的设计问题。为减小控制器设计的保守性，针对系统（7-11）当中存在的不确定参数，本小节利用具有乘机推理机、单值模糊器和中心平均解模糊器的模糊系统对其进行逼近。

将系统（7-10）写为如下形式：

$$\begin{cases} \dot{x}_1 \\ \dot{x}_2 \\ \dot{x}_3 \\ \dot{x}_4 \\ \dot{x}_5 \end{cases} = \begin{cases} a_{12}x_2 + a_{14}x_4 + w_1 \\ a_{21}x_1 + a_{22}x_2 + b_{22}u_c + w_2 \\ x_4 \\ x_5 \\ \tau_1 x_1 + \tau_2 x_2 + \tau_3 x_3 + g_5 u + w \end{cases} \qquad (7\text{-}35)$$

式中，$a_{12} = \dfrac{\beta_e \pi}{30 V_m} D_p \eta_v$，$a_{14} = \begin{cases} -\dfrac{A_1 \beta_e}{V_m} & x_v \geqslant 0 \\[2mm] \dfrac{A_2 \beta_e}{V_m} & x_v < 0 \end{cases}$，$a_{21} = -\dfrac{30 D_p \eta_v}{\pi J_T}$，$a_{22} = -\dfrac{3 m_p^2 K_{uf}^2}{4 \pi^2 R_2 J_T} - $

$\dfrac{B_T}{J_T}$，$b_{22} = \dfrac{45 m_p}{\pi^2 J_T R_2} K_{uf}^2 K_{int}$，$g_5 = \chi_2 g_2$，其他参数见 2.2 节和 3.3 节。

式（7-35）中的不确定参数中的确定部分为：$\overline{a}_{12} = \dfrac{\overline{\beta}_e \pi}{30 \overline{V}_m} D_p \eta_v$，$\overline{a}_{14} = $

$\begin{cases} -\dfrac{A_1 \overline{\beta}_e}{\overline{V}_m} & x_v \geqslant 0 \\[2mm] \dfrac{A_2 \overline{\beta}_e}{\overline{V}_m} & x_v < 0 \end{cases}$，$\overline{\tau}_1$，$\overline{\tau}_2$，$\overline{\tau}_3$，$\overline{g}_5 = g_2$，不确定部分：$\Delta a_{12} = \dfrac{(1 + \Delta_2)}{(1 + \Delta_4)} \overline{a}_{12}$，

$\Delta a_{14} = \dfrac{(1 + \Delta_2)}{(1 + \Delta_4)} \overline{a}_{14}$，$\Delta \tau_1$，$\Delta \tau_2$，$\Delta \tau_3$，$\Delta g_5 = (\chi_2 - 1) g_2$。

令 $\overline{f}_2 = \overline{\tau}_1 x_3 + \overline{\tau}_2 x_4 + \overline{\tau}_3 x_5$，$\Delta f_2 = \Delta \tau_1 x_1 + \Delta \tau_2 x_2 + \Delta \tau_3 x_3$，由万能逼近定理可知，存在高精度逼近未知不确定函数 Δf_2 和 Δg_2 的模糊系统 $\Delta \hat{f}_2$ 和 $\Delta \hat{g}_5$，因此可采用 $\Delta \hat{f}_2$ 和 $\Delta \hat{g}_5$，并设计适当的自适应控制率，以实现鲁棒跟踪控制。设 W_{f_2}、W_{g_5} 为最佳逼近权重向量，S_{f_2}、S_{g_5} 为逼近基函数，δ_{f_2}、δ_{g_5} 为逼近误差。则有

$$\begin{cases} \Delta f_2 = W_{f_2}^T S_{f_2} + \delta_{f_2} \\ \Delta g_5 = W_{g_5}^T S_{g_5} + \delta_{g_5} \end{cases} \qquad (7\text{-}36)$$

一般情况下，最佳逼近权重向量 W_{f_2}、W_{g_5} 很难获得，因此用他们的估计值 $\hat{W}_{f_2}$、$\hat{W}_{g_5}$ 对其进行估计，估计误差为

$$\begin{cases} \widetilde{W}_{f_2} = W_{f_2} - \hat{W}_{f_2} \\ \widetilde{W}_{g_5} = W_{g_5} - \hat{W}_{g_5} \end{cases} \tag{7-37}$$

不确定函数 Δf_2 和 Δg_5 的模糊系统 $\Delta \hat{f}_2$ 和 $\Delta \hat{g}_5$ 可以表示为

$$\begin{cases} \Delta \hat{f}_2 = \hat{W}_{f_2}^T S_{f_2} \\ \Delta \hat{g}_5 = \hat{W}_{g_5}^T S_{g_5} \end{cases} \tag{7-38}$$

参数 Δa_{12} 的估计值为 $\Delta \hat{a}_{12}$，估计误差为 $\Delta \widetilde{a}_{12} = \Delta a_{12} - \Delta \hat{a}_{12}$。

7.3.3 不考虑输入饱和的自适应模糊控制器的设计

文献［29］将自适应模糊系统运用到电液伺服系统当中，但是对于控制器及输入饱和辅助系统中的参数则并未给出选取条件。采用文献中的方法结合自适应参数，并将对象扩展到变频液压系统当中，给出控制器及输入饱和辅助系统中参数的选取条件。

反步法适用于可状态线性化或具有严格反馈控制结构的非线性系统。针对该类系统，从离控制量最远的方程入手，通过对每一个子系统选择适当的李雅普诺夫函数并构造满足某种性能（如稳定性、无源性等）的虚拟控制输入，直至推导出整个系统的真正的控制量。本质上反步法是一种反向递推的设计方法，其过程中构造的虚拟控制量实际上是一种静态补偿思想。针对系统（7-35），具体的设计过程如下。

定义如下的控制误差变量：

$$z_1 = x_1, \ z_2 = x_2 - \beta_2, \ z_3 = x_3, \ z_4 = x_4 - \beta_4, \ z_5 = x_5 - \beta_5 \tag{7-39}$$

式中，β_2，β_4，β_5 为虚拟控制量，将在后面的推导当中给出。

对第一个子系统求导可得

$$\dot{z}_1 = \dot{x}_1 = a_{14}x_4 + a_{12}(z_2 + \beta_2) + w_1 \tag{7-40}$$

针对第一个子系统，选择李雅普诺夫函数为

$$V_1 = \frac{1}{2}z_1^2 \tag{7-41}$$

对其求导可得

$$\dot{V}_1 = z_1\dot{z}_1 = z_1\left[a_{14}x_4 + a_{12}(z_2 + \beta_2) + w_1\right] \tag{7-42}$$

令虚拟控制量 $\beta_2 = -\dfrac{a_{14}}{a_{12}}x_4 - \dfrac{k_1}{a_{12} + \hat{a}_{12}}z_1$，其中 $k_1 > 0$，为待求常数，则有

$$\dot{V}_1 = z_1\dot{z}_1 = a_{12}z_1z_2 - k_1z_1^2 + (\Delta a_{12} - \Delta \hat{a}_{12})\beta_2 + z_1w_1 \tag{7-43}$$

对第二个子系统求导可得

$$\dot{z}_2 = \dot{x}_2 - \dot{\beta}_2 = a_{21}x_1 + a_{22}x_2 + b_{22}u_c - \dot{\beta}_2 + w_2 \tag{7-44}$$

选择李雅普诺夫函数为

$$V_2 = V_1 + \frac{1}{2}z_2^2 \tag{7-45}$$

对其求导可得

$$\dot{V}_2 = \dot{V}_1 + z_2\dot{z}_2 = a_{12}z_1z_2 - k_1z_1^2 + (\Delta a_{12} - \Delta\hat{a}_{12})\beta_2 + z_1w_1 + z_2(a_{21}x_1 + a_{22}x_2 + b_{22}u_c - \dot{\beta}_2 + w_2) \tag{7-46}$$

令 $u_c = \dfrac{-a_{21}x_1 - a_{22}x_2 - (\bar{a}_{12} + \Delta\hat{a}_{12})z_1 + \dot{\beta}_2 - k_2z_2}{b_{22}}$，代入式(7-46)可得

$$\dot{V}_2 = \dot{V}_1 + z_2\dot{z}_2 = -k_1z_1^2 - k_2z_2^2 + z_1w_1 + z_2w_2 + \Delta\widetilde{a}_{12}(\beta_2 + z_1z_2) \tag{7-47}$$

不考虑扰动 w_1 和 w_2 的情况下，若能保证 $\Delta\widetilde{a}_{12}\to0$，则子系统 z_1，$z_2\to0$ 保持稳定。

对第三个子系统求导可得

$$\dot{z}_3 = \dot{x}_3 = x_4 = z_4 + \beta_4 \tag{7-48}$$

选择李雅普诺夫函数为

$$V_3 = \frac{1}{2}z_3^2 \tag{7-49}$$

对其求导可得

$$\dot{V}_3 = z_3(z_4 + \beta_4) \tag{7-50}$$

令 $\beta_4 = -k_3z_3$，$k_3 > 0$，代入式（7-50）可得

$$\dot{V}_3 = z_3z_4 - k_3z_3^2 \tag{7-51}$$

对第四个子系统求导可得

$$\dot{z}_4 = \dot{x}_4 - \dot{\beta}_4 = z_5 + \beta_5 - \dot{\beta}_4 \tag{7-52}$$

选择李雅普诺夫函数为

$$V_4 = V_3 + \frac{1}{2}z_4^2 \tag{7-53}$$

对其求导可得

$$\dot{V}_4 = z_3z_4 - k_3z_3^2 + z_4(z_5 + \beta_5 - \dot{\beta}_4) \tag{7-54}$$

令 $\beta_5 = -k_4z_4 - z_3 + \dot{\beta}_4$，$k_4 > 0$，代入式（7-54）可得

$$\dot{V}_4 = z_4z_5 - k_3z_3^2 - k_4z_4^2 \tag{7-55}$$

对第五个子系统求导可得

$$\dot{z}_5 = \dot{x}_5 - \dot{\beta}_5 = f_2 + g_5u + w - \dot{\beta}_5 \tag{7-56}$$

选择李雅普诺夫函数为

$$V_5 = V_4 + \frac{1}{2}z_5^2 \tag{7-57}$$

对其求导可得

$$\dot{V}_5 = z_4 z_5 - k_3 z_3^2 - k_4 z_4^2 + z_5 (f_2 + g_5 u + w - \dot{\beta}_5) \tag{7-58}$$

令 $u = \dfrac{-k_5 z_5 - z_4 - \bar{f}_2 - \Delta \hat{f}_2 + \dot{\beta}_5}{\bar{g}_5 + \Delta \hat{g}_5}$，$k_5 > 0$，代入式（7-58）可得

$$\dot{V}_5 = -k_3 z_3^2 - k_4 z_4^2 - k_5 z_5^2 + z_5 (\Delta f_2 - \Delta \hat{f}_2) + z_5 (\Delta g_5 - \Delta \hat{g}_5) u + z_5 w \tag{7-59}$$

由式（7-37）和式（7-38）可得

$$\begin{cases} \Delta f_2 - \Delta \hat{f}_2 = \widetilde{W}_{f_2}^T S_{f_2} + \delta_{f_2} \\ \Delta g_5 - \Delta \hat{g}_5 = \widetilde{W}_{g_5}^T S_{g_5} + \delta_{g_5} \end{cases} \tag{7-60}$$

$$\begin{cases} \dot{\widetilde{W}}_{f_2} = \dot{W}_{f_2} - \dot{\hat{W}}_{f_2} = -\dot{\hat{W}}_{f_2} \\ \dot{\widetilde{W}}_{g_5} = \dot{W}_{g_5} - \dot{\hat{W}}_{g_5} = -\dot{\hat{W}}_{g_5} \end{cases} \tag{7-61}$$

选取整个系统李雅普诺夫函数为：$V_6 = V_2 + V_5 + \dfrac{1}{2} \Delta \widetilde{a}_{12}^2 + \dfrac{1}{2} \widetilde{W}_{f_2}^T \widetilde{W}_{f_2} + \dfrac{1}{2} \widetilde{W}_{g_5}^T \widetilde{W}_{g_5}$，则有

$$\dot{V}_6 = -k_1 z_1^2 - k_2 z_2^2 - k_3 z_3^2 - k_4 z_4^2 - k_5 z_5^2 + z_1 w_1 + z_2 w_2 + z_5 w + \Delta \widetilde{a}_{12} (\beta_2 + z_1 z_2) + z_5$$
$$(\Delta f_2 - \Delta \hat{f}_2) + z_5 (\Delta g_5 - \Delta \hat{g}_5) u - \Delta \widetilde{a}_{12} \Delta \dot{\hat{a}}_{12} - \widetilde{W}_{f_2}^T \dot{\hat{W}}_{f_2} - \widetilde{W}_{f_2}^T \dot{\widetilde{W}}_{f_2} - \widetilde{W}_{g_5}^T \dot{\widetilde{W}}_{g_5}$$
$$= -k_1 z_1^2 - k_2 z_2^2 - k_3 z_3^2 - k_4 z_4^2 - k_5 z_5^2 + z_1 w_1 + z_2 w_2 + z_5 w + \Delta \widetilde{a}_{12} (\beta_2 + z_1 z_2)$$
$$+ z_5 (\widetilde{W}_{f_2}^T S_{f_2} + \delta_{f_2}) + z_5 (\widetilde{W}_{g_5}^T S_{g_5} + \delta_{g_5}) u - \Delta \widetilde{a}_{14} \Delta \dot{\hat{a}}_{14} - \widetilde{W}_{f_2}^T \dot{\widetilde{W}}_{f_2} - \widetilde{W}_{g_5}^T \dot{\widetilde{W}}_{g_5}$$
$$= -k_1 z_1^2 - k_2 z_2^2 - k_3 z_3^2 - k_4 z_4^2 - k_5 z_5^2 + \Delta \widetilde{a}_{12} (\beta_2 + z_1 z_2 - \Delta \dot{\hat{a}}_{12}) + \widetilde{W}_{f_2}^T (z_5 S_{f_2} - \dot{\widetilde{W}}_{f_2})$$
$$+ \widetilde{W}_{g_5}^T (z_5 S_{g_5} u - \dot{\widetilde{W}}_{g_5}) + z_1 w_1 + z_2 w_2 + z_5 (w + \delta_{f_2} + \delta_{g_5} u) \tag{7-62}$$

取自适应控制率为

$$\begin{cases} \Delta \dot{\hat{a}}_{14} = \beta_2 + z_1 z_2 \\ \dot{\widetilde{W}} = z_5 S_{f_2} \\ \dot{\widetilde{W}}_{g_5} = z_5 S_{g_5} u \end{cases} \tag{7-63}$$

则有

$$\dot{V}_6 = -k_1 z_1^2 - k_2 z_2^2 - k_3 z_3^2 - k_4 z_4^2 - k_5 z_5^2 + z_1 w_1 + z_2 w_2 + z_5 (w + \delta_{f_2} + \delta_{b_{25}} u) \tag{7-64}$$

若将 $w + \delta_{f_2} + \delta_{g_5} u$ 看作扰动，并令 $w_4 = w + \delta_{f_2} + \delta_{g_5} u$，则当不考虑系统中存在的扰动时 $\dot{V}_6 < 0$，系统稳定。

当考虑系统中的扰动时，注意到对于实数 $\gamma > 0$，有 $z_1 w_1 \leqslant \dfrac{1}{\gamma^2} z_1^2 + \gamma^2 w_1^2$，$z_2 w_2 \leqslant$

$\dfrac{1}{\gamma^2} z_2^2 + \gamma^2 w_2^2$，$z_5 w_4 \leqslant \dfrac{1}{\gamma^2} z_5^2 + \gamma^2 w_4^2$，因此有

$$\dot{V}_6 \leqslant -\left(k_1 - \frac{1}{\gamma^2}\right)z_1^2 - \left(k_2 - \frac{1}{\gamma^2}\right)z_2^2 - k_3 z_3^2 - k_4 z_4^2 - \left(k_5 - \frac{1}{\gamma^2}\right)z_5^2 + \gamma^2(w_1^2 + w_2^2 + w_4^2)$$

$$(7\text{-}65)$$

系统控制目标为使位移误差 $z_3 \to 0$。实际上，可以通过合理选择参数使得 $k_1 - \frac{1}{\gamma^2} > 0$，$k_2 - \frac{1}{\gamma^2} > 0$，$k_5 - \frac{1}{\gamma^2} > 0$，则有

$$\int_0^\infty z_3^2 \mathrm{d}t \leqslant \int_0^\infty \left\{\left(k_1 - \frac{1}{\gamma^2}\right)z_1^2 + \left(k_2 - \frac{1}{\gamma^2}\right)z_2^2 + k_3 z_3^2 + k_4 z_4^2 + \left(k_5 - \frac{1}{\gamma^2}\right)z_5^2\right\}\mathrm{d}t$$

$$\leqslant V_6(0) + \gamma^2 \int_0^\infty (w_1^2 + w_2^2 + w_4^2)\mathrm{d}t$$

$$(7\text{-}66)$$

因此，系统稳定且位移误差 z_3 对于扰动的 L_2 增益小于 γ。

7.3.4　考虑输入饱和的自适应模糊控制器的设计

饱和偏差 $B_{q1} = \begin{bmatrix} 0 \\ I \end{bmatrix}_{10 \times 2}$ 的定义与式（7-27）相同。

定义辅助误差变量：$\begin{cases} \varepsilon_1 = z_2 - \eta_1 \\ \varepsilon_2 = z_5 - \eta_2 \end{cases}$，其中变量 η_1，η_2 定义如下：

$$\begin{cases} \dot{\eta}_1 = -k_2 \eta_1 - b_{22} q_1 \\ \dot{\eta}_2 = -k_5 \eta_2 - (\bar{g}_5 + \Delta \hat{g}_5) q_2 \end{cases}$$

$$(7\text{-}67)$$

由于考虑了输入饱和，因此将变量 z_2 中的 u_c 和 z_5 中的 u 分别用 sat（u_c）和 sat（u）替换，则有

$$\begin{cases} \dot{\varepsilon}_1 = a_{21}x_1 + a_{22}x_2 + b_{22}u_c - \dot{\beta}_2 + w_2 + k_2\eta_1 \\ \dot{\varepsilon}_2 = \bar{f}_2 + \Delta f_2 + g_5 u + w - \dot{\beta}_5 + k_5\eta_2 + (\Delta \hat{g}_5 - \Delta g_5)q_2 \end{cases}$$

$$(7\text{-}68)$$

取控制量如下：

$$\begin{cases} u_c = \dfrac{-a_{21}x_1 - a_{22}x_2 - (\bar{a}_{12} + \Delta \hat{a}_{12})z_1 + \dot{\beta}_2 - k_2 z_2}{b_{22}} \\[4mm] u = \dfrac{-k_5 z_5 - z_4 - \bar{f}_2 - \Delta \hat{f}_2 + \dot{\beta}_5}{\bar{g}_5 + \Delta \hat{g}_5} \end{cases}$$

$$(7\text{-}69)$$

将式（7-69）代入式（7-68）可得

$$\begin{cases} \dot{\varepsilon}_1 = -k_2 \varepsilon_1 - (\bar{a}_{12} + \Delta \hat{a}_{12})z_1 + w_2 \\ \dot{\varepsilon}_2 = \Delta f_2 - \Delta \hat{f}_2 + (\Delta g_5 - \Delta \hat{g}_5)\mathrm{sat}(u) + w - k_5\varepsilon_2 - z_4 \end{cases}$$

$$(7\text{-}70)$$

选取系统的李雅普诺夫函数为：$\dot{V}_7 = V_1 + V_4 + \frac{1}{2}\varepsilon_1^2 + \frac{1}{2}\varepsilon_2^2 + \frac{1}{2}\Delta \widetilde{a}_{12}^2 + \frac{1}{2}\widetilde{W}_{f_2}^T \widetilde{W}_{f_2} +$

$\frac{1}{2}\widetilde{W}_{g_5}^T\widetilde{W}_{g_5}$，则有

$$\dot{V}_7 = a_{12}z_1z_2 - k_1z_1^2 + \Delta\tilde{a}_{12}\beta_2 + z_1w_1 + z_4z_5 - k_3z_3^2 - k_4z_4^2 + \xi_1[-k_2\xi_1 - (\bar{a}_{12} + \Delta\hat{a}_{12})z_1 + w_2]$$
$$+ \xi_2[\Delta f_2 - \Delta\hat{f}_2 + (\Delta g_5 - \Delta\hat{g}_5)\text{sat}(u) + w - k_5\xi_2 - z_4] - \Delta\tilde{a}_{12}\Delta\dot{\hat{a}}_{12} - \widetilde{W}_{f_2}^T\dot{\widetilde{W}}_{f_2} - \widetilde{W}_{g_5}^T\dot{\widetilde{W}}_{g_5}$$
$$= -k_1z_1^2 - k_3z_3^2 - k_4z_4^2 + z_4z_5 + z_1w_1 - k_2\xi_1^2 + \xi_1w_2 - k_2\xi_2^2 + \xi_2w - \xi_2z_4$$
$$- \Delta\tilde{a}_{12}\Delta\dot{\hat{a}}_{12} - \widetilde{W}_{g_5}^T\dot{\widetilde{W}}_{g_5} + \xi_2(W_{f_2}^TS_{f_2} + \delta_{g_5})\text{sat}(u) + \Delta\tilde{a}_{12}(\beta_2 + z_1z_2) +$$
$$(\bar{a}_{12} + \Delta\hat{a}_{12})z_1\gamma_1 = -k_1z_1^2 - k_3z_3^2 - k_4z_4^2 - k_2\xi_1^2 - k_2\xi_2^2 + z_1w_1 + \xi_1w_2 + \xi_2$$
$$[w + \delta_{f_2} + \delta_{g_5}\text{sat}(u)] + z_4\eta_2 + (\bar{a}_{12} + \Delta\hat{a}_{12})z_1\eta_1 + \Delta\tilde{a}_{12}(\beta_1 + z_1z_2 - \dot{\hat{a}}_{12}) +$$
$$\widetilde{W}_{f_2}^T(\xi_2S_{f_2} - \dot{\hat{W}}_{f_2}) + \widetilde{W}_{g_5}^T[\xi_2S_{g_5}\text{sat}(u) - \dot{\hat{W}}_{g_5}] \tag{7-71}$$

取自适应控制率为

$$\begin{cases} \Delta\dot{\hat{a}}_{12} = \beta_2 + z_1z_2 \\ \dot{\hat{W}}_{f_2} = \xi_2S_{f_2} \\ \dot{\hat{W}}_{g_5} = \xi_2S_{g_5}\text{sat}(u) \end{cases} \tag{7-72}$$

代入式（7-71）可得

$$\dot{V}_7 = -k_1z_1^2 - k_3z_3^2 - k_4z_4^2 - k_2\xi_1^2 - k_2\xi_2^2 + z_1[w_1 + (\bar{a}_{12} + \Delta\hat{a}_{12})\eta_1] + z_4\eta_2 +$$
$$\xi_1w_2 + \xi_2[w + \delta_{f_2} + \delta_{g_5}\text{sat}(u)] \tag{7-73}$$

由式（7-67）可得 η_1 和 η_2 是由饱和偏差 q_1 和 q_2 决定的变量，且其有界，因此不妨将 η_1 和 η_2 也看作扰动。进一步将式（7-73）中的 $w_1 + (\bar{a}_{12} + \Delta\hat{a}_{12})\eta_1$ 和 $w + \delta_{f_2} + \delta_{g_5}\text{sat}(u)$ 看作扰动，并令 $W_5 = w_1 + (\bar{a}_{12} + \Delta\hat{a}_{12})\eta_1$，$W_6 = w + \delta_{f_2} + \delta_{g_5}\text{sat}(u)$，则当不考虑系统中存在的扰动时 $\dot{V}_7 < 0$，系统稳定。

当考虑系统中的扰动时，注意到对于实数 $\gamma > 0$，有 $z_1w_5 \leqslant \frac{1}{\gamma^2}z_1^2 + \gamma^2w_5^2$，$z_4\eta_2 \leqslant \frac{1}{\gamma^2}z_4^2 + \gamma^2\eta_2^2$，$\xi_1w_2 \leqslant \frac{1}{\gamma^2}\xi_1^2 + \gamma^2w_2^2$，$\xi_2w_6 \leqslant \frac{1}{\gamma^2}\xi_2^2 + \gamma^2w_6^2$，因此有

$$\dot{V}_6 \leqslant -\left(k_1 - \frac{1}{\gamma^2}\right)z_1^2 - \left(k_2 - \frac{1}{\gamma^2}\right)\xi_1^2 - k_3z_3^2 - \left(k_4 - \frac{1}{\gamma^2}\right)z_4^2 -$$
$$\left(k_5 - \frac{1}{\gamma^2}\right)\xi_2^2 + \gamma^2(w_5^2 + w_2^2 + w_6^2) \tag{7-74}$$

实际上，可以通过合理选择参数使得 $k_1 - \frac{1}{\gamma^2} > 0$，$k_2 - \frac{1}{\gamma^2} > 0$，$k_4 - \frac{1}{\gamma^2} > 0$，$k_5 - \frac{1}{\gamma^2} > 0$，则有

$$\int_0^\infty z_3^2 \mathrm{d}t \leqslant \int_0^\infty \left\{ \left(k_1 - \frac{1}{\gamma^2}\right) z_1^2 + \left(k_2 - \frac{1}{\gamma^2}\right) \xi_1^2 + k_3 z_3^2 + \left(k_4 - \frac{1}{\gamma^2}\right) z_4^2 + \left(k_5 - \frac{1}{\gamma^2}\right) \xi_2^2 \right\} \mathrm{d}t$$

$$\leqslant V_6(0) + \gamma^2 \int_0^\infty (w_5^2 + w_2^2 + w_6^2 + \eta_2^2) \mathrm{d}t$$

$$(7\text{-}75)$$

因此，系统稳定且位移误差 z_3 对于扰动的 L_2 增益小于 γ。

7.3.5　考虑输入饱和的自适应模糊控制器仿真分析

本小节将变频数字液压分级压力控制系统与上一小节采用自适应滑模控制的变频数字液压系统进行对比仿真，从跟踪性能和泵输出功率两个方面综合比较两种设计方案的性能。

仿真中的负载力变化规律为 $F_\mathrm{L} = 5000 + 600\cos(t)$，跟踪信号为 $r(t) = 0.2\sin(3t)$，其余系统参数与上一小节相同。

本小节控制器按照式（7-69），自适应控制率按照式（7-72）。控制器参数为 $k_1 = 2$，$k_2 = 1$，$k_3 = 4000$，$k_4 = 500$，$k_5 = 2$，$\gamma = 1$。

逼近 S_{f_2}、S_{g_5} 为逼近基函数第 j 个元素定义为

$$S_{\mathrm{f}_2}^i = S_{\mathrm{g}_5}^i = \frac{\prod\limits_{i=1}^{5} \mu_{F_i^j}(x_i)}{\sum\limits_{j=1}^{3} \prod\limits_{i=1}^{5} \mu_{F_i^j}(x_i)} \qquad (7\text{-}76)$$

隶属度函数选择为高斯型，具体如下：

$\mu_{F_i^1}(x_i) = \exp[-(x_i + 0.2)^2]$，$\mu_{F_i^2}(x_i) = \exp[-(x_i + 0.1)^2]$，$\mu_{F_i^3}(x_i) = \exp(-x_i^2)$，$\mu_{F_i^4}(x_i) = \exp[-(x_i - 0.1)^2]$，$\mu_{F_i^5}(x_i) = \exp[-(x_i - 0.2)^2]$。

跟踪特性的仿真结果如图 7-7 所示。

由图 7-7 可以看出，变频数字液压系统在本小节所设计的分级压力控制方案、自适应模糊控制器及自适应律的作用下能够跟踪输入位移，并保持系统稳定。当跟踪正弦信号时，上一小节采用自适应滑模控制的变频数字液压系统相比，其跟踪位移误差稍大，相位滞后稍大，但均不明显，可以认为两种控制方案整体跟踪性能基本一致。由系统压力对比及负载力变化规律可以看出，采用自适应滑模控制的变频数字液压系统的系统压力基本保持在设定值附近，而采用本小节提出的自适应模糊分级压力控制方案的变频数字液压系统，其系统压力会随着负载力的变化而改变，从而使系统输出压力尽可能匹配负载力。运行至 1.5s 和 4.8s 左右时，由于负载力的变化，分级系统压力设定值也开始改变，此时系统压力能够快速跟踪设定值的变化，并稳定在设定值附近。

自适应模糊分级压力控制与自适应滑模控制输出功率和功对比如图 7-8 所示。由图 7-8 中泵输出功率和功的对比可得，泵输出功率减小主要是在 1.5 ~ 4.8s 之间

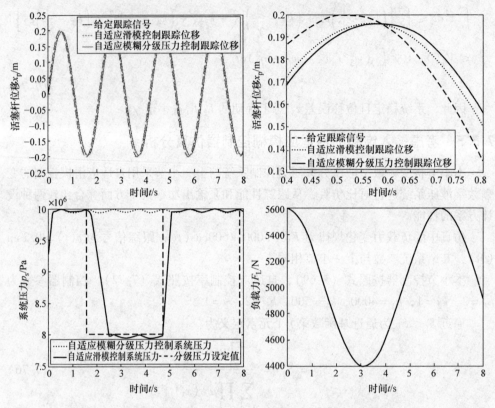

图 7-7　自适应模糊分级压力控制与自适应滑模控制系统状态对比

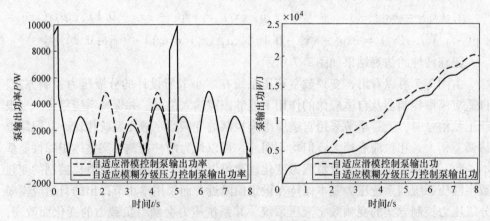

图 7-8　自适应模糊分级压力控制与自适应滑模控制输出功率和功对比

的时间段内，此时的系统分级压力设定值从 10MPa 下降到 8MPa。当系统分级压力设定值从 8MPa 上升到 10MPa 时泵的输出功率会突然增大。泵的输出功率伴随系统分级压力设定值的变化呈现出较大的波动。但变频数字液压分级压力控制系统的泵输出功更小。

综合以上仿真试验结果，可以得到如下结论：设计的自适应模糊控制器及自适应律能够保证系统稳定；设计的针对未知负载力的分级压力控制方案动态特性较变频数字液压系统稍差，泵输出功率的波动较大，但是整体输出功较少，具有更好的节能效果。

7.4　小结

本章分别提出变频数字液压系统原理及针对未知负载力的分级压力控制方案，并为其分别设计了相应的自适应控制器及自适应律，具体内容及结论如下：

1）采用变频器与定量泵组合的液压源组合形式来调节泵的输出功率并由此提出了变频数字液压系统及其工作原理。推导了变频数字液压系统非线性数学模型，分析了模型内部的不确定参数。

2）将自适应控制与滑模控制相结合，为变频数字液压系统设计了自适应滑模控制器及参数自适应律，引入饱和辅助控制系统，证明了输入饱和前提下的系统鲁棒稳定性。通过仿真试验对比了变频数字液压系统和普通恒压系统的动态特性和能耗，结果表明：设计的自适应滑模控制器及参数自适应律能够使变频数字液压系统保持稳定；与恒压系统相比，变频数字液压系统跟踪性能稍差，但节能效果明显；在一定范围内适当降低系统压力设定值，对动态特性的影响很小，然而却能够大幅降低系统的能耗。

3）针对未知负载力，进一步设计了分级压力控制方案，使得系统压力设定值能够跟随负载力的变化而改变，尽量匹配负载力。根据万能逼近原理，用高精度模糊系统逼近系统中的不确定函数，利用反步法逐步推导系统控制输入表达式，引入饱和辅助控制系统，最后通过李雅普诺夫函数推导自适应参数及模糊逼近权重向量的自适应律，并完成稳定性证明。对比仿真试验表明：设计的自适应模糊控制器及自适应律能够保证变频数字液压分级压力控制系统稳定；设计的针对未知负载力的分级压力控制方案动态特性较变频数字液压系统稍差，但是功率损耗少，具有更好的节能效果。

参 考 文 献

[1] 徐世杰. 数字液压鲁棒控制技术及其在减摇鳍中的应用 [D]. 武汉：海军工程大学，2016.

[2] 穆太青. 变频电机泵控制策略的研究 [D]. 秦皇岛：燕山大学，2009.

[3] NAKANO K, TANAKA Y, TODA Y. Energy – saving type electro – hydraulic servo system [J]. Transactions of The Japan Hydraulics & Pneumatics Society, 1987, 18 (2)：154 –161.

[4] YUTAKA T, TETSUJI M, KAZOO N. Speed and displacement control of pump system for energy savings [C]. The 2nd International Symposium on Fluid Power Transmission and Control. Shang-

hai, Shanghai Science&Technology Literature Publishing House, 1995: 12 – 16.

[5] 李小波. 采用新型电液比例集成阀的液压电梯速度控制系统的研究 [D]. 杭州: 浙江大学, 2002.

[6] FRAZIN M. Use of a variable frequency motor controller to drive AC motor pumps on aircraft hydraulic systems [C]. Aerospace Power Proceedings of the Inter Society Energy Conversion Engineering Conference. Piscataway, IEEE, 1995: 19 – 24.

[7] 徐兵. 采用蓄压器的液压电梯变频节能控制方案系统研究 [D]. 杭州: 浙江大学, 2001.

[8] 罗勇武, 黎勉, 查晓春, 等. 交流变频容积调速回路的分析与研究 [J]. 机床与液压, 1997 (5): 9 – 10.

[9] 权龙, Heludser S. 基于可调速电动机的高动态节能型电液动力源 [J]. 中国机械工程, 2003 (7): 606 – 609.

[10] 田原, 吴盛林. 无阀电液伺服系统理论研究及试验 [J]. 中国机械工程, 2003 (21): 1822 – 1823.

[11] 彭天好, 徐兵, 杨华勇. 变频液压技术的发展及研究综述 [J]. 浙江大学学报, 2004, 38 (2): 215 – 221.

[12] KIM C S, LEE C O. Speed control of an overcentered variable – displacement hydraulic motor with a load – torque observer [J]. Control Engineering Practice, 1996 (11): 1563 – 1570.

[13] 金波, 沈海阔, 陈鹰. 基于能量调节的电液变转速液压缸位置控制系统 [J]. 机械工程学报, 2008, 44 (1): 25 – 30.

[14] SHEN H K, JIN B, CHEN Y. Research on variable speed electro – hydraulic control system based on energy regulating strategy [C]. ASME International Mechanical Engineering Congress and Exposition. Chicago, 2006: 141 – 151.

[15] SHEN H K, JIN B, YU Y, et al. Study on energy – saving variable speed hydraulic control system [C]. Proceedings of the International Conference on Advanced Design and Manufacture, Haerbin, 2006: 435 – 440.

[16] 沈海阔. 基于能量调节的电液变转速控制系统研究 [D]. 杭州: 浙江大学, 2007.

[17] 许明, 金波, 沈海阔, 等. 基于能量调节的电液变转速控制系统中能量调节器的分析与设计 [J]. 机械工程学报, 2010, 46 (4): 25 – 30.

[18] 许明. 基于能量调节的电液变转速马达驱动系统研究 [D]. 杭州: 浙江大学, 2009.

[19] 付永领, 张卫卫, 纪友哲. 电机泵阀协调控制作动系统的建模及仿真 [J]. 机床与液压, 2010, 38 (11): 72 – 76.

[20] 纪友哲, 祁晓野, 裴丽华, 等. 泵阀联合 EHA 效率设计仿真分析 [J]. 北京航空航天大学学报, 2008, 34 (7): 786 – 789.

[21] 付永领, 张卫卫, 纪友哲. 电机泵阀作动系统的分级压力控制及效率分析 [J]. 北京航空航天大学学报, 2011, 37 (12): 1552 – 1556.

[22] 申炎炎, 李万莉, 颜荣庆, 等. 阀泵并联控制系统输出流量的最佳分配 [J]. 交通科学与工程, 2002, 18 (3): 22 – 26.

[23] 赵磊生. 容积节流联合调速液压系统静动态特性数字仿真研究 [D]. 南宁: 广西大学, 2005.

[24] 权龙，许小庆，李敏，等. 电液伺服位置、压力复合控制原理的仿真及试验 [J]. 机械工程学报，2008，44（9）：100 – 105.

[25] 许小庆，权龙，王永进. 伺服阀流量动态校正改善电液位置系统性能的理论和方法 [J]. 机械工程学报，2009，45（8）：95 – 100.

[26] 陈辉，纪友哲，祁晓野，等. 前馈模糊免疫算法在泵阀联合 EHA 压力环控制中的应用 [J]. 四川大学学报，2010，42（3）：184 – 188.

[27] RAJAMANI R，HEDRICK J KARL. Adaptive Observers for Active Automotive Suspensions：Theory and Experiments [J]. IEEE Transactions on Control Systems Technology，1995，3（1）：86 – 93.

[28] 付永领，张卫卫，纪友哲. 电机泵阀作动系统的分级压力控制及效率分析 [J]. 北京航空航天大学学报，2011，37（12）：1552 – 1556.

[29] 石胜利. 具有输入饱和的电液伺服位置系统鲁棒控制研究 [D]. 秦皇岛：燕山大学，2014.

第8章 数字液压负载敏感系统非线性鲁棒控制

负载敏感技术就是将负载所需的压力、流量与泵源提供的压力流量匹配起来以最大程度提高系统效率的一种技术。普通的变频液压系统只有流量随负载变化，压力基本维持在设定值。本章提出的变频数字液压分级压力系统中的系统压力能够粗略地跟随负载力的变化而改变。与上述两种控制方式相比，负载敏感系统的系统压力能够更加灵敏地跟随负载的变化，因而系统效率更高。

为进一步降低数字液压系统的能耗，将负载敏感技术与数字液压技术相结合，提出数字液压负载敏感系统，并利用电控方式取代传统的液控方式实现泵与阀的联合控制。本章将在数字液压负载敏感系统非线性建模的基础上，研究负载敏感压力设定值对系统动态特性和能耗特性的影响以及控制器的设计。最后通过对比仿真验证负载敏感控制的动态特性和节能效果。

8.1 数字液压负载敏感系统非线性建模及负载敏感压力设定值研究

本节从数字液压负载敏感系统原理入手，推导数字液压负载敏感系统的数学模型，研究负载敏感压力设定值对系统动态特性和效率的影响。

8.1.1 数字液压负载敏感系统工作原理

数字液压负载敏感系统结构如图 8-1 所示，其工作原理如下：数字液压缸不工作处于待机时，负载压力为 0，控制器控制电磁溢流阀开启压力为 Δp，变频器输出保证泵正常工作的最低频率的交变电流，此时液压泵输出的流量全部通过溢流阀流回油箱，系统压力保持在溢流阀设定压力 Δp。液压缸工作时，控制器根据接收到的信号驱动变频器，从而带动电动机及定量泵为系统供油，使系统流量尽量匹配负载所需，同时使系统压力始终保持比负载压力高 Δp；数字液压阀也接受控制器指令打开或关闭，从而控制数字液压缸的动作；系统中的溢流阀作为安全阀使用，一般情况下并不打开。因此，液压缸工作时系统压力主要由变频器来进行调解，溢流阀主要作为安全阀使用，保证系统压力不会过高。

负载敏感数字液压系统中的控制不仅有位置环，还存在压力环，其详细控制方框图如图 8-2 所示。与变频数字液压系统相比，其主要不同在于压力环的控制。负载敏感系统对压力的控制要求是系统压力始终高于负载压力一个固定值。采用的数字液压缸是非对称单出杆液压缸，液压缸两腔室压力不同。负载敏感技术只能对其

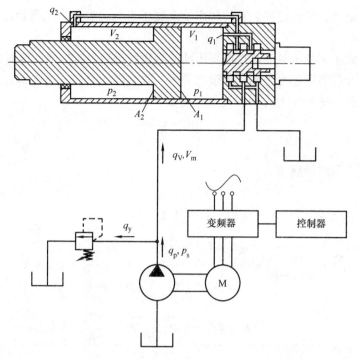

图 8-1　数字液压负载敏感系统结构

中一个腔室进行负载敏感，这就对液压系统控制器的设计以及稳定性的证明都造成了困难。另外压力环与位置环存在着耦合现象，使其相互影响进一步加大了控制器的设计难度。因此需建立其数学模型，并在此基础之上进行深入研究。

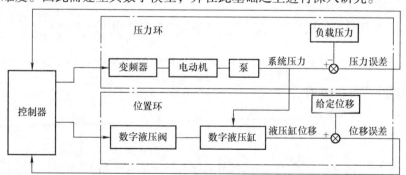

图 8-2　数字液压负载敏感系统控制方框图

8.1.2　数字液压负载敏感系统非线性模型

由于本章所采用的系统硬件构成和第 7 章完全相同，只是在控制方式上有所区别。元器件的建模已在第 7 章完成，本章不再赘述。

本章定义了数字液压缸负载敏感腔压力，并使系统压力对定义的负载敏感腔压力进行负载敏感，即通过控制泵的转速使系统压力与负载压力之间始终保持 Δp 并使系统稳定。

由于负载敏感技术只能对接通高压油的液压腔进行负载敏感，这就导致在数字液压缸正向及反向运动当中的负载敏感腔不一致。因此分为 $x_v \geqslant 0$ 和 $x_v < 0$ 两个方向来定义负载敏感腔压力为 p_1，其表达式如下：

$$p_1 = \begin{cases} p_1 & x_v \geqslant 0 \\ p_2 & x_v < 0 \end{cases} \tag{8-1}$$

下面定义负载敏感压力 p_{sl}：

$$p_{sl} = p_s - p_1 \tag{8-2}$$

由第 7 章的式（7-7）可知当 $x_v \geqslant 0$ 时有

$$\frac{q_2}{q_1} = \sqrt{\frac{p_2 - p_0}{p_s - p_1}} = \frac{A_2 \dot{x}_p + C_i(p_1 - p_2) - C_e p_2 - \dfrac{V_2}{\beta_e}\dot{p}_2}{A_1 \dot{x}_p + \dfrac{V_1}{\beta_e}\dot{p}_1 + C_i(p_1 - p_2)} = \varepsilon + \Delta\varepsilon \tag{8-3}$$

由于式中 $p_0 = 0$，$\Delta\varepsilon = \dfrac{C_i(p_1 - p_2) - C_e p_2 - \dfrac{V_2}{\beta_e}\dot{p}_2 - \varepsilon\left[\dfrac{V_1}{\beta_e}\dot{p}_1 + C_i(p_1 - p_2)\right]}{A_1 \dot{x}_p + \dfrac{V_1}{\beta_e}\dot{p}_1 + C_i(p_1 - p_2)}$。$\Delta\varepsilon$ 分

子是由泄漏项和压缩项组成,远小于分母中的流量项,可认为 $|\Delta\varepsilon| \leqslant 0.01$。因此有

$$p_2 = (\varepsilon + \Delta\varepsilon)^2 p_{sl} \tag{8-4}$$

将式（8-4）代入式（8-3）可以得到当 $x_v \geqslant 0$ 时有

$$p_1 = p_1 = \varepsilon(\varepsilon + \Delta\varepsilon)^2 p_{sl} + \frac{1}{A_1}(M\ddot{x}_p + k_s x_p + B_p \dot{x}_p + F_L)$$

$$= \varepsilon(\varepsilon + \Delta\varepsilon)^2 p_{sl} + \frac{1}{A_1}(M\ddot{x}_p + k_s x_p + B_p \dot{x}_p + F_L + M\ddot{r} + k_s r + B_p \dot{r}) \tag{8-5}$$

同理可得当 $x_v < 0$ 有

$$p_1 = \frac{p_{sl}}{(\varepsilon + \Delta\varepsilon)^2} \tag{8-6}$$

$$p_1 = p_2 = \frac{p_{sl}}{\varepsilon(\varepsilon + \Delta\varepsilon)^2} - \frac{1}{A_2}(M\ddot{x}_p + k_s x_p + B_p \dot{x}_p + F_L)$$

$$= \frac{p_{sl}}{\varepsilon(\varepsilon + \Delta\varepsilon)^2} - \frac{1}{A_2}(M\ddot{x}_p + k_s x_p + B_p \dot{x}_p + F_L + M\ddot{r} + k_s r + B_p \dot{r}) \tag{8-7}$$

接下来分 $x_v \geqslant 0$ 和 $x_v < 0$ 两个方向来推导负载敏感压力 p_{sl} 的动态方程。当 $x_v \geqslant 0$ 时,将式（7-6）和式（7-7）代入式（8-2）可得

$$\dot{p}_{sl} = \frac{\beta_e}{V_m}\left(\frac{\pi}{30}D_p n_p \eta_v - C_p p_s - q_y - q_1\right) - \dot{p}_1$$

$$= \frac{\pi\beta_e}{30V_m}D_p n_p \eta_v - \frac{\beta_e}{V_m}A_1 \dot{x}_p - \left(\frac{V_1}{V_m}+1\right)\dot{p}_1 - \frac{\beta_e}{V_m}\left[C_p p_s + C_i(p_1-p_2) + q_y\right]$$

$$(8\text{-}8)$$

同理，当 $x_v < 0$ 时，将式（7-6）和式（7-7）代入式（8-2）可得

$$\dot{p}_{sl} = \frac{\beta_e}{V_m}\left(\frac{\pi}{30}D_p n_p \eta_v - C_p p_s - q_y + q_2\right) - \dot{p}_2$$

$$= \frac{\pi\beta_e}{30V_m}D_p n_p \eta_v + \frac{\beta_e}{V_m}A_2 \dot{x}_p - \left(\frac{V_2}{V_m}+1\right)\dot{p}_2 + \frac{\beta_e}{V_m}\left[C_i(p_1-p_2) - C_e p_2 - C_p p_s - q_y\right]$$

$$(8\text{-}9)$$

负载敏感控制的目标是控制 p_{sl} 最终达到 Δp，不妨设负载敏感压力与设定的压力差之间的误差为：$p_{slc} = p_{sl} - \Delta p$，则有 $\dot{p}_{slc} = \dot{p}_{sl}$。因此控制目标变为使 p_{slc} 趋近于零。

因此下面同样分 $x_v \geq 0$ 和 $x_v < 0$ 两个方向来推导转速 n_p 同 p_{sl} 之间的关系。由第 7 章式（7-4）可得

$$\dot{n}_p = \frac{30}{\pi J_T}\left(T_e - D_p \eta_v p_{sl} - D_p \eta_v p_1 - \frac{\pi}{30}B_T n_p\right)$$

$$(8\text{-}10)$$

当 $x_v \geq 0$ 时，将式（8-5）代入式（8-10）可得

$$\dot{n}_p = \frac{45 m_p}{2\pi J_T R_2}K_{uf}^2 K_{int} u_c - \left(\frac{3 m_p^2}{4\pi^2 J_T R_2}K_{uf}^2 + \frac{B_T}{J_T}\right)n_p - \frac{30 D_p \eta_v}{\pi J_T}\left[1 + \varepsilon(\varepsilon + \Delta\varepsilon)^2\right]p_{sl}$$

$$- \frac{30 D_p \eta_v}{\pi J_T A_1}(M\ddot{e} + K_s e + B_p \dot{e}) - \frac{30 D_p \eta_v}{\pi J_T A_1}(F_L + M\ddot{r} + k_s r + B_p \dot{r})$$

$$(8\text{-}11)$$

$$= \frac{45 m_p}{2\pi^2 J_T R_2}K_{uf}^2 K_{int} u_c - \left(\frac{3 m_p^2}{4\pi^2 J_T R_2}K_{uf}^2 + \frac{B_T}{J_T}\right)n_p - \frac{30 D_p \eta_v}{\pi J_T}\left[1 + \varepsilon(\varepsilon + \Delta\varepsilon)^2\right]p_{slc}$$

$$- \frac{30 D_p \eta_v}{\pi J_T A_1}(M\ddot{e} + K_s e + B_p \dot{e}) - \frac{30 D_p \eta_v}{\pi J_T A_1}(F_L + M\ddot{r} + k_s r + B_p \dot{r}) - \frac{30 D_p \eta_v}{\pi J_T}$$

$$\left[1 + \varepsilon(\varepsilon + \Delta\varepsilon)^2\right]\Delta p$$

当 $x_v < 0$ 时，将式（8-7）代入式（8-10）可得

$$\dot{n}_p = \frac{45 m_p}{2\pi^2 J_T R_2}K_{uf}^2 K_{int} u_c - \left(\frac{3 m_p^2}{4\pi^2 J_T R_2}K_{uf}^2 + \frac{B_T}{J_T}\right)n_p - \frac{30 D_p \eta_v}{\pi J_T}\left[1 + \frac{1}{\varepsilon(\varepsilon + \Delta\varepsilon)^2}\right]p_{sl}$$

$$+ \frac{30 D_p \eta_v}{\pi J_T A_2}(M\ddot{e} + K_s e + B_p \dot{e}) + \frac{30 D_p \eta_v}{\pi J_T A_2}(F_L + M\ddot{r} + k_s r + B_p \dot{r})$$

$$= \frac{45 m_p}{2\pi^2 J_T R_2}K_{uf}^2 K_{int} u_c - \left(\frac{3 m_p^2}{4\pi^2 J_T R_2}K_{uf}^2 + \frac{B_T}{J_T}\right)n_p - \frac{30 D_p \eta_v}{\pi J_T}\left[1 + \frac{1}{\varepsilon(\varepsilon + \Delta\varepsilon)^2}\right]p_{slc}$$

$$+ \frac{30 D_p \eta_v}{\pi J_T A_1}(M\ddot{e} + K_s e + B_p \dot{e}) + \frac{30 D_p \eta_v}{\pi J_T A_1}(F_L + M\ddot{r} + k_s r + B_p \dot{r})$$

$$-\frac{30D_{\mathrm{p}}\eta_{\mathrm{v}}}{\pi J_{\mathrm{T}}}\Big[1+\frac{1}{\varepsilon(\varepsilon+\Delta\varepsilon)^2}\Big]\Delta p \tag{8-12}$$

下面结合数字液压缸的位置跟踪控制模型，推导基于数字液压负载敏感系统非线性模型。

在对于负载压力 p_{sl} 的闭环控制中，实际上将 p_1 看作是一个扰动，通过控制系统压力 p_{s} 来使 p_{sl} 最终趋近于设定值，即 $p_{\mathrm{slc}}\to0$。基于此，可将式（8-8）及式（8-9）中与 p_1、p_2 相关的项看作是扰动的一部分。

令 $x=[\,x_1,\ x_2,\ x_3,\ x_4,\ x_5\,]^{\mathrm{T}}=[\,p_{\mathrm{slc}},\ n_{\mathrm{p}},\ e,\ \dot{e},\ \ddot{e}\,]^{\mathrm{T}}$，$u=[\,u_{\mathrm{c}},\ u\,]^{\mathrm{T}}$，$w=[\,w_6,\ w_7,\ w\,]^{\mathrm{T}}$，将式（8-8）、式（8-9）、式（8-11）、式（8-12）写为如下形式：

$$\dot{x}=Ax+gu+B_1 w \tag{8-13}$$

$$A=\begin{cases}A_1 & x_{\mathrm{v}}\geqslant0\\ A_2 & x_{\mathrm{v}}<0\end{cases}$$

$$A_1=\begin{bmatrix}
0 & \dfrac{\pi\beta_{\mathrm{e}}}{30V_{\mathrm{m}}}\eta_{\mathrm{v}}D_{\mathrm{p}} & 0 & -\dfrac{\beta_{\mathrm{e}}}{V_{\mathrm{m}}}A_1 & 0\\[3mm]
-\dfrac{30D_{\mathrm{p}}\eta_{\mathrm{v}}}{\pi J_{\mathrm{T}}}\big[1+\varepsilon(\varepsilon+\Delta\varepsilon)^2\big] & -\dfrac{3m_{\mathrm{p}}^2}{4\pi^2 J_{\mathrm{T}}R_2}K_{\mathrm{uf}}^2-\dfrac{B_{\mathrm{T}}}{J_{\mathrm{T}}} & -\dfrac{30D_{\mathrm{p}}\eta_{\mathrm{v}}k_{\mathrm{s}}}{\pi J_{\mathrm{T}}A_1} & -\dfrac{30D_{\mathrm{p}}\eta_{\mathrm{v}}B_{\mathrm{p}}}{\pi J_{\mathrm{T}}A_1} & -\dfrac{30D_{\mathrm{p}}\eta_{\mathrm{v}}M}{\pi J_{\mathrm{T}}A_1}\\[3mm]
0 & 0 & 0 & 1 & 0\\[1mm]
0 & 0 & 0 & 0 & 1\\[1mm]
0 & 0 & \tau_1 & \tau_2 & \tau_3
\end{bmatrix}$$

$$A_2=\begin{bmatrix}
0 & \dfrac{\pi\beta_{\mathrm{e}}}{30V_{\mathrm{m}}}\eta_{\mathrm{v}}D_{\mathrm{p}} & 0 & \dfrac{\beta_{\mathrm{e}}}{V_{\mathrm{m}}}A_2 & 0\\[3mm]
-\dfrac{30D_{\mathrm{p}}\eta_{\mathrm{v}}}{\pi J_{\mathrm{T}}}\Big[1+\dfrac{1}{\varepsilon(\varepsilon+\Delta\varepsilon)^2}\Big] & -\dfrac{3m_{\mathrm{p}}^2}{4\pi^2 J_{\mathrm{T}}R_2}K_{\mathrm{uf}}^2-\dfrac{B_{\mathrm{T}}}{J_{\mathrm{T}}} & \dfrac{30D_{\mathrm{p}}\eta_{\mathrm{v}}k_{\mathrm{s}}}{\pi J_{\mathrm{T}}A_2} & \dfrac{30D_{\mathrm{p}}\eta_{\mathrm{v}}B_{\mathrm{p}}}{\pi J_{\mathrm{T}}A_2} & \dfrac{30D_{\mathrm{p}}\eta_{\mathrm{v}}M}{\pi J_{\mathrm{T}}A_2}\\[3mm]
0 & 0 & 0 & 1 & 0\\[1mm]
0 & 0 & 0 & 0 & 1\\[1mm]
0 & 0 & \tau_1 & \tau_2 & \tau_3
\end{bmatrix}$$

$$\begin{bmatrix}
0 & 0\\[1mm]
\dfrac{45m_{\mathrm{p}}}{\pi^2 J_{\mathrm{T}}R_2}K_{\mathrm{uf}}^2\cdot K_{\mathrm{int}} & 0\\[3mm]
0 & 0\\[1mm]
0 & 0\\[1mm]
0 & \dfrac{A_1}{M}(g_3+\varepsilon g_4)
\end{bmatrix},\ B_1=\begin{bmatrix}
1 & 0 & 0\\
0 & 1 & 0\\
0 & 0 & 0\\
0 & 0 & 0\\
0 & 0 & 1
\end{bmatrix}$$

$$
w_6 = \begin{cases}
-\left(\dfrac{V_1}{V_m}+1\right)\dot{p}_1 - \dfrac{\beta_e}{V_m}\left[C_p p_s + C_i(p_1-p_2)+q_y\right] & x_v \geqslant 0 \\[2mm]
\left(\dfrac{V_2}{V_m}-1\right)\dot{p}_2 + \dfrac{\beta_e}{V_m}\left[C_e p_2 - C_i(p_1-p_2)-C_p p_s - q_y\right] & x_v < 0
\end{cases}
\tag{8-14}
$$

$$
w_7 = \begin{cases}
-\dfrac{30D_p\eta_v}{\pi J_T A_1}(F_L + M\ddot{r}+k_s r + B_p \dot{r}) - \dfrac{30D_p\eta_v}{\pi J_T}\left[1+\varepsilon(\varepsilon+\Delta\varepsilon)^2\right]\Delta p & x_v \geqslant 0 \\[2mm]
\dfrac{30D_p\eta_v}{\pi J_T A_2}(F_L + M\ddot{r}+k_s r + B_p \dot{r}) - \dfrac{30D_p\eta_v}{\pi J_T}\left[1+\dfrac{1}{\varepsilon(\varepsilon+\Delta\varepsilon)^2}\right]\Delta p & x_v < 0
\end{cases}
$$

至此，推导得到了数字液压负载敏感系统非线性模型。该模型分为正反两个运动方向，不同方向上的模型差异较大。与第 7 章变频数字液压系统非线性模型式 (7-10) 相比，式 (8-14) 中的系统矩阵显然更加复杂，增加了控制器的设计难度。

8.1.3　数字液压负载敏感系统非线性模型中的不确定参数分析

在第 7 章出现的不确定参数本章不再赘述，下面推导本章新出现的不确定参数及其范围。本章主要出现的不确定参数为 $\Delta\varepsilon$、$\dfrac{30D_p\eta_v M}{\pi J_T A_1}$。由上一小节不确定参数 $\Delta\varepsilon$ 的定义式可知其分子远远小于分母，不妨设其范围为：$|\Delta\varepsilon|\leqslant 0.05$。而对于不确定参数 $\dfrac{30D_p\eta_v M}{\pi J_T A_1}$，则有如下表达式：

$$
\frac{30D_p\eta_v M}{\pi J_T A_1} = \frac{30D_p\eta_v \overline{M}}{\pi J_T A_1} - \frac{\Delta_1}{1+\Delta_1}\frac{30D_p\eta_v \overline{M}}{\pi J_T A_1}, \quad \left|\frac{\Delta_1}{1+\Delta_1}\frac{30D_p\eta_v \overline{M}}{\pi J_T A_1}\right| \leqslant \frac{a_1}{1+a_1}\frac{30D_p\eta_v \overline{M}}{\pi J_T A_1}
\tag{8-15}
$$

式 (8-13) 中矩阵 A 的确定参数矩阵 $\overline{A}$ 和不确定参数矩阵 ΔA 分别为

$$
\overline{A}_1 = \begin{bmatrix}
0 & \dfrac{\pi\overline{\beta}_e}{30\overline{V}_m}\eta_v D_p & 0 & -\dfrac{\overline{\beta}_e}{\overline{V}_m}A_1 & 0 \\[3mm]
-\dfrac{30D_p\eta_v}{\pi J_T}(1+\varepsilon^3) & -\dfrac{3m_p^2}{4\pi^2 J_T R_2}K_{uf}^2 - \dfrac{B_T}{J_T} & -\dfrac{30D_p\eta_v k_s}{\pi J_T A_1} & -\dfrac{30D_p\eta_v B_p}{\pi J_T A_1} & -\dfrac{30D_p\eta_v \overline{M}}{\pi J_T A_1} \\[3mm]
0 & 0 & 0 & 1 & 0 \\[2mm]
0 & 0 & 0 & 0 & 1 \\[2mm]
0 & 0 & \overline{\tau}_1 & \overline{\tau}_2 & \overline{\tau}_3
\end{bmatrix}
$$

$$\Delta A_1 = \begin{bmatrix} 0 & \left(\dfrac{1+\Delta_2}{1+\Delta_4}-1\right)\dfrac{\pi\bar{\beta}_e}{30\bar{V}_m}\eta_v D_p & 0 & -\left(\dfrac{1+\Delta_2}{1+\Delta_4}-1\right)\dfrac{\pi\bar{\beta}_e}{30\bar{V}_m}A_1 & 0 \\[2mm] -\dfrac{30D_p\eta_v}{\pi J_T}\varepsilon\,(\Delta\varepsilon^2+2\varepsilon\cdot\Delta\varepsilon) & 0 & 0 & 0 & \dfrac{\Delta_1}{1+\Delta_1}\cdot\dfrac{30D_p\eta_v\bar{M}}{\pi J_T A_1} \\[2mm] 0 & 0 & 0 & 0 & 0 \\ 0 & 0 & 0 & 0 & 0 \\ 0 & 0 & \Delta\tau_1 & \Delta\tau_2 & \Delta\tau_3 \end{bmatrix}$$

$$\bar{A}_2 = \begin{bmatrix} 0 & \dfrac{\pi\bar{\beta}_e}{30\bar{V}_m}\eta_v D_p & 0 & \dfrac{\bar{\beta}_e}{\bar{V}_m}A_2 & 0 \\[2mm] -\dfrac{30D_p\eta_v}{\pi J_T}\left(1+\dfrac{1}{\varepsilon^3}\right) & -\dfrac{3m_p^2}{4\pi^2 J_T R_2}K_{uf}^2-\dfrac{B_T}{J_T} & \dfrac{30D_p\eta_v k_s}{\pi J_T A_2} & \dfrac{30D_p\eta_v B_p}{\pi J_T A_2} & \dfrac{30D_p\eta_v\bar{M}}{\pi J_T A_2} \\[2mm] 0 & 0 & 0 & 1 & 0 \\ 0 & 0 & 0 & 0 & 1 \\ 0 & 0 & \bar{\tau}_1 & \bar{\tau}_2 & \bar{\tau}_3 \end{bmatrix}$$

$$\Delta A_2 = \begin{bmatrix} 0 & \left(\dfrac{1+\Delta_2}{1+\Delta_4}-1\right)\dfrac{\pi\bar{\beta}_e}{30\bar{V}_m}\eta_v D_p & 0 & \left(\dfrac{1+\Delta_2}{1+\Delta_4}-1\right)\dfrac{\bar{\beta}_e}{\bar{V}_m}A_2 & 0 \\[2mm] \dfrac{30D_p\eta_v\Delta\varepsilon\,(\Delta\varepsilon+2\varepsilon)}{\pi J_T\varepsilon^2\,(\varepsilon+\Delta\varepsilon)^2} & 0 & 0 & 0 & -\dfrac{\Delta_1}{1+\Delta_1}\cdot\dfrac{30D_p\eta_v\bar{M}}{\pi J_T A_2} \\[2mm] 0 & 0 & 0 & 0 & 0 \\ 0 & 0 & 0 & 0 & 0 \\ 0 & 0 & \Delta\tau_1 & \Delta\tau_2 & \Delta\tau_3 \end{bmatrix}$$

$\Delta A_1 = F_8 F_9 + F_{10} F_{11} + F_{12} F_{13}$, $\Delta A_2 = F_8 F_{14} + F_{10} F_{15} + F_{12} F_{13}$,

$F_8 = \left[\left(\dfrac{1+\Delta_2}{1+\Delta_4}-1\right),\,0,\,0,\,0,\,0\right]_{1\times5}^T$,

$F_9 = \left[0,\,\dfrac{\pi\bar{\beta}_e}{30\bar{V}_m}\eta_v D_p,\,0,\,-\dfrac{\bar{\beta}_e}{\bar{V}_m}A_1,\,0\right]_{1\times5}$, $F_{10} = \left[0,\,\dfrac{30D_p\eta_v}{\pi J_T},\,0,\,0,\,0\right]_{1\times5}^T$,

$F_{11} = \left[-\varepsilon\,(\Delta\varepsilon^2+2\varepsilon\cdot\Delta\varepsilon),\,0,\,0,\,0,\,\dfrac{\Delta_1}{1+\Delta_1}\cdot\dfrac{\bar{M}}{A_1}\right]_{1\times5}$,

$F_{12} = [0,\,0,\,0,\,0,\,1]_{1\times5}^T$, $F_{13} = [0,\,0,\,\Delta\tau]_{1\times5}$,

$F_{14} = \left[0,\,\dfrac{\pi\bar{\beta}_e}{30\bar{V}_m}\eta_v D_p,\,0,\,-\dfrac{\bar{\beta}_e}{\bar{V}_m}A_2,\,0\right]_{1\times5}$,

$F_{15} = \left[\dfrac{\Delta\varepsilon(\Delta\varepsilon+2\varepsilon)}{\varepsilon^2\,(\varepsilon+\Delta\varepsilon)^2},\,0,\,0,\,0,\,-\dfrac{\Delta_1}{1+\Delta_1}\cdot\dfrac{\bar{M}}{A_2}\right]_{1\times5}$

首先注意到在式（8-12）输入矩阵中含有非线性项 $\dfrac{A_1}{M}$（$g_3 + \varepsilon g_4$），为消除式（8-12）控制输入系数中含有的非线性项，可取控制量 u 为如下形式：

$$u = \frac{\overline{M}}{A_1} \frac{u_2}{\overline{g_3 + \varepsilon g_4}} \tag{8-16}$$

式中，u_2 为新引入的变量，下面只需设计出 u_2 的表达式，根据式（8-16）即可得出控制量 u。令 $u_k = [u_c, u_2]^T$，将式（8-15）代入式（8-12）并将其改写为矩阵形式可得

$$\dot{x} = Ax + B_2 u_k + B_1 w \tag{8-17}$$

$$B_2 = \begin{bmatrix} 0 & 0 \\ \dfrac{45 m_p}{\pi^2 J_T R_2} K_{uf}^2 \cdot K_{int} & 0 \\ 0 & 0 \\ 0 & 0 \\ 0 & \dfrac{\overline{M}}{M} \cdot \dfrac{(g_3 + \varepsilon g_4)}{\overline{g_3 + \varepsilon\, g_4}} \end{bmatrix} \tag{8-18}$$

由式（8-18）可知矩阵 B_2 中也含有不确定参数，其确定参数部分和不确定参数部分分别为

$$\overline{B}_2 = \begin{bmatrix} 0 & 0 \\ \dfrac{45 m_p}{\pi^2 J_T R_2} K_{uf}^2 \cdot K_{int} & 0 \\ 0 & 0 \\ 0 & 0 \\ 0 & 1 \end{bmatrix}, \quad \Delta B_2 = \begin{bmatrix} 0 & 0 \\ 0 & 0 \\ 0 & 0 \\ 0 & 0 \\ 0 & \Delta b \end{bmatrix} = \Delta b \cdot \widetilde{B}_2, \quad \widetilde{B}_2 = \begin{bmatrix} 0 & 0 \\ 0 & 0 \\ 0 & 0 \\ 0 & 0 \\ 0 & 1 \end{bmatrix} \tag{8-19}$$

至此，已经完成了数字液压负载敏感系统非线性模型中不确定参数范围的推导，原有的含有不确定参数的非线性系统控制器设计问题转化为含有不确定参数的线性控制系统控制器设计问题。下一小节将为其设计控制器，使得在存在外部干扰和系统参数不确定的情况下，位置跟踪误差能够快速稳定地趋近于 0。

8.1.4　负载敏感压力设定值对系统动态特性的影响及能耗特性的影响

在设计控制器之前，需要给定负载敏感压力的设定值 Δp。那么 Δp 应如何选取，其取值又会对系统动态性能和效率产生什么样的影响？本小节针对此问题展开研究。在研究之前作出如下假设：

1）忽略负载敏感压力的动态控制过程，负载敏感压力 p_{sl} 的值始终等于 Δp，即 $p_{sl} = \Delta p$。

2）忽略泄漏和流体压缩性。

3）泵输出的流量全部用于推动负载，没有溢流损失。

作出上述假设的原因是，实际中的负载敏感压力受到负载和控制器作用的影响，并不总是等于 Δp，但其动态过程过于复杂，为便于讨论将其忽略。泄漏和流体压缩项在数值上远小于其他项，可以近似忽略。另外，系统的溢流量也并不总是受控的，且一般不会溢流，因此将其忽略。

首先从系统动态特性来考察，数字液压负载敏感系统的负载压力设定值 Δp 必须满足达到负载最大速度 v_{Lmax} 的要求，即流过数字液压阀阀口的流量大于负载在最大速度时所需的流量，此时阀口压力差为 p_{sl}，按照假设 1 可得

$$\begin{cases} C_d w_v x_{vmax}\sqrt{\dfrac{2}{\rho}\Delta p} \geqslant A_1 v_{Lmax} & x_v \geqslant 0 \\ C_d w_v x_{vmax}\sqrt{\dfrac{2}{\rho}\Delta p} \geqslant A_2 v_{Lmax} & x_v \leqslant 0 \end{cases} \tag{8-20}$$

将式（8-20）整理化简可得

$$\Delta p \geqslant \frac{\rho}{2}\left(\frac{A_1 v_{Lmax}}{C_d w_v x_{vmax}}\right)^2 \tag{8-21}$$

式（8-21）就是匹配负载最大速度对 Δp 的限制。同时还要满足如下在数字液压缸开始由静止到启动瞬间，系统压力 Δp 能够推动负载，即

$$\Delta p \geqslant \frac{F_L}{A_2} \tag{8-22}$$

另外，还需满足功率匹配的限制。在开始启动时系统压力为负载敏感压力设定值，此时若以最大流量启动，则需满足：

$$\Delta p \cdot A_1 v_{Lmax} \leqslant R_p \tag{8-23}$$

式中，R_p 为泵的额定输出功率。因此有

$$\Delta p \leqslant \frac{R_p}{A_1 v_{Lmax}} \tag{8-24}$$

综合以上各式可得 Δp 的取值范围为

$$\left\{\frac{\rho}{2}\left(\frac{A_1 v_{Lmax}}{C_d w_v x_{vmax}}\right)^2, \frac{F_L}{A_2}\right\}_{max} \leqslant \Delta p \leqslant \frac{R_p}{A_1 v_{Lmax}} \tag{8-25}$$

在上述范围内提高 Δp，则意味着提高了负载最高速度的上限，同样的阀口开度下流速更大，从而使系统动态跟踪速度更快。

对于系统效率的讨论需分两个方向进行。首先讨论正向的情况，即 $x_v \geqslant 0$。此时负载速度 $v_L = \dot{x}_p$。由假设 1，有 $p_s = p_1 + \Delta p$。由假设 2，忽略流体压缩性，有 $q_1 = A_1 v_L$。由假设 3，有泵输出的流量 $q_s = q_1$。系统效率 η_s 为

$$\eta_s = \frac{F_L v_L}{q_s p_s} = \frac{F_L v_L}{q_1(p_1 + \Delta p)} = \frac{\dfrac{F_L}{\Delta p}}{A_1\left(1 + \dfrac{p_1}{\Delta p}\right)} \tag{8-26}$$

由式（8-5）可得

$$\frac{p_1}{p_2} = \varepsilon(\varepsilon + \Delta\varepsilon)^2 + \frac{1}{A_1 p_{sl}}(M\ddot{x} + k_s x_p + B_p \dot{x}_p) + \frac{F_L}{A_1 p_{sl}} \tag{8-27}$$

由假设 2，可得 $\Delta\varepsilon = 0$。将式（8-27）代入到式（8-26）中可得

$$\eta_s = \frac{\dfrac{F_L}{\Delta p}}{A_1(1 + \varepsilon)^2 + \dfrac{1}{\Delta p}(M\ddot{x}_p + k_s x_p + B_p \dot{x}_p) + \dfrac{F_L}{\Delta p}} \tag{8-28}$$

由式（8-28）可得若 $\Delta p \to 0$，则有 $\dfrac{F_L}{\Delta p} \to \infty$，系统效率 $\eta_s \to 1$。因此，若要提高系统效率，只需要尽量减小 Δp，且此时的负载越大，效率越高。

接下来讨论反向的情况，即 $x_v < 0$。由假设 1，有 $p_s = p_2 + \Delta p$。由假设 2，忽略流体压缩性，有 $q_2 = -A_2 v_L$。由假设 3，有泵输出的流量 $q_s = q_2$。系统效率 η_s 为

$$\eta_s = \frac{F_L v_L}{q_s p_s} = \frac{F_L v_L}{q_2(p_2 + \Delta p)} = \frac{-F_L}{A_2(p_2 + \Delta p)} = \frac{-\dfrac{F_L}{\Delta p}}{A_2\left(1 + \dfrac{p_2}{\Delta p}\right)} \tag{8-29}$$

由式（8-7）可得

$$\frac{p_2}{p_{sl}} = \frac{1}{\varepsilon(\varepsilon + \Delta\varepsilon)^2} - \frac{1}{A_2 p_{sl}}(M\ddot{x} + k_s x_p + B_p \dot{x}_p) - \frac{F_L}{A_2 p_{sl}} \tag{8-30}$$

由假设 2，可得 $\Delta\varepsilon = 0$。将式（8-30）代入到式（8-29）中可得

$$\eta_s = \frac{-\dfrac{F_L}{\Delta p}}{A_2\left[1 + \dfrac{1}{\varepsilon(\varepsilon + \Delta\varepsilon)^2}\right] - \dfrac{1}{\Delta p}(M\ddot{x}\ddot{x}_p + k_s x_p + B_p \dot{x}_p) - \dfrac{F_L}{\Delta p}} \tag{8-31}$$

由式（8-31）可得当反向运动时，随着 Δp 减小，系统效率逐渐提高，且此时的负载越大，效率越高。因此，负载敏感系统在正反两个方向上的系统效率都随着负载敏感压力设定值 Δp 的减小而增大。

综合以上分析，可以得出如下结论：负载敏感压力设定值 Δp 首先要满足负载以及系统功率的限制，即需满足式（8-25）。增大 Δp 可以改善系统动态特性，但会降低系统效率；反之则会降低系统反应速度，但同时提升效率。

8.2 不考虑输入饱和的数字液压负载敏感系统动态反馈控制研究

本节首先不考虑输入饱和，设计一个鲁棒动态反馈控制器，使系统在不确定参数和外部扰动的情况下能够稳定并具有良好的动态跟踪性能。通过与第2章第5节恒压控制系统进行对比，检验负载敏感系统的节能效果以及负载敏感压力设定值 Δp 对系统性能的影响。

8.2.1 数字液压负载敏感系统鲁棒动态反馈控制器设计

设新的状态反馈控制器形式如下：

$$\begin{cases} \dot{\eta} = A_c\eta + B_cx \\ u_k = C_c\eta + D_cx \end{cases} \tag{8-32}$$

式中，$\eta \in R^{3\times3}$，为控制器状态；$A_c \in R^{3\times3}$，$B_c \in R^{3\times3}$，$C_c \in R^{1\times3}$，$D_c \in R^{1\times3}$，为待求控制器参数矩阵。记 $K_c = \begin{bmatrix} A_c & B_c \\ C_c & D_c \end{bmatrix}$，则 K_c 即为待求矩阵。将式（8-32）代

入式（8-17），并令 $\xi = \begin{bmatrix} x \\ \eta \end{bmatrix}_{6\times1}$ 可得

$$\begin{cases} \dot{\xi} = A_{\xi1}\xi + B_{\xi w}w \\ z_\xi = C_\xi\xi \end{cases} \tag{8-33}$$

式中，$A_{\xi1} = \begin{bmatrix} (\bar{A}_1 + \Delta A_1) + (\bar{B}_2 + \Delta B_2)D_c & (\bar{B}_2 + \Delta B_2)C_c \\ B_c & A_c \end{bmatrix}_{10\times10}$，$B_{\xi w} =$

$\begin{bmatrix} B_1 \\ 0 \end{bmatrix}_{10\times1}$，$C_\xi = \begin{bmatrix} C_1 & 0 \end{bmatrix}_{1\times10}$，$C_1 = \begin{bmatrix} 0, & 0, & 1, & 0, & 0 \end{bmatrix}$。

令 $\bar{A}_{\xi1} = \begin{bmatrix} \bar{A}\bar{A}_1 + \bar{B}_{21}D_c & \bar{B}_{21}C_c \\ B_c & A_c \end{bmatrix}_{10\times10}$，$\bar{A}_{\xi0} = \begin{bmatrix} \bar{A}_1 & 0 \\ 0 & 0 \end{bmatrix}_{10\times10}$，$\Delta A_{\xi1} =$

$\begin{bmatrix} \Delta A_1 + \Delta B_2D_c & \Delta B_2C_c \\ 0 & 0 \end{bmatrix}_{10\times10}$。则有 $\bar{A}_{\xi1} = \bar{A}_{\xi0} + F_{16}K_cF_{17}$，$\Delta A_{\xi1} = F_{18}F_{19} + F_{20}F_{21} +$

$F_{22}F_{23} + F_{24}K_cF_{17}$。$F_{16} = \begin{bmatrix} 0 & \bar{B}_2 \\ I & 0 \end{bmatrix}_{10\times7}$，$F_{17} = \begin{bmatrix} 0 & I \\ I & 0 \end{bmatrix}_{10\times10}$，$F_{18} = \begin{bmatrix} F_8 \\ 0 \end{bmatrix}_{10\times1}$，$F_{19} =$

$\begin{bmatrix} F_9, & 0 \end{bmatrix}_{1\times10}$，$F_{20} = \begin{bmatrix} F_{10} \\ 0 \end{bmatrix}_{10\times1}$，$F_{21} = \begin{bmatrix} F_{11}, & 0 \end{bmatrix}_{1\times10}$，$F_{22} = \begin{bmatrix} F_{12} \\ 0 \end{bmatrix}_{10\times1}$，$F_{23} =$

$\begin{bmatrix} F_{13}, & 0 \end{bmatrix}_{1\times20}$，$F_{24} = \begin{bmatrix} 0 & \Delta B_2 \\ 0 & 0 \end{bmatrix}_{10\times7}$。

构造的李雅普诺夫函数为 $V(\xi) = \xi^{\mathrm{T}} p_1 \xi$，其中 p_1 为待求的 10×10 阶对称正定矩阵。

下面对 t_1 求导可得

$$\dot{V}(\xi) = \xi^{\mathrm{T}} [\overline{A}_{g0} + (F_{16} + F_{24}) K_c F_{17} + F_{18} F_{19} + F_{20} F_{21} + F_{22} F_{23}]^{\mathrm{T}} p_1 \xi$$
$$+ \xi^{\mathrm{T}} p_1 [\overline{A}_{g0} + (F_{16} + F_{24}) K_c F_{17} + F_{18} F_{19} + F_{20} F_{21} + F_{22} F_{23}] \xi + 2\xi^{\mathrm{T}} p_1 B_{\xi w} w$$

$$(8\text{-}34)$$

构造的控制器式（8-32）使系统稳定且 L_2 增益小于 γ，必须满足 $w = 0$ 时 $\dot{V}(\xi) < 0$ 成立，且 $w \neq 0$ 时 $\int_0^t (z^{\mathrm{T}} z - \gamma^2 w^{\mathrm{T}} w) \mathrm{d}\tau < 0$。

若要 $w = 0$ 时 $\dot{V}(\xi) < 0$ 成立，则需下式成立：

$$[\overline{A}_{g0} + (F_{16} + F_{24}) K_c F_{17} + F_{18} F_{19} + F_{20} F_{21} + F_{22} F_{23}]^{\mathrm{T}} p_1$$
$$+ p_1 [\overline{A}_{g0} + (F_{16} + F_{24}) K_c F_{17} + F_{18} F_{19} + F_{20} F_{21} + F_{22} F_{23}] < 0$$

$$(8\text{-}35)$$

若要 $w \neq 0$ 时 $\int_0^t (z^{\mathrm{T}} z - \gamma^2 w^{\mathrm{T}} w) \mathrm{d}\tau < 0$ 成立，只需 $z^{\mathrm{T}} z - \gamma^2 w^{\mathrm{T}} w + \dot{V}(\xi) < 0$ 成立，即

$$[\overline{A}_{g0} + (F_{16} + F_{24}) K_c F_{17} + F_{18} F_{19} + F_{20} F_{21} + F_{22} F_{23}]^{\mathrm{T}} p_1$$
$$+ p_1 [\overline{A}_{g0} + (F_{16} + F_{24}) K_c F_{17} + F_{18} F_{19} + F_{20} F_{21} + F_{22} F_{23}]$$
$$+ C_{\xi}^{\mathrm{T}} C_{\xi} + \frac{1}{\gamma^2} p_1 B_{\xi w} B_{\xi w}^{\mathrm{T}} p_1 < 0$$

$$(8\text{-}36)$$

注意到由式（8-36）可以推导出式（8-35），因此式（8-36）是系统稳定且 L_2 增益小于 γ 成立的充分条件。对式（8-36）应用文献 [19] 中引理可知应存在实数 $\alpha_4 > 0$，$\alpha_5 > 0$，$\alpha_6 > 0$ 使得下式成立：

$$\overline{A}_{g0}^{\mathrm{T}} p_1 + p_1 \overline{A}_{g0} + C_{\xi}^{\mathrm{T}} C_{\xi} + \frac{1}{\gamma^2} p_1 B_{\xi w}^{\mathrm{T}} B_{\xi w} p_1 + \alpha_4 p_1 F_{18} F_{18}^{\mathrm{T}} p_1 + \frac{1}{\alpha_4} F_{19}^{\mathrm{T}} F_{19} + \alpha_5 p_1 F_{20} F_{20}^{\mathrm{T}} p_1$$
$$+ \frac{1}{\alpha_5} F_{21}^{\mathrm{T}} F_{21} + \alpha_6 p_1 F_{22} F_{22}^{\mathrm{T}} p_1 + \frac{1}{\alpha_6} F_{23}^{\mathrm{T}} F_{23} + F_{17}^{\mathrm{T}} K_c^{\mathrm{T}} (F_{16} + F_{24})^{\mathrm{T}} p_1 + p_1 (F_{16} + F_{24}) K_c F_{17} < 0$$

$$(8\text{-}37)$$

由 Finsler 引理可知，式（8-37）成立等价于下式成立：

$$\overline{A}_{g0}^{\mathrm{T}} p_1 + p_1 \overline{A}_{g0} + C_{\xi}^{\mathrm{T}} C_{\xi} + \frac{1}{\gamma^2} p_1 B_{\xi w}^{\mathrm{T}} B_{\xi w} p_1 + \alpha_4 p_1 F_{18} F_{18}^{\mathrm{T}} p_1 + \frac{1}{\alpha_4} F_{19}^{\mathrm{T}} F_{19} + \alpha_5 p_1 F_{20} F_{20}^{\mathrm{T}} p_1$$
$$+ \frac{1}{\alpha_5} F_{21}^{\mathrm{T}} F_{21} + \alpha_6 p_1 F_{22} F_{22}^{\mathrm{T}} p_1 + \frac{1}{\alpha_6} F_{23}^{\mathrm{T}} F_{23} - \sigma_1 p_1 (F_{16} + F_{24})(F_{16} + F_{24})^{\mathrm{T}} p_1 < 0$$

$$(8\text{-}38)$$

式中，σ_1 为标量。若式（8-38）有解，则由式 $K_c = -\dfrac{\sigma_1}{2}(F_{16} + F_{24})^{\mathrm{T}} p_1 F_{17}^{\mathrm{T}}$ 可得出控制矩阵 K_c。

将式（8-38）左右两端同时左乘、右乘 p_1^{-1}，可得

$$p_1^{-1}\overline{A}_{\xi 0}^{\mathrm{T}} + \overline{A}_{\xi 0}p_1^{-1} + p_1^{-1}C_\xi^{\mathrm{T}}C_\xi p_1^{-1} + \frac{1}{\gamma^2}B_{\xi w}^{\mathrm{T}}B_{\xi w} + \alpha_4 F_{18}F_{18}^{\mathrm{T}} + \frac{1}{\alpha_4}p_1^{-1}F_{19}^{\mathrm{T}}F_{19}p_1^{-1} + \alpha_5 F_{20}F_{20}^{\mathrm{T}}$$

$$+ \frac{1}{\alpha_5}p_1^{-1}F_{21}^{\mathrm{T}}F_{21}p_1^{-1} + \alpha_6 F_{22}F_{22}^{\mathrm{T}} + \frac{1}{\alpha_6}p_1^{-1}F_{23}^{\mathrm{T}}F_{23}p_1^{-1} - \sigma_1(F_{16}+F_{24})(F_{16}+F_{24})^{\mathrm{T}} < 0$$

$$(8\text{-}39)$$

式（8-39）中含有不确定参数矩阵，难以直接求解，因此需要通过不等式将含有不确定参数的矩阵消掉。注意到 $F_{18}F_{18}^{\mathrm{T}} = \begin{bmatrix} F_8 F_8^{\mathrm{T}} & 0 \\ 0 & 0 \end{bmatrix} \leqslant \begin{bmatrix} F_{8\max}F_{8\max}^{\mathrm{T}} & 0 \\ 0 & 0 \end{bmatrix}$，

$F_{8\max} = \left[\left(\dfrac{a_2+a_4}{1-a_4} \right), 0, 0, 0, 0 \right]_{1\times 5}^{\mathrm{T}}$，$F_{21}^{\mathrm{T}}F_{21} = \begin{bmatrix} F_{11}^{\mathrm{T}}F_{11} & 0 \\ 0 & 0 \end{bmatrix} \leqslant \begin{bmatrix} F_{11\max}^{\mathrm{T}}F_{11\max} & 0 \\ 0 & 0 \end{bmatrix}$，

$F_{11\max} = \left[\varepsilon(0.0001+0.02\cdot\varepsilon), 0, 0, 0, \dfrac{a_1}{1+a_1}\cdot\dfrac{\overline{M}}{A_1} \right]_{1\times 5}$，$F_{23}^{\mathrm{T}}F_{23} =$

$\begin{bmatrix} F_{13}^{\mathrm{T}}F_{13} & 0 \\ 0 & 0 \end{bmatrix} \leqslant \begin{bmatrix} F_{13\max}^{\mathrm{T}}F_{13\max} & 0 \\ 0 & 0 \end{bmatrix}$，$F_{13\max} = [0, 0, \Delta\tau_{\mathrm{bound}}]_{1\times 5}$，$(F_{16}+F_{24})$

$(F_{16}+F_{24})^{\mathrm{T}} \geqslant F_{25}F_{25}^{\mathrm{T}}$，$F_{25} = \begin{bmatrix} 0 & \overline{B}_2+\Delta B_{2\min} \\ I & 0 \end{bmatrix}_{10\times 7}$，$\Delta B_{2\min} = -\Delta b_{\mathrm{bound}}\widetilde{B}_2$。

令 $p_1^{-1} = X = \begin{bmatrix} X_{11} & X_{12} \\ X_{12} & X_{13} \end{bmatrix}$，其中 X_{11}，X_{12}，X_{13} 为正定对称矩阵，且 $X_{11} \in R^{3\times 3}$，

$X_{12} \in R^{3\times 3}$，$X_{13} \in R^{3\times 3}$。并将上述各个矩阵代入式（8-39）可得

$$\begin{bmatrix} \Sigma_2 & \overline{A}_1 X_{12} & B_1 & X_{11}C_1^{\mathrm{T}} & X_{11}F_9^{\mathrm{T}} & X_{11}F_{11\max}^{\mathrm{T}} & X_{11}F_{13\max}^{\mathrm{T}} \\ X_{12}\overline{A}_1^{\mathrm{T}} & -\sigma_1 I & 0 & X_{12}C_1^{\mathrm{T}} & X_{12}F_9^{\mathrm{T}} & X_{12}F_{11\max}^{\mathrm{T}} & X_{12}F_{13\max}^{\mathrm{T}} \\ B_1^{\mathrm{T}} & 0 & -\gamma^2 I & 0 & 0 & 0 & 0 \\ C_1 X_{11} & C_1 X_{12} & 0 & -I & 0 & 0 & 0 \\ F_9 X_{11} & F_9 X_{12} & 0 & 0 & -\alpha_4 I & 0 & 0 \\ F_{11\max}X_{11} & F_{11\max}X_{12} & 0 & 0 & 0 & -\alpha_5 I & 0 \\ F_{13\max}X_{11} & F_{13\max}X_{12} & 0 & 0 & 0 & 0 & -\alpha_6 I \end{bmatrix} < 0$$

$$(8\text{-}40)$$

式中，$\Sigma_3 = \overline{A}_2 X_{11} + X_{11}\overline{A}_2^{\mathrm{T}} + \alpha_4 F_{8\max}F_{8\max}^{\mathrm{T}} + \alpha_5 F_{10}F_{10}^{\mathrm{T}} + \alpha_6 F_{12}F_{12}^{\mathrm{T}} - \sigma_1(\overline{B}_2+\Delta B_{2\min})$
$(\overline{B}_2+\Delta B_{2\min})^{\mathrm{T}}$。

若式（8-40）有解，则有 $p_1 = X^{-1}$，进而通过 $K_c = -\dfrac{\sigma_1}{2}(F_{16}+F_{24})^{\mathrm{T}}p_1 F_{17}^{\mathrm{T}}$ 求出

K_c。但是矩阵 F_{24} 中含有不确定参数，因此不能直接计算。此时可以用 F_{25} 来替代

$F_{16} + F_{24}$，即 $K_c = -\dfrac{\sigma_1}{2}F_{25}^{\mathrm{T}}p_1F_{17}^{\mathrm{T}}$。下面只需证明 $K_c = -\dfrac{\sigma_1}{2}F_{25}^{\mathrm{T}}p_1F_{17}^{\mathrm{T}}$ 是式（8-37）的一个可行解即可，证明过程如下。

因为式（8-40）有解，则有式（8-41）成立：

$$p_1^{-1}\bar{A}_{g0}^{\mathrm{T}} + \bar{A}_{g0}p_1^{-1} + p_1^{-1}C_\xi^{\mathrm{T}}C_\xi p_1^{-1} + \frac{1}{\gamma^2}B_{\xi w}^{\mathrm{T}}B_{\xi w} + \alpha_4 F_{18}F_{18}^{\mathrm{T}} + \frac{1}{\alpha_4}p_1^{-1}F_{19}^{\mathrm{T}}F_{19}p_1^{-1} +$$

$$\alpha_5 F_{20}F_{20}^{\mathrm{T}} + \frac{1}{\alpha_5}p_1^{-1}F_{21}^{\mathrm{T}}F_{21}p_1^{-1} + \alpha_6 F_{22}F_{22}^{\mathrm{T}} + \frac{1}{\alpha_6}p_1^{-1}F_{23}^{\mathrm{T}}F_{23}p_1^{-1} - \sigma_1 F_{25}F_{25}^{\mathrm{T}} < 0$$

$$(8\text{-}41)$$

因为 $(F_{16} + F_{24})F_{25}^{\mathrm{T}} - F_{25}F_{25}^{\mathrm{T}} = \begin{bmatrix} (\Delta B_2 - \Delta B_{2\min})(B_2 + \Delta B_2)^{\mathrm{T}} & 0 \\ 0 & 0 \end{bmatrix} \geqslant 0$，即

$-(F_{16} + F_{24})F_{25}^{\mathrm{T}} \leqslant -F_{25}F_{25}^{\mathrm{T}}$，则由式（8-41）可推导得式（8-42）：

$$p_1^{-1}\bar{A}_{g0}^{\mathrm{T}} + \bar{A}_{g0}p_1^{-1} + p_1^{-1}C_\xi^{\mathrm{T}}C_\xi p_1^{-1} + \frac{1}{\gamma^2}B_{\xi w}^{\mathrm{T}}B_{\xi w} + \alpha_4 F_{18}F_{18}^{\mathrm{T}} + \frac{1}{\alpha_4}p_1^{-1}F_{19}^{\mathrm{T}}F_{19}p_1^{-1}$$

$$+ \alpha_5 F_{20}F_{20}^{\mathrm{T}} + \frac{1}{\alpha_5}p_1^{-1}F_{21}^{\mathrm{T}}F_{21}p_1^{-1} + \alpha_6 F_{22}F_{22}^{\mathrm{T}} + \frac{1}{\alpha_6}p_1^{-1}F_{23}^{\mathrm{T}}F_{23}p_1^{-1} - \sigma_1(F_{16} + F_{24})F_{25}^{\mathrm{T}} < 0$$

$$(8\text{-}42)$$

对式（8-42）两边同时乘以 p_1，可得

$$\bar{A}_{g0}^{\mathrm{T}}p_1 + p_1\bar{A}_{g0} + C_\xi^{\mathrm{T}}C_\xi + \frac{1}{\gamma^2}p_1 B_{\xi w}^{\mathrm{T}}B_{\xi w}p_1 + \alpha_7 p_1 F_{14}F_{14}^{\mathrm{T}}p_1 + \frac{1}{\alpha_7}F_{15}^{\mathrm{T}}F_{15}$$

$$+ \alpha_8 p_1 F_{16}F_{16}^{\mathrm{T}}p_1 + \frac{1}{\alpha_8}F_{17}^{\mathrm{T}}F_{17} - \sigma_1 p_1(F_{12} + F_{18})F_{19}^{\mathrm{T}}p_1 < 0$$

$$(8\text{-}43)$$

因此式（8-43）与式（8-37）是等价的。同时注意到 $F_{17}^{\mathrm{T}}F_{17} = I$，将 $K_c = -\dfrac{\sigma_1}{2}$

$F_{25}^{\mathrm{T}}p_1F_{17}^{\mathrm{T}}$ 代入式（8-37）可得式（8-43），因此 $K_c = -\dfrac{\sigma_1}{2}F_{25}^{\mathrm{T}}p_1F_{17}^{\mathrm{T}}$ 是式（8-37）的一个可行解。证明完毕。

当液压缸反向运动时，将式（8-37）中的系统矩阵替换为反向系统矩阵，即

$$\begin{bmatrix} \Sigma_3 & \bar{A}_2 X_{12} & B_1 & X_{11}C_1^{\mathrm{T}} & X_{11}F_{14}^{\mathrm{T}} & X_{11}F_{15\max}^{\mathrm{T}} & X_{11}F_{13\max}^{\mathrm{T}} \\ X_{12}\bar{A}_2^{\mathrm{T}} & -\sigma_1 I & 0 & X_{12}C_1^{\mathrm{T}} & X_{12}F_{14}^{\mathrm{T}} & X_{12}F_{15\max}^{\mathrm{T}} & X_{12}F_{13\max}^{\mathrm{T}} \\ B_1^{\mathrm{T}} & 0 & -\gamma^2 I & 0 & 0 & 0 & 0 \\ C_1 X_{11} & C_1 X_{12} & 0 & -I & 0 & 0 & 0 \\ F_{14}X_{11} & F_{14}X_{12} & 0 & 0 & -\alpha_4 I & 0 & 0 \\ F_{15\max}X_{11} & F_{15\max}X_{12} & 0 & 0 & 0 & -\alpha_5 I & 0 \\ F_{13\max}X_{11} & F_{13\max}X_{12} & 0 & 0 & 0 & 0 & -\alpha_6 I \end{bmatrix} < 0$$

$$(8\text{-}44)$$

式中，$\sum_3 = \bar{A}_2 X_{11} + X_{11} \bar{A}_2^{\mathrm{T}} + \alpha_4 F_{8\max} F_{8\max}^{\mathrm{T}} + \alpha_5 F_{10} F_{10}^{\mathrm{T}} + \alpha_6 F_{12} F_{12}^{\mathrm{T}} - \sigma_1 (\bar{B}_2 + \Delta B_{2\min})$

$(\bar{B}_2 + \Delta B_{2\min})^{\mathrm{T}}$，$F_{15\max} = \left[\dfrac{0.0001 + 0.02\varepsilon}{\varepsilon^3},\ 0,\ 0,\ 0,\ \dfrac{a_1}{1+a_1} \cdot \dfrac{\bar{M}}{A_2} \right]_{1 \times 5}$。按照式

(8-40)和式（8-44）求出矩阵 p_1，并代入 $K_c = -\dfrac{\sigma_1}{2} F_{25}^{\mathrm{T}} p_1 F_{17}^{\mathrm{T}}$ 即可得正反向运动时

统一控制器矩阵。

8.2.2 数字液压负载敏感系统鲁棒动态反馈控制器仿真分析

数字液压负载敏感系统鲁棒动态反馈控制器仿真分析主要完成控制器参数的求解，负载敏感压力的设定值 $x_2 = \dot{x}_1$ 的选取以及与恒压控制的仿真对比。仿真对比的主要目的是验证设计的控制器对于数字液压负载敏感系统的控制效果以及不同的负载敏感压力设定值 Δp 对系统性能的影响。利用 MatLab 中的 LMI 工具箱求解式（8-40）和式（8-44）可得 $\gamma = 0.0017$，控制矩阵如下：

$$A_c = \begin{bmatrix} -0.005 & 4.1193 \times 10^{-9} & 1.98 \times 10^{-7} & -3.29 \times 10^{-9} & -7.097 \times 10^{-9} \\ 4.119 \times 10^{-9} & -0.004 & -1.918 \times 10^{-5} & 3.25 \times 10^{-10} & -2.28 \times 10^{-7} \\ 1.98 \times 10^{-7} & -1.92 \times 10^{-5} & -0.006 & 2.872 \times 10^{-8} & -4.513 \times 10^{-6} \\ -3.289 \times 10^{-9} & 3.25 \times 10^{-10} & -2.872 \times 10^{-8} & -0.004 & -2.336 \times 10^{-9} \\ -7.097 \times 10^{-9} & -2.28 \times 10^{-7} & -4.513 \times 10^{-6} & -2.336 \times 10^{-9} & -0.004 \end{bmatrix}$$

$$B_c = \begin{bmatrix} 0.002 & 2.273 \times 10^{-6} & -0.476 & 4.318 & 8.9 \times 10^{-4} \\ -1.65 \times 10^{-9} & 5.726 \times 10^{-8} & 49.202 & 0.667 & 1.127 \times 10^{-4} \\ -1.776 \times 10^{-7} & -1.252 \times 10^{-9} & 3.147 \times 10^{3} & 9.238 & 0.0016 \\ 1.066 \times 10^{-8} & -9.877 \times 10^{-9} & 0.042 & 2.91 & 5.096 \times 10^{-4} \\ 2.266 \times 10^{-8} & 2.714 \times 10^{-9} & 14.478 & 5.055 & 9.668 \times 10^{-4} \end{bmatrix}$$

$$C_c = \begin{bmatrix} 0.146 & 0.004 & 8.066 \times 10^{-5} & -6.361 \times 10^{-4} & 1.748 \times 10^{-4} \\ 7.813 \times 10^{-4} & 9.892 \times 10^{-5} & 0.001 & 4.474 \times 10^{-4} & 8.487 \times 10^{-4} \end{bmatrix}$$

$$D_c = \begin{bmatrix} -0.3731 & -582.842 & -137.413 & 6.236 \times 10^{5} & -3.534 \\ -0.002 & -4.818 \times 10^{-5} & 2.3609 \times 10^{3} & 4.386 \times 10^{5} & -81.369 \end{bmatrix}$$

按照 8.1.4 节中的结论，Δp 应满足式（8-25）且尽可能小。假设 $v_{L\max} = 0.5\mathrm{m/s}$，代入式（8-25）可得

$$2.42\mathrm{MPa} \leqslant \Delta p \leqslant 4.52\mathrm{MPa} \tag{8-45}$$

可取 $\Delta p = 2.5\mathrm{MPa}$。为了验证 Δp 的取值对系统性能的影响，另外选取两个值 $\Delta p_2 = 3.5\mathrm{MPa}$、$\Delta p_3 = 4.5\mathrm{MPa}$。

由于控制器的设计没有考虑输入饱和，在本小节的仿真中对控制器输出加入饱和限制。仿真初始状态：$n_p = 60\mathrm{n/min}$，$x_p = 0$，$p_1 = p_2 = 0$。由于 Δp 的取值分别为：2.5MPa、1.5MPa 和 3.5MPa，因此其对应的系统压力初始状态分别为：2.5MPa、

1.5MPa 和 3.5MPa。由于数字液压负载敏感系统在正反两个方向上的系统方程不同，因此仿真也分为正反两个方向进行。正向情况下，给定跟踪信号为：$r(t) = 0.1$，负载力 $F_L = 5000\sin(0.5t)$。仿真试验主要对负载敏感系统和第 2 章中的恒压系统的跟踪效果进行对比，对比仿真结果如图 8-3 所示。

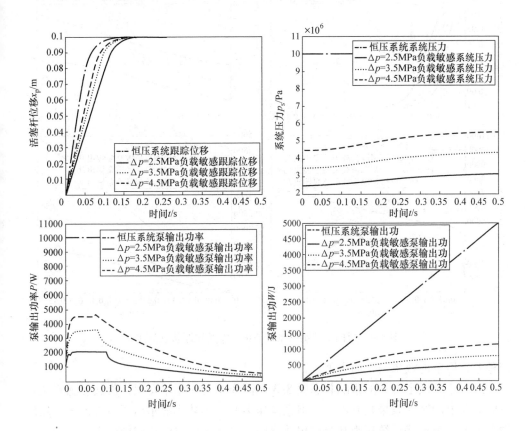

图 8-3　正向负载敏感系统与恒压系统跟踪状态对比

从图 8-3 中可以看出，负载敏感系统在跟踪给定位移信号时，跟踪速度相对于恒压系统稍慢，且随着负载压力设定值 Δp 的减小，跟踪时间依次变长，动态特性依次变差。然而泵输出的功率和功随着 Δp 的减小而减小。在本例中以泵最终输出的功率来衡量节能效果，则相对于恒压系统而言，负载敏感系统可节约 50% 以上的能源，节能效果非常显著。

由于负载敏感系统在正反两个方向上的系统方程是不同的，下面进行反向跟踪信号的跟踪对比图，跟踪信号为 $r(t) = -0.1$，其他状态与之前的仿真状态相同，对比结果见图 8-4。

由图 8-4 可知，在跟踪反向位移信号时，负载敏感系统动态性能同样比恒压系

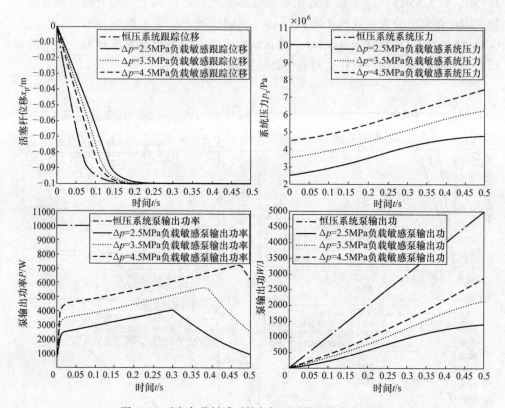

图 8-4　反向负载敏感系统与恒压系统跟踪状态对比

统稍差，但节能效果与正向类似。

　　通过正反两个方向的跟踪状态图 8-3 和图 8-4 对比不难发现，负载敏感系统在不同方向上的跟踪效果相差不大，但系统压力和输出功率显示出了较大差异。反向情况下的负载敏感系统压力和泵输出功率明显大于正向时的负载敏感系统压力。这是因为在同样的负载下，反向运动时有杆腔接通高压油，而有杆腔有效作用面积较小，因此，有杆腔的压力会较大，系统压力与有杆腔压力进行负载敏感，导致反向运动时系统压力较大。在系统不溢流的情况下，液压油全部用于推动负载，泵输出功率取决于系统压力，这就导致反向运动时泵的输出功率也较大。因此从节能的角度来讲，负载敏感数字液压系统正向运动时系统效率较高。

　　上述仿真结果表明：当存在参数不确定性和外部扰动时，数字液压负载敏感系统在设计的控制器的作用下能够快速跟踪给定位移信号，且相对于恒压系统消耗的功率降低 50% 以上；随着负载压力设定值 β_e 的减小，跟踪时间变长，动态特性变差，但泵的输出功率和功减小，系统能耗降低；数字液压负载敏感系统在正反两个方向上的跟踪特性基本相同，但正向运动时系统效率较高。

8.3 考虑输入饱和的数字液压负载敏感系统静态补偿控制研究

在本系统当中，变频器输入电压同样受到限制。当系统发生饱和时，上一小节设计的动态反馈控制器并不一定能够保证系统稳定。为了解决稳定性问题，需对控制量进行饱和补偿，即引入抗饱和静态补偿器，使系统发生饱和之时依然能够保持稳定，尽快退出饱和区，同时保证系统动态性能。

8.3.1 考虑输入饱和的静态补偿器设计

不妨设用 $\mathrm{sat}(u_c)$ 和 $\mathrm{sat}(u_2)$ 分别表示受到变频器输入控制电压 u_c 和新引入变量 u_2 收到的输入饱和幅值限制，则有

$$\mathrm{sat}(u_c) = \begin{cases} u_c & 0 \leq u_c \leq u_{c\max} \\ u_{c\max} & u_c > u_{c\max} \\ 0 & u_c < 0 \end{cases}, \mathrm{sat}(u_2) = \begin{cases} u_2 & |u_2| \leq u_{2\max} \\ \mathrm{sgn}(u_2) u_{2\max} & |u_2| > u_{2\max} \end{cases} \tag{8-46}$$

构造的带抗饱和静态补偿器的鲁棒动态反馈控制器为如下形式：

$$\begin{cases} \dot{\eta} = A_c \eta + B_c x + E_c [u_k - \mathrm{sat}(u_k)] \\ u_k = C_c \eta + D_c x \end{cases} \tag{8-47}$$

式中，静态补偿控制器为 $E_c [u_k - \mathrm{sat}(u_k)]$，$E_c$ 也为待求矩阵。令 $q = u_k - \mathrm{sat}(u_k)$，则有 $\mathrm{sat}(u_k) = u_k - q$。将式（8-47）代入式（8-17），并令 $\xi = \begin{bmatrix} x \\ \eta \end{bmatrix}_{10 \times 1}$ 可得

$$\begin{cases} \dot{\xi} = A_\xi \xi + B_q q + B_{\xi w} w \\ u_k = C_v \xi \\ z_\xi = C_\xi \xi \end{cases} \tag{8-48}$$

式中，$B_q = B_{q0} + B_{q1} E_c + \Delta B_q$，$B_{q0} = \begin{bmatrix} -\overline{B}_2 \\ 0 \end{bmatrix}$，$B_{q1} = \begin{bmatrix} 0 \\ I \end{bmatrix}_{10 \times 2}$，$\Delta B_q = \begin{bmatrix} -\Delta B_2 \\ 0 \end{bmatrix}$，$C_v = (D_c \quad C_c)$。

下面依然分为正反两个方向讨论。当正向运动时，构造李雅普诺夫函数为 $V_3(\xi) = \xi^T P_3 \xi$，P_3 为对称正定矩阵。对 $V_3(\xi)$ 求导可得

$$\begin{aligned} \dot{V}_3(\xi) &= \xi^T (A_{\xi1}^T P_3 + P_3 A_{\xi1}) \xi + 2\xi^T P_3 B_q q + 2\xi^T P_3 B_{\xi w} w \\ &= \xi^T [(\overline{A}_{\xi1} + F_{18} F_{19} + F_{20} F_{21} + F_{22} F_{23} + F_{24} K_c F_{17})^T P_3 \\ &\quad + P_3 (\overline{A}_{\xi1} + F_{18} F_{19} + F_{20} F_{21} + F_{22} F_{23} + F_{24} K_c F_{17})] \xi \\ &\quad + 2\xi^T P_3 B_{q0} q + 2\xi^T P_3 B_{q1} E_c q + 2\xi^T P_3 \Delta B_q q + 2\xi^T P_3 B_{\xi w} w \end{aligned}$$

$$\tag{8-49}$$

在式（8-49）中含有不确定参数的矩阵是 F_{18}、F_{21}、F_{23}、F_{24} 和 ΔB_q。F_{18}、F_{21}、F_{23} 与矩阵 A 中的不确定参数有关，ΔB_q 与矩阵 B_2 中的不确定参数有关。

若要系统（8-48）稳定且 L_2 增益小于 γ，则必需 $Z_\xi^T Z_\xi - \gamma^2 w^T w + \dot{V}(\xi) < 0$ 成立。同时，$q_1 = u_c - \mathrm{sat}(u_c)$，当 $q_1 \geqslant 0$ 时，有 $u_c - q_1 = u_{cmax} > 0$，此时 $q_1^T(u_c - q_1) \geqslant 0$ 成立；当 $q_1 < 0$ 时，有 $u_c - q_1 = 0$，此时 $q_1^T(u_c - q_1) \geqslant 0$ 同样成立；当 $q_1 = 0$ 时，$q_1^T(u_c - q_1) \geqslant 0$ 依然成立。因此有 $q_1^T(u_c - q_1) \geqslant 0$ 成立。同理可得 $q_2^T(u_c - q_2) \geqslant 0$ 成立。因此对于正数 α_7，有 $\alpha_7 q_1^T(u_{k1} - q_1) \geqslant 0$，$\alpha_7 q_2^T(u_{k2} - q_2) \geqslant 0$ 成立，即 $\alpha_7 q^T(u_k - q) = \alpha_7 q^T(C_v \xi - q) \geqslant 0$。若有 $z_\xi^T z_\xi - \gamma^2 w^T w + \dot{V}_3(\xi) + 2\alpha_7 q^T(u_k - q) < 0$ 成立，则 $Z_\xi^T Z_\xi - \gamma^2 w^T w + \dot{V}(\xi) < 0$ 成立，即

$$
\begin{aligned}
&\xi^T \big[(\bar{A}_{\xi 1} + F_{18} F_{19} + F_{20} F_{21} + F_{22} F_{23} + F_{24} K_c F_{17})^T P_3 \\
&\quad + P_3 (\bar{A}_{\xi 1} + F_{18} F_{19} + F_{20} F_{21} + F_{22} F_{23} + F_{24} K_c F_{17}) \big] \xi \\
&+ 2\xi^T P_3 (B_{q0} + B_{q1} E_c) q + 2\xi^T P_3 \Delta B_q q \\
&+ 2\xi^T P_3 B_{\xi w} w + z_\xi^T z_\xi - \gamma^2 w^T w + 2\alpha_7 q^T(C_v \xi - q) < 0
\end{aligned} \tag{8-50}
$$

对式（8-50）应用文献［19］中引理，可知应存在实数 $\alpha_8 > 0$，$\alpha_9 > 0$，$\alpha_{10} > 0$ 使得下式成立：

$$
\xi^T \begin{bmatrix} (\bar{A}_{\xi 1} + F_{24} K_c F_{17})^T P_3 + P_3(\bar{A}_{\xi 1} + F_{24} K_c F_{17}) + \alpha_8 P_3 F_{18max} F_{18max}^T P_3 + \dfrac{1}{\alpha_8} F_{19}^T F_{19} \\[2mm] + \alpha_9 P_3 F_{20} F_{20}^T P_3 + \dfrac{1}{\alpha_9} F_{21max}^T F_{21max} + \alpha_{10} P_3 F_{22} F_{22}^T P_3 + \dfrac{1}{\alpha_{10}} F_{23max}^T F_{23max} \end{bmatrix} \xi
$$

$$
+ 2\xi^T P_3(B_{q0} + B_{q1} E_c + \alpha_7 C_v^T) q + 2\xi^T P_3 \Delta B_q q + \dfrac{1}{\gamma^2} \xi^T P_3 B_{\xi w} B_{\xi w}^T P_3 \xi + \xi^T C_\xi^T C_\xi \xi - 2\alpha_7 q^T q < 0 \tag{8-51}
$$

式（8-51）中只含有与矩阵 B_2 中不确定参数有关的矩阵 F_{24} 和 ΔB_q。

令 $F_{24max} = \begin{bmatrix} 0 & \Delta B_{2max} \\ 0 & 0 \end{bmatrix}_{10 \times 7}$，$F_{24min} = \begin{bmatrix} 0 & -\Delta B_{2max} \\ 0 & 0 \end{bmatrix}_{10 \times 7}$，$\Delta B_{qmax} = \begin{bmatrix} -\Delta B_{2max} \\ 0 \end{bmatrix}$，

$\Delta B_{qmin} = \begin{bmatrix} \Delta B_{2max} \\ 0 \end{bmatrix}$，$\Delta B_{2max} = \Delta b_{bound} \cdot \tilde{B}_2$，则有 $F_{18} = \alpha_{11} F_{18max} + (1 - \alpha_{11}) F_{18min}$，$\Delta B_q = \alpha_{11} \Delta B_{qmin} + (1 - \alpha_{11}) \Delta B_{qmax}$，式中 $0 \leqslant \alpha_{11} \leqslant 1$。即不确定矩阵 F_{24}、ΔB_q 可以分别由两个确定矩阵的加权组合表示。若有如下两式成立：

$$
\xi^T \begin{bmatrix} (\bar{A}_{\xi 1} + F_{24min} K_c F_{17})^T P_3 + P_3(\bar{A}_{\xi 1} + F_{24min} K_c F_{17}) + \alpha_8 P_3 F_{18max} F_{18max}^T P_3 + \dfrac{1}{\alpha_8} F_{19}^T F_{19} \\[2mm] + \alpha_9 P_3 F_{20} F_{20}^T P_3 + \dfrac{1}{\alpha_9} F_{21max}^T F_{21max} + \alpha_{10} P_3 F_{22} F_{22}^T P_3 + \dfrac{1}{\alpha_{10}} F_{23max}^T F_{23max} \end{bmatrix} \xi
$$

$$
+ 2\xi^T P_3(B_{q0} + B_{q1} E_c + \alpha_7 C_v^T) q + 2\xi^T P_3 \Delta B_{qmin} q + \dfrac{1}{\gamma^2} \xi^T P_3 B_{\xi w} B_{\xi w}^T P_3 \xi + \xi^T C_\xi^T C_\xi \xi
$$

$$
- 2\alpha_7 q^T q < 0 \tag{8-52}
$$

$$\xi^{\mathrm{T}}\left[\begin{array}{c} (\bar{A}_{\xi1} + F_{24\max}K_{c}F_{17})^{\mathrm{T}}P_{3} + P_{3}(\bar{A}_{\xi1} + F_{24\max}K_{c}F_{17}) + \alpha_{8}P_{3}F_{18\max}F_{18\max}^{\mathrm{T}}P_{3} \\ + \dfrac{1}{\alpha_{8}}F_{19}^{\mathrm{T}}F_{19} + \alpha_{9}P_{3}F_{20}F_{20}^{\mathrm{T}}P_{3} + \dfrac{1}{\alpha_{9}}F_{21\max}^{\mathrm{T}}F_{21\max} + \alpha_{10}P_{3}F_{22}F_{22}^{\mathrm{T}}P_{3} + \dfrac{1}{\alpha_{10}}F_{23\max}^{\mathrm{T}}F_{23\max} \end{array}\right]\xi$$

$$+ 2\xi^{\mathrm{T}}P_{3}(B_{q0} + B_{q1}E_{c} + \alpha_{7}C_{v}^{\mathrm{T}})q + 2\xi^{\mathrm{T}}P_{3}\Delta B_{q\max}q + \frac{1}{\gamma^{2}}\xi^{\mathrm{T}}P_{3}B_{\xi w}B_{\xi w}^{\mathrm{T}}P_{3}\xi + \xi^{\mathrm{T}}C_{\xi}^{\mathrm{T}}C_{\xi}\xi$$

$$- 2\alpha_{7}q^{\mathrm{T}}q < 0$$

$$(8-53)$$

则式（8-51）成立。式中 $F_{18\max} = \begin{bmatrix} F_{8\max} \\ 0 \end{bmatrix}_{10\times1}$，$F_{21\max} = \begin{bmatrix} F_{11\max}, & 0 \end{bmatrix}_{1\times10}$，

$F_{23\max} = \begin{bmatrix} F_{13\max}, & 0 \end{bmatrix}_{1\times10}$。

应用文献［19］中 Schur 补引理将式（8-52）写成线性矩阵不等式形式可得

$$\begin{bmatrix} \xi \\ q \end{bmatrix}^{\mathrm{T}} \begin{bmatrix} \Omega_{2} & P_{3}(B_{q0} + \Delta B_{q\min} + B_{q1}E_{c}) + \alpha_{7}C_{v}^{\mathrm{T}} \\ [P_{3}(B_{q0} + \Delta B_{q\min} + B_{q1}E_{c}) + \alpha_{7}C_{v}^{\mathrm{T}}]^{\mathrm{T}} & -2\alpha_{7} \end{bmatrix} \begin{bmatrix} \xi \\ q \end{bmatrix} < 0$$

$$(8-54)$$

式中，$\Omega_{2} = (\bar{A}_{\xi1} + F_{24\min}K_{c}F_{17})^{\mathrm{T}}P_{3} + P_{3}(\bar{A}_{\xi1} + F_{24\min}K_{c}F_{17}) + \alpha_{8}P_{3}F_{18\max}F_{18\max}^{\mathrm{T}}P_{3} +$
$\dfrac{1}{\alpha_{8}}F_{19}^{\mathrm{T}}F_{19} + P_{3}F_{20}F_{20}^{\mathrm{T}}P_{3} + \dfrac{1}{\alpha_{9}}F_{21\max}^{\mathrm{T}}F_{21\max} + \alpha_{10}P_{3}F_{22}F_{22}^{\mathrm{T}}P_{3} + \dfrac{1}{\alpha_{10}}F_{23\max}^{\mathrm{T}}F_{23\max} + \dfrac{1}{\gamma^{2}}P_{3}B_{\xi w}$
$B_{\xi w}^{\mathrm{T}}P_{3} + C_{\xi}^{\mathrm{T}}C_{\xi}$。

对式（8-54）进一步应用文献［19］中 Schur 补引理可得

$$\begin{bmatrix} \begin{array}{c} (\bar{A}_{\xi1} + F_{24\min}K_{c}F_{17})^{\mathrm{T}}P_{3} + P_{3}(\bar{A}_{\xi1} + \\ F_{24\min}K_{c}F_{17}) + P_{3}(\alpha_{8}F_{18\max}F_{18\max}^{\mathrm{T}} + \\ \alpha_{9}F_{20}F_{20}^{\mathrm{T}} + \alpha_{10}F_{22}F_{22}^{\mathrm{T}})P_{3} \end{array} & F_{19}^{\mathrm{T}} & F_{21\max}^{\mathrm{T}} & F_{23\max}^{\mathrm{T}} & P_{3}B_{\xi w} & C_{\xi}^{\mathrm{T}} & \begin{array}{c} P_{3}(B_{q0} + \Delta B_{q\min} \\ + B_{q1}E_{c}) + \alpha_{7}C_{v}^{\mathrm{T}} \end{array} \\ F_{19} & -\alpha_{8}I & 0 & 0 & 0 & 0 & 0 \\ F_{21\max} & 0 & -\alpha_{9}I & 0 & 0 & 0 & 0 \\ F_{23\max} & 0 & 0 & -\alpha_{10}I & 0 & 0 & 0 \\ B_{\xi w}^{\mathrm{T}}P_{3} & 0 & 0 & 0 & -I & 0 & 0 \\ C_{\xi} & 0 & 0 & 0 & 0 & -\gamma^{2}I & 0 \\ [P_{3}(B_{q0} + \Delta B_{q\min} + B_{q1}E_{c}) + \alpha_{7}C_{v}^{\mathrm{T}}]^{\mathrm{T}} & 0 & 0 & 0 & 0 & 0 & -2\alpha_{7}I \end{bmatrix} < 0$$

$$(8-55)$$

将式（8-55）同时左乘、右乘矩阵 $\mathrm{diag}(P_{3}^{-1}, I, I, I, I, I, I)$ 可得：

$$
\begin{bmatrix}
\begin{aligned}
& P_3^{-1}\,(\bar A_{\xi 1}+F_{24\min}K_cF_{17})^{\mathrm T}+ \\
& (\bar A_{\xi 1}+F_{24\min}K_cF_{17})\,P_3^{-1} \\
& +\alpha_8 F_{18\max}F_{18\max}^{\mathrm T}+\alpha_9 F_{20}F_{20}^{\mathrm T} \\
& +\alpha_{10}F_{22}F_{22}^{\mathrm T}
\end{aligned}
& P_3^{-1}F_{19}^{\mathrm T} & P_3^{-1}F_{21\max}^{\mathrm T} & P_3^{-1}F_{23\max}^{\mathrm T} & B_{\xi w} & P_3^{-1}C_\xi^{\mathrm T} & \begin{aligned}& B_{q0}+\Delta B_{q\min}+\\& B_{q1}E_c+\alpha_7 P_3^{-1}C_v^{\mathrm T}\end{aligned} \\[2ex]
F_{19}P_3^{-1} & -\alpha_8 I & 0 & 0 & 0 & 0 & 0 \\
F_{21\max}P_3^{-1} & 0 & -\alpha_9 I & 0 & 0 & 0 & 0 \\
F_{23\max}P_3^{-1} & 0 & 0 & -\alpha_{10}I & 0 & 0 & 0 \\
B_{\xi w}^{\mathrm T} & 0 & 0 & 0 & -I & 0 & 0 \\
C_\xi P_3^{-1} & 0 & 0 & 0 & 0 & -\gamma^2 I & 0 \\
(B_{q0}+\Delta B_{q\min}+B_{q1}E_c+\alpha_7 P_3^{-1}C_v^{\mathrm T})^{\mathrm T} & 0 & 0 & 0 & 0 & 0 & -2\alpha_7 I
\end{bmatrix}<0
$$

$$(8\text{-}56)$$

令 $X=P_3^{-1}$，$Y=E_c$，代入式（8-56）可得：

$$
\begin{bmatrix}
\Omega_3 & XF_{19}^{\mathrm T} & XF_{21\max}^{\mathrm T} & XF_{23\max}^{\mathrm T} & B_{\xi w} & XC_\xi^{\mathrm T} & \begin{aligned}& B_{q0}+\Delta B_{q\min}+\\& B_{q1}Y+\alpha_7 XC_v^{\mathrm T}\end{aligned} \\[1.5ex]
F_{19}X & -\alpha_8 I & 0 & 0 & 0 & 0 & 0 \\
F_{21\max}X & 0 & -\alpha_9 I & 0 & 0 & 0 & 0 \\
F_{23\max}X & 0 & 0 & -\alpha_{10}I & 0 & 0 & 0 \\
B_{\xi w}^{\mathrm T} & 0 & 0 & 0 & -I & 0 & 0 \\
C_\xi X & 0 & 0 & 0 & 0 & -\gamma^2 I & 0 \\
\begin{aligned}&(B_{q0}+\Delta B_{q\min}+\\& B_{q1}Y+\alpha_7 XC_v^{\mathrm T})^{\mathrm T}\end{aligned} & 0 & 0 & 0 & 0 & 0 & -2\alpha_7 I
\end{bmatrix}<0
$$

$$(8\text{-}57)$$

式中，$\Omega_3=X(\bar A_{\xi 1}+F_{24\min}K_cF_{17})^{\mathrm T}+(\bar A_{\xi 1}+F_{24\min}K_cF_{17})X+\alpha_8 F_{18\max}F_{18\max}^{\mathrm T}+\alpha_9 F_{20}F_{20}^{\mathrm T}+\alpha_{10}F_{22}F_{22}^{\mathrm T}$。同理，式（8-54）进一步处理可得

$$
\begin{bmatrix}
\Omega_4 & XF_{19}^{\mathrm T} & XF_{21\max}^{\mathrm T} & XF_{23\max}^{\mathrm T} & B_{\xi w} & XC_\xi^{\mathrm T} & \begin{aligned}& B_{q0}+\Delta B_{q\max}+\\& B_{q1}Y+\alpha_7 XC_v^{\mathrm T}\end{aligned} \\[1.5ex]
F_{19}X & -\alpha_8 I & 0 & 0 & 0 & 0 & 0 \\
F_{21\max}X & 0 & -\alpha_9 I & 0 & 0 & 0 & 0 \\
F_{23\max}X & 0 & 0 & -\alpha_{10}I & 0 & 0 & 0 \\
B_{\xi w}^{\mathrm T} & 0 & 0 & 0 & -I & 0 & 0 \\
C_\xi X & 0 & 0 & 0 & 0 & -\gamma^2 I & 0 \\
\begin{aligned}&(B_{q0}+\Delta B_{q\max}+\\& B_{q1}Y+\alpha_7 XC_v^{\mathrm T})^{\mathrm T}\end{aligned} & 0 & 0 & 0 & 0 & 0 & -2\alpha_7 I
\end{bmatrix}<0
$$

$$(8\text{-}58)$$

式中，$\Omega_4 = X\,(\overline{A}_{\xi 1} + F_{24\max}K_cF_{17})^{\mathrm{T}} + (\overline{A}_{\xi 1} + F_{24\max}K_cF_{17})X + \alpha_8 F_{18\max}F_{18\max}^{\mathrm{T}} + \alpha_9 F_{20}F_{20}^{\mathrm{T}} + \alpha_{10}F_{22}F_{22}^{\mathrm{T}}$。

解式（8-57）和式（8-58），可得出 Y，即 E_c。

同理可得反向运动时有

$$\begin{bmatrix}
\Omega_5 & XF_{26}^{\mathrm{T}} & XF_{27\max}^{\mathrm{T}} & XF_{23\max}^{\mathrm{T}} & B_{\xi w} & XC_\xi^{\mathrm{T}} & B_{q0}+\Delta B_{q\min}+B_{q1}Y+\alpha_7 XC_v^{\mathrm{T}} \\
F_{26}X & -\alpha_8 I & 0 & 0 & 0 & 0 & 0 \\
F_{27\max}X & 0 & -\alpha_9 I & 0 & 0 & 0 & 0 \\
F_{23\max}X & 0 & 0 & -\alpha_{10}I & 0 & 0 & 0 \\
B_{\xi w}^{\mathrm{T}} & 0 & 0 & 0 & -I & 0 & 0 \\
C_\xi X & 0 & 0 & 0 & 0 & -\gamma^2 I & 0 \\
(B_{q0}+\Delta B_{q\min}+B_{q1}Y+\alpha_7 XC_v^{\mathrm{T}})^{\mathrm{T}} & 0 & 0 & 0 & 0 & 0 & -2\alpha_7 I
\end{bmatrix} < 0$$

$$(8\text{-}59)$$

$$\begin{bmatrix}
\Omega_6 & XF_{26}^{\mathrm{T}} & XF_{27\max}^{\mathrm{T}} & XF_{23\max}^{\mathrm{T}} & B_{\xi w} & XC_\xi^{\mathrm{T}} & B_{q0}+\Delta B_{q\max}+B_{q1}Y+\alpha_7 XC_v^{\mathrm{T}} \\
F_{26}X & -\alpha_8 I & 0 & 0 & 0 & 0 & 0 \\
F_{27\max}X & 0 & -\alpha_9 I & 0 & 0 & 0 & 0 \\
F_{23\max}X & 0 & 0 & -\alpha_{10}I & 0 & 0 & 0 \\
B_{\xi w}^{\mathrm{T}} & 0 & 0 & 0 & -I & 0 & 0 \\
C_\xi X & 0 & 0 & 0 & 0 & -\gamma^2 I & 0 \\
(B_{q0}+\Delta B_{q\max}+B_{q1}Y+\alpha_7 XC_v^{\mathrm{T}})^{\mathrm{T}} & 0 & 0 & 0 & 0 & 0 & -2\alpha_7 I
\end{bmatrix} < 0$$

$$(8\text{-}60)$$

式中，$\Omega_5 = X\,(\overline{A}_{\xi 2} + F_{24\min}K_cF_{17})^{\mathrm{T}} + (\overline{A}_{\xi 1} + F_{24\min}K_cF_{17})X + \alpha_8 F_{18\max}F_{18\max}^{\mathrm{T}} + \alpha_9 F_{20}F_{20}^{\mathrm{T}} + \alpha_{10}F_{22}F_{22}^{\mathrm{T}}$，$F_{26} = \begin{bmatrix} F_{14},0 \end{bmatrix}_{1\times 10}$，$F_{27\max} = \begin{bmatrix} F_{15\max},0 \end{bmatrix}_{1\times 10}$，$F_{15\max} =$
$\begin{bmatrix} \dfrac{0.0001+0.02\cdot\varepsilon}{\varepsilon^3},0,0,0,\dfrac{a_1}{1+a_1}\cdot\dfrac{\overline{M}_1}{A_1} \end{bmatrix}_{1\times 5}$，$\Omega_6 = X\,(\overline{A}_{\xi 2} + F_{24\max}K_cF_{17})^{\mathrm{T}} + (\overline{A}_{\xi 1} +$

$F_{24\max}K_cF_{17})X + \alpha_8 F_{18\max}F_{18\max}^{\mathrm{T}} + \alpha_9 F_{20}F_{20}^{\mathrm{T}} + \alpha_{10}F_{22}F_{22}^{\mathrm{T}}$，$\overline{A}_{\xi 2} = \begin{bmatrix} \overline{A}_2+\overline{B}_{21}D_c & \overline{B}_{21}C_c \\ B_c & A_c \end{bmatrix}_{10\times 10}$。

8.3.2　考虑输入饱和的静态补偿器仿真分析

本小节主要通过仿真分析验证加入静态补偿器之后数字液压负载敏感系统的控制特性。利用 MatLab 中的 LMI 工具箱求解式（8-57）和式（8-44）可得 $\gamma = 0.0017$，补偿器矩阵如下：

$$E_c = \begin{bmatrix} -3.921 & -7.457 \times 10^3 \\ -0.331 & -58.236 \\ -0.324 & -8.367 \times 10^3 \\ 0.227 & 4.43 \times 10^3 \\ 0.2942 & 8.074 \times 10^3 \end{bmatrix}$$

为验证静态补偿器的效果，仿真试验主要针对数字液压负载敏感系统控制器加入静态补偿器和未加入静态补偿器的跟踪效果进行对比，其中未加入静态补偿器的控制器仿真是在 8.2 小节中设计的控制器之上直接加入饱和限幅，加入静态补偿器的控制器仿真是在控制器之上加入本小节设计的静态补偿器。本小节从节能角度考虑，选择的负载敏感压力设定值为：$\Delta p = 2.5\text{MPa}$。系统仿真初始条件为：$n_p = 60\text{n/min}$，$x_p = 0$，$p_1 = p_2 = 0$，$p_s = 2.5\text{MPa}$。给定跟踪信号为：$r(t) = 0.1$，负载力 $F_L = 5000\sin(0.5t)$。其与参数设置与 8.2.2 小节相同。对比仿真结果如图 8-5 所示。

从图 8-5 可以看出，当跟踪给定位移信号时，加入静态补偿器的系统跟踪速度与未加入静态补偿器的系统相比稍慢。从系统 2 个控制输入变频器控制电压和阀芯

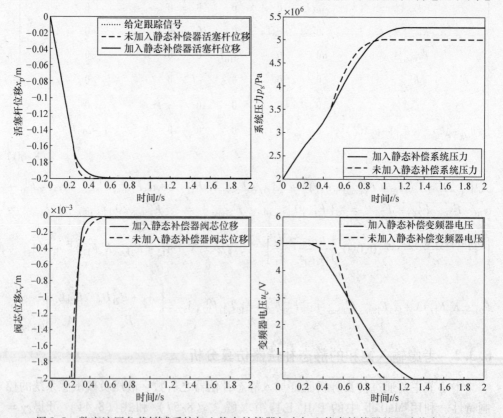

图 8-5　数字液压负载敏感系统加入静态补偿器与未加入静态补偿器的跟踪状态对比

位移来看，加入静态补偿器的阀芯位移在 0.4s 之前就退出输入饱和区，但与未加入静态补偿器的系统相比效果并不明显；而加入静态补偿器的变频器电压在 0.4s 之前就退出饱和，未加入静态补偿器的系统在 0.6s 左右才退出饱和区。因此，加入静态补偿器的系统能够更快退出输入饱和区。

跟踪性能的下降是因为一开始跟踪位移信号所需输入量都较大，此时往往产生输入饱和现象，退出饱和区越快，就意味着输入量相对较小，因此跟踪效果稍差。这也意味着，要在输入饱和条件下保证系统理论上的稳定性，必须牺牲一部分控制性能。

由上述仿真结果可得：加入静态抗饱和补偿器的数字液压负载敏感系统能够保持系统稳定，并使控制输入快速退出饱和区，但控制性能比未加入静态抗饱和补偿器的控制器稍差。

8.4　数字液压负载敏感、分级压力、变频控制对比研究

本小节主要将已经提出的数字液压负载敏感系统、变频数字液压分级压力系统和变频数字液压系统进行对比仿真研究。研究的主要目的是对比不同负载特性下以上三种控制的优缺点。

开始仿真之前首先设置仿真条件。数字液压负载敏感系统初始条件为：$\Delta p = 2.5\text{MPa}$，$n_p = 60\text{n/min}$，$x_p = 0$，$p_1 = p_2 = 0$，因此其对应的系统压力初始状态为：2.5MPa。变频数字液压分级压力系统和变频数字液压系统初始条件均为：$p_s = 10\text{MPa}$，$n_p = 60\text{n/min}$，$x_p = 0$，$p_1 = p_2 = 0$。其余系统参数设置与第 3 章 3.3.3 节中参数的设置一致。给定跟踪信号为 $r(t) = 0.2\sin(3t)$。

给定负载力为 $F_L = 4500 + 500\sin(0.3t)$ 和 $F_L = 6000\sin(3t)$ 两种情况，分别模拟一般范围慢速变化的负载和大范围快速变化的负载。具体仿真结果如图 8-6 和图 8-7 所示。

由图 8-6 和图 8-7 可得：提出的三种控制方式都具有较好的位置跟踪特性，其中变频数字液压系统跟踪效果最好，数字液压负载敏感跟踪效果次之，变频数字液压分级压力系统稍差。从能耗角度来看，数字液压负载敏感系统能耗最低，其次是变频数字液压分级压力控制，能耗最高的是变频数字液压系统。

当负载在小范围慢速变动时，数字液压负载敏感系统压力变化幅度较大，其余两种控制方式系统压力变化平稳。当负载出现大范围快速变动时，数字液压负载敏感系统压力变化幅值也随之加大，这对于液压系统来说会产生较大的冲击，不利于系统的稳定。而变频数字液压分级压力控制在面对快速变动的负载时，其系统压力设定值的变化速度也将加快，此时会出现系统压力控制的速度跟不上负载变化速度的现象，同样不利于系统的稳定。此时，变频数字液压系统依然能够保持系统压力平稳。

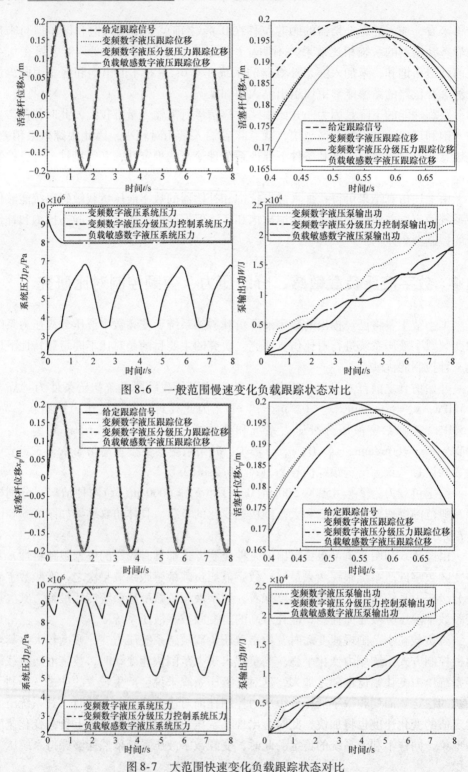

图 8-6　一般范围慢速变化负载跟踪状态对比

图 8-7　大范围快速变化负载跟踪状态对比

综合以上仿真结果可得：液压系统低功耗、平稳运行和快速反应这三个控制目标无法同时达成，必须根据负载特性及工况做出取舍。当负载在小范围内慢速变动时，从节能角度考虑，可优先选用数字液压负载敏感系统或变频数字液压分级压力系统。当负载出现大范围快速变动时，则应优先选择运行平稳且动态特性较好的变频数字液压系统。

8.5　小结

本章在对数字液压负载敏感系统进行非线性建模的基础之上，研究了负载敏感压力设定值选取的标准以及对系统动态特性及能耗特性的影响，考虑输入饱和限制为其设计了控制器及补偿器，具体内容及结论如下：

1）提出了采用变频器、交流电动机、定量泵、压力传感器组成系统压力闭环，并通过数字液压阀来控制液压缸的运动的数字液压负载敏感系统工作原理，在此基础上根据负载敏感压力在正反两个方向上的不同定义将系统分正、反两个方向建模，推导了非线性数学模型，分析了模型内部的不确定参数。研究了负载敏感压力设定值选取的标准以及对系统动态特性及能耗特性的影响。

2）在不考虑输入饱和的前提下，为系统设计了鲁棒动态反馈控制器，并进行了仿真，结果表明：当存在参数不确定性和外部扰动时，数字液压负载敏感系统在设计的控制器的作用下能够快速跟踪给定位移信号，且相对于恒压系统消耗的功率降低 50% 以上；随着负载压力设定值 Δp 的减小，跟踪时间变长，动态特性变差，但泵的输出功率和功减小，系统能耗降低；数字液压负载敏感系统在正反两个方向上的跟踪特性基本相同，但正向运动时系统效率较高。

3）在考虑输入饱和的前提下，为系统鲁棒动态反馈控制器设计了静态补偿器，并与未加入静态补偿器的系统进行了对比仿真，结果表明：加入静态抗饱和补偿器的数字液压负载敏感系统能够保持系统稳定，并使控制输入快速退出饱和区，但控制性能比未加入静态抗饱和补偿器的控制器稍差。

4）将已经提出的数字液压负载敏感系统、变频数字液压分级压力系统和变频数字液压系统进行不同负载下的对比仿真研究。仿真结果表明：当负载在小范围慢速变动时，从节能角度考虑，可优先选用数字液压负载敏感系统或变频数字液压分级压力系统。当负载出现大范围快速变动时，则应优先选择运行平稳且动态特性较好的变频数字液压系统。

参 考 文 献

[1] 徐世杰. 数字液压鲁棒控制技术及其在减摇鳍中的应用 [D]. 武汉：海军工程大学, 2016.

[2] 孔晓武. 带长管道的负载敏感系统研究 [D]. 杭州：浙江大学, 2003.

［3］董光源. 负荷传感控制液压系统［J］. 工程机械，1995（1）：20 - 24.

［4］李振冬. 电控负载敏感控制方案［J］. 液压气动与密封，2012，32（11）：68 - 69.

［5］BITNER D，BURTON R T. Experimental measurement of load sensing pump parameters［C］. Proceeding of the 40th National Conference on Fluid Power，Chicago：153 - 164.

［6］KIM S D. Stability analysis of a load - sensing hydraulic system［J］. Archive Proceedings of the Institution of Mechanical Engineers Part A Power and Process Engineering 1983 - 1988，1988，202（21）：79 - 88.

［7］KRUS P. On load sensing fluid power systems［D］. Linkoping：Linkoping University，1988.

［8］KIM S D，CHO H S. A suboptimal controller design method for the energy efficiency of a load - sensing hydraulic servo system［J］. Journal of Dynamic Systems Measurement & Control，1991，113（3）：487 - 493.

［9］PIZON A，SIKORA K. Computer simulation research of load sensing systems［C］. Fluid power treansmission and control proceedings of the 3rd，1993：124 - 131.

［10］ANDRESSON B R，AYRES J L. Load sensing directional valve，current technology and future development［C］. Proceeding of the fifth scandinavian international conference on fluid power，1997：99 - 119.

［11］BOOK R，GOERING C E. Load sensing hydraulic system simulation［J］. Applied Engineering in Agriculture，1997，13（1）：17 - 25.

［12］CHIANG M H，CHIEN Y W. Integration of load - sensing control and path control on a hydraulic valve - controlled cylinder system［J］. Internationales Fluid Technisches Kolloquium，2002：291 - 302.

［13］MANASEK R. The energy saving electrohydraulic systems［D］. Czech：VSB - Technical University of Ostrava，2001.

［14］刘军. 基于负载敏感理论的注塑机节能系统研究［D］. 淄博：山东理工大学，2012.

［15］刘亚波. 一种新型负载敏感制动阀的研究［D］. 太原：太原理工大学，2014.

［16］王陈乐. 差动负载敏感阀控系统的研究［D］. 杭州：浙江工业大学，2008.

［17］张晟. 电液数字位置伺服系统负载敏感型阀口压差控制技术研究［D］. 武汉：武汉科技大学，2010.

［18］胡志坚. 钻机负载自适应液压控制系统的研究［D］. 长春：吉林大学，2007.

［19］LIU B，TEOK，LIU X Z. Robust exponential stabilization for Large - scale uncertain impulsive systems with coupling time - delays［J］. Nonlinear Analysis：Theory Methods & Applications，2008，68（5）：1169 - 1183.

第9章　数字液压减摇鳍鲁棒控制

本章主要介绍数字液压减摇鳍系统的控制方法。减摇鳍是一种主动式船舶横摇减摇装置，在中高航速的各类船舶中应用广泛。它以减摇效果好且结构简单、重量轻、制造成本低、可靠性高等优点而广泛用于各类船舶。

减摇鳍基本减摇原理是：依靠侧伸于舰艇舷外的一对或两对鳍（非收放式、折叠收放式或伸缩式）受控摆动来获得稳定力矩，以抵抗波浪力矩，从而减小横摇的，如图9-1和图9-2所示，当鳍相当于来流有一个攻角ϕ时，鳍上将产生升力Y，该升力相对舰船纵轴建立扶正力矩 M_F，

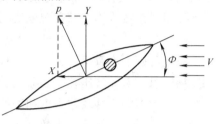

图9-1　鳍的流体动力

该力矩与波浪力矩 M_B 方向相反，因而抵消了摇摆力矩。

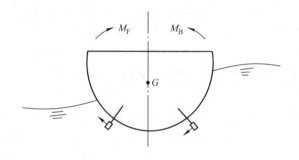

图9-2　鳍的扶正力矩

目前舰艇上使用的减摇鳍是一个集机、电、液于一体的复杂装置，该设备物理结构复杂，涉及的知识繁多，主要由鳍机械组合体、液压系统和控制系统三部分组成。

现有减摇鳍在实际使用中存在以下问题。硬件方面存在的主要问题有：

1）减摇鳍液压系统长时间使用造成的温升严重，同时所用伺服阀是精密液压组件，对油液的要求极高，稍有不慎使油液污染，就会造成滤器堵塞或液压阀卡死，使系统不能正常工作。

2）控制系统大都采用基于 PID 调节的模拟控制电路完成，系统非常复杂，且模拟信号在恶劣的工作环境中易受到干扰。

控制策略方面的主要问题有：

1）由于液压系统在设计时未考虑实际液压系统中存在的非线性、工作状态变化等因素的干扰，使得液压系统在工作中出现了参数不确定性，导致跟踪性能出现下降。

2）由于受到客观条件的限制，输入饱和现象存在于液压系统和控制系统当中。然而在设计控制器时并未充分考虑，只是简单在控制器上做了限幅处理，没有充分发挥现有的潜力。

3）减摇算法的设计是基于参数固定的船体模型，实际上船舶的质量，横稳心，横摇阻尼系数等均会随着舰艇实际载重量及海况的不同而产生变化。这就导致设计出的控制律并不能在参数变化的情况下保持较好的减摇能力。

由以上分析不难看出，为了保证减摇鳍能够在不同的载重量及海况下均取得较好的减摇效果，需要液压和控制系统满足以下两个条件：①具有高可靠性；②在外界干扰、参数不确定性及输入饱和条件下设计出具有鲁棒性的控制器。

针对以上问题，本章基于数字液压技术，首先从硬件上用数字液压缸代替原有的电液伺服机构，并为之设计相应的变频控制油源，不仅提高可靠性及抗干扰性，同时还能节约能源，减少发热。在此基础之上进行船舶 – 减摇鳍 – 数字液压系统建模，并分析其中存在的不确定参数及输入饱和现象。最后在考虑输入饱和的条件下为减摇鳍设计鲁棒控制器，并通过仿真验证控制器的减摇效果。

9.1 数字液压减摇鳍执行机构原理

减摇鳍执行机构主要负责根据控制指令转动减摇鳍，使之产生稳定力矩，从而减小船舶的横摇运动。设计的数字液压减摇鳍执行机构主要包含数字液压缸及其阀芯、变频液压站。本小节主要完成系统参数设计，为下一节建模打下基础。

由 8.4 节的仿真可知，当负载在大范围内快速变化时，变频数字液压系统在提出的三种油源控制方式中动态响应速度最快，且能够保持系统状态相对稳定，压力冲击较小。减摇鳍在工作过程中，其负载随转角的增大呈正比例增大，且转角速度较快，负载变化的频率越高。在此工况下，只有变频数字液压系统既能够保持快速反应，又能够保持运行平稳且具有较好的节能效果。因此选择变频数字液压系统替代原有的减摇鳍液压系统。

数字液压减摇鳍系统的原理如图 9-3 所示，其主要由数字液压缸、变频液压站、转鳍机构和传感器等组成。具体工作原理如下：控制器根据船舶摇摆状态、液压系统状态向变频器 19 及随动控制箱 20 发送控制指令。其中变频器 19 通过控制电动机转速调节液压系统工作压力，随动控制箱 20 发送脉冲控制数字液压缸的运动，两者相互配合驱动减摇鳍摆动产生扶正力矩。

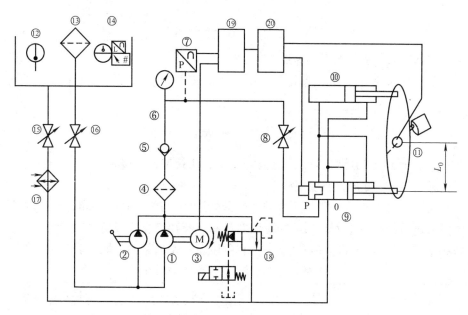

图 9-3　减摇鳍液压系统原理

1—液压泵　2—手摇泵　3—电动机　4—高压过滤器　5—单向阀　6—压力表　7—压力传感器

8、15、16—截止阀　9—主动缸　10—从动缸　11—转鳍机构　12—温度传感器　13—过滤器　14—液位传感器

17—冷却器　18—电磁溢流阀　19—变频器　20—随动控制箱

9.2　数字液压减摇鳍仿真模型

9.2.1　海浪模型

实际海面上兴起的海浪是不规则的随机波，它可以看作是由无穷多个相互独立的，具有不同幅值、频率和初相位的规则波叠加而来的。

单独的规则波方程为

$$\zeta = \zeta_{a} \cos(\omega t + \varepsilon) \tag{9-1}$$

式中，ζ 为波面离开静水的高度；ζ_{a} 为波面的幅值；ω 为角频率，ε 为初相角。

船舶在海面航行，造成船舶横摇的实际上是波倾角，其定义为

$$\alpha = \zeta_{a} k \sin(\omega t + \varepsilon) \tag{9-2}$$

式中，k 为波数，$k = \omega^{2}/g$，g 为重力加速度。

由于船舶在海面航行方向与波浪的传播方向不一致，因此船舶实际上遇到的波浪周期和波长会发生相应变化。定义遭遇角 μ_{e} 船舶航向与波浪方向间的夹角，作用于航行中船舶的有效波倾角为

$$\alpha = \frac{\zeta_a \omega_e^2}{g}\sin\mu_e \sin(\omega_e t + \varepsilon), \omega_e = \omega\left(1 - \frac{V_c}{C}\cos\mu_e\right) \qquad (9\text{-}3)$$

式中，波速为 C，船舶的运动速度为 V_c。

由于实际海浪可以看作是由无穷多个规则波叠加而来，因此海浪波倾角可表示为

$$\alpha = \sin\mu_e \sum_{i=0}^{\infty} \frac{\zeta_{ai} \omega_{ei}^2}{g}\sin(\omega_{ei} t + \varepsilon_i) \qquad (9\text{-}4)$$

式中，ζ_{ai}、ε_i 和 ω_{ei} 分别为第 i 次谐波的波幅、初相位、遭遇频率。

由式（9-4）可知，要模拟海浪，关键要得到相应的 ζ_{ai}、ε_i、ω_{ei} 参数。

在实际仿真中，不可能对所有频率的谐波进行仿真。因此，选取其中影响较大的频段来进行仿真。下面采用等间隔法对频率进行离散化。设仿真频段为 $\omega_1 \sim \omega_n$，采样频率增量为 $\Delta\omega = (\omega_1 - \omega_n)/n$，仿真频段及频率增量的选取见表9-1。

表9-1　各种海情的仿真频段和频率增量的选取

有义波高/m	风速/(m/s)	仿真频段/(rad/s)	频率增量/(rad/s)
<2.5	<8	0.3 ~ 3.0	0.1
2.5 ~ 5.0	8 ~ 12	0.25 ~ 2.4	0.08
>5.0	>12	0.1 ~ 0.7	0.06

在根据不同海况按照表9-1确定采样频率 $\omega_1, \omega_2, \cdots, \omega_n$ 和频率增量 $\Delta\omega$ 之后，可按下式计算 ζ_{ai}：

$$\zeta_{ai} = \sqrt{2S_\zeta(\omega_i)\Delta\omega} \qquad (9\text{-}5)$$

式中，$S_\zeta(\omega_i)$ 为波能谱函数 $S_\zeta(\omega)$ 在采样频率 ω_i 处的函数值。采用的波能谱函数为 $P-M$ 谱，其表达式为

$$S_\zeta(\omega) = \frac{8.1 \times 10^{-3} g^2}{\omega^5}\exp\left[\frac{-3.11}{H_{1/3}^2 \omega^4}\right] \qquad (9\text{-}6)$$

式中，$H_{1/3}$ 为有义波高。

随机海浪的初相角 ε_i 可由程序中 $0 \sim 1$ 之间随机数 x 生成，具体为

$$\varepsilon_i = x \cdot 2\pi \qquad (9\text{-}7)$$

计算遭遇频率：

$$\omega_{ei} = \omega_i\left(1 - \frac{V}{C}\cos\mu_e\right) \qquad (9\text{-}8)$$

将式（9-5）~式（9-8）代入式（9-4）即可得有效波倾角。图9-4即是按照上述方法得到的有效波倾角仿真曲线。

9.2.2　船舶横摇模型

在波浪作用下，作为刚体的船舶横摇可以用绕 x 轴摆动的角度 ϕ，角速度 ϕ'，

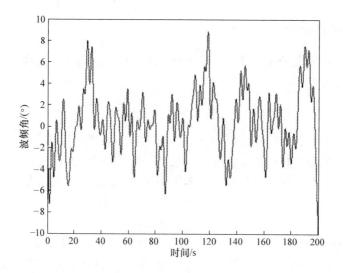

图9-4　海浪波倾角曲线

角加速度 ϕ'' 来表征运动情况，并规定从船尾向船首看时，以顺时针方向为正，逆时针方向为负，如图9-5所示。

采用 Conolly 的横摇运动方程，船舶线性横摇可以表示为

$$(I_{\mathrm{x}} + \Delta I_{\mathrm{x}})\ddot{\phi} + 2N_{\mathrm{u}}\dot{\phi} + D_{\mathrm{c}}h\phi = D_{\mathrm{c}}h\alpha_1 - M_{\mathrm{f}} \tag{9-9}$$

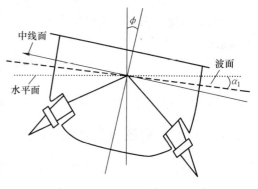

图9-5　横摇

式中，I_{x} 为相对于通过船舶质心的纵轴的惯量；ΔI_{x} 为附加惯量；$2N_{\mathrm{u}}$ 为每单位横摇角速度的船舶阻尼力矩；D_{c} 为船舶排水量；h 为横稳心高；M_{f} 为减摇鳍控制稳定力矩。

式（9-9）左右两边同时除以 $(I_{\mathrm{x}} + \Delta I_{\mathrm{x}})$ 可得

$$\ddot{\phi} + \frac{2N_{\mathrm{u}}}{I_{\mathrm{x}} + \Delta I_{\mathrm{x}}}\dot{\phi} + \frac{D_{\mathrm{c}}h}{I_{\mathrm{x}} + \Delta I_{\mathrm{x}}}\phi = \frac{D_{\mathrm{c}}h}{I_{\mathrm{x}} + \Delta I_{\mathrm{x}}}\left(\alpha_1 - \frac{M_{\mathrm{f}}}{D_{\mathrm{c}}h}\right) \tag{9-10}$$

由于船舶排水量受到实际载重影响，会与设计值存在一定误差，同时船舶实际的阻尼力矩也会与计算中采用的名义值存在一定误差，因此，式（9-10）中存在不确定参数。经查阅资料得到船舶的标称横摇方程为

$$\ddot{\phi} + 0.185\dot{\phi} + 0.487\phi = 0.487\left(\alpha_1 - \frac{M_{\mathrm{f}}}{D_{\mathrm{c}}h}\right) \tag{9-11}$$

实际上船舶的质量、横稳心、横摇阻尼系数等均会随着舰艇实际载重量及海况的不同而产生变化，以及横摇建模理论参数在实际计算中产生的误差，这就导致船舶横摇模型中也存在不确定参数。不妨设其中的参数存在5%的误差。

9.2.3 减摇鳍模型

当减摇鳍与来流存在夹角时，会在减摇鳍上产生升力，设转动鳍角为 δ 时，在鳍上产生了升力 F_s 为

$$F_s = \frac{1}{2}\rho A_f \delta C_L V_c^2 \tag{9-12}$$

式中，A_f 为鳍的面积；C_L 为鳍升力系数；ρ 为海水密度；V_c 为航速。

由于减摇鳍是左右对称布置的，因此当一舷的鳍产生的升力向上时，另外一舷的鳍产生一个向下的升力，两侧升力大小相等，方向相反，组成稳定力矩。稳定力矩 M_f 的表达式如下：

$$M_f = 2F_s l_f \cos\varepsilon_f \tag{9-13}$$

式中，ε_f 为鳍轴轴线与自鳍中心至穿过船质心的纵轴垂直线 l_f 间夹角。

由式（9-12）和式（9-13）可见，在航速一定的前提下，稳定力矩的大小与转角成正比。通常以减摇鳍最大减摇力矩所能克服的波倾角作为衡量其减摇能力的标志，并称为减摇鳍的当量波倾角。对于某型减摇鳍来说，采用巡航航速，当最大鳍角为 22°时能够抵消的波倾角为 5.64°，因此对于任意的一个鳍角 δ，它能够抵消的海浪扰动波倾角为

$$\alpha' = \frac{M_f}{D_c h} = \frac{5.64}{22}\delta \tag{9-14}$$

为方便今后计算，将式（9-14）中 α' 和 δ 均采用弧度制。

9.2.4 转鳍机构及液压系统建模

本小节将推导转鳍机构中的等效对称双出杆数字液压缸伸出杆长度同减摇鳍转角之间的关系，并建立液压系统的数学模型。

转鳍机构转过 δ 角时的动态图如图 9-6 所示，L_0 表示减摇力臂的长度，L_d 表示数字液压缸旋转支点到减摇力臂旋转支点之间的距离，δ_0 表示减摇鳍位于零位时 L_0 与 L_d 的夹角。由图 9-6 可得如下几何关系：

$$\frac{L_0}{L_d} = \cos\delta_0 \tag{9-15}$$

由勾股定理可得减摇鳍位于零位时液压杆的长度为

$$x_{p0} = L_0^2 + L_d^2 - 2L_0 L_d \cos\delta_0 \tag{9-16}$$

当减摇鳍旋转 δ 角时，由勾股定理可得液压杆的长度变为

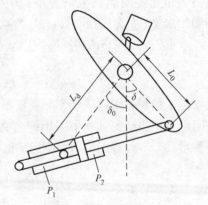

图 9-6 转鳍机构动态图

$$x_{p\delta} = L_0^2 + L_d^2 - 2L_0 L_d \cos(\delta_0 + \delta) \tag{9-17}$$

因此当减摇鳍旋转 δ 角时，液压杆长度的变化量为

$$x_p = 2L_0 L_d \left[\cos\delta_0 - \cos(\delta_0 + \delta) \right] = 4L_0 L_d \sin\frac{\delta}{2} \sin\left(\delta_0 + \frac{\delta}{2}\right) \tag{9-18}$$

由于转角 δ 限制在了 $\pm 22°$，此时 $\dfrac{\delta}{2}$ 与 $\sin\dfrac{\delta}{2}$ 近似相等，液压杆长度变化与转角之间的关系为

$$\frac{\delta}{x_p} = \frac{\delta}{4L_0 L_d \sin\dfrac{\delta}{2}\sin\left(\delta_0 + \dfrac{\delta}{2}\right)} \approx \frac{1}{2L_0 L_d \sin\delta_0} \tag{9-19}$$

式（9-19）将转角 δ 与液压缸长度变化 x_p 的关系近似看作比例关系，用 $\dfrac{1}{2L_0 L_d \sin\delta_0}$ 这个固定值来近似表示导致的误差最大不超过 5%。

接下来，推导等效对称双出杆数字液压缸的运动方程。对称液压缸与非对称数字液压缸的区别仅在于两个腔室有效作用面积是否相同。

如图 9-6 所示，p_1 表示远离转鳍力臂的腔室，p_2 表示靠近转鳍力臂的腔室。规定 $x_v \geq 0$ 时液压缸活塞杆的运动方向为正，对应的减摇鳍转角为正，有效作用面积为 $A_f = A_1 + A_2$。

阀芯方程：

$$x_v = \frac{t_1}{2\pi} u \tag{9-20}$$

流量方程如下：

$$q_1 = \begin{cases} C_d w_v x_v \sqrt{\dfrac{2}{\rho}(p_s - p_1)} & x_v \geq 0 \\[2mm] C_d w_v x_v \sqrt{\dfrac{2}{\rho}(p_1 - p_0)} & x_v < 0 \end{cases} \tag{9-21}$$

$$q_2 = \begin{cases} C_d w_v x_v \sqrt{\dfrac{2}{\rho}(p_2 - p_0)} & x_v \geq 0 \\[2mm] C_d w_v x_v \sqrt{\dfrac{2}{\rho}(p_s - p_2)} & x_v < 0 \end{cases} \tag{9-22}$$

流量连续性方程分别为

$$q_1 - C_i(p_1 - p_2) = A_f \dot{x}_p + \frac{V_1}{\beta_e}\dot{p}_1, \quad V_1 = V_{10} + A_f x_p \tag{9-23}$$

$$C_i(p_1 - p_2) - q_2 - C_e p_2 = -A_f \dot{x}_p + \frac{V_2}{\beta_e}\dot{p}_2, \quad V_2 = V_{20} - A_f x_p \tag{9-24}$$

力平衡方程为

$$A_f(p_1 - p_2) = M\ddot{x}_p + F_L \tag{9-25}$$

变频器及泵的数学模型与第 7 章的数学模型完全相同，都是采用变频定压系统，即通过控制变频器使系统压力保持在设定压力 p_d，详细内容可参照第 7 章的相关内容，在此不再赘述。

9.2.5 船舶－减摇鳍－数字液压系统建模

本小节将综合前面建模的结果，给出船舶－减摇鳍－液压系统的综合模型。令系统状态变量为 $x = [x_1, x_2, x_3, x_4, x_5, x_6, x_7]^T = \left[\phi, \dot{\phi}, p_e, n_p, x_p, \dot{x}_p, \dfrac{A_f}{M}(p_1 - p_2)\right]^T$。

由式（9-11）、式（9-14）、式（9-19）可得

$$\begin{cases} \dot{x}_1 = x_2 \\ \dot{x}_2 = -0.487x_1 - 0.185 - x_2 - \dfrac{1}{2L_0 L_d \sin\delta_0}x_5 + 0.487\alpha \end{cases} \tag{9-26}$$

由式（7-10）可得

$$\begin{cases} \dot{x}_3 = \dfrac{\beta_e}{V_m}\left(\dfrac{\pi}{30}D_p x_4 \eta_v + \begin{cases} -A_f x_6 & x_v \geq 0 \\ A_f x_6 & x_v < 0 \end{cases}\right) + w_1 \\ \dot{x}_4 = \dfrac{30}{\pi J_T}\left(\dfrac{3m_p}{2\pi R_2}K_{uf}^2 K_{int}u_c - \dfrac{m_p^2}{40\pi R_2}K_{uf}^2 x_4 - D_p \eta_v x_3 + w_2 - \dfrac{\pi}{30}B_T x_4\right) \end{cases} \tag{9-27}$$

由式（9-20）~式（9-25）可得

$$\begin{cases} \dot{x}_5 = x_6 \\ \dot{x}_6 = x_7 - \dfrac{F_L}{M} \\ \dot{x}_7 = \tau_4 x_7 + \dfrac{A_f}{M}(g_3 + g_4)u + w_4 \end{cases} \tag{9-28}$$

$$\tau_4 = -\dfrac{A_f^2 \beta_e}{M}\left(\dfrac{1}{V_1} + \dfrac{1}{V_2}\right)$$

$$w_2 = -\dfrac{F_L}{M}$$

$$w_4 = \dfrac{A_f}{M}\left\{\dfrac{\beta_e}{V_2}[C_e p_2 - C_i(p_1 - p_2)] - \dfrac{\beta_e}{V_1}C_i(p_1 - p_2)\right\}$$

$$g_3 = \dfrac{\beta_e R_1}{V_1} \cdot \begin{cases} \sqrt{p_s - p_1} & x_v \geq 0 \\ \sqrt{p_1 - p_0} & x_v < 0 \end{cases}$$

$$g_4 = \dfrac{\beta_e R_1}{V_2} \cdot \begin{cases} \sqrt{p_2 - p_0} & x_v \geq 0 \\ \sqrt{p_s - p_2} & x_v < 0 \end{cases}$$

令 $w_5 = 0.487\alpha$，并令 $w = [w_1, w_2, w_3, w_4, w_5]^T$，$u = [u_c, u]^T$，将式（9-20）~
式（9-25）写为矩阵形式可得

$$\dot{x} = Ax + gu + B_1 w \qquad (9\text{-}29)$$

$$
A = \begin{bmatrix}
0 & 1 & 0 & 0 & 0 & 0 & 0 \\
-0.487 & -0.185 & 0 & 0 & \dfrac{1}{2L_0 L_d \sin\delta_0} & 0 & 0 \\
0 & 0 & 0 & \dfrac{\pi\beta_e}{30 V_m}\eta_v D_p & 0 & \dfrac{\beta_e}{V_m} \cdot \begin{cases} -A_f & x_v \geqslant 0 \\ A_f & x_v < 0 \end{cases} & 0 \\
0 & 0 & -\dfrac{30 D_p \eta_v}{\pi J_T} & -\dfrac{3 m_p^2 \eta_v}{4\pi^2 J_T R_2}K_{uf}^2 - \dfrac{B_T}{J_T} & 0 & 0 & 0 \\
0 & 0 & 0 & 0 & 0 & 1 & 0 \\
0 & 0 & 0 & 0 & 0 & 0 & 1 \\
0 & 0 & 0 & 0 & 0 & \tau_4 & 0
\end{bmatrix}
$$

$$
g = \begin{bmatrix}
0 & 0 \\
0 & 0 \\
0 & 0 \\
\dfrac{45 m_p}{\pi^2 J_T R_2}K_{uf}^2 \cdot K_{int} & 0 \\
0 & 0 \\
0 & 0 \\
0 & g_3 + g_4
\end{bmatrix}, \quad
B_1 = \begin{bmatrix}
0 & 0 & 0 & 0 & 0 \\
0 & 0 & 0 & 0 & 1 \\
1 & 0 & 0 & 0 & 0 \\
0 & 1 & 0 & 0 & 0 \\
0 & 0 & 0 & 0 & 0 \\
0 & 0 & 1 & 0 & 0 \\
0 & 0 & 0 & 1 & 0
\end{bmatrix}
\qquad (9\text{-}30)
$$

在上述系数矩阵 A 中存在着不确定参数。A 中的第二行参数 -0.487，
-0.185，$\dfrac{1}{2L_0 L_d \sin\delta_0}$ 还有 5% 以内的误差。$\dfrac{\beta_e}{V_m}$，$g_3 + g_4$ 中均存在不确定参数，下面
给出不确定参数 τ_4 的标称参数和不确定部分的范围：$\tau_{4min} \leqslant \tau_4 \leqslant \tau_{4max}$，式中 $\tau_{4max} =$
$-\dfrac{A_f \beta_e}{M} \dfrac{4}{l - l_g}$，$\tau_{4min} = -\dfrac{A_f \beta_e}{M}\left(\dfrac{1}{l_1} + \dfrac{1}{l - l_g - l_1}\right)$。因此标称参数可取为：$\bar{\tau}_4 =$
$\dfrac{\tau_{4max} + \tau_{4min}}{2}$，$|\Delta\tau_4| \leqslant \Delta\tau_{4max} = \dfrac{\tau_{4max} - \tau_{4min}}{2}$。另外参数 $\dfrac{1}{2L_0 L_d \sin\delta_0}$ 也有 5% 的误差，
不妨设其误差为 ΔL_{0d}，则有 $|\Delta L_{0d}| \leqslant \dfrac{0.05}{2L_0 L_d \sin\delta_0}$。

系统（9-30）的控制输入受到输入饱和限制，分别是变频器控制电压 u_c 和数
字液压缸输入 u。

此外，转鳍范围：$-22° \sim 22°$，即对应的数字液压缸活塞杆位移受到如下限

制：$|x_5| \leqslant 2L_0 L_d \sin\delta_0 \cdot \dfrac{22}{180}\pi$。因此，该系统还存在着状态饱和的限制。

综上所述，船舶－减摇鳍－液压系统当中存在非线性、不确定参数、输入饱和以及状态饱和。与前几章相比，本系统还多出了状态饱和的限制，这些因素相互交织，会给控制器的设计和稳定性的证明增加难度。后面将综合考虑以上问题，为系统设计鲁棒稳定控制器。

9.3 考虑输入饱和及状态饱和的减摇鳍控制器设计及减摇仿真

由于船舶－减摇鳍－液压系统在实际当中的限制较多，因此对应的数学模型当中不仅存在输入饱和，还存在状态饱和现象，给控制器的设计带来了一定的问题。目前对于减摇鳍控制算法的研究大多只是基于传递函数，并且在控制器设计之时没有考虑系统当中存在的不确定参数、输入饱和以及状态饱和的限制，仅仅是在控制器完成之后为系统加入饱和环节，限制相应控制量和状态量的幅值。

采用此种方法缺少关于发生饱和时系统稳定性的证明，本小节将在上一小节基础上，综合考虑非线性、不确定参数、输入饱和以及状态饱和的因素，为系统设计鲁棒稳定控制器。

在减摇鳍实际工作的过程中，鳍角达到限幅即发生状态饱和现象的情况是会出现的。在发生系统状态及输入饱和时证明系统稳定性及给出相应控制律可以按照以下两种方法进行：

第一种方法：将船舶－减摇鳍－液压系统看作是船舶－减摇鳍系统和液压系统这两个分系统的串联结构。船舶－减摇鳍系统包含有 ϕ，$\dot\phi$ 两个状态变量，在该系统当中鳍角是控制输入，那么对于鳍角的限制对于船舶－减摇鳍系统来讲就构成输入饱和限制。可以用控制理论给出输入鳍角的变化规律并证明发生饱和时的系统稳定性。而对于液压系统而言，设计出的船舶－减摇鳍系统的输入鳍角可以看作是液压系统的控制输出，考虑到液压系统当中的输入饱和限制，则问题转化为输入饱和限制下数字液压系统对于给定信号的跟踪问题。该问题第 3 章，第 4 章都有涉及，本章不再赘述。综上所述，采用该方法将原有状态饱和以及输入饱和混合情况下的控制器设计及稳定性证明问题，转化为两个输入饱和系统的控制器设计及稳定性证明问题。

然而由于数字液压系统跟踪输入信号需要一定时间，因此采用这种方法下真实的鳍角与计算得出的控制鳍角存在一定的滞后，会影响控制的效果。

第二种方法：可根据是否发生状态饱和来分别设计相对应的控制器。

首先考虑发生状态饱和时系统的控制器设计。当发生状态饱和时，减摇鳍转鳍机构不再动作，此时数字液压缸的输入控制 $u = 0$，且系统状态 $x_6 = 0$，$x_7 = 0$。此时系统发生退化，即变为如下系统：

$$\dot{x} = \hat{A}\hat{x} + \hat{B}_2 u_c + \hat{B}_1 \hat{w} \tag{9-31}$$

$$\hat{A} = \begin{bmatrix} 0 & 1 & 0 & 0 \\ -0.487 & -0.185 & 0 & 0 \\ 0 & 0 & 0 & \dfrac{\pi\beta_e}{30V_m}\eta_v D_p \\ 0 & 0 & -\dfrac{30D_p\eta_v}{\pi J_T} & -\dfrac{3m_p^2\eta_v}{4\pi^2 J_T R_2}K_{uf}^2 - \dfrac{B_T}{J_T} \end{bmatrix} \tag{9-32}$$

$$\hat{B}_2 = \begin{bmatrix} 0 \\ 0 \\ 0 \\ \dfrac{45m_p}{\pi^2 J_T R_2}K_{uf}^2 \cdot K_{int} \end{bmatrix} \qquad \hat{B}_1 = \begin{bmatrix} 0 & 0 & 0 \\ 1 & 0 & 0 \\ 0 & 1 & 0 \\ 0 & 0 & 1 \end{bmatrix}$$

式中，$\hat{x} = [x_1, x_2, x_3, x_4]^T$，$\hat{w} = \left[w_5 - \dfrac{0.076}{L_0 L_d}\mathrm{sat}(x_5), w_1, w_2 \right]^T$。

可以看出，此时船舶的横摇状态与液压系统没有任何关联，船舶横摇和液压系统成为两个相互独立的系统。船舶横摇系统是稳定系统，不需考虑。下面只需考虑液压系统的稳定性及其控制律即可。

对于液压系统而言，数字液压缸此时不再动作，因此只需控制变频器使系统压力维持在设定压力即可。数字液压缸不工作时，控制变频器输出保证泵正常工作的最低频率的交变电流，此时液压泵输出的流量全部通过溢流阀流回油箱，系统压力保持在溢流阀设定压力，此时液压系统也能够保持稳定。

因此，当发生状态饱和时，系统稳定的控制律为：数字液压缸的输入控制 $u = 0$，变频器控制输入 u_c 为保证泵正常工作的最低电压。而不发生状态饱和时的控制器设计，将在下面的小节当中进行讨论。

9.3.1　考虑输入饱和的状态反馈控制器设计

考虑到过于复杂的控制算法在实际使用的控制器当中实现难度较大，且实现算法成本较高，因此本节设计的控制算法需在保证性能要求的前提下使控制器的设计尽可能简单。

基于以上因素，本节选取状态反馈控制器为设计目标。首先取 u 为 $u = \dfrac{\overline{M}}{A_1}$

$\dfrac{u_2}{g_3 + g_4}$，并令 $u_k = [u_c, u_2]^T$，将式（9-30）写为矩阵形式可得

$$\begin{cases} \dot{x} = Ax + B_2 u_k + B_1 w \\ z = C_2 x \end{cases} \tag{9-33}$$

$$\bar{A} = \begin{bmatrix} 0 & 1 & 0 & 0 & 0 & 0 & 0 \\ -0.487 & -0.185 & 0 & 0 & -\dfrac{1}{2L_0 L_d \sin\delta_0} & 0 & 0 \\ 0 & 0 & 0 & \dfrac{\pi\bar{\beta}_e}{30V_m}\eta_v D_p & 0 & \dfrac{\bar{\beta}_e}{V_m}\cdot\begin{cases}-A_f & x_v\geq 0 \\ A_f & x_v<0\end{cases} & 0 \\ 0 & 0 & -\dfrac{30 D_p \eta_v}{\pi J_T} & -\dfrac{3m_p^2 \eta_v}{4\pi^2 J_T R_2}K_{uf}^2 - \dfrac{B_T}{J_T} & 0 & 0 & 0 \\ 0 & 0 & 0 & 0 & 0 & 1 & 0 \\ 0 & 0 & 0 & 0 & 0 & 0 & 1 \\ 0 & 0 & 0 & 0 & 0 & \bar{\tau}_4 & 0 \end{bmatrix}$$

$$\Delta A = \begin{bmatrix} 0 & 0 & 0 & 0 & 0 & 0 & 0 \\ 0 & 0 & 0 & \Delta L_{0d} & 0 & 0 & 0 \\ 0 & 0 & 0 & \Delta_{\beta V}\dfrac{\pi\eta_v D_p}{30} & 0 & \Delta_{\beta V}\cdot\begin{cases}-A_f & x_v\geq 0\\ A_f & x_v<0\end{cases} & 0 \\ 0 & 0 & 0 & 0 & 0 & 0 & 0 \\ 0 & 0 & 0 & 0 & 0 & 1 & 0 \\ 0 & 0 & 0 & 0 & 0 & 0 & 1 \\ 0 & 0 & 0 & 0 & 0 & \Delta\tau_4 & 0 \end{bmatrix} \qquad C_2 = \begin{bmatrix} 1 & 0 & 0 & 0 & 0 & 0 & 0 \end{bmatrix}$$

$$B_2 = \begin{bmatrix} 0 & 0 \\ 0 & 0 \\ 0 & 0 \\ \dfrac{45 m_p}{\pi^2 J_T R_2}K_{uf}^2 K_{int} & 0 \\ 0 & 0 \\ 0 & 0 \\ 0 & \dfrac{\bar{M}}{M}\cdot\dfrac{(g_3+g_4)}{(\bar{g}_3+\bar{g}_4)} \end{bmatrix} \quad \bar{B}_2 = \begin{bmatrix} 0 & 0 \\ 0 & 0 \\ 0 & 0 \\ \dfrac{45 m_p}{\pi^2 J_T R_2}K_{uf}^2 K_{int} & 0 \\ 0 & 0 \\ 0 & 0 \\ 0 & 1 \end{bmatrix} \quad B_{21} = \begin{bmatrix} 0 & 0 \\ 0 & 0 \\ 0 & 0 \\ 0 & 0 \\ 0 & 0 \\ 0 & 0 \\ 0 & \Delta b \end{bmatrix} \quad \Delta B_2 = \Delta b \cdot B_{21}$$

$$\tag{9-34}$$

式中，z 为系统的输出，在本节为横摇角。不确定系数矩阵 ΔA 可以写为

$$\Delta A = F_{28} F_{29} + F_{30} F_{31}$$

其中

$$F_{28} = \begin{bmatrix} 0,1,0,0,0,0,0 \\ 0,0,0,0,0,0,1 \end{bmatrix}_{2\times 7}^{\mathrm{T}}$$

$$F_{29} = \begin{bmatrix} -0.487\alpha_{19},\ -0.185\alpha_{19},0,0,\ -\dfrac{\alpha_{19}}{2L_0 L_{\mathrm{d}}\sin\delta_0},0,0 \\ 0,0,0,0,0,\Delta\tau_4,0 \end{bmatrix}_{2\times 7} \quad |\alpha_{19}| \leqslant 0.05$$

$$F_{30} = \left[0,0,\left(\dfrac{1+\Delta_2}{1+\Delta_4}-1\right),0,0,0,0 \right]_{1\times 7}^{\mathrm{T}}$$

$$F_{31} = \left[0,0,0,\dfrac{\pi\overline{\beta_{\mathrm{e}}}}{30\overline{V_{\mathrm{m}}}}\eta_{\mathrm{v}}D_{\mathrm{p}},0,\dfrac{\overline{\beta_{\mathrm{e}}}}{\overline{V_{\mathrm{m}}}}\cdot \begin{cases} -A_{\mathrm{f}}\ x_{\mathrm{v}}\geqslant 0 \\ A_{\mathrm{f}}\ x_{\mathrm{v}} < 0 \end{cases},0 \right]_{1\times 7}^{\mathrm{T}}$$

设用 $\mathrm{sat}(u_{\mathrm{c}})$ 和 $\mathrm{sat}(u_2)$ 分别表示受到变频器输入控制电压 u_{c} 和新引入变量 u_2 收到的输入饱和幅值限制，则有

$$\mathrm{sat}(u_{\mathrm{c}}) = \begin{cases} u_{\mathrm{c}} & 0\leqslant u_{\mathrm{c}}\leqslant u_{\mathrm{cmax}} \\ u_{\mathrm{cmax}} & u_{\mathrm{c}} > u_{\mathrm{cmax}} \\ 0 & u_{\mathrm{c}} < 0 \end{cases}, \ \mathrm{sat}(u_2) = \begin{cases} u_2 & |u_2|\leqslant u_{2\mathrm{max}} \\ \mathrm{sgn}(u_2)u_{2\mathrm{max}} & |u_2| > u_{2\mathrm{max}} \end{cases}$$

$$(9\text{-}35)$$

令 $q = u_{\mathrm{k}} - \mathrm{sat}(u_{\mathrm{k}})$，则有 $\mathrm{sat}(u_{\mathrm{k}}) = u_{\mathrm{k}} - q$。以上就是系统当中存在的输入如饱和。

在实际系统当中可用于反馈的状态信号是船舶横摇角速度信号，压力信号和减摇鳍转角信号，不妨设用于反馈控制的信号为 y，其定义为

$$y = C_1 x, C_1 = \begin{bmatrix} 0 & 1 & 0 & 0 & 0 & 0 & 0 \\ 0 & 0 & 1 & 0 & 0 & 0 & 0 \\ 0 & 0 & 0 & 0 & 1 & 0 & 0 \end{bmatrix} \tag{9-36}$$

本小节的目标为：在考虑输入饱和的前提下，利用系统状态反馈信号为系统设计控制器。设其形式如下：

$$u_{\mathrm{k}} = K_{\mathrm{c}} y = K_{\mathrm{c}} C_1 x \tag{9-37}$$

式中，K_{c} 为待求矩阵。该状态反馈控制器能够用于控制的只是系统状态当中的一部分，不是全状态反馈，其内部也不具有动态结构，因此算法实现较为简单，不需复杂的微积分运算。

不妨设 $K_{\mathrm{c1}} = K_{\mathrm{c}} C_1$，则可将式（9-37）化简为如下形式：

$$u_{\mathrm{k}} = K_{\mathrm{c1}} x \tag{9-38}$$

注意到 $C_1 C_1^{\mathrm{T}} = I$，因此若能够求出 K_{c1}，则可得

$$K_{\mathrm{c}} = K_{\mathrm{c1}} C_1^{\mathrm{T}} \tag{9-39}$$

因此问题转化为对矩阵 K_{c1} 的求解。

给定矩阵 K_{c1}，$G \in R^{n \times 1}$，定义下面集合：

$\zeta_K = \{ x \in R^n : | (K_{c1} - G)x | \leqslant u_{max} \}$，$u_{max} = [u_{cmax}, u_{2max}]^T$。当 $x \in \zeta_K$ 时，q 可表示为：$q = \alpha \cdot Gx$，其中 $0 \leqslant \alpha \leqslant 1$。

定义 $E(P_5, \rho) = \{ x \in R^n : x^T P_5 x \leqslant \rho u_{max}^T u_{max} \}$，$\rho > 0$。若当 $x \in E(P_5, \rho)$ 时，系统稳定，则显然，ρ 越大，相对应的收敛域就越大，用 $E(P_5, \rho)$ 来估计收敛域。

将式（9-38）代入式（9-33），并可得

$$\begin{cases} \dot{x} = Ax + B_2 \mathrm{sat}(K_{c1}x) + B_1 w \\ z = C_2 x \end{cases} \tag{9-40}$$

构造的李雅普诺夫函数为 $V_5(x) = x^T P_5 x$，其中 P_5 为待求的 5×5 阶对称正定矩阵。

对 $V_5(x)$ 求导可得

$$\dot{V}_5(x) = [(A + B_2 K_{c1})x - B_2 q]^T P_5 x + [(A + B_2 K_{c1})x - B_2 q]^T P_5 x + 2x^T P_5 B_1 w \tag{9-41}$$

使系统（9-35）稳定且 L_2 增益小于 γ，必须满足 $z^T z - \gamma^2 w^T w + \dot{V}_5(x) < 0$ 成立，即

$$[(A + B_2 K_{c1})x - B_2 q]^T P_5 x + [(A + B_2 K_{c1})x - B_2 q]^T P_5 x + x^T C_1^T C_1 x + \frac{1}{\gamma^2} x^T P_5 B_1 B_1^T P_5 x < 0 \tag{9-42}$$

当 $x \in \zeta_K$ 时有 $q = \alpha \cdot Gx$，$0 \leqslant \alpha \leqslant 1$，因此式（9-42）等价于如下两式：

$$(A + B_2 K_{c1})^T P_5 + (A + B_2 K_{c1}) P_5 + C_1^T C_1 + \frac{1}{\gamma^2} P_5 B_1 B_1^T P_5 < 0 \tag{9-43}$$

$$[A + B_2 (K_{c1} - G)]^T P_5 + [A + B_2 (K_{c1} - G)] P_5 + C_1^T C_1 + \frac{1}{\gamma^2} P_5 B_1 B_1^T P_5 < 0 \tag{9-44}$$

式（9-43）对应的是未发生输入饱和现象时的系统状态，而式（9-44）则对应了系统发生饱和时的状态。下面首先推导式（9-43）对应的线性矩阵不等式。

将不确定矩阵代入式（9-43）中可得：

$$(\bar{A} + \bar{B}_2 K_{c1} + F_{28} F_{29} + F_{30} F_{31} + \Delta B_2 K_{c1})^T P_5$$

$$+ (\bar{A} + \bar{B}_2 K_{c1} + F_{28} F_{29} + F_{30} F_{31} + \Delta B_2 K_{c1}) P_5 + C_1^T C_1 + \frac{1}{\gamma^2} P_5 B_1 B_1^T P_5 < 0 \tag{9-45}$$

由第 8 章结论可知应存在实数 $\alpha_{20} > 0$，$\alpha_{21} > 0$，$\alpha_{22} > 0$ 使得下式成立：

$$(\bar{A} + \bar{B}_2 K_{c1})^{\mathrm{T}} P_5 + P_5(\bar{A} + \bar{B}_2 K_{c1}) + \alpha_{20} P_5 F_{28} F_{28}^{\mathrm{T}} P_5 + \frac{1}{\alpha_{20}} F_{29}^{\mathrm{T}} F_{29} + \alpha_{21} P_5 F_{30} F_{30}^{\mathrm{T}} P_5$$

$$+ \frac{1}{\alpha_{21}} F_{31}^{\mathrm{T}} F_{31} + \alpha_{22} P_5 \Delta B_2 \Delta B_2^{\mathrm{T}} P_5 + \frac{1}{\alpha_{22}} K_{c1}^{\mathrm{T}} K_{c1} + C_1^{\mathrm{T}} C_1 + \frac{1}{\gamma^2} P_5 B_1 B_1^{\mathrm{T}} P_5 < 0$$

$$(9\text{-}46)$$

注意到 $F_{29}^{\mathrm{T}} F_{29} \leqslant F_{29\max}^{\mathrm{T}} F_{29\max}$，$F_{30}^{\mathrm{T}} F_{30} \leqslant F_{30\max}^{\mathrm{T}} F_{30\max}$，$\Delta B_2 \Delta B_2^{\mathrm{T}} \leqslant \Delta b_{\mathrm{bound}}^2 \cdot B_{21}$

$\Delta B_{21}^{\mathrm{T}}$，$F_{29\max} = \begin{bmatrix} -0.024, & -0.009, & 0, & 0, & -208, & 0, & 0 \\ 0, & 0, & 0, & 0, & 0, & \Delta \tau_4, & 0 \end{bmatrix}_{2 \times 7}$，$F_{30\max} = \begin{bmatrix} 0, & 0, \end{bmatrix}$

$\left(\dfrac{1+a_2}{1+a_4} - 1\right), 0, 0, 0, 0 \Big]_{1 \times 7}^{\mathrm{T}}$，将之代入式（9-46）可得

$$\begin{bmatrix} \begin{matrix} (\bar{A} + \bar{B}_2 K_{c1})^{\mathrm{T}} P_5 + P_5(\bar{A} + \bar{B}_2 K_{c1}) + \alpha_{20} P_5 F_{28} F_{28}^{\mathrm{T}} P_5 \\ + \alpha_{21} P_5 F_{30} F_{30}^{\mathrm{T}} P_5 + \alpha_{22} \Delta b_{\mathrm{bound}}^2 P_5 B_{21} \Delta B_{21}^{\mathrm{T}} P_5 \end{matrix} & F_{29}^{\mathrm{T}} & F_{31}^{\mathrm{T}} & K_{c1}^{\mathrm{T}} & C_1^{\mathrm{T}} & P_5 B_1 \\ F_{29} & -\alpha_{20} I & 0 & 0 & 0 & 0 \\ F_{31} & 0 & -\alpha_{21} I & 0 & 0 & 0 \\ K_{c1} & 0 & 0 & -\alpha_{22} I & 0 & 0 \\ C_1 & 0 & 0 & 0 & -I & 0 \\ B_1^{\mathrm{T}} P & 0 & 0 & 0 & 0 & -\gamma^2 I \end{bmatrix} < 0$$

$$(9\text{-}47)$$

对该不等式左右两边同时乘以 $\mathrm{diag}(P_5^{-1}, I, I, I, I, I)$，并令 $X = P_5^{-1}$，$Y = K_{c1}$ P_5^{-1}，可得

$$\begin{bmatrix} \begin{matrix} X\bar{A}^{\mathrm{T}} + \bar{A}X + Y^{\mathrm{T}}\bar{B}_2^{\mathrm{T}} + \bar{B}_2 Y + \alpha_{20} F_{28} F_{28}^{\mathrm{T}} \\ + \alpha_{21} F_{30} F_{30}^{\mathrm{T}} + \alpha_{22} \Delta b_{\mathrm{bound}}^2 B_{21} \Delta B_{21}^{\mathrm{T}} \end{matrix} & X F_{29}^{\mathrm{T}} & X F_{31}^{\mathrm{T}} & Y^{\mathrm{T}} & X C_1^{\mathrm{T}} & B_1 \\ F_{29} X & -\alpha_{20} I & 0 & 0 & 0 & 0 \\ F_{31} X & 0 & -\alpha_{21} I & 0 & 0 & 0 \\ Y & 0 & 0 & -\alpha_{22} I & 0 & 0 \\ C_1 X & 0 & 0 & 0 & -I & 0 \\ B_1^{\mathrm{T}} & 0 & 0 & 0 & 0 & -\gamma^2 I \end{bmatrix} < 0$$

$$(9\text{-}48)$$

至此，式（9-43）已转化为线性矩阵不等式形式。式（9-44）的推导过程与式（9-43）类似，仅需令 $Y_1 = G P_5^{-1}$，并将式（9-43）中的 Y 替换为 $Y - Y_1$ 即可

$$\begin{bmatrix} \begin{aligned} X\bar{A}^{\mathrm{T}} + \bar{A}X + (Y-Y_1)\bar{B}_2^{\mathrm{T}} + \bar{B}_2(Y-Y_1) \\ + \alpha_{23}F_{28}F_{28}^{\mathrm{T}} + \alpha_{24}F_{30}F_{30}^{\mathrm{T}} + \alpha_{25}\Delta b_{\mathrm{bound}}^2 B_{21}\Delta B_{21}^{\mathrm{T}} \end{aligned} & XF_{29}^{\mathrm{T}} & XF_{31}^{\mathrm{T}} & (Y-Y_1)^{\mathrm{T}} & XC_1^{\mathrm{T}} & B_1 \\ F_{29}X & -\alpha_{23}I & 0 & 0 & 0 & 0 \\ F_{31}X & 0 & -\alpha_{24}I & 0 & 0 & 0 \\ (Y-Y_1) & 0 & 0 & -\alpha_{25}I & 0 & 0 \\ C_1X & 0 & 0 & 0 & -I & 0 \\ B_1^{\mathrm{T}} & 0 & 0 & 0 & 0 & -\gamma I \end{bmatrix} < 0$$

$$\tag{9-49}$$

式中，$\alpha_{23} > 0$，$\alpha_{24} > 0$，$\alpha_{25} > 0$。接下来，只需证明 $E(P_5,\rho)$ 包含于 ζ_{K}，即可用 $E(P_5,\rho)$ 来估计 ζ_{K}。$E(P_5,\rho) \in \zeta_{\mathrm{K}}$ 等价于

$$\begin{bmatrix} -P & (K_{\mathrm{c1}}-G)^{\mathrm{T}} \\ K_{\mathrm{c1}}-G & -\dfrac{1}{\rho} \end{bmatrix} < 0 \tag{9-50}$$

对式（9-50）左右两边乘以 $\mathrm{diag}(P_5^{-1},I)$ 并令 $\rho_{\mathrm{d}} = \dfrac{1}{\rho}$ 可得

$$\begin{bmatrix} -X & (Y-Y_1)^{\mathrm{T}} \\ Y-Y_1 & \rho_{\mathrm{d}} \end{bmatrix} < 0 \tag{9-51}$$

求解式（9-48）、式（9-49）和式（9-51）解出 X 和 Y，并将其代入式（9-35）可得控制器为 $K_{\mathrm{c}} = YX^{-1}C_1^{\mathrm{T}}$。

9.3.2 船舶 – 减摇鳍 – 液压系统减摇仿真分析

首先给出主要仿真参数：$L_0 = 0.3$，$L_{\mathrm{d}} = 0.5$，$\sin\delta_0 = 0.8$，$A_{\mathrm{f}} = 0.0077\mathrm{m}^2$，$D_{\mathrm{p}} = 9.422 \times 10^{-6}\mathrm{m}^3/\mathrm{rad}$，$J_{\mathrm{T}} = 1\mathrm{kg} \cdot \mathrm{m}^2$，$V_{\mathrm{m}} = 0.1\mathrm{m}^3$，$B_{\mathrm{T}} = 0.001$，$d_{\mathrm{v}} = 15\mathrm{mm}$，$M = 48.3\mathrm{kg}$，$V_{01} = 1.1 \times 10^{-3}\mathrm{m}^3$，$V_{02} = 1.1 \times 10^{-3}\mathrm{m}^3$，$\bar{\beta}_{\mathrm{e}} = 700\mathrm{MPa}$，$\rho = 0.9 \times 10^3\mathrm{kg/m}^3$，$t_1 = 1.5 \times 10^{-3}\mathrm{m/r}$。

利用 MatLab 中的 LMI 工具箱求解式（9-48）、式（9-49）和式（9-51）可得

$$K_{\mathrm{c}} = \begin{bmatrix} 6.907 \times 10^{-8} & 0.065 & -0.011 \\ 935.271 & -1.093 \times 10^{-8} & -1.2396 \times 10^7 \end{bmatrix}$$

由于船舶在海浪遭遇角为 90° 时的横摇幅值最大，此时减摇鳍工作最能体现减摇效果，然而船舶在实际航行中间遭遇角会随着航向及海浪的方向改变而发生变化，因此选择遭遇角为 90° 代表横摇最严重的情况，另外选取遭遇角为 60° 代表一般情况。海况选择 5 级海况和 6 级海况，航速为 18kn。减摇鳍减摇的数值仿真具

体结果如图9-7和图9-8所示。

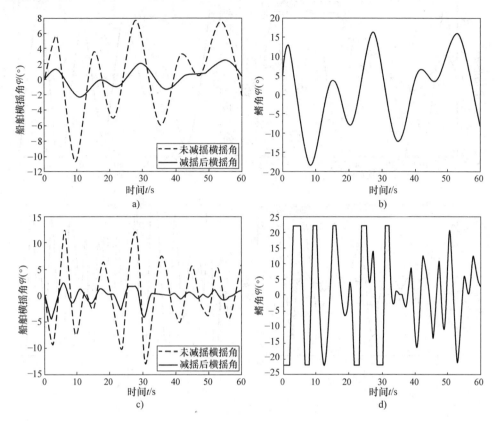

图9-7　5级海况减摇效果对比

a) 60°遭遇角时减摇效果对比　b) 60°遭遇角时鳍角
c) 90°遭遇角时减摇效果对比　d) 90°遭遇角时鳍角

由图9-7可知：在5级海况下，随着遭遇角的增大，船舶在未开减摇鳍状态下的横摇角度幅值增大。由公式（9-3）可得，在海浪情况及船舶航行速度不变的情况下，遭遇角 μ_e 越接近90°，则有效波倾角越大，此时船舶的横摇也越严重。因此，从减少横摇的角度出发，应尽量使遭遇角接近0°，即顺浪航行。在减摇鳍工作的状态下，船舶的横摇角度都保持在±5°以内。从鳍角来看，其遭遇角为60°时，鳍角摆动幅值不超过±20°，而当遭遇角为90°时，鳍角摆动幅值则出现达到极限转角±22°的情况。这是因为有效波倾角随着遭遇角增大后，所需要的扶正力矩也要相应增大，这就导致减摇鳍转角相应增大。

由图9-8可知：在6级海况下，也有类似的情况。综合以上仿真结果可以看出，随着海浪等级的提高，船舶的横摇幅度随之加大，为了保证具有良好的减摇效果，相应的鳍角转动幅值也随之加大。海况不变的情况下，在遭遇角为90°时，横摇频率明显更高，周期更短；此时，减摇鳍的鳍角转动幅度明显变大，并不时达到

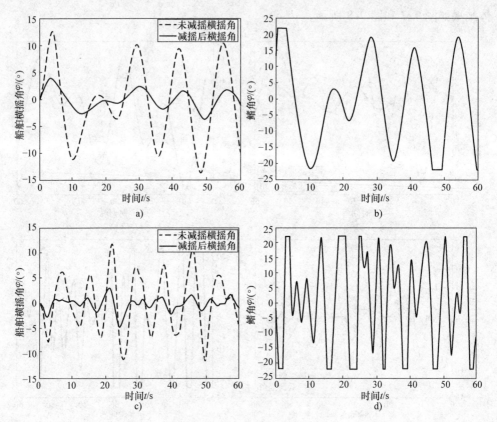

图 9-8 6 级海况减摇效果对比

a) 60°遭遇角时减摇效果对比 b) 60°遭遇角时鳍角
c) 90°遭遇角时减摇效果对比 d) 90°遭遇角时减摇效果对比

转鳍限幅。而当遭遇角不是 90°时，减摇鳍转角幅度较小，极少触及转鳍限幅。

为进一步量化减摇效果，采用减摇效率（百分比）来衡量，其表达式如下：
$\eta = 100 \times \dfrac{AP - RCS}{AP}$，$AP$ 为减摇前横摇平均幅值，RCS 为减摇后横摇平均幅值，具体统计结果见表 9-2。

表 9-2 减摇效率

减摇效率 η（%）	遭遇角	
	60°	90°
5 级海况	69.32	79.84
6 级海况	71.06	80.56

由表 9-2 可以看出，在遭遇角为 90°时，减摇效率能够达到 80%左右，而在遭遇角为 60°时，减摇效率能够达到 70%左右。综合来看，设计的控制器减摇效率较

高，能够满足在 6 级海况 18kn 航速条件下，开启减摇鳍后残余横摇角不大于 5°这一设计目标。

9.4　基于 DSP 的数字液压减摇鳍半实物仿真平台组成及工作原理

在减摇鳍装备实船之前，需对其性能进行试验。然而实验室条件下没有船舶和海浪，因此需要有一个能够模拟风浪及船舶摇摆运动的试验平台完成上述测试任务。为此，研制了数字液压减摇鳍半实物仿真平台。该平台中的数字液压系统元件及控制器全部采用实物，并且元件的尺寸和型号与实船装备一致；而船舶横摇和风浪由计算机模拟生成。

数字液压减摇鳍半实物仿真平台具体工作原理如图 9-9 所示。DSP 控制器接收上位机传送的信号，确定进行试验的工作模式，之后按照该种工作模式下的要求控制变频器和数字液压缸动作，并将采集到的系统状态信号传输给上位机，上位机在接收信号之后保存数据。工作模式分为鳍角跟踪、生摇和减摇三种模式。工作在鳍角跟踪模式时，控制器接收上位机给定的鳍角信号，并控制转鳍机构迅速动作跟踪指令鳍角；工作在生摇模式时，控制器自动控制减摇鳍按照预定的鳍角变化规律进行运动；当工作在减摇模式时，其接收上位机横摇角速度信号，并控制减摇鳍按照减摇控制算法运动。下面将分硬件和软件两部分对数字液压减摇鳍半实物仿真平台进行介绍。

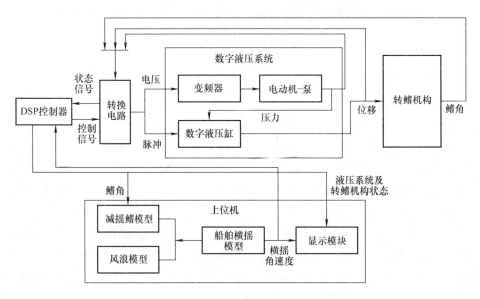

图 9-9　数字液压减摇鳍半实物仿真原理图

9.4.1 数字液压减摇鳍半实物仿真平台硬件组成

数字液压减摇鳍半实物仿真平台主要由 DSP 控制器、转换电路、数字液压系统、转鳍机构和上位机等硬件组成，其实物如图 9-10 所示。

图 9-10 数字液压减摇鳍半实物仿真平台

其中 DSP 数字控制器采用 DSP 芯片，其功能包括：接收经过转换电路转化而来的数字液压系统、转鳍机构的状态信号；同时与上位机进行实时通信，传递系统状态信号，并接收上位机发送的横摇角速度等数据；根据采集到的系统状态等信号生成控制量并输出给变频器和数字液压缸，控制液压系统和转鳍机构运动。选用的 DSP 型号是 TMS320F28335，该型号的芯片能够进行 32 位浮点运算，计算能力强大，适合作为复杂控制算法的控制器。同时还有丰富的接口，能够接收系统状态信号并与上位机进行串口通信。

数字液压系统和转鳍机构采用与实船相同的硬件设备。其中数字液压系统包括变频器、电动机、泵、数字液压缸以及相应的压力传感器等设备。压力传感器采用超宇测控 CY3018 型，液压缸活塞杆位移传感器采用码盘，码盘记录通过连接在活塞杆上的滚珠丝杠旋转运动来测量活塞杆的位移，选用型号为欧姆龙 E6C3 - CWZ3XH。

转换电路主要是将鳍角、数字液压系统状态信号转化为 DSP 能够接收的电信号。实船减摇鳍的负载主要与减摇鳍转过的鳍角成正比，因此可用弹簧近似模拟负载。

9.4.2 上位机程序设计

上位机仿真程序主要由 LabVIEW 和 MATLAB 混合编程实现，包含人机交互界面、风浪模型、减摇鳍模型、船舶横摇模型和通信系统。

人机交互界面主要选择工作模式，工作模式分为跟踪鳍角、生摇和减摇三个模式。如选择鳍角跟踪模式，则可通过上位机向控制器发送给定鳍角信号，同时实时接收并储存液压系统状态信号。如选择生摇模式，则计算机向控制器发送生摇指令，同时实时接收并储存液压系统状态信号。如选择减摇模式，则进入横摇仿真程序。

横摇仿真程序框图如图 9-11 所示。横摇仿真程序包括风浪模型、减摇鳍模型和船舶横摇模型。其能够按照实际时间仿真船舶的横摇运动并将横摇角速度发送给控制器。具体实现方法是利用 LabVIEW 定时循环功能实现每 50ms 定时解算一次的真实时间循环，在每个循环周期内横摇仿真程序调用一次风浪模型，同时将采集到的鳍角反馈给减摇鳍模型。之后将风浪产生的扰动力矩和减摇鳍产生的扶正力矩作为船舶横摇模型的输入，利用 LabVIEW 数学工具箱中的微分方程解算函数解算出横摇模型的输出，并将该次解算得到的船舶横摇运动状态值作为下一次横摇微分方程解算的初始值，如此循环往复，实现按照实际时间仿真船舶的横摇运动的功能。

上位机和控制器之间的通信是通过通信系统调用串口进行的。LabVIEW 软件中的仪器 I/O 助手提供了一个用户界面来交互式地向一个设备写入指令、读取设备以及指定如何将响应解析成与应用相关的格式。上位机通过串口通信实时采集鳍角、

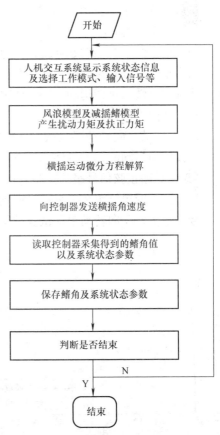

图 9-11 横摇仿真程序框图

系统压力、无杆腔压力、有杆腔压力等液压系统状态，并向控制器发送模拟横摇信号以及工作模式选择信号。

9.5 数字液压减摇鳍性能试验及结果分析

由于减摇鳍对机构的响应速度、生摇、减摇效果都有明确要求，因此试验也针对上述三个要求，分为三个部分：①数字液压减摇鳍鳍角跟踪性能试验；②数字液压减摇鳍生摇性能试验；③数字液压减摇鳍减摇性能试验。

9.5.1 数字液压减摇鳍鳍角跟踪试验

在前文提出了对于减摇鳍跟踪鳍角的要求：转鳍速度≥33°/s，因此必须对于鳍角的跟踪能力进行测试。

试验前准备：减摇鳍鳍角处于零位，液压系统处于待机状态。

试验内容：主要包括减摇鳍正向转动跟踪试验、反向转动跟踪试验和正弦信号跟踪试验三个内容。

1) 减摇鳍正向跟踪转动试验：通过计算机向 DSP 控制芯片发送指令鳍角信号，相当于向系统发送阶跃信号，发送的指令鳍角数值为 +22°，DSP 控制器控制液压系统驱动转鳍机构运动，同时将系统状态数值及相应时间通过串口通信反馈给上位机，并由上位机记录数据。

2) 减摇鳍反向转动跟踪试验：计算机向 DSP 控制芯片发送 -22°指令鳍角信号，测试反向运动的动态特性并通过上位机记录数据。

3) 减摇鳍正弦信号跟踪试验：计算机向 DSP 控制芯片发送 $22\sin(2t)$ 指令鳍角信号，测试减摇鳍跟踪正弦信号的动态特性并通过上位机记录数据。

减摇鳍正、反向转动跟踪试验结果如图 9-12 和图 9-13 所示。

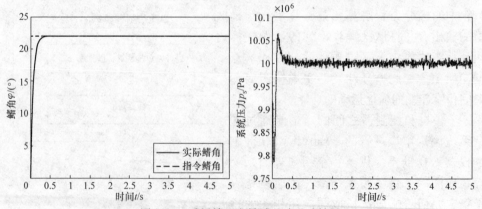

图 9-12　减摇鳍正向转动跟踪试验结果

由图 9-12 和图 9-13 可以看出，减摇鳍在跟踪 ±22°的指令鳍角信号时，其跟踪性能较好。跟踪时间小于 0.5s，转鳍速度大于 44°/s，高于设计要求的 33°/s，完全能够满足设计要求。当数字液压缸驱动鳍角转动时，所需流量突然加大，导致

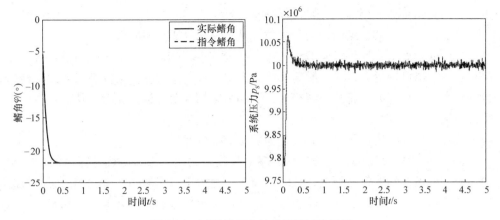

图 9-13　减摇鳍反向转动跟踪试验结果

系统压力瞬时有所下降，但随后在控制器的作用下系统压力回到设定压力值，并能够使其稳定在设定压力附近，具有较好的控制效果。

减摇鳍正、反向转动跟踪试验结果如图 9-14 所示。

由图 9-14 可以看出，当减摇鳍跟踪给定的正弦信号时，跟踪误差基本控制在 $2°$ 以内，具有较好的动态跟踪性能。同时系统伴随鳍角转动呈现出一定规律，当减摇鳍在 $±22°$ 附近时，转鳍速度趋近于 0，此时所需系统流量较小，压力能够在控制器的作用下迅速回升，而当减摇鳍离开 $±22°$ 附近时，其转鳍速度逐渐加大，所需流量也随之加大，系统压力有所下降。但总体来说，系统压力在控制器的作用下能够保持在设定值附近，达到系统设计要求。

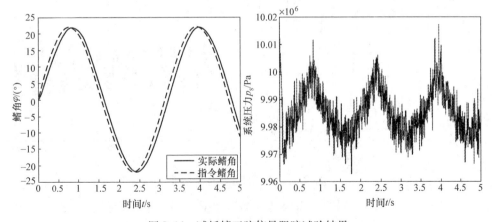

图 9-14　减摇鳍正弦信号跟踪试验结果

9.5.2　数字液压减摇鳍生摇试验

减摇鳍在设计时还对生摇特性提出了要求，即舰艇在 18kn 设计航速下航行，

生摇时横摇角可达 ±15°，生摇信号周期约为 9s。

试验前准备：减摇鳍鳍角处于零位，液压系统处于待机状态。

试验内容如下：计算机向 DSP 控制器发送周期为 9s 幅值为 ±15°的鳍角信号，DSP 控制转鳍机构运动，并将鳍角反馈给上位机减摇鳍模型。上位机一方面将鳍角数据保存，另外一方面将减摇鳍模型产生的力矩加入船舶横摇模型，从而产生模拟生摇效果。

减摇鳍生摇半实物仿真试验效果如图 9-15 所示。

由图 9-15 可以看出，当开启减摇鳍生摇模式之后，随着减摇鳍摆动时间的增加，船舶的横摇幅度也在加大，此时减摇鳍产生力矩对于船舶来讲就相当于海浪的作用，因此会随之逐渐加强。减摇鳍对于生摇正弦信号的跟踪误差小于 0.8°。

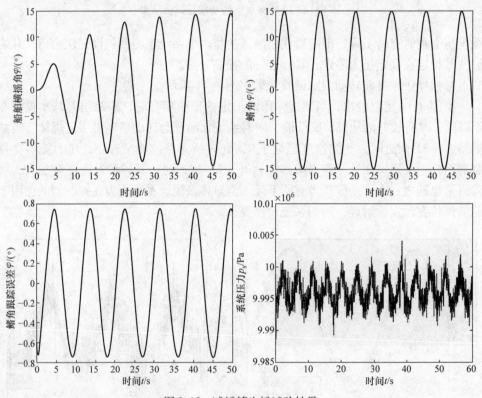

图 9-15 减摇鳍生摇试验结果

与图 9-14 对比，可以明显看出减摇鳍对生摇正弦信号的跟踪误差更小，这是因为生摇信号的周期较长，为 9s，而图 9-14 中跟踪的正弦信号周期为 3.14s，跟踪信号的周期越长，则跟踪精度越高，反之则跟踪精度下降。

系统压力的变化规律与图 9-14 一致，系统压力保持在设定值附近。综上，系统在生摇模式下，鳍角能够按照指令动作，同时系统压力稳定，试验表明能够完成生摇目标。

9.5.3　数字液压减摇鳍减摇试验

减摇鳍的核心性能是减摇能力。为了评价减摇装置的减摇性能，需要有衡量减摇效果的指标。实际减摇鳍的设计指标是：在 18kn 航速、5 级风浪条件下，开启减摇鳍之后的残余横摇角在 ±5° 以内。

为验证所设计的减摇鳍数字液压机构及其控制器的性能，需要进行半实物仿真测试。

试验前准备：减摇鳍鳍角处于零位，液压系统处于待机状态。

试验内容：上位机用一台计算机来实时模拟船舶横摇运动并显示状态。开始试验时，计算机模拟程序，将风浪模型加入船舶横摇模型，使船舶产生横摇，并将船舶横摇状态发送给 DSP 控制器，同时通过串口通信实时采集鳍角反馈给上位机减摇鳍模型，将减摇鳍模型产生的扶正力矩和风浪模型一起加入船舶横摇模型，从而产生模拟减摇效果。

半实物仿真采用 5 级海况，遭遇角分别选择 60° 和 90°，分别代表一般情况和最恶劣的情况，遭遇角为 60° 时的半实物仿真结果见图 9-16。由图 9-16 可以看出，

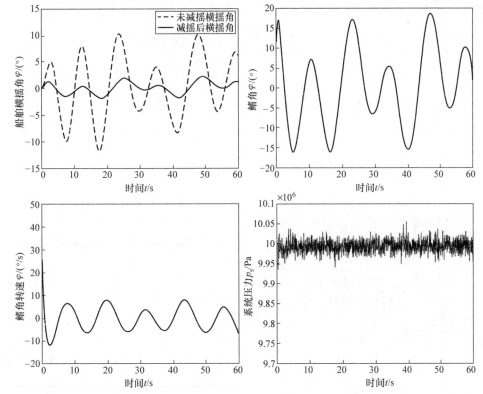

图 9-16　60°遭遇角时减摇效果对比

在 5 级海况，遭遇角为 60°时，减摇鳍减摇效果较好，残余横摇角控制在 5°以内。同时液压系统运行良好，鳍角能够正常转动。在该海况下，鳍角没有达到限制幅值 ±22°。同时减摇鳍转动的频率较低，周期大致在 9s 左右，与船舶横摇故有周期比较接近。在刚开始减摇，需要减摇鳍迅速动作时，转鳍速度较高，达到 40°/s 以上，当减摇鳍运行一段时间之后，转鳍速度基本在 ±10°/s 以内，远低于系统所设指标。从鳍角没有达到饱和状态和转鳍速度较低，可以看出在该海况下减摇鳍的减摇能力还有富余，能够应对更加恶劣的海况。系统压力在减摇鳍刚开始启动时，有一段明显的下降过程，这是由于此时所需系统流量较高，导致瞬时压力降低，但降低幅度只有大约 0.3×10^6 Pa。其他时间，系统压力基本维持在设定值附近，能够达到设计要求。

遭遇角为 90°时的半实物仿真结果见图 9-17。由图 9-17 可以看出，在 5 级海况，遭遇角为 90°时，减摇鳍减摇效果同样较好，残余横摇角控制在 5°以内。在该海况下，鳍角有时会处于 ±22°的饱和状态，同时转鳍的频率和速度都明显提升，转鳍角速度有时能接近 50°/s，说明减摇鳍的潜在减摇能力得到了充分发挥。在减摇鳍转动时，系统压力基本维持在设定值附近，但是在减摇鳍转动速度较高时，系统压力会出现较明显的下降，下降幅度为 $0.3 \times 10^6 \sim 0.7 \times 10^6$ Pa。但仍然能够满足

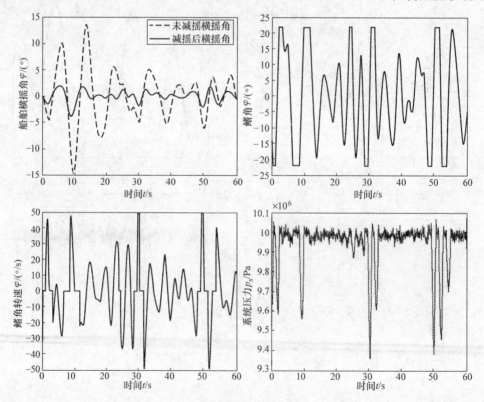

图 9-17　90°遭遇角时减摇效果对比

系统设计和正常工作的要求。

9.6　小结

本章主要搭建了数字液压减摇鳍半实物仿真平台，并基于此平台分别开展了跟踪性能试验、生摇试验和减摇试验，验证了系统的工作性能指标，具体研究内容如下：

1）进行了减摇鳍鳍角跟踪试验，主要包括减摇鳍正向转动跟踪试验、反向转动跟踪试验和正弦信号跟踪试验三个内容。试验结果表明，设计的控制器能够较好地跟踪给定信号，转鳍速度大于 44°/s，高于设计要求的 33°/s，完全能够满足设计要求。变频控制能够使系统压力稳定在设定压力附近，具有较好的控制效果。

2）进行了减摇鳍生摇试验，减摇鳍对于生摇正弦信号具有较好的跟踪能力，能够按照指令正确动作，其跟踪误差小于 0.8°。在减摇鳍动作的同时，系统压力保持在设定值附近。试验结果表明：控制器对转鳍运动和系统压力的控制具有较好的动态特性和稳定性。减摇鳍的鳍角信号能够反馈给上位机，上位机模能够正确模拟船舶横摇。

3）进行了减摇鳍半实物仿真减摇试验，在 18kn 航速、5 级海况下，减摇鳍减摇效果较好，残余横摇角控制在 5°以内。鳍角的转动频率和转动速度随着遭遇角接近 90°而增大，同时液压系统在控制器的作用下能够保持系统压力基本恒定。试验结果表明，减摇鳍控制算法有效，能够有效降低船舶横摇运动幅度，达到减摇设计要求，减摇鳍液压系统在减摇过程中能够保持系统稳定并具有良好的动态性能。

参 考 文 献

［1］徐世杰. 数字液压鲁棒控制技术及其在减摇鳍中的应用［D］. 武汉：海军工程大学，2016.

［2］张安国. 船舶减摇鳍控制系统的仿真研究［D］. 大连：大连海事大学，2010.

［3］孟克勤. 我国减摇鳍装置的发展和一些设计问题［J］. 机电设备，1995（5）：1-6.

［4］刘磊，邢继峰，彭利坤. 基于 AMESim 的数字液压减摇鳍系统仿真研究［J］. 机床与液压，2013（3）：113-116.

［5］梁利华，宁继鹏，史洪宇. 基于 AMESim 与 ADAMS 联合仿真技术的减摇鳍液压系统仿真研究［J］. 机床与液压，2009（8）：200-202.

［6］沈余生. 减摇鳍机械装置设计相关分析［J］. 船舶工程，2009，31（2）：30-31.

［7］刘少卿，任明其，徐军. 减摇鳍装置结构拓扑优化应用研究［J］. 船舶工程，2011，33（1）：25-28.

［8］李红薇. 减摇鳍电液比例控制系统应用研究［D］. 哈尔滨：哈尔滨工程大学，2008.

［9］王仁政. 减摇鳍电液负载仿真台控制系统的分析设计［D］. 哈尔滨：哈尔滨工程大学，2010.

[10] HICKEY N, GRIMBLE M, JOHNSON M. H∞ fin roll control system design [R]. Trondheim: Proceedings of IFAC conference on control applications in marine systems, 1995.

[11] HICKEY N. Control design for fin roll stabilisation [D]. UK: University of Strathclyde, 1999.

[12] LLOYD A R. Roll stabilizer fins: A design peocedure [J]. Transactions of Royal Institution of Naval Architects, 1975 (17): 233 – 254.

[13] 金鸿章，周颋，李东松. 减摇鳍 PID 控制器参数的修正 [J]. 中国造船，2008，49（3）：7 – 12.

[14] 孙广会. 基于 PLC 的减摇鳍随动系统模糊 – PI 控制研究 [D]. 哈尔滨：哈尔滨工程大学，2007.

[15] HERVE T, GUY L. Fin Rudder Roll Stabilisation of Ships: A Gain Scheduling Control Methodology [C]. American Control Conference, 2004: 3011 – 3016.

[16] HERVE T, GUY L. A gain scheduled control law for fin/rudder roll stabilization of ships [J]. Control Conference in Marine Systems, 2009 (15): 100 – 106.

[17] 张海鹏. 鲁棒滑模反步控制法及其在减摇鳍中的应用 [D]. 哈尔滨：哈尔滨工程大学，2004.

[18] 宁寿辉. 船舶减摇鳍系统的智能控制算法研究 [D]. 大连：大连海事大学，2002.

[19] 陶芬. 减摇鳍系统自适应反演滑模控制的研究 [D]. 重庆：重庆大学，2012.

[20] 白伟伟. 考虑输入饱和的船舶减摇鳍控制设计 [D]. 大连：大连海事大学，2014.

[21] 魏文. 船舶减摇鳍系统的智能自抗扰控制研究 [D]. 大连：大连海事大学，2014.

[22] 陆淑芳. 船舶减摇鳍系统模糊滑模控制研究 [D]. 大连：大连海事大学，2013.

[23] 沙林峰. 超大型减摇鳍双泵控制系统研究 [D]. 杭州：浙江大学，2015.

[24] 石为人，陶芬，张元涛. 基于 RBF 神经网络的减摇鳍自适应滑模控制 [J]. 控制工程，2012，19（6）：978 – 981.

第10章 数字液压缸驱动的 Stewart 平台控制技术

以 Stewart 平台为运动基的仿真运动模拟器在飞机、船舶、赛车、货车、火车、坦克等交通运载工具的操控训练方面具有重要意义，西方发达国家对其带来的经济和军事效益早有充分的认识，而其对我军战斗力的提高更毋庸置疑。舰艇操纵模拟器不仅为操艇人员增加了陆上勤练的机会，更提供了操作海上危险科目的机会，并且通过操练动作的反复体验、感觉以及回放，可以快速形成艇员的战斗力。显然，研制该模拟器的关键技术之一是给训练者提供尽可能逼真体感运动的液压 Stewart 平台。

Stewart 平台是一种具有 6 自由度（six Degree – of – Freedom 简写为 6DOF）运动的并联机器人机构，它由固定的下平台和活动的上平台以及 6 个分支驱动器构成，其结构如图 10-1 所示。Stewart 平台的驱动器可分为液动、电动、气动等方式，由于液压驱动具有出力大、应用成熟等优点，使其在运动模拟器领域获得了广泛应用。

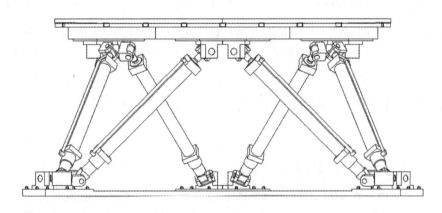

图 10-1　数字液压驱动的液压 Stewart 平台结构

目前国内外对并联机器人的机构学、运动学、动力学的研究相对较多，对位置精度有很高要求的并联机器人机构，如并联运动机床、微动并联定位机构、医用并联机器人等，其振动问题尤其是系统刚度的研究也不少，但液压 Stewart 平台的振动研究却很鲜见。因为是载人的仿真运动模拟器，为保证模拟的逼真度和操纵的舒适性，其模拟运动的柔和性、平稳性、协调性、可靠性等显得格外重要，而这些都是和 Stewart 平台的振动特性息息相关的。研究 Stewart 平台的振动特性，一般从建立系统振动微分方程的刚度模型开始。Stewart 平台的刚度研究在轨迹规划、优化设计以及控制算法等方面起着很重要的作用，它也是保证平台运动精度的前提。相应地，根据系统刚度等振动特性而采用合适的控制方法是防止 Stewart 平台产生共振失稳的有效手段。故本章将在数字液压缸驱动 Stewart 平台的振动特性与抑振控制等方面进行研究，以期为 Stewart 平台的结构设计和平稳控制提供科学的指导，使平台运动更平滑、更协调，并为其他并联机器人机构的振动特性、精度研究提供参考。

本章的主要研究内容是数字液压缸应用于 Stewart 平台上的控制问题，在对称阀控非对称液压缸系统的非线性标称模型的基础上，根据 Lugre 动态摩擦模型设计了数字液压缸的摩擦力观测器，结合理想分支力进行输入前馈力补偿，同时采用 H_∞ 鲁棒控制方法控制数字液压运动，从而实现抑制 Stewart 平台振动的目的。

10.1 数字液压缸驱动的 Stewart 平台系统组成

10.1.1 总体构成

在液压伺服驱动的 6DOF 舰艇操纵模拟器的基础上，将新型数字液压缸应用于 Stewart 平台，研制出数字缸驱动的 6DOF 舰艇操纵模拟器。该型舰艇操纵模拟器由 6DOF 运动平台分系统、模拟舱段分系统、模拟潜望镜分系统、教练员控制分系统四大部分构成。由于使用了新型液压数字缸，同时采用了多种优化设计方法，该模拟器可载重 8t，速度可达 0.3m/s，加速度可达 0.5g，平动幅值达 ±0.5m，转动幅值达 ±30°。

该 6DOF 运动平台分系统实物如图 10-2 所示。该分系统由 6 自由度运动机构、平台运动控制系统、油源及其控制系统等几部分构成。6 自由度运动机构有上下平台、6 个数字液压缸、12 个铰链连接装置等几部分，它是复现舰艇动作的运动机构。平台运动控制系统是整个 Stewart 平台运动系统的中枢，它由主控计算机、运动控制卡、数据采集卡、细分驱动器、操作控制面板等构成；为方便操作与管理，将这套控制系统集成为一个工作站，实物如图 10-3 所示。在工作站的控制面板上有运行模式的选择旋钮、平台起停按钮、急停按钮、单自由度调试按钮和单缸调试按钮，且油源的可视触摸屏也安装在其左下方，可实现油源的远程监控。油源及其控制系统由液压泵、水泵、加热器、溢流阀、油源控制 PLC、油源控制箱等构成，它可实现油、水泵的手动（自动）启停、油压油温的自动控制与调节。

图 10-2　数字液压驱动的 Stewart 平台试验系统

图 10-3　Stewart 平台控制系统

10.1.2　控制系统

1. 主控计算机

主控计算机是整个控制系统的核心，它通过网络通信接收上位机的信息生成运动平台 6 自由度姿态信息（包括位移、速度、加速度），经过洗出滤波算法，转化为运动平台的平动和转动位移，并经并联机器人机构的运动学反解得到每个液压缸的缸长，后通过 PCI 总线传送到运动控制卡上，运动控制卡经过位置、速度的插补运算后，发送脉冲指令到细分驱动器上，由步进电动机带动阀芯移动，最后通过液压放大作用变成液压缸所需的缸长，从而实时产生模拟仿真的运动姿态。同时主控计算机通过串口（RS485）和油源 PLC 通信，实时监测油源的油压、油温、油位、过滤器是否堵塞等油源情况，并产生相应动作，如在液压泵没有起动的条件下，平台运行初始化条件不满足，当按下平台起动按钮时液压缸不会动作，相反会提示操作者存在的问题。

2. 运动控制卡

采用基于 PCI 总线的高性能 6 轴伺服/步进控制卡，实际上和主控计算机构成了双 CPU 系统，接收主控计算机的指令后，它能迅速进行位移、速度的插补计算，并发送脉冲值和脉冲频率去驱动对应的步进电动机，保证在相同的时间内使 6 个液压缸平滑地伸长或缩短不同的距离。而该控制卡具有位置可变环形，可在运动中随时改变速度，可使用连续插补等先进功能也使运动平台的控制更加准确方便。

该运动控制卡的位置管理采用两个加/减速计数器，一个是内部管理驱动脉冲输出的逻辑位置计数器，一个用于接收外部脉冲的反馈输入。在实际使用时，通过控制卡的自带指令，可实时返回逻辑位置计数器值，也即液压缸的理想位置。而液压缸的内部反馈机构可以附带一个高精度的码盘编码器,可通过控制卡实时返回液压缸的实际位置,这可以有效监视液压缸的运动。但事实上,由于数字液压缸的合理设计,其位置跟踪能力非常强,所以这种外部脉冲反馈输入是完全可以去掉的,即对控制者而言完全是一种"数字开环控制",省去了位移传感器、力传感器、压力传感器和加速度传感器等众多传感器,以及由此带来的 D/A、A/D 转换和复杂的控制器参数调节装置。而且在细分驱动器上电的情况下,步进电动机处于自锁状态,即除非有驱动脉冲的作用,在一般的干扰信号作用下它是不会动作的,所以系统具有很强的抗干扰能力。

3. 油源 PLC

油源 PLC 主要实现油源系统的逻辑控制和监视。平台运行准备阶段,可利用控制台上的可视触摸屏起动液压泵,同时 PLC 根据油温的高低,决定是起动冷却水泵还是起动加热器,即油温过高时水泵运行,油温过低时起动加热器进行加热。在系统正常运行时,将油压、油温、油位、过滤器是否堵塞等油源情况,实时传送给可视触摸屏和主控计算机,这样在触摸屏和显示器上都可显示油源信息,即使在主控计算机死机的情况下,操作者在控制台也能清楚地查看油源运行情况。

4. 脉冲发生器

为使平台在主控计算机死机等严重故障中安全回复到零位,专门设计了脉冲发生器,其原理是利用定时器在相同的时间间隔内产生一定频率的脉冲,利用此脉冲可手动调试每个数字液压缸的动作,除在主控计算机死机时起到保护作用外,也极大地方便了平台的安装和调试。脉冲发生器和主控计算机构成的冗余控制系统,保证了平台上操纵设备和人员的安全。

10.1.3 测试系统

加速度传感器采用压电晶体加速度计(见图 10-4a),沿平台 Z 轴方向设置两个(头部朝上朝下各一个),沿 X 方向、Y 方向分别设置一个,这样可以测试平台三个平动方向的振动。利用小辣椒振动采集分析系统(见图 10-4b)采集振动数据。

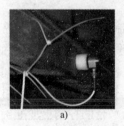 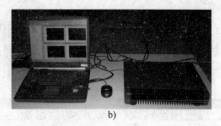

a)   b)

图 10-4 加速度计和小辣椒振动采集系统
a) 加速度计 b) 小辣椒振动采集系统

10.1.4　软件设计

软件要能实现平台不同起动速度、不同位姿条件下的起动振动研究，以及不同换向位姿、不同的控制方程控制下换向时的振动研究。该型运动模拟器的控制系统已优化设计为工作站，其上按需要设计了三种运行方式的选择开关，分别为内控、自检、外控，设计试验控制软件时，将内控档设计为初始位姿设定管理线程，自检和外控档分别设计为起动、换向控制线程。其总体控制流程如图 10-5 所示。

控制软件除完成测试内容的各种设定与控制外，还必须完成运动学反解、逻辑控制、安全保护、平台起停、实时动态显示等多个控制模块，以保证试验系统的安全可靠。逻辑控制和保护功能主要是通过数字 I/O 采集卡和运动控制卡上的 I/O 口，管理运动控制及其附属设备之间的所有 I/O 操作，通过 I/O 接口采集系统所有模拟转换和开关状态，在线监测系统的运行状态，并进行故障分析和处理，通过安全保护模块对平台实施相应的保护动作。

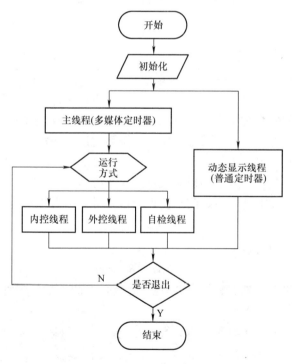

图 10-5　控制程序总体流程

为方便试验操作与管理，设计了实时监控界面。图 10-6 所示为试验监控主界面和参数设定界面，其主要工作在实时动态显示线程中完成。界面显示可以反映系统运行的信息：液压缸缸长、液压缸初始定位、上平台名义位姿和实际位姿、油温油压、运行方式、声光报警等，使操作者在控制台上对系统的运行情况一目了然。

而参数设定界面可以设定试验所需的全部数据，包括测试内容、控制方程、自由度、起动设定、换向设定五项基本数据。

图 10-6　监控界面和参数设定界面

10.2　Stewart 平台系统振动的微分方程

10.2.1　系统刚度矩阵

对于重载的 6 自由度 Stewart 平台系统可作如下假定：①上平台及其上面的物体是绝对刚体；②下平台及基础是绝对刚体，且质量为无穷大；③上、下平台之间 6 个联接机构的质量相对于上、下平台的质量是小量，可忽略，即只有刚度及阻尼，且阻尼是黏滞型的；④在某个工作点，振动的位移和角位移变化均很小，因而假定系统的刚度和阻尼系数是常量。这样，六个分支液压缸可简化成简单的弹簧 - 阻尼系统。下面根据力 - 变形的摄动关系推导系统的刚度矩阵。

在某个时刻点，运动平台偏离平衡点的位移可表示为

$$\delta q = \begin{bmatrix} \delta q_\mathrm{t}^\mathrm{T} & \delta q_\mathrm{r}^\mathrm{T} \end{bmatrix}^\mathrm{T} \tag{10-1}$$

则平台上任意铰链点的微分：

$$\delta q_{Ai} = \delta q_\mathrm{t} + \delta q_\mathrm{r} \times r_{Ai} \tag{10-2}$$

式中，r_{Ai} 为运动平台上任意铰链点 A_i 到平台质心 P 的矢量。则对于 Stewart 平台的分支轴向力：

$$
\begin{aligned}
f_i &= k(\delta q_{Ai} \cdot S_i) S_i = k\big[(\delta q_\mathrm{t} + \delta q_\mathrm{r} \times r_{Ai}) \cdot S_i \big] S_i \\
&= k\big[S_i \cdot \delta q_\mathrm{t} + (r_{Ai} \times S_i) \cdot \delta q_\mathrm{r} \big] S_i \\
&= k\begin{bmatrix} S_i^\mathrm{T} & (r_{Ai} \times S_i)^\mathrm{T} \end{bmatrix} \begin{bmatrix} \delta q_\mathrm{t} \\ \delta q_\mathrm{r} \end{bmatrix} S_i
\end{aligned}
\tag{10-3}
$$

综合得到

$$r_{Ai} \times f_i = k\begin{bmatrix} S_i^\mathrm{T} & (r_{Ai} \times S_i)^\mathrm{T} \end{bmatrix} \begin{bmatrix} \delta q_\mathrm{t} \\ \delta q_\mathrm{r} \end{bmatrix} (r_{Ai} \times S_i) \tag{10-4}$$

此处，同前述章节定义，S_i 为分支的方向向量，k 为分支刚度。综合式（10-3）和式（10-4）得到

$$F = \begin{bmatrix} f \\ r_A \times f \end{bmatrix} = kJ^* \delta q \begin{bmatrix} S \\ r_A \times S \end{bmatrix} = kJ^* J^{*T} \delta q \tag{10-5}$$

式中，J^* 为运动学逆 Jacobian 矩阵，因此得到空间并联机器人机构的刚度矩阵：

$$K = kJ^* J^{*T} \in R^{6 \times 6} \tag{10-6}$$

以上推导将分支刚度视为相同值，而在一般情况下，Stewart 平台的分支刚度并不相同，则式（10-6）变为

$$K = J^* K_d J^{*T} \tag{10-7}$$

式中，$K_d = \mathrm{diag} \begin{bmatrix} k_1 & k_2 & \cdots & k_6 \end{bmatrix}$，$k_1$，$\cdots$，$k_6$ 分别对应 6 个分支刚度。而分支刚度又是由分支结构、材料、几何参数决定的，而构成分支的铰链刚度和液压缸液压弹簧刚度分别如下：

铰链刚度

$$k_J = \frac{F_J}{\delta_J} = \frac{k_\tau k_a}{\sqrt{k_a^2 + (k_\tau^2 - k_a^2) \sin^2 \beta_B}} \tag{10-8}$$

在计算过程中，需要计算出给定轴向预紧力 F_{a0} 时，圆锥滚子轴承轴向刚度 k_{a0} 和径向刚度 $k_{\tau 0}$。其计算公式为

$$k_{a0} = 29.011 l_e^{0.8} z^{0.9} \sin^{1.9} \alpha_J F_{a0}^{0.1} \tag{10-9}$$

$$k_{\tau 0} = 7.253 l_G^{0.8} z^{0.9} \frac{\cos^2 \alpha_J}{\sin^{0.1} \alpha_J} F_{a0}^{0.1} \tag{10-10}$$

式中　l_e——圆锥滚子轴承滚子有效接触长度（mm），$l_e = l_G - 2r$；

　　　l_G——滚子全长（mm）；

　　　r——滚子两端倒角长度（mm）；

　　　α_J——接触角（rad）；

　　　δ_J——变形；

　k_τ，k_a——刚度；

　　　β_B——铰链转角（rad）；

　　　z——滚动体数目。

液压缸液压弹簧刚度

$$k_y = k_{y1} + k_{y2} = \frac{\beta_e A_{V1}^2}{V_1} + \frac{\beta_e A_{V2}^2}{V_2} = \frac{\beta_e A_{V1}}{L_1} + \frac{\beta_e A_{V2}}{L_2} \tag{10-11}$$

式中　β_e——油液的体积弹性模量（N/m²）；

A_{V1}、A_{V2}——液压缸的油腔有效活塞面积（m²）；

V_1、V_2——液压缸腔室 1、2 的体积，其中 $V_1 = A_{V1} L_1$，$V_2 = A_{V2} L_2$（m³）；

L_1、L_2——液压缸腔室 1、2 的长度（m）。

10.2.2 分支局部坐标系

Stewart 平台的系统刚度由分支结构、材料、铰链、液压缸和平台的位姿等因素决定，但分支的构成单元（上铰链、下铰链、液压缸等）在空间的位置也是不同的，故在计算时将构成单元的刚度（阻尼）矩阵先全部通过坐标转移矩阵转换至静坐标系下，再根据它们的串并联关系计算分支刚度（阻尼）更符合实际。首先建立分支的局部坐标系，如图 10-7 所示，其中：A_i、B_i、C_i、D_i、E_i——分别为第 i 个分支的三维万向铰、虎克铰、液压缸下液柱、液压缸上液柱、液压缸活塞杆的中心点或质心点；A_ixyz、B_ixyz、C_ixyz、D_ixyz、E_ixyz——与分支的三维万向铰、虎克铰、液压缸下液柱、液压缸上液柱、液压缸活塞杆的惯性主轴重合的局部坐标系，原点分别为其中心点或质心点，其中 z 轴沿液压缸轴向，x 轴平行于 Bxy 平面，y 轴由右手定则确定。上平台作复合运动时建立分支的局部坐标系，如图 10-8 所示。将上平台外接圆投影至下平台，分别由动坐标系 $\{P\}$ 的中心点 P、上铰链点 A_i 作下平台水平面 Bxy 的垂线，垂足分别为 P'、A'_i 点，连线 A'_iB_i，在 Bxy 平面内作 B_ix 垂直于 A'_iB_i，由 $A_iA'_i$ 垂直于 Bxy 平面知 $A_iA'_i$ 垂直于 B_ix，即有 B_ix 垂直于平面 $A_iA'_iB_i$，进而 B_ix 垂直于 B_iA_i（即 B_iz 轴），易知 B_ix 即为所求的局部坐标系下的 x 轴。而当上平台作单自由度转动时，其局部坐标系的确定则简化得多（见图 10-9）。

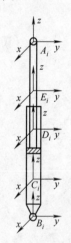

图 10-7　Stewart 平台分支的局部坐标系

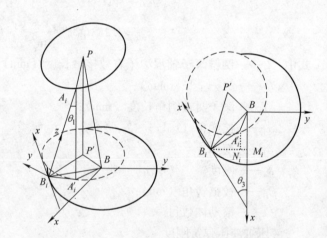

图 10-8　Stewart 平台复合运动时局部坐标系的确定

10.2.3　RPY 角描述

RPY（Roll – Pitch – Yaw）角描述上平台坐标系 $Pxyz$ 方位的法则如下：$Pxyz$ 的初始方位与参考系 $Bxyz$ 重合。首先将 $Pxyz$ 绕 Bx 轴转 γ 角，再绕 By 轴转 β 角，最后绕 Bz 轴转 α 角。因为三次旋转都是相对固定坐标系而言的，故得相应的旋转

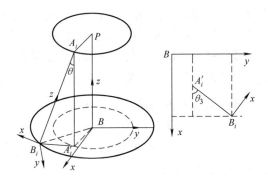

图 10-9　Stewart 平台单自由度转动时局部坐标系的确定

矩阵：

$$R_{XYZ}(\alpha,\beta,\gamma) = R(Z_O,\alpha)R(Y_O,\beta)R(X_O,\gamma)$$

$$= \begin{bmatrix} C\alpha & -S\alpha & 0 \\ S\alpha & C\alpha & 0 \\ 0 & 0 & 1 \end{bmatrix} \begin{bmatrix} C\beta & 0 & S\beta \\ 0 & 1 & 0 \\ -S\beta & 0 & C\beta \end{bmatrix} \begin{bmatrix} 1 & 0 & 0 \\ 0 & C\gamma & -S\gamma \\ 0 & S\gamma & C\gamma \end{bmatrix}$$

$$= \begin{bmatrix} C\alpha C\beta & C\alpha S\beta S\gamma - S\alpha C\gamma & C\alpha S\beta C\gamma + S\alpha S\gamma \\ S\alpha C\beta & S\alpha S\beta S\gamma + C\alpha C\gamma & S\alpha S\beta C\gamma - C\alpha S\gamma \\ -S\beta & C\beta S\gamma & C\beta C\gamma \end{bmatrix} \tag{10-12}$$

式中，$C\theta = \cos\theta, S\theta = \sin\theta (\theta = \alpha \backslash \beta \backslash \gamma)$。可见通过 RPY 角描述得到的旋转矩阵和通过欧拉角得到的位姿变换矩阵相同，在此应用 RPY 角描述得到分支的局部坐标系相对于静坐标系 $Bxyz$ 的旋转矩阵。图 10-8 中左图中 θ_1 为 B_iA_i 与 A_iA_i' 的夹角，右图为水平面 Bxy 图，B_ix 反向延长与 Bx 轴的夹角为 θ_3。易知分支局部坐标系相对于静坐标系的 RPY 角分别为

$$\begin{cases} \gamma = g_1(\theta_1) \\ \beta = \theta_2 = 0 \\ \alpha = g_3(\theta_3) \end{cases} \tag{10-13}$$

式中，g_1、g_3 表示 RPY 角 α、γ 和 θ_1、θ_3 存在如正负、加减直角等简单的代数关系（$\alpha = 180° - \theta_3$）。而 θ_1、θ_3 分别为（在图 10-8 的平面图作 B_iM_i 垂直于 Ox 轴，作 $A_i'N_i$ 垂直于 B_iM_i，垂足分别为 M_i、N_i）：

$$\theta_1 = \arctan(|B_iA_i|/|A_iA_i'|) \tag{10-14}$$

$$\theta_3 = \arctan(|A_i'N_i|/|B_iN_i|) \tag{10-15}$$

而当上平台作单自由度转动时，其分支局部坐标系的确定相对简单，如图 10-9 所示。

10.2.4　系统振动的微分方程

将力、力矩、平动位移、角位移在静坐标系中分别用矢量 F_t、F_r、X_t、X_r 表

示，在局部坐标系中分别用矢量f_t、f_r、x_t、x_r表示，它们都是 3×1 的列矢量，其中 F_t、f_t 为力矢量，F_r、f_r 为力矩矢量，X_t、x_t 为线位移，X_r、x_r 为角位移。将力与力矩合写在一起，将线位移与角位移合写在一起，则在静坐标系中：广义力 $F = [F_t \quad F_r]^T$，广义位移 $X = [X_t \quad X_r]^T$，在局部坐标系中：广义力 $f = [f_t \quad f_r]^T$，广义位移 $x = [x_t \quad x_r]^T$。进行坐标系转换时，有关系式

$$F = T \cdot R \cdot f \tag{10-16}$$

$$X = R^T \cdot T^T \cdot x \tag{10-17}$$

式中 R、R^T——转动矩阵及其转置；

T、T^T——平移矩阵及其转置。

R、T 的具体计算式如下：

$$R = \begin{bmatrix} R_{XYZ}(\alpha,\beta,\gamma) & 0 \\ 0 & R_{XYZ}(\alpha,\beta,\gamma) \end{bmatrix} \tag{10-18}$$

$$T = \begin{bmatrix} I & 0 \\ D & I \end{bmatrix} \tag{10-19}$$

$$D = \begin{bmatrix} 0 & -z_0 & y_0 \\ z_0 & 0 & -x_0 \\ -y_0 & x_0 & 0 \end{bmatrix} \tag{10-20}$$

式中，$R_{XYZ}(\alpha,\beta,\gamma)$ 由式（10-12）~式（10-15）确定，D 为局部坐标系原点在静坐标系下的位置坐标（x_0、y_0、z_0）的 3 阶反对称矩阵，I 为 3 阶单位阵。

由于上平台受到的科氏力是速度的平方，在并联机器人机构运行速度不高时，可忽略科氏力的影响。对上平台及负载运用达朗贝尔（D'Alembert）原理时，先将局部坐标系 $Pxyz$ 中上平台及其负载的质量矩阵 $m_p = \mathrm{diag} [m_x \quad m_y \quad m_z \quad I_x \quad I_y \quad I_z]$ 转移至静坐标系下，见式（10-22），再将局部坐标系下的刚度矩阵 $k_{ij} = \mathrm{diag} [0 \quad 0 \quad k_{opn} \quad 0 \quad 0 \quad 0]$、阻尼矩阵 $c_{ij} = \mathrm{diag} [0 \quad 0 \quad c_{opn} \quad 0 \quad 0 \quad 0]$（$k_{opn}$、$c_{opn}$ 为分支构件的刚度、阻尼，如液压缸油液刚度 k_{y1}）分别转移至静坐标系下，见式（10-23），并根据分支中构件刚度、阻尼的关系计算出分支刚度及阻尼矩阵，见式（10-24），后得到系统的总刚度、阻尼矩阵，见式（10-25），同时将激励力也转移至静坐标系下，见式（10-26），最后得到矩阵形式的运动微分方程

$$M\ddot{X} + C\dot{X} + KX = F \tag{10-21}$$

式中，

$$M = T_{OP} \cdot R_P \cdot m_P \cdot R_P^T \cdot T_{OP}^T \tag{10-22}$$

$$\begin{cases} K_{ij} = T_{ij} \cdot R_{ij} \cdot k_{ij} \cdot R_{ij}^T \cdot T_{ij}^T \\ C_{ij} = T_{ij} \cdot R_{ij} \cdot c_{ij} \cdot R_{ij}^T \cdot T_{ij}^T \end{cases} \tag{10-23}$$

$$K_i = f_{j=1}^n (K_{ij}), C_i = h_{j=1}^n (C_{ij}) \tag{10-24}$$

$$K = \sum_{i=1}^{6} K_i, C = \sum_{i=1}^{6} C_i \tag{10-25}$$

$$F = \sum_{i=1}^{6} T_{if} \cdot R_{if} \cdot f_{if} \tag{10-26}$$

式中，$i = 1$，$\cdots$，6 表示 6 个分支，$j = 1$，$\cdots$，5 表示考虑分支的构成单元为 5 个，T_{OP}、T_{ij} 表示各局部坐标系相对于静坐标系 $Bxyz$ 的平移矩阵；R_{P}、R_{ij} 表示局部坐标系变换到静坐标系的转动矩阵；式（10-24）中 j 表示各分支的构成单元，i 表示分支号，$f_{j=1}^{n}$、$h_{j=1}^{n}$ 算子表示各分支的刚度、阻尼，其构件包括铰链、活塞杆、上下腔油液的刚度、阻尼等，它们并不是简单的相加关系，必须根据其串并联关系确定其大小；此处要注意的是 K_{ij}、C_{ij} 本身是 6×6 的矩阵，应用式（10-24）时，须将相同位置的元素作 $f_{j=1}^{n}$、$h_{j=1}^{n}$ 运算。

10.3　液压 Stewart 平台的起动与换向振动

对液压 Stewart 平台而言，除考虑运动副和构件本身的刚度外，构件耦合、关节间隙、摩擦力等非线性因素交互影响，又因系统本身的阻尼很小，使得 Stewart 平台的运动稳定性减弱并容易导致振动的发生。可以这样说，Stewart 平台系统铰链的刚度、油液可压缩性等因素，以及系统本身的低阻尼特性决定了系统的振动本质，而 Stewart 平台动力学方程的强耦合、变参数等非线性特性，加上模拟运动中频繁起动、换向时的静动摩擦力转换和液压冲击，都会形成很强的干扰力，这都构成了 Stewart 平台振动的激振因素。

10.3.1　液压 Stewart 平台振动的解析表达式

虽然上节假设分支中构件的弹性模量、阻尼系数为常量，但由式（10-21）~式（10-25）计算得到的 C 一般与 M、K 不成比例，且在大多数情况下，也很难找到恰当的系数 α_{M}、β_{K} 满足下式：

$$C = \alpha_{\mathrm{M}} M + \beta_{\mathrm{K}} K \tag{10-27}$$

故 Stewart 平台为非比例黏性阻尼系统，对该类系统的求解，一般采用状态空间的复模态分析方法。为求解式（10-21），引入 12 维的状态变量 $y = \begin{bmatrix} X & \dot{X} \end{bmatrix}^{\mathrm{T}}$，并构造辅助方程

$$M\dot{X} - M\dot{X} = 0 \tag{10-28}$$

综合式（10-21）与式（10-28），有

$$A\dot{y} + By = E \tag{10-29}$$

式中

$$A = \begin{bmatrix} C & M \\ M & 0 \end{bmatrix}, B = \begin{bmatrix} K & 0 \\ 0 & -M \end{bmatrix}, E = \begin{bmatrix} F & 0 \end{bmatrix}^{\mathrm{T}} \tag{10-30}$$

即原 6 自由度的二阶系统已转化为一阶系统。由于矩阵 M、K、C 均为实对称矩阵，矩阵 A、B 也是 12×12 的实对称矩阵。为了使式（10-29）解耦，也就是使矩阵 A、B 实现对角化，就要进行坐标变换，确定变换矩阵。为此，需研究系统的自由振动方程：

$$A \dot{y} + By = 0 \qquad (10\text{-}31)$$

确定系统的复特征值、复特征矢量、复模态矩阵。

如果系统自由振动的解为 y，那么 y 必须具有这样的性质：y 及其一阶导数在任何时刻都使式（10-29）成立。很明显，指数函数能满足这一要求。假定方程的解有下面的形式

$$y = \{\psi\} e^{\lambda t} \qquad (10\text{-}32)$$

则有

$$(\lambda A + B)\{\psi\} = 0 \qquad (10\text{-}33)$$

或

$$B\{\psi\} = -\lambda A\{\psi\} \qquad (10\text{-}34)$$

式（10-33）和式（10-34）就是矩阵 A 和 B 的特征值问题的方程，故系统的特征方程为

$$|\lambda A + B| = 0 \qquad (10\text{-}35)$$

A、B 是 12×12 阶矩阵，故可得到 12 个复特征值 λ_1，λ_2，$\cdots$，λ_{12}。本系统中 M、K、C 均为实对称矩阵，且 C 一般为正定矩阵，而该系统一般是欠阻尼的，故复特征值是共轭成对出现的。不妨设共轭复根分别为 λ_r 和 λ_r^*，则对应的复特征矢量也为共轭矢量 $\{\psi\}_r$ 和 $\{\psi^*\}_r$，以上 $r = 1$，2，$\cdots$，6。系统的特征值矢量为

$$[\Lambda] = \begin{bmatrix} [\Lambda_{ar}] & 0 \\ \hline 0 & [\Lambda_{br}] \end{bmatrix} = \begin{bmatrix} \lambda_1 & & & & & \\ & \ddots & & & & \\ & & \lambda_6 & & & \\ & & & \lambda_1^* & & \\ & & & & \ddots & \\ & & & & & \lambda_6^* \end{bmatrix} \qquad (10\text{-}36)$$

式中

$$[\Lambda_{ar}] = \begin{bmatrix} \lambda_1 & & \\ & \ddots & \\ & & \lambda_6 \end{bmatrix}, [\Lambda_{br}] = \begin{bmatrix} \lambda_1^* & & \\ & \ddots & \\ & & \lambda_6^* \end{bmatrix} \qquad (10\text{-}37)$$

特征矢量矩阵为

$$\{\psi\} = \{ \{\psi\}_1 \quad \cdots \quad \{\psi\}_6 \quad \{\psi^*\}_1 \quad \cdots \quad \{\psi^*\}_6 \} \qquad (10\text{-}38)$$

这时系统的特征值问题又可表示为

$$B\{\psi\} = -A\{\psi\}[\Lambda] \qquad (10\text{-}39)$$

考虑到

$$y = \begin{bmatrix} X \\ \dot{X} \end{bmatrix}, y = \{\psi\} e^{\lambda t} \tag{10-40}$$

若设

$$X = \{\phi\} e^{\lambda t} \tag{10-41}$$

则

$$\dot{X} = \lambda \{\phi\} e^{\lambda t} \tag{10-42}$$

因此

$$\{\psi\}_r = \begin{bmatrix} \{\phi\}_r \\ \lambda_r \{\phi\}_r \end{bmatrix} \tag{10-43}$$

则有

$$[\psi] = \{\{\psi\}_1 \quad \cdots \quad \{\psi\}_6 \quad \{\psi^*\}_1 \quad \cdots \quad \{\psi^*\}_6\}$$

$$= \begin{bmatrix} \left\{\begin{array}{c} \{\varphi\}_1 \\ \hdashline \lambda_1 \{\phi\}_1 \end{array}\right\} & \cdots & \left\{\begin{array}{c} \{\varphi\}_6 \\ \hdashline \lambda_6 \{\phi\}_6 \end{array}\right\} & \left\{\begin{array}{c} \{\varphi^*\}_1 \\ \hdashline \lambda_1^* \{\phi^*\}_1 \end{array}\right\} & \cdots & \left\{\begin{array}{c} \{\varphi^*\}_6 \\ \hdashline \lambda_6^* \{\phi^*\}_6 \end{array}\right\} \end{bmatrix}$$

$$= \begin{bmatrix} [\varphi] \\ [\phi][\Lambda] \end{bmatrix} \tag{10-44}$$

和无阻尼系统特征矢量相同，由式（10-38）确定的特征矢量的正交性关系为

$$\{\psi\}_s^T A \{\psi\}_r = 0, \quad \{\psi\}_s^T B \{\psi\}_r = 0 \quad r \neq s \tag{10-45}$$

$$\{\psi\}_r^T A \{\psi\}_r = a_r, \quad \{\psi\}_r^T B \{\psi\}_r = b_r \quad r = s \tag{10-46}$$

由式（10-45）和式（10-46）得

$$\{\psi\}^T A \{\psi\} = [\Lambda_{ar}], \quad \{\psi\}^T B \{\psi\} = [\Lambda_{br}] \tag{10-47}$$

其中 $[\Lambda_{ar}]$ 和 $[\Lambda_{br}]$ 为 12×12 对角矩阵。利用特征矢量矩阵 $\{\psi\}$ 进行变换

$$y = \{\psi\} z \tag{10-48}$$

代入式（10-39），令右边为 0，并左乘 $\{\psi\}^T$，得

$$[\Lambda_{ar}] \dot{z} + [\Lambda_{br}] z = 0 \tag{10-49}$$

即

$$a_r \dot{z}_r + b_r z_r = 0 \quad r = 1, 2, \cdots, 12 \tag{10-50}$$

或

$$\dot{z}_r + \frac{b_r}{a_r} z_r = \dot{z}_r - \lambda_r z_r = 0 \quad r = 1, 2, \cdots, 12 \tag{10-51}$$

方程的解为

$$z_r(t) = z_{r0} e^{\lambda_r t} \quad r = 1, 2, \cdots, 12 \tag{10-52}$$

因此

$$y = \begin{bmatrix} X \\ \dot{X} \end{bmatrix} = \{\psi\} \, z = \sum_{r=1}^{12} \{\psi\}_r z_r(t) = \sum_{r=1}^{12} \{\psi\}_r z_{r0} e^{\lambda_r t} \tag{10-53}$$

式中，z_{r0} 为待定常数，由初始条件 $y(0)$ 确定，并有

$$z(0) = \{\psi\}^{-1} y(0) \tag{10-54}$$

即 z_{r0} 是 $z(0)$ 的列矢量。则得到原系统自由振动的位移表达式：

$$X(t) = \sum_{r=1}^{12} \{\phi\}_r z_{r0} e^{\lambda_r t} \tag{10-55}$$

系统强迫振动的状态方程为

$$A\dot{y} + By = E(t) \tag{10-56}$$

将式（10-56）作式（10-49）相同的变换，利用正交性关系，得

$$[\Lambda_{ar}]\dot{z} + [\Lambda_{br}]z = \{N(t)\} \tag{10-57}$$

其中

$$\{N(t)\} = \{\psi\}^{\mathrm{T}} \{E(t)\} \tag{10-58}$$

式（10-58）也可表示为

$$a_r \dot{z}_r + b_r z_r = N_r(t) \quad r = 1, 2, \cdots, 12 \tag{10-59}$$

或

$$\dot{z}_r + \frac{b_r}{a_r} z_r = \dot{z}_r - \lambda_r z_r = \frac{N_r(t)}{a_r} \quad r = 1, 2, \cdots, 12 \tag{10-60}$$

式（10-59）的特解为

$$z_r(t) = \frac{1}{a_r} \int_0^t N_r(\tau) \, e^{\lambda_r(t-\tau)} \mathrm{d}\tau \quad r = 1, 2, \cdots, 12 \tag{10-61}$$

因而系统的特解为

$$y(t) = \sum_{r=1}^{12} \frac{\{\psi\}_r}{a_r} \int_0^t N_r(\tau) \, e^{\lambda_r(t-\tau)} \mathrm{d}\tau \tag{10-62}$$

原系统特解的表达式为

$$X(t) = \sum_{r=1}^{12} \frac{\{\phi\}_r}{a_r} \int_0^t N_r(\tau) \, e^{\lambda_r(t-\tau)} \mathrm{d}\tau \tag{10-63}$$

综合得到 Stewart 平台系统在初始条件 $X(0) = X_0$，$\dot{X}(0) = \dot{X}_0$ 和外激励力 $F(t)$ 作用时，振动位移的一般表达式为

$$X(t) = \sum_{r=1}^{12} \{\phi\}_r \left[z_{r0} e^{\lambda t} + \frac{\{\phi\}_r^{\mathrm{T}}}{a_r} \int_0^t F_r(\tau) \, e^{\lambda_r(t-\tau)} \mathrm{d}\tau \right] \tag{10-64}$$

10.3.2 液压 Stewart 平台起动平稳性分析

Stewart 平台起动过程中，摩擦非线性产生的近似阶跃冲击力是平台起动时的干扰激励，对平台起动平稳性影响非常明显，本节暂忽略其他因素的影响对其进行

分析。

液压缸的活塞杆和缸体之间的静摩擦力与速度趋于零的动摩擦力一般是不相等的。由黏着理论，在静止状态下，运动副间的润滑剂被挤出，界面分子间的吸附作用加强，于是表现出较大的静摩擦力。一旦进入相对运动状态，运动副间的润滑作用增强，分子吸附减弱，摩擦力就减小，但随着相对运动速度的增加，黏性摩擦力也将增大。实践表明，在伺服系统中这种摩擦变化规律采用合适的数学模型来描述是非常必要的，许多学者将简单的库仑摩擦 + 黏性摩擦作为摩擦模型，其效果并不理想。Lugre 模型能够准确地描述摩擦过程复杂的动态、静态特性，如爬行、极限环振荡、滑前变形、摩擦记忆、变静摩擦及静态 Stribeck 曲线。

根据 Lugre 数学模型式（3-62），当速度稳定时，稳态摩擦力可以表示为

当速度稳定时，稳态摩擦力可以表示为

$$f_{ss} = \sigma_0 g(\dot{x}) \operatorname{sgn}(\dot{x}) + \sigma_2 \dot{x} = f_c \operatorname{sgn}(\dot{x}) + (f_s - f_c) e^{-(\dot{x}/\dot{x}_s)^2} \operatorname{sgn}(\dot{x}) + \sigma_2 \dot{x}$$

$$(10\text{-}65)$$

式中　$\dot{x}$——系统运动速度；

f_c、f_s——库仑摩擦力、最大静摩擦力；

$\dot{x}_s$——边界润滑摩擦临界速度（即 Stribeck 速度）；

σ_0、σ_2——变形刚度系数、黏性摩擦系数。

其描述的摩擦特性曲线如图 10-10 所示，静摩擦力与临界速度的库仑摩擦力之间存在一个差值 $f_s - f_c$，为使平台（包括负载）起动，必须外加一个力 $p_c A_c \geq f_s$，而平台一旦以等于或大于临界速度起动时，摩擦力在瞬间就降到 f_c，这样平台起动瞬间就会受到冲击力 f_{imp}（$f_{imp} \geq f_s - f_c$）的作用，并且 f_{imp} 作用的时间 t_{ins} 是极小量，因此根据冲量定理，在上平台作单自由度平动时有

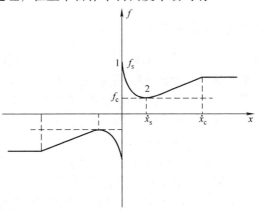

图 10-10　摩擦特性曲线

f—系统总摩擦力　$\dot{x}_s$—边界润滑摩擦临界速度（即 Stribeck 速度）　$\dot{x}_c$—动压润滑摩擦临界速度

$$(m_1 + m_2 + m_1)\dot{q}_i(0^+) - (m_1 + m_2 + m_1)\dot{q}_i(0^-)$$

$$= \left[\sum_{n=1}^{6}(f'_{\text{imp}})_n\right]_i t_{\text{ins}}(i = 1, 23) \qquad (10\text{-}66)$$

由于 $\dot{q}_i(0^-) = 0$，因此，在 f_{imp} 作用下，相当于系统获得了一个初始速度：

$$\dot{q}_i(0^+) = \left[\sum_{n=1}^{6}(f'_{\text{imp}})_n\right]_i t_{\text{ins}}/(m_1 + m_2 + m_1) \quad (i = 4, 5, 6) \quad (10\text{-}67)$$

f_{imp} 是局部坐标系下的广义力，经过坐标转换后可得到静坐标系下广义力 f'_{imp}。上平台作单自由度转动时有

$$I_{\text{P}(i-3)}\dot{q}_i(0^+) - I_{\text{P}(i-3)}\dot{q}_i(0^-) = \left[\sum_{n=1}^{6}(f'_{\text{imp}})_n r_{\text{A}n}\right]_i t_{\text{ins}}(i = 4, 5, 6)$$

$$(10\text{-}68)$$

同样有

$$\dot{q}_i(0^+) = \left[\sum_{n=1}^{6}(f'_{\text{imp}})_n r_{\text{A}n}\right]_i t_{\text{ins}}/I_{\text{P}(i-3)}(i = 4, 5, 6) \qquad (10\text{-}69)$$

式中，$\left[\sum\limits_{n=1}^{6}(f'_{\text{imp}})_n\right]_i$、$\left[\sum\limits_{n=1}^{6}(f'_{\text{imp}})_n r_{\text{A}n}\right]_i$ 的 i 分别表示力、力矩在对应广义自由度方向 i 上的分量。式（10-70）和式（10-72）表明，虽然冲击力 f_{imp} 是过程激励力，但由于其作用时间极短，其效果就相当于一个初始速度的激励，从而将此阶段系统受到冲击力 f_{imp} 的强迫振动转化为系统对初始速度激励的自由振动来处理。而在短暂的时间内，速度的变化有限，来不及积累为位移的变化，故有 $q_i(0^+) = 0$。在此须注意的是，上平台因液压缸摩擦非线性而获得的初始速度和液压缸本身的速度变化并不是一个概念，这是由于考虑铰链和油液弹性等因素以后，上平台和液压缸之间该时刻并不遵循速度的正反解关系。

10.3.3 运动惯性引起的液压冲击

Stewart 运动平台在作为运动模拟器时，其空间姿态不断转换，此过程是由液压缸频繁的换向运动来实现的。而液压缸的换向是由液压阀的正反方向关闭和开启，使液压油进入不同油腔的结果。在液压阀关闭和开启的瞬间，液压油流速的急剧变化引起压力的突变对缸体及活塞杆造成液压冲击。

如果控制阀滑左位工作，活塞推动负载 G_{cyl} 的速度为 v_{cyl}。设换向时间为 ts，则在控制滑阀切换开始后，所有管路及液压缸缸体内的油液停止流动，ts 后换向完毕，油液改变流动方向。因为负载组件在换向前的瞬间是以速度 v_{cyl} 向右运动的，具有向右的惯性，则在换向过程中其向右的动量都将作用在右腔 V_2 和右边管路 V_{L2} 的油液上，使该部分油液的油压比正常工作的油压高，形成压力冲击 Δp_{y1}；同时液压缸 V_2 和管路 V_{L2} 中的油液也具有运动惯性，其惯性力会引起压力冲击 Δp_{y2}。其中管路 V_{L2} 中的油液虽然质量不大，但其速度较高（远大于 v_{cyl}），故它对系统的

液压冲击也有一定的影响。在整个换向过程中，负载组件的运动是向右减速→停止→向左加速；对应地，控制滑阀的阀口开度为左位最大→关闭→右位最大。

先求油液的运动惯性引起的压力冲击。换向时，液压缸两腔油液因惯性也会产生增压压力，但这部分油液的速度比管路中油液流速 v_{L2c} 小很多，质量比负载组件小得多，故液压缸中的油液惯性也较小，其产生的增压压力在此忽略不计。设 A_{i1}、A_{i2} 分别为第 i 分支液压缸无杆腔、有杆腔的有效活塞面积（m^2）；则换向开始时管道中油液的流速

$$v_{L2c} = \frac{A_{i2}}{A_{iL2}} v_{cyl} \tag{10-70}$$

如控制滑阀的换向时间为 t s，则油液流速 v_{L2c} 在 $t/2$ s 内减为 0，则右边管路中油液的平均加速度为

$$a_{L2c} = \frac{A_{i2}}{A_{iL2}} \frac{2v_{cyl}}{t} \tag{10-71}$$

其中 A_{iL2} 为右边管路的内截面积。设油液密度为 ρ_h，则右边管路中油液质量为 $m_{iL2} = \rho_h \cdot V_{iL2}$，故可得到右边管路中因油液的惯性而产生的增压压力 Δp_{y2}

$$\Delta p_{y2} = m_{iL2} \cdot \frac{a_{L2c}}{A_{iL2}} = \rho_h L_{iL2} \frac{A_{i2}}{A_{iL2}} \frac{2v_{cyl}}{t} \tag{10-72}$$

负载组件的速度在 $t/2$ s 内由最初的 v_{cyl} 减为 0，其惯性力完全由液体来平衡，则由此而使液压缸右边油腔及管路中产生增压压力 Δp_{y1}

$$\Delta p_{y1} = \frac{M_f}{A_{i2}} \cdot \frac{2v_{cyl}}{t} \tag{10-73}$$

其中 M_f 为负载的等效质量。则回油管路中总增压压力是由油液惯性和负载组件的惯性共同作用的结果，总增压压力 Δp_{yy} 为

$$\Delta p_{yy} = \Delta p_{y1} + \Delta p_{y2} = \frac{2v_{cyl}}{t}\left(\rho_h L_{iL2}\frac{A_{i2}}{A_{iL2}} + \frac{M_f}{A_{i2}}\right) \tag{10-74}$$

同样当液压缸活塞杆从反向运动换向为正向运动时，总增压压力 Δp_{yz} 为

$$\Delta p_{yz} = \Delta p_{y1} + \Delta p_{y2} = \frac{2v_{cyl}}{t}\left(\rho_h L_{iL1}\frac{A_{i1}}{A_{iL1}} + \frac{M_f}{A_{i1}}\right) \tag{10-75}$$

液压缸由于油液和负载的运动惯性而引起的换向冲击是油液能量转换综合作用的结果。在换向运动时每个液压缸分支的等效冲击力为

$$F_{ip1} = \begin{cases} \Delta p_{yy} \cdot A_{i2} & (\dot{l}_i > 0 \rightarrow \dot{l}_i < 0) \\ \Delta p_{yz} \cdot A_{i1} & (\dot{l}_i < 0 \rightarrow \dot{l}_i > 0) \end{cases} \tag{10-76}$$

10.3.4　非对称结构引起的压力跃变

在 Stewart 平台系统中，一般采用对称四通滑阀控制非对称的液压活塞缸，由于结构上的非对称性造成活塞换向时较大的压力跃变，这种压力跃变是平台换向时

的又一激振因素。

由于泄漏及液容效应所引起的流量远小于活塞运动所需流量，故由流量的连续性可知：

$$\dot{l}_i = q_{i1}/A_{i1} = C_d w_i x_{iv} \sqrt{2(p_s - p_{i1})/\rho}/A_{i1} = q_{i3}/A_{i2} = C_d w_i x_{iv} \sqrt{2p_{i2}/\rho}/A_{i2}$$

$$(10-77)$$

式中　$\dot{l}_i$——第 i 分支活塞杆的运动速度，m/s；

q_{i1}、q_{i3}——第 i 分支滑阀的流量，m^3/s；

w_i——第 i 分支滑阀的面积梯度，m；

x_{iv}——第 i 分支滑阀的位移，m；

p_s——油源压力，Pa；

ρ——液压油密度，kg/m^3；

C_d——无因次流量系数；

p_{i1}、p_{i2}——第 i 分支液压缸的进油压力、回油压力，Pa；

A_{i1}、A_{i2}——液压缸无杆腔和有杆腔有效活塞面积。

解式（10-77）得

$$p_{i2} = (A_{i2}/A_{i1})^2 (p_s - p_{i1})$$

$$(10-78)$$

联立得到

$$\begin{cases} p_{i1} = \dfrac{p_s + (A_{i1}^2/A_{i2}^3)f_{mi}}{1 + (A_{i1}/A_{i2})^3} \\[4mm] p_{i2} = \dfrac{(A_{i1}/A_{i2})p_s + (1/A_{i2})f_{mi}}{1 + (A_{i1}/A_{i2})^3} \end{cases} \quad (\dot{l}_i > 0)$$

$$(10-79)$$

同样可得活塞反向运动时

$$\begin{cases} p'_{i1} = \dfrac{(A_{i1}/A_{i2})^2 p_s + (A_{i1}^2/A_{i2}^3)f_{mi}}{1 + (A_{i1}/A_{i2})^3} \\[4mm] p'_{i2} = \dfrac{(A_{i1}/A_{i2})^3 p_s + (1/A_{i2})f_{mi}}{1 + (A_{i1}/A_{i2})^3} \end{cases} \quad (\dot{l}_i < 0)$$

$$(10-80)$$

式中　f_{mi}——第 i 分支液压缸的液压输出力（N）。

则在 $\dot{l}_i = 0$ 附近出现压力跃变：

$$\Delta p_{i1} = p'_{i1} - p_{i1} = \frac{(\varepsilon^2 - 1)p_s}{1 + \varepsilon^3}$$

$$(10-81)$$

$$\Delta p_{i2} = p'_{i2} - p_{i2} = \frac{(\varepsilon^3 - \varepsilon)p_s}{1 + \varepsilon^3}$$

$$(10-82)$$

其中 $\varepsilon = \dfrac{A_{i1}}{A_{i2}}$。

平台在某位姿下换向，在 $\dot{l}_i = 0$ 附近，一般情况下都是 $f_{mi} > 0$，即有

$$\begin{cases} f_{mi} = p_{Li} A_{i1} = p_{i1} A_{i1} - p_{i2} A_{i2} \, (\dot{l}_i > 0) \\ f_{mi} = p'_{Li} A_{i2} = p'_{i1} A_{i1} - p'_{i2} A_{i2} \, (\dot{l}_i < 0) \end{cases} \tag{10-83}$$

式中　p_{Li}——第 i 分支液压缸的负载压力（Pa）。

则可得

$$(p'_{i1} - p_{i1}) A_{i1} = (p'_{i2} - p_{i2}) A_{i2} \tag{10-84}$$

即从压力跃变前后的效果来看，其对外的冲击力为 0，但该过程时间虽然短暂，其跃变过程中油液产生"内爆"或"外爆"还是相当可观的，因其跃变程度和速度不同，在此过程中，就会产生不平衡的等效冲击力：

$$F_{ip2} = (p'_{i1} - p_{i1}) A_{i1} \cdot \eta \tag{10-85}$$

式中　η——等效力不平衡系数，且 $\eta < 1$。

10.3.5　试验结果与讨论

1. 起动试验

起动试验分中性位姿和非中性位姿两种起动方式（油源油压为 10.0 MPa），而每种位姿又按横移、纵移、垂荡、偏航 4 种单自由度起动，每个单自由度进行正反两个方向的起动，在每个方向上起动速度分 8 档：1、2、3、5、7.5、10、15、20（mm/s），而运行距离相应为 1、2、3、5、7.5、10、15、20（mm），这样保证平台起动 1s 即停止。加速度传感器共 4 个，横移方向布置 1 个、纵移方向 1 个、垂荡方向 2 个，最后采集起动试验数据共 64（×4）组。对所有的采集数据进行时域与频域分析，在此先绘中性位姿横移起动时垂荡振动加速度及其 FFT 分析的频谱图，分别如图 10-11 和图 10-12 所示。图 10-11 为平台横移起动时垂荡方向振动加速度的时间历程（8 个图分别对应 8 个不同的起动速度），可以看出，在起动速度

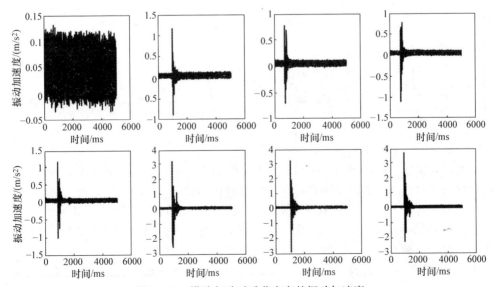

图 10-11　横移起动时垂荡方向的振动加速度

约为 3mm/s 时垂荡方向的振动加速度最小，当起动速度小于或大于该起动速度时，垂荡振动加速度都会增大（当起动速度为 1mm/s 时，平台几乎没有动作，所测为油液等原因造成的脉动，其值很小）。这较好地验证了系统存在 Stribeck 速度的结论。图 10-12 为平台横移起动时垂荡振动加速度的功率谱分析结果。由图 10-12 可知，9.2Hz 的频率成分在各图中都有较为明显的体现（其他频率成分规律性不强），根据式（10-35）计算得到该试验系统（$m_1 = 800\text{kg}$，$m_2 = 0$，$m_1 = 0$）的 6 阶谐振频率分别为：9.9319、9.9598、11.9119、17.1596、17.1605、37.2852（Hz），即拾振所得 9.2Hz 的频率成分和其第 1 阶谐振频率接近。

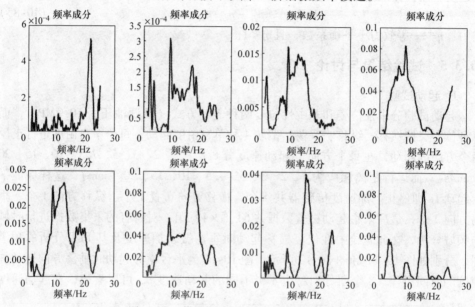

图 10-12　横移起动时垂荡振动的频率成分

2. 换向实验

控制平台作单自由度运动，使其在不同位姿条件下换向（油源油压 10.0MPa）。换向控制分横移、纵移、垂荡、偏航 4 种单自由度运动进行，每个单自由度运行的幅值分别为 20、50、100（mm），这样保证平台运动换向的位姿不同（以横移为例，换向位姿依次为 $q_1 = 20\text{mm}$，$q_1 = -20\text{mm}$，$q_1 = 50\text{mm}$，$q_1 = -50\text{mm}$，$q_1 = 100\text{mm}$，$q_1 = -100\text{mm}$）。

同起动试验一样，最后采集的数据共 24（×4）组，对所有数据进行分析，在此仅绘出单自由度横移时垂荡振动及其频谱分析的结果，如图 10-13 和图 10-14 所示。图 10-13 中上面三图为名义正弦横移运动，其换向幅值依次为 20、50、100（mm）时垂荡振动情况，下面三图对应为多项式控制时的振动情况。从时域图上可知，名义运动为多项式控制时，换向的振动加速度幅值较小，而且在两次换向跳跃的中间过程中振动加速度的振荡比正弦控制的中间过程显得柔和一些，几乎没有较大的加速度出现。这和前述章节仿真研究中活塞换向时加速度跳变的结论是吻合

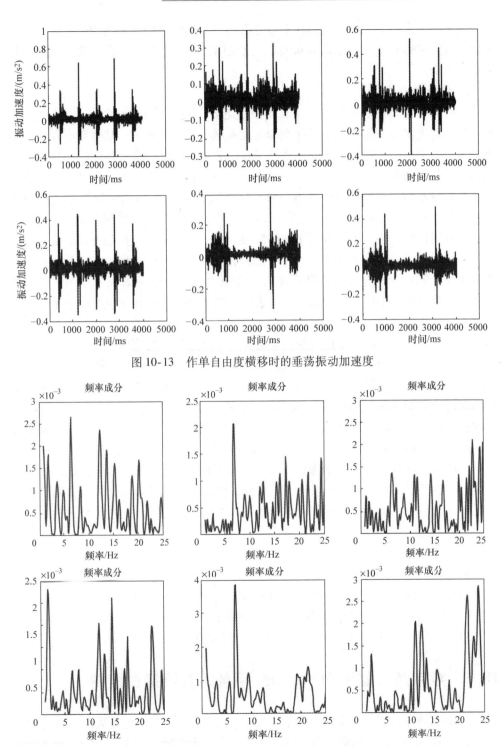

图 10-13   作单自由度横移时的垂荡振动加速度

图 10-14   作单自由度横移时垂荡振动的频率成分

的。图 10-14 为图 10-13 对应的功率谱分析结果，其中换向幅值为 50mm 时，第一个能量较大尖峰对应的频率都为 6.8Hz，这说明换向位姿相同时振动的频率成分是基本一致的。

3. 分析讨论

从时间历程来看，平台在某个自由度上起动，随着该自由度上起动速度的增大，其他自由度和该自由度上的振动加速度先减小后逐渐增大；这表明起动速度不能过大也不能过小，这和摩擦非线性 Stribeck 速度的分析是完全吻合的；从起动振动的频率特性来看，在一定的位姿下起动时，不管朝什么自由度上起动，也不论反向还是正向起动，其频率成分基本一致，这表明 Stewart 平台的谐振频率主要由上平台的位姿决定。从换向振动加速度的时间历程来看，多项式控制方式虽然比正弦方式没有明显的优势，但也取得了一些减振效果，这说明通过控制方程的优化能够提高 Stewart 平台运行的平稳性。从换向振动加速度的频率特性来看，不管控制方程是正（余）弦还是多项式，只要换向位姿相同时，虽然频谱成分较多，但位姿相同时其相同的频率也较多，这进一步表明平台系统的谐振频率主要由上平台的位姿决定。而从振动的时域结果来看，将起动或换向时的冲击近似为脉冲干扰的简化也是合理的，即平台运动在起动和换向时振动的激励信号为宽频脉冲。

试验结果和理论计算还有不同程度的误差，如图 10-12 中平台横移起动时垂荡振动加速度频谱分析得到较明显的频率成分为 9.2Hz，这和平台在中性位姿最为接近的理论计算值 9.9319Hz（第 1 阶谐振频率）的误差约为 7.4%，其误差不大。但在换向幅值为 50mm 的单自由度横移时垂向振动中有一个明显的 6.8Hz 频率成分，而 q_1 =50mm 时的最小谐振频率为 9.8994Hz，其误差达到了 31.3%。理论计算中一些模型参数变化（如油液体弹模量、相对阻尼系数等）、未建模结构、测试采集过程误差、制造误差，以及上平台质量、转动惯量的计算偏差较大，而且上平台总体上也是一个弹性体造成其具有较为丰富的频率成分等，这些都是试验结果并不完美的原因。

4. 试验小结

从试验结果可得到以下结论：
1）以 Stribeck 速度进行平台起动和换向，有利于系统减振。
2）优化名义运动的控制方程，有助于系统的减振。
3）平台系统的谐振频率主要由上平台的位姿决定。

10.4 数字液压缸驱动 Stewart 平台的鲁棒抑振控制

因 Stewart 平台是一个高度非线性、强耦合、变参数的多变量系统。在运动过程中，虽然运动平台的总质量为一定值，但当它处于不同位姿或以不同的速度运动时，作用在各个分支上的负载力将在较大的范围内作非线性变化，属于典型的变负载系统。此外，由于负载系统的连接，各分支驱动力及控制相互影响，导致负载耦合，影响系统的动静态特性，甚至引起系统的不稳定。同时因其动力机构存在不确定性因素的影响（如模型结构摄动、油液体积弹性模量和阻尼系数等参数时变和不可预计的外部干扰等），应用传统的控制系统设计方法很难满足 Stewart 平台运动系统的控制要求。因而研究能解决强变负载干扰及交联耦合干扰的控制策略，是研制数字液压 6 自由度 Stewart 平台系统中一个非常重要的课题。

液压伺服控制系统中的静摩擦力可能高达最大负载的 15%，而库仑摩擦力在速度为 0 附近突变的阶跃值也可能高达 1000N 以上，故静摩擦力和库仑摩擦力对 Stewart 平台性能的影响不容轻视。对其产生的冲击，采用前馈力补偿的办法可得到有效抑制。对于不可预见的外部扰动、参数时变、未建模动态等非参数不确定影响因素，采用鲁棒控制律可以达到较理想的控制效果，该方法可以将外界干扰有效地抑制在给定指标之内，并使闭环系统对参数变化具有自适应性，实现指令的渐近跟踪。

10.4.1　并联 6 分支液压伺服系统的数学模型

在液压 Stewart 平台的伺服控制系统中，6 个分支液压缸作用于同一个负载，由于负载的这种连接，各通道的输出及控制将相互影响，从而导致负载交联耦合，影响系统的控制精度，并容易激发系统振动等不稳定现象。所以有必要分析液压 Stewart 平台的多通道传递函数，对其干扰特性作深入的了解，将有助于液压伺服系统控制器的优化设计。

设第 i 分支液压缸的实际有效驱动力为 f_i，各液压缸均为伸长运动，并假定油液压缩系数为一常量，且活塞杆正反方向运动时也相等，则单通道非对称液压缸系统的流量连续性方程式（3-15）可重写为

$$q_{i1} = q_{Li} = k_{ip1}(p_{i1} - p_{i2}) + k_{ip2}p_{i1} + \frac{V_{i1}}{\beta_e}\dot{p}_{i1} + A_{i1}\dot{l}_i \tag{10-86}$$

而运动平台第 i 分支的电液伺服阀的流量方程为

$$q_{i1} = q_{Li} = K_{ui}u_i - K_{ci}p_{Li} \tag{10-87}$$

式中　K_{ui}——液压缸正向运动时的流量 - 电压增益，m^2/V；

　　　u_i——液压缸控制电液伺服阀的输入电压，V；

　　　K_{ci}——液压缸正向运动时的流量 - 压力系数，$m^5/N \cdot s$；

Stewart 平台的动力学方程

$$f = U^{-1}\begin{bmatrix} F \\ M \end{bmatrix} \tag{10-88}$$

式中，$F = \begin{bmatrix} F_x & F_y & F_z \end{bmatrix}^T$，$M = \begin{bmatrix} M_x & M_y & M_z \end{bmatrix}^T$，分别表示平台在 x，y，z 三个方向上所受的力和力矩，而 U^{-1} 可表示为

$$U^{-1} = \begin{bmatrix} u_{11} & \cdots & u_{16} \\ \vdots & \ddots & \vdots \\ u_{61} & \cdots & u_{66} \end{bmatrix} \tag{10-89}$$

则由式（10-86）和式（10-87）得

$$f_i = u_{i1}F_x + u_{i2}F_y + u_{i3}F_z + u_{i4}M_x + u_{i5}M_y + u_{i6}M_z \tag{10-90}$$

代入式（3-19）可得

$$f_{mi} = u_{i1}F_x + u_{i2}F_y + u_{i3}F_z + u_{i4}M_x + u_{i5}M_y + u_{i6}M_z + m_i\ddot{l}_i + b_i\dot{l}_i \tag{10-91}$$

分析式（10-91），可知在某时刻 U 中的每一个元素均是分支长度矢量矩阵 $[L] = [l_1 \quad \cdots \quad l_6]^T$ 的泛函，而 $\dot{l}_i$、$\ddot{l}_i$ 是对应分支运动的一、二阶导数，并且 $F = [F_x \quad F_y \quad F_z]^T$，$M = [M_x \quad M_y \quad M_z]^T$ 也是由负载和 $[L]$ 矩阵决定的泛函，故式（10-91）可以简化为

$$H(s) \cdot L(s) = F_m(s) \tag{10-92}$$

式中，$L(s)$ 为分支长度矢量矩阵 $[L]$ 的拉氏变换矩阵形式；$F_m(s)$ 为分支液压驱动力矢量矩阵的拉氏变换矩阵形式；而 $H(s)$ 为系统的动力学交联耦合矩阵，且

$$H(s) = \begin{bmatrix} H_{11}(S) & H_{12}(S) & \cdots & H_{16}(S) \\ \vdots & \vdots & \ddots & \vdots \\ H_{61}(S) & H_{62}(S) & \cdots & H_{66}(S) \end{bmatrix} \tag{10-93}$$

其中 $H_{ij}(s)$ 为耦合矩阵 $H(s)$ 的元素。由雅可比矩阵的定义可以看出，式（10-91）中 u_{ij} 实际上是由运动平台 6 分支的单位矢量和上平台位姿决定的变量，但从目前的研究来看，上平台位姿的实时测量难度很大，而且即使间接采用各种光学、机械、电子的传感设备得到上平台的位姿，也因其算法复杂而难于实际应用；另一方面，分支运动的位移、速度等变量却容易实时测量，Stewart 运动平台的位置正解的解析解尚无法解决，因而无法得到 u_{ij} 以分支长度 l_i 为自变量的解析形式，也即目前不能求出交联耦合矩阵 $H(s)$。但可以肯定的是耦合矩阵 $H(s)$ 中，其非对角元素显然不全为 0，这样由负载（位姿及其变化）决定的复合泛函矩阵 $H(s)$ 必然存在系统动力学的负载交联耦合。

设回油压力为 p_r，则 $p_{i2} = p_r$，则由式（10-86）~式（10-91）可得

$$k_{ip1}\left(p_{Li} + \frac{A_{i2}}{A_{i1}}p_r - p_r\right) + k_{ip2}\left(p_{Li} + \frac{A_{i2}}{A_{i1}}p_r\right) + \frac{V_{i1}}{\beta_e}\dot{p}_{Li} + A_{i1}\dot{l} = K_{ui}U_i - K_{ci}p_{Li} \tag{10-94}$$

对式（10-94）作拉普拉斯变换，可得

$$p_{Li}(s) = \frac{F_{mi}(s)}{A_{i1}} = \frac{K_{ui}U_i(s) - A_{i1}Sl_i(s) - K_{ir}p_r}{K_{ip} + K_c + C_{i1}S} \tag{10-95}$$

其中

$$K_{ip} = k_{ip1} + k_{ip2} \tag{10-96}$$

$$K_{ir} = (k_{ip1} + k_{ip2})\frac{A_{i2}}{A_{i1}} - k_{ip1} \tag{10-97}$$

$$C_{i1} = \frac{V_{i1}}{\beta_e} \tag{10-98}$$

化简后可得

$$F_{mi}(s) = \frac{A_{i1}K_{ui}}{K_{ip} + K_{ci} + C_{i1}S}U_i(s) - \frac{A_{i1}^2 Sl_i(s)}{K_{ip} + K_{ci} + C_{i1}S} - \frac{A_{i1}K_{ir}p_r}{K_{ip} + K_{ci} + C_{i1}S} \tag{10-99}$$

则 6 个分支液压缸正向运动时，式（10-99）可统一表示为

$$F_m(s) = A(s)U(s) - B(s)L(s) - C(s) \tag{10-100}$$

其中

$$A(s) = \begin{bmatrix} \dfrac{A_{11}K_{u1}}{K_{1p} + K_{c1} + C_{11}S} & \cdots & 0 \\ \vdots & \ddots & \vdots \\ 0 & \cdots & \dfrac{A_{61}K_{u6}}{K_{6p} + K_{c6} + C_{61}S} \end{bmatrix} \tag{10-101}$$

$$B(s) = \begin{bmatrix} \dfrac{A_{11}^2 S}{K_{1p} + K_{c1} + C_{11}S} & \cdots & 0 \\ \vdots & \ddots & \vdots \\ 0 & \cdots & \dfrac{A_{61}^2 S}{K_{6p} + K_{c6} + C_{61}S} \end{bmatrix} \tag{10-102}$$

$$C(s) = \begin{bmatrix} \dfrac{A_{11}K_{1r}p_r}{K_{6p} + K_{c1} + C_{11}S} & \cdots & \dfrac{A_{61}K_{6r}p_r}{K_{6p} + K_{c6} + C_{11}S} \end{bmatrix}^T \tag{10-103}$$

以上以运动平台 6 分支液压伺服缸正向运动为例推导了系统液压驱动力的数学模型，其反向运动时系统的数学模型和式（10-100）有相同的形式，只是其流量－电流增益、流量－压力系数以及常数项 $C(s)$ 有所差别，在此不作详细推导。

由式（10-92）和式（10-100）得到 Stewart 平台 6 分支伺服系统的传递函数表达式

$$L(s) = A(s)[H(s) + B(s)]^{-1}U(s) - [H(s) + B(s)]^{-1}C(s) \tag{10-104}$$

根据式（10-104）得到如图 10-15 所示的传递函数方块图。

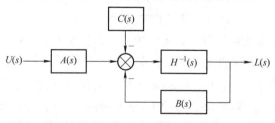

图 10-15　Stewart 平台 6 分支伺服系统传递函数方块图

10.4.2　液压 Stewart 平台的控制策略探讨

上一节对 Stewart 运动平台的液压伺服控制系统的传递函数作了推导，从中可

以明显看出该系统是一个耦联系统，且耦合关系集中表现在耦合干扰矩阵 $H(s)$ 上。由于系统运动学、动力学的复杂性，目前暂不能推导出耦联矩阵 $H(s)$ 的解析表达式，故已有解决负载交联耦合的各种解耦方法，如压力反馈解耦、结构抵消法解耦等仍较难在该系统中得到应用。因此目前解决平台负载交联耦合的方法主要集中在把交联耦合产生的影响当作外部干扰，从而通过适当的控制方法来减小这种负载耦合干扰对平台控制系统性能的影响。例如采用滞后校正提高开环增益，进而提高系统刚度；采用压力反馈或加速度反馈来提高系统的阻尼比，在其稳定裕度内间接提高系统刚度，增强系统的抗干扰能力，从而避免平台运动的振动。现在更多的研究是采用一些先进的控制策略来达到良好的控制效果，如模糊控制、变结构控制、自适应控制、最优控制等，这些方法共同的特点是：通过连续自动检测系统的输出量，把它与理想输入特性进行比较，从而使输出特性达到最优。

6 自由度 Stewart 运动平台系统除了前面分析的交联耦合干扰外，更有系统的起动、换向冲击干扰，该冲击近似阶跃力，是平台运动振动的主要激励源，如何消除或减小该冲击以保证模拟运动的平稳性，是 Stewart 平台运动控制的重要环节。通过摩擦力观测器来实时计算进而补偿该冲击阶跃力，同时采用 H_∞ 控制理论来设计系统的控制器，以达到抑振和平滑控制的目的。

10.4.3　基于摩擦力观测器和理想分支力的前馈力补偿 H_∞ 抑振控制

1981 年，加拿大学者 Zames 提出了以控制系统的某些信号间的传函（矩阵）的 H_∞ 范数作为优化性能指标的设计思想。随后 Doyle 针对 H_∞ 性能指标发展了一种称为结构奇异值（Structured Singular Value，简记为 SSV）的有力工具来检验鲁棒性，这种方法极大地促进了以 H_∞ 范数为性能指标的控制理论的发展。正是由于 Youla 等人的控制器参数化，Zames 的 H_∞ 性能指标以及 Doyle 的结构奇异值理论揭开了反馈控制理论的新篇章。其后，H_∞ 控制理论取得了蓬勃发展，目前线性系统的 H_∞ 控制理论已基本成熟，形成了一套完整的频域设计理论和方法，而时域状态空间的 Riccati 方法和 LMI 方法，由于具有能揭示系统的内部结构、易于计算机辅助设计等优点而备受重视。Matlab 已开发出了各种 H_∞ 控制理论的工具箱，本章将在这些工具箱的基础上，设计系统的控制方案。

1. 基于摩擦力观测器和理想分支力的前馈力补偿 H_∞ 抑振控制方案

设计的基于摩擦力观测器和理想分支力输入前馈的力补偿 H_∞ 抑振控制系统方块图如图 10-16 所示。其中 G_{TL} 为 Stewart 平台的运动轨迹规划模块，G_J 为理想分支力的判断、分析、计算模块，G_F 为摩擦力观测器，G_C 为力补偿器，G_R 为控制系统采用的 H_∞ 控制器，G_P 为被控对象（分支伺服阀控非对称液压缸系统）的广义增广传递函数，G_D 为等效干扰力传递函数，F_d 为实际干扰力，F_c 为前馈补偿力，l_{id} 为液压缸理想位移，l_i 为液压缸实际输出位移，u 为控制量。

由前面的分析可以知道，Stewart 平台在运动模拟中，最终还是归结为上平台

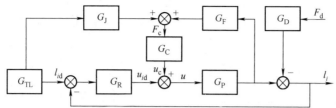

图 10-16 基于摩擦力观测器和理想分支力输入前馈力补偿的 H_∞ 控制方块图

位姿的模拟，所以位姿精度方面上的要求，决定了平台的 6 个分支伺服控制系统必须具有较高的位置控制精度。在位置控制回路中，以分支液压缸的输出位移为参考量，利用负反馈进行调节来达到理想输出位移的要求。而平台运动中分支液压缸的负载压力决定于分支驱动力，在利用位置（或速度）作为状态量的位置控制系统中，分支驱动力成为位置精度的主要影响因素。前面分析的交联耦合、平台起动、换向冲击引起的干扰，对位置精度的影响就是分支驱动力干扰的具体体现。理想分支驱动力在平台的运动轨迹规划中，根据公式可以方便地计算出来；而在平台起动、换向时，静动摩擦力的非线性阶跃冲击始终存在，换向时由于运动惯性和结构非对称引起的冲击通过恰当的规划也可控制在较小的范围，即换向时可主要考虑静动摩擦力的非线性因素，故本节根据 Lugre 动态摩擦模型在线计算摩擦力，通过适当比例系数合成为单通道换向时的总等效冲击力。在理想情况下，有 $F_c = F_d$，则系统的等效干扰

$$D_{de} = F_d G_D - F_c G_C G_P = F_d (G_D - G_C G_P) = F_d G_D (1 - G_C G_P / G_D) \qquad (10\text{-}105)$$

在理想情况下，设计的力补偿器 G_C 使 $G_C G_P = G_D$，则可完全消除干扰的影响。但实际系统中 F_c 滞后于 F_d，另外存在未建模因素和不确定性，故不可能有 $F_c = F_d$，即实际上不可能完全消除干扰，但合理设计 G_C 可大大削弱干扰的影响，从而减小鲁棒控制器 G_R 的负担。

2. 基于混合灵敏度的 H_∞ 控制器设计

H_∞ 控制器设计的目的是：在系统存在干扰和不确定参数的情况下，设计系统的控制输入——伺服阀的位置，使液压缸达到预期的缸长，进而使 Stewart 平台达到预期的位姿，并使平台运动平滑，振动量最小，振荡时间最短。

H_∞ 混合灵敏度优化法是一种多变量鲁棒控制器设计的有效方法，混合灵敏度问题是 H_∞ 控制的典型问题。在 Stewart 平台控制中必须考虑干扰、参数不确定、未建模等因素，为了保证鲁棒性并提高系统性能，在此将 Stewart 平台 H_∞ 控制转化为混合灵敏度控制。考虑如图 10-17 所示的系统，r、e、u、d、z 和 y 分别为参考输入、跟踪误差、控制量、量测干扰、评价信号和系统输出，且 $z = \begin{bmatrix} z_1 & z_2 & z_3 \end{bmatrix}^T$。$W_1$、$W_2$、$W_3$ 分别为系统的性能权、控制器输出约束权、鲁棒权。

图 10-17 中，设从 r 到 e、u、y 的传递函数分别为

$$S = \frac{E(s)}{R(s)} = (I + G_P G_R)^{-1} \qquad (10\text{-}106)$$

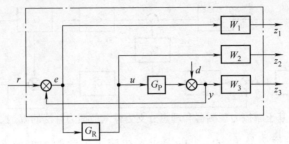

图 10-17　基于混合灵敏度的 H_∞ 控制器设计

$$R = \frac{U(s)}{R(s)} = G_P (I + G_P G_R)^{-1} \tag{10-107}$$

$$T = \frac{Y(s)}{R(s)} = G_P G_R (I + G_P G_R)^{-1} \tag{10-108}$$

由系统灵敏度的定义（由于控制对象的变化引起的整个系统的变化），有

$$\frac{dT/T}{dG_P/G_P} = \frac{d\ln T}{d\ln G_P} = \frac{G_P}{T}\frac{dT}{dG_P} = \frac{I}{I + G_P G_R} = (I + G_P G_R)^{-1} = S \tag{10-109}$$

即系统的灵敏度要求通过从 r 到 e 的传递函数来体现。

系统的不确定性一般可分为加性不确定性 $G = G_0 + \Delta_m(S)$ 和乘性不确定性 $G = [1 + \Delta_n(s)]G_0$。其中加性不确定性常用来描述系统的中低频参数摄动，不确定界用 $\|R\|_\infty$ 来衡量，在液压 Stewart 平台的伺服控制系统中，油液弹性模量和阻尼系数的变化属于此类摄动。乘性不确定性常用来描述系统的高频未建模动态，不确定界用 $\|T\|_\infty$ 来衡量，而在液压 Stewart 平台中，铰链等机械的摩擦与间隙等未建模部分都可视为该类摄动。总之，$\|S\|_\infty$ 是对闭环系统干扰抑制能力的度量；$\|R\|_\infty$ 是对加性摄动 $G_0 + \Delta_m(S)$ 中允许摄动 Δ_m 幅度大小的度量，同时也是对控制器输出的约束；$\|T\|_\infty$ 是对乘性摄动 $[1 + \Delta_n(s)]G_0$ 中允许摄动 Δ_n 大小的度量。

图 10-17 中虚线框中 G_P、W_1、W_2、W_3、构成了系统的增广对象，则考虑加权的混合灵敏度问题的标准框架为

$$\begin{bmatrix} W_1 e \\ W_2 u \\ W_3 y \\ \hline e \end{bmatrix} = \begin{bmatrix} W_1 & -W_1 G_P \\ 0 & W_2 \\ 0 & W_3 G_P \\ \hline I & -G_P \end{bmatrix} \begin{bmatrix} u_1 \\ u \end{bmatrix} \tag{10-110}$$

$$u = G_R e \tag{10-111}$$

广义受控的增广对象及其状态空间表达式为

$$p(s) = \begin{bmatrix} W_1 & -W_1 G_P \\ 0 & W_2 \\ 0 & W_3 G_P \\ \hline I & -G_P \end{bmatrix} = \begin{bmatrix} A & B_1 & B_2 \\ C_1 & D_{11} & D_{12} \\ C_2 & D_{21} & D_{22} \end{bmatrix} \tag{10-112}$$

在 Stewart 平台的实际控制中，为达到闭环性能要求，一般采用输出反馈的控制方式。对于式（10-112）的输出反馈 H_∞ 控制问题的求解一般作如下的假定：

（A1）(A, B_2, C_2) 是能稳定能检测的；

（A2）$D_{22} = 0$；

条件（A1）对式（10-112）表示系统的输出反馈镇定是充分必要的，而条件（A2）的假定并不失一般性，因为一般系统的 H_∞ 控制问题可以转化为这样一种特殊的情况。当系统满足条件（A1）和（A2）时，通过 Riccati 方法或 LMI 方法，就能求得控制器 G_R。而基于混合灵敏度的 H_∞ 控制就是在频域内选择加权阵 W_1、W_2、W_3，使之满足

$$\left\| \begin{matrix} W_1 S \\ W_2 G_R S \\ W_3 T \end{matrix} \right\|_\infty \leqslant 1 \tag{10-113}$$

最后通过优选得到鲁棒控制器 G_R。

3. 摩擦力观测器设计

Stewart 平台分支阀控非对称液压缸的摩擦力是动态变化的，根据 Lugre 动态摩擦模型研究了静动摩擦力转换引起的阶跃力对系统造成的冲击振动，本节根据该模型来设计摩擦力观测器，实现摩擦力的实时补偿，从而减小系统的冲击响应。

假定 Lugre 摩擦模型其他参数已知（或可测），状态 z 是不可测的，而在输入前馈补偿中要求扰动的信号是可以量测的，故状态 z 必须通过状态观测器估计出来。在此应用状态观测器理论，在线估计摩擦状态，从而观测出摩擦力，并作为馈入信号予以补偿。

根据式（3-62）可得非线性观测器方程为

$$\frac{d\hat{z}}{dt} = \dot{x} - \frac{|\dot{x}|}{g(\dot{x})}\hat{z} - ke \tag{10-114}$$

$$\hat{f} = \sigma_0 \hat{z} + \sigma_1 \frac{d\hat{z}}{dt} + \sigma_2 \dot{x} \tag{10-115}$$

最后综合以上各式构造出摩擦力观测器如图 10-18 所示。摩擦状态估计的输入信号为系统分支液压缸运动速度 $\dot{l}_i$ 及位移的跟踪误差，其中 adjustment 模块为大于 0 的调整系数，主要对摩擦状态估计误差进行补偿；stiffness，damping，vicous 模块分别对应刚度系数、黏性阻尼系数和黏性摩擦系数，$\hat{z}$ 为通过 Lugre 模型计算出的状态，输出 $\hat{f}$ 为估计得到的摩擦力。

4. H_∞ 抑振控制仿真研究

（1）对称阀控非对称缸系统

要对设计的输入前馈力补偿 H_∞ 抑振控制进行仿真研究，首先须建立 Stewart 平台分支的对称阀控非对称液压缸系统的仿真流程。在此选定以下四个状态量：

$$\begin{bmatrix} X_1 & X_2 & X_3 & X_4 \end{bmatrix} = \begin{bmatrix} l_i & \dot{l}_i & p_{i1} & p_{i2} \end{bmatrix} \tag{10-116}$$

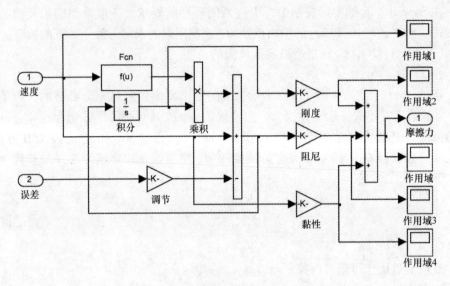

图 10-18　摩擦力观测器算法流程

则可建立系统状态变量微分方程组

$$\dot{X}_1 = X_2$$

$$\dot{X}_2 = \frac{1}{m_i}(A_{i1}X_3 - A_{i2}X_4 - b_iX_2 - F_L)$$

$$\dot{X}_3 = \frac{\beta_e}{V_1}\left[k_{ip1}(p_{i2} - p_{i1}) - k_{ip2}p_{i1} - A_{i1}\dot{l}_i + \begin{cases} C_d w_i x_{iv}\sqrt{2(p_s - p_{i1})/\rho_h} \\ - C_d w_i x_{iv}\sqrt{2p_{i1}/\rho_h} \end{cases}\right]$$

$$= \frac{\beta_e}{V_1}\left[k_{ip1}(X_4 - X_3) - k_{ip2}X_3 - A_{i1}X_2 + \begin{cases} C_d w_i x_{iv}\sqrt{2(p_s - X_3)/\rho_h} \\ - C_d w_i x_{iv}\sqrt{2X_3/\rho_h} \end{cases}\right]$$

$$\dot{X}_4 = \frac{\beta_e}{V_2}\left[k_{ip1}(p_{i1} - p_{i2}) - k_{ip2}p_{i2} - A_{i2}\dot{l}_i + \begin{cases} - C_d w_i x_{iv}\sqrt{2p_{i2}/\rho_h} \\ C_d w_i x_{iv}\sqrt{2(p_s - p_{i2})/\rho_h} \end{cases}\right]$$

$$= \frac{\beta_e}{V_2}\left[k_{ip1}(X_3 - X_4) - k_{ip2}X_4 - A_{i2}X_2 + \begin{cases} - C_d w_i x_{iv}\sqrt{2X_4/\rho_h} \\ C_d w_i x_{iv}\sqrt{2(p_s - X_4)/\rho_h} \end{cases}\right]$$

$$(10\text{-}117)$$

取阀芯位移 x_{iv}、液压缸实际位移 l_i、液压缸负载力 F_L 为对称阀控制非对称液压缸子系统的输入，液压缸位移 l_i、速度 $\dot{l}_i$、无杆腔压力 p_{i1}、有杆腔压力 p_{i2}、缸输出力 F_{out} 为子系统的输出，则根据式（10-117）在 Matlab/Simulink 中建立的该子系统仿真程序如图 10-19 所示。

（2）总体仿真系统

以某型舰艇模拟器的 Stewart 平台为例，系统的总体仿真模型以 Matlab/Simu-link 工具箱，结合以上建立的各子系统，将理想分支力和摩擦力观测器估计的摩擦力作为分支阀控液压缸系统的干扰力，而用 H_∞ 控制实现抑振，总体构成流程如图 10-20 所示。液压缸参数为：活塞杆的等效质量 $M_t = 40\text{kg}$，假定液压伺服系统油液的体积弹性模量变化范围 $\beta_e \in [5.0, 14.0] \times 10^8 \text{N/m}^2$，液压相对阻尼系数变化范围 $\delta_h \in [0.1, 0.3]$；伺服阀为 4WS2EM 型力士乐电反馈三级伺服阀，放大器增益 $K_a = 56.6\text{A/V}$，伺服阀固有频率 $w_{sv} = 112\text{s}^{-1}$，伺服阀阻尼比 $\zeta_{sv} = 0.3$；变形刚度系数 $\sigma_0 = 5.77 \times 10^6 \text{N/m}$，黏性阻尼系数 $\sigma_1 = 2.28 \times 10^4 \text{N/(m/s)}$，黏性摩擦系数 $\sigma_2 = 8500\text{N/(m/s)}$。其他参数同前。

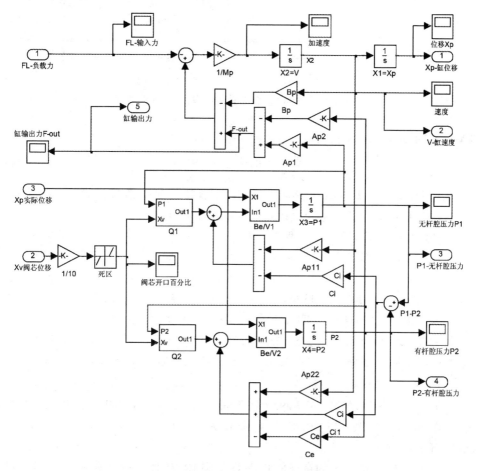

图 10-19　对称阀控非对称液压缸 Simulink 仿真程序

（3）结果与讨论

根据加权函数的选取原则，通过反复设计仿真来调整加权函数，最后优选的加

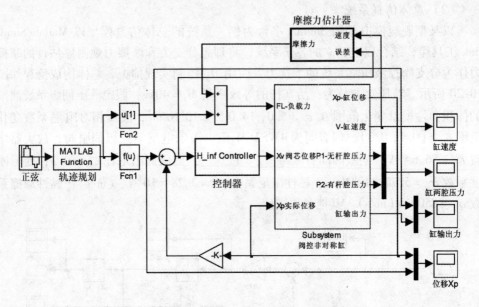

图 10-20　Stewart 平台力补偿的 H_∞ 控制仿真程序

权函数分别为

$$W_1 = \frac{60}{s+100}, \quad W_2 = 200, \quad W_3 = \frac{5s}{s+400} \quad (10\text{-}118)$$

利用 Matlab6.5/Robust 工具箱,进行 H_∞ 鲁棒控制器的最优设计,最后得到 H_∞ 鲁棒控制器 G_R 以状态空间表达的系数矩阵分别为

$$acp = \begin{bmatrix} -959.8075 & 147.9579 & -10.9870 & 0.1481 & 9.4430 & -8.8756 & -8.0363 & 0 \\ 254.7437 & -83.3617 & -61.4789 & 0.8385 & 63.3503 & -54.1265 & -49.8759 & 0 \\ -53.1693 & -22.1545 & -85.3449 & -11.6970 & 654.9384 & 127.6707 & -3.5493 & 0 \\ -0.0641 & 0.7070 & 13.6542 & -13.5303 & 1.7528 & -140.2931 & 10.5720 & 0 \\ 42.1614 & 30.4345 & -481.1875 & -0.3289 & -90.9721 & -3.1716 & -4.5457 & 0 \\ -52.5655 & -15.4674 & -275.2133 & 122.6476 & 157.4990 & -73.0539 & 10.7273 & 0 \\ -68.8318 & -5.8609 & -137.3204 & 15.5470 & 145.2200 & -115.4666 & -73.5472 & 0 \\ 0 & 0 & 0 & 0 & 0 & 0 & 0 & -1 \end{bmatrix}$$

$$bcp = \begin{bmatrix} 19.1468 & -5.5786 & 0.9295 & 0.0296 & -0.2103 & 1.2094 & 2.2252 & 0 \end{bmatrix}^T$$

$$ccp = \begin{bmatrix} 0 & 0 & 0 & -0.0125 & 0.0017 & -0.0096 & 0.0124 & 0 \end{bmatrix}$$

$$dcp = 0.0001$$

$1/W_1$、S 和 $1/W_3$、T 的奇异值 Bode 图如图 10-21 所示。很明显,$1/W_1$、$1/W_3$ 分别包络 S、T,满足式(10-113)。

分别改变系统的油液体积弹性模量和液压阻尼比,来考察设计的控制系统的稳定性,如图 10-22 所示,油液体积弹性模量分别为 $0.5 \times 10^8 \mathrm{N} \cdot \mathrm{m}^2$ 和 $14 \times 10^8 \mathrm{N} \cdot \mathrm{m}^2$、

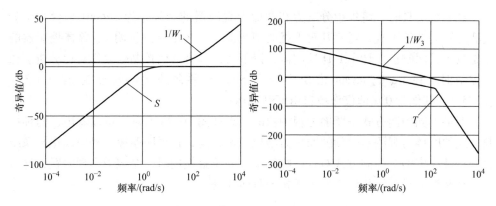

图 10-21　$1/W_1$、S 和 $1/W_3$、T 的奇异值 Bode 图

液压阻尼比分别为 0.1 和 0.3 时分支液压缸的阶跃、脉冲响应。可以看出，阶跃响应没有出现超调和振荡，有脉冲输入时系统很快回复到平衡位置，而且参数变化时其阶跃和脉冲响应曲线几乎重合，即 H_∞ 鲁棒控制器对于系统参数不确定性具有很强的鲁棒性。

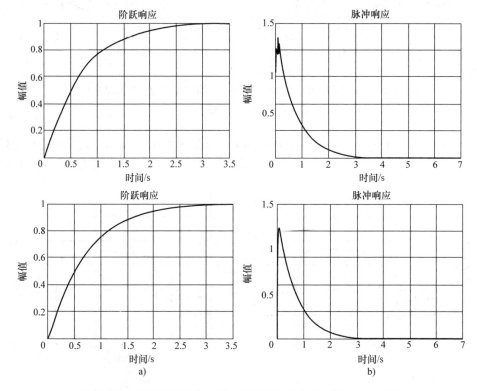

图 10-22　油液体弹模量、阻尼比不同时系统的阶跃、脉冲响应

在系统仿真时，将理想分支力和摩擦力观测器的结果作为 Stewart 平台 6 个分支液压缸的外部干扰，考察其对干扰的抑制能力。为更好地说明 H_∞ 鲁棒控制器的控制效果，同时也设计了 PID 控制器，以下将两种方式的控制效果作对比分析。仿真控制时，在 track_layout 模块中规划 Stewart 平台的运动轨迹为 $q_3 = 0.3\sin(0.25t)$，其他为 0（即仅作单自由度升沉运动）。

两种不同控制方式下摩擦力观测器的结果如图 10-23 所示。可以看出，两种控制方式的摩擦力观测器得到的摩擦力结果基本相同，这说明摩擦力是由液压缸系统自身特性决定的，控制方式对其影响很小；液压缸换向时，摩擦力出现阶跃，这是静、动摩擦力瞬间转化形成冲击干扰的具体体现。

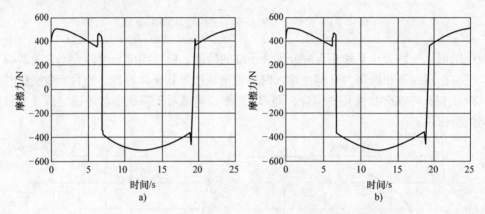

图 10-23　分别采用 H_∞ 控制器、PID 控制器时摩擦力观测器结果比较

a) H_∞ 控制　b) PID 控制

两种不同控制方式时液压缸有杆腔和无杆腔油压变化如图 10-24 所示。可以看出，Stewart 平台换向时，液压缸两腔压力发生突变，且有杆腔压力 p_2 突变更大

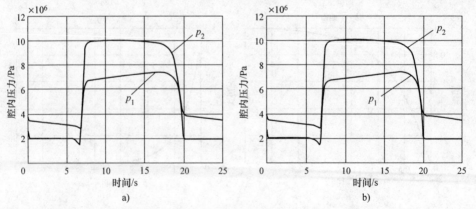

图 10-24　分别采用 H_∞ 控制器、PID 控制器时液压缸两腔压力变化比较

a) H_∞ 控制　b) PID 控制

（约为 2 ~ 10MPa）；在同一方向运动时，两腔压力变化并不大，这是因为该条件下平台运动的仿真加速度较小，也即是平台的惯性力较小，液压缸出力主要用于支撑负载重力，而负载质量又是恒定的。

升沉运动时液压缸活塞杆加速度变化曲线如图 10-25 所示。可知，换向时液压缸加速度突变比较大，该加速度直接反映了液压缸活塞杆对外冲击的大小，而该冲击就是平台换向振动的主要激励力，如果此加速度得到抑制，则平台受到的冲击会相应减小，也即其振动可得到有效抑制。H_∞ 控制时的加速度最大值小于 $0.05\mathrm{m}^2/\mathrm{s}$，而 PID 控制时的最大值超过 $0.2\mathrm{m}^2/\mathrm{s}$，即 H_∞ 控制对此有较大改善，这对于 Stewart 平台的抑振控制有着重要意义。

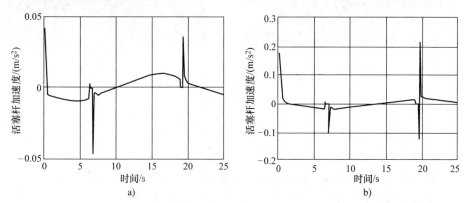

图 10-25 分别采用 H_∞ 控制器、PID 控制器时活塞杆加速度比较

a) H_∞ 控制 b) PID 控制

由图 10-23 ~ 图 10-25 得到的结论和 10.3 节的计算与试验是吻合的。两种控制方式下跟踪（规划轨迹理想缸长和实际输出缸长）曲线如图 10-26 所示，图 10-27 为其局部放大图。可以看出，H_∞ 控制的轨迹跟踪明显比 PID 控制好，其相位滞后

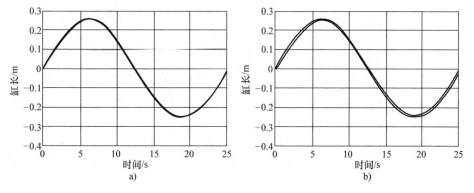

图 10-26 分别采用 H_∞ 控制器、PID 控制器时缸长跟踪曲线

a) H_∞ 控制 b) PID 控制

小，稳态幅值误差不到 0.1mm，而 PID 控制幅值误差接近 1mm，这表明 H_∞ 控制的运动精度比 PID 控制提高了近 10 倍。

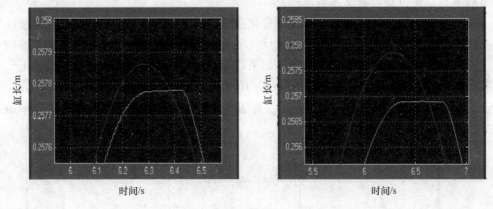

图 10-27 缸长跟踪曲线局部放大

10.5 小结

本章搭建了数字液压缸驱动的 Stewart 试验运动平台，对平台的振动特性分析、鲁棒抑振控制等方面进行了较为系统深入的理论和试验研究，具体可归纳为以下几点：

1）利用位移摄动法推导了 Stewart 平台的刚度矩阵，建立了液压弹簧刚度模型，得到了易于数值计算的分支刚度模型。通过机器人机构的 RPY 角构造了运动方程系数矩阵的转移矩阵，建立了 Stewart 平台的二阶运动微分方程。

2）采用动态 Lugre 摩擦模型和 Stribeck 负斜率效应研究了平台起动时静动摩擦力瞬间转换形成的冲击干扰力，分析了利用变频控制策略改善平台起动平稳性的可行性；推导了 Stewart 平台液压控制系统在换向时因运动惯性产生的增压压力和因结构非对称导致的压力跃变，计算出液压缸系统等效液压冲击的大小，并提出了柔性换向的运动规划准则。

3）搭建了数字液压缸驱动的 Stewart 试验运动平台，测试了运动平台的起动、换向时平移方向的振动加速度，分析采集数据的时域和频域信息，验证了平台起动和换向时振动冲击的理论计算和仿真结果。

4）提出了基于 Lugre 摩擦力观测器和理想分支力前馈力补偿的液压 Stewart 平台 H_∞ 鲁棒抑振控制方法，仿真研究结果表明，该方法有效抑制了系统振动，并获得了较好的轨迹跟踪性能。

参 考 文 献

［1］ 彭利坤. 液压 Stewart 平台的振动特性与鲁棒控制研究［D］. 武汉：海军工程大学，2006.

［2］ CHINTIEN HUANG, WEI HENG HUNG, IMIN KAO. New conservative stiffness mapping for the stewart – gough platform［C］. Proceedings of the 2002 IEEE International Conference on Robotics & Automation Washington, DC. May 2002：823 – 828.

［3］ CLINTON C M, ZHANG G, WAVERING A J. Stiffness modeling of a stewart platform based milling machine［R］. NIST, 1997.

［4］ ZHOU LI HUA, WANG YU RU, HUANG TIAN, et al. Stiffness analysis of the main module for parallel machine tools by finite element analysis［J］. Transactions of Tianjin University, 2001, 7 (1)：30 – 35.

［5］ 蔡胜利，余跃庆，白师贤. 空间弹性并联机器人 KED 建模［J］. 机械设计，1998，4：22 – 24.

［6］ 段学超，仇原鹰，段宝岩. 大射电望远镜精调 Stewart 平台结构刚度分析［J］. 机械科学与技术，2006，25（1）：50 – 52.

［7］ KRIS K, IMME E, WILLIAM. Locally linearized dynamic analysis of parallel manipulators and application of input shaping to reduce vibrations［J］. Journal of Mechanical Design, 2004, 126 (1)：156 – 168.

［8］ KANG B, JAMES K MILLS. Dynamic modeling of structurally – flexible planar parallel manipulator［J］. Robotica, 2002, 20：329 – 339.

［9］ SELIG J M, DING X. Theory of vibration in stewart platforms［C］. Proceeding of the 2001 IEEE/ RSJ［C］. 2001 International Conference on Intelligent Robots and Systems, Maui, Hawaii, USA, 2001：2190 – 2195.

［10］ 赵强，李洪人，韩俊伟. Stewart 平台的振动研究［J］. 机械科学与技术，2004，23（5）：594 – 597.

［11］ 赵强，阎绍泽. 空间弹簧阻尼并联振动模型的键图仿真［J］. 振动与冲击，2006，25 (1)：115 – 117.

［12］ KOKKINIS T, SAHRAIAN M. Inverse dynamics of a flexible robot arm by optimal control［J］. Mechanical Design, 1993, 115：289 – 293.

［13］ XI F, FENTON R. On inverse statics and dynamics problems of flexible link manipulators［J］. DE – V. 72, ASME 1994：169 – 175.

［14］ BARBIERI E, WANG Q. An example of optimal set – point relegation for self – motion control in redundant flexible robots［C］. Int. Conf. On Robotics and Automation, IEEE 1990：632 – 637.

［15］ NGUYEN C C, ANTRAZI S S, ZHOU Z L. Adaptive control of a stewart platform – based manipulator［J］. Journal of Robotic Systems, 1993, 10 (5)：657 – 687.

［16］ KIM N, LEE C W. High speed tracking control of stewart platform manipulator via enhanced sliding mode control［C］. Pro. Of the 1998 IEEE International Conference on Robotics and Automation, 1998, 1：2716 – 2721.

[17] 杨灏泉，赵克定，吴盛林. 液压六自由度并联机器人控制策略研究 [J]. 机器人，2004，26 (3)：263 - 266.

[18] 张泽友，王孙安. 并联机器人轨迹跟踪改进模糊控制研究 [J]. 机床与液压，2004，8：97 - 98.

[19] 万亚民，王孙安，杜海峰. 并联机器人的动态神经网络控制研究 [J]. 西安交通大学学报，2004，38 (9)：955 - 958.

[20] 吴军，李铁民，唐晓强. 平面并联机器人机构的鲁棒轨迹跟踪控制 [J]. 清华大学学报（自然科学版），2005，45 (5)：642 - 646.

[21] 陈丽敏. 基于改进型 BP 网络的并联机器人自适应力控制 [J]. 计算机仿真，2005，22 (5)：199 - 201.

[22] SU Y X, DUAN B Y, ZHENG C H, et al. Disturbance rejection high motion control of a stewart platform [J]. Ieee Transactions on Control Systems Technology. 2004, 12 (3)：364 - 374.

[23] 何景峰，谢文建，韩俊伟. 六自由度并联机器人输出解耦控制 [J]. 哈尔滨工业大学学报，2006，38 (3)：395 - 398.

[24] Li S J, FENG Z, FANG H. Variable structure control for 6 - 6parallel manipulators based on cascaded CMAC [C]. Proceedings of the 4th world congress on intelligent control and automation, shang - hai：IEEE, 2002：1939 - 1943.

[25] CHUNG I F, CHANG H H, LIN C T. Fuzzy control of a six - degree motion platform stability a-nalysis [C]. Proceedings of the IEEE international conference on system, man, and cybernetics, tokyo：IEEE, 1999, 1：325 - 330.

[26] GRAF R, VIELING R, DILLMANN D. A flexible controller for a stewart platform [C]. Proceed-ings of the 1998 Second International Conference on Knowledge - based Intelligent Electronic Sys-tems. 1998, 2：52 - 59.

[27] KOEKEBAKKER S. Model Based Control of a Flight Simulator Motion System [D]. Delft：Delft University of Technology, 2001.

[28] SIROUSPOUR M R, SALCUDEAN S E. Nolinear control of hydraulic robots [J]. IEEE Transac-tions on Robotics and Automation, 2001, 17 (2)：173 - 182.

[29] LEE SE HAN, SONG JAE BOK, CHOI WOO CHUN, et al. Position control of a stewart platform using inverse dynamics control with approximate dynamics [J]. Mechatronics. 2003, 13：605 - 619.

[30] ZYADA A. Force control with fuzzy compensation of gravity and actuators' friction forces of a hy-draulic parallel link manipulator [C]. 2002, IEEE SMC.

[31] 李为民，王海涛. 轴向定位预紧轴承刚度计算 [J]. 河北工业大学学报，2001，30 (2)：15 - 19.

[32] 邢继峰，曾晓华，彭利坤. 一种新型数字液压技术 [J]. 机床与液压，2005 (8)：145 - 146.

[33] 王占林. 近代电气液压伺服控制 [M]. 北京：北京航空航天大学出版社，2005：170 - 176.

[34] 施引，朱石坚，何琳. 船舶动力机械噪声及其控制 [M]. 北京：国防工业出版社，1990：

299－311.

［35］谢 F S，摩尔 I E，亨客尔 R T. 机械振动——理论与应用［M］. 北京：国防工业出版社，1984.

［36］程耀东. 机械振动学（线性系统）［M］. 浙江：浙江大学出版社，1988：190－195.

［37］方同，薛璞. 振动理论及应用［M］. 陕西：西北工业大学出版社，1998：130－139.

［38］CANUDAS DE WIT C, OLSSON H. A new model for control of systems with friction［J］. IEEE Transactions on Automatic Control. 1995, 40（3）：419－425.

［39］刘金琨. 先进 PID 控制 MATLAB 仿真［M］.2 版. 北京：电子工业出版社，2004：378－392.

［40］HAUSCHILD J P, HAPPLER G R, MCPHEE J J. Friction compensation of harmonic drive actuators［DB/OL］. http：//naca. central. cranfield. ac. uk/dcsss/2004.

［41］WU R H, TUNG P C. Fast pointing control for systems with stick slip friction［J］. Transactions of ASME. 2004, 126（9）：614－626.

［42］OWEN W S, CROFT E A. The reduction of stick slip friction in hydraulic actuators［J］. IEEE Transaction on Mechatronics. 2003, 8（3）：362－371.

［43］SWEVERS J, AL BENDER F, GANSEMAN C G, et al. An integrated friction model structure with improved presliding behavior for accurate friction compensation［J］. IEEE Trans. Autom. Control, 2000, 45：675－686.

［44］GE S S, LEE T H, REN S X. Adaptive friction compensation of servo mechanisms［J］. International Journal of Systems Science, 2001, 32（4）：523－532.